中国石油科技进展丛书（2006—2015年）

海外砂岩油田高速开发理论与实践

主　编：吴向红

副主编：赵　伦　张祥忠　马　凯

石油工业出版社

内 容 提 要

本书系统总结了中国石油2006—2015年在海外砂岩油藏高速开发理论和技术方面取得的重要进展和生产应用实效，主要包括海外砂岩油田高速开发机理及适应条件、高速开发技术政策、高速开发特征及剩余油挖潜技术以及高速开发典型实例，分析了海外砂岩油田开发面临的挑战，展望了砂岩油藏开发的技术发展方向。

本书可供从事油气田开发的工程技术人员及石油高等院校的师生学习参考。

图书在版编目（CIP）数据

海外砂岩油田高速开发理论与实践 / 吴向红主编 .
—北京 : 石油工业出版社，2019.6
（中国石油科技进展丛书 . 2006—2015年）
ISBN 978-7-5183-3190-1

Ⅰ . ①海… Ⅱ . ①吴… Ⅲ . ①砂岩油气田 – 油田开发
Ⅳ . ① TE343

中国版本图书馆CIP数据核字（2019）第077572号

审图号：GS（2019）2779号

出版发行：石油工业出版社
（北京安定门外安华里2区1号　100011）
网　址：www. petropub. com
编辑部：（010）64523546　图书营销中心：（010）64523633
经　销：全国新华书店
印　刷：北京中石油彩色印刷有限责任公司

2019年6月第1版　2019年6月第1次印刷
787×1092毫米　开本：1/16　印张：18
字数：450千字

定价：140.00元
（如出现印装质量问题，我社图书营销中心负责调换）
版权所有，翻印必究

《中国石油科技进展丛书（2006—2015年）》

编　委　会

主　任：王宜林

副主任：焦方正　喻宝才　孙龙德

主　编：孙龙德

副主编：匡立春　袁士义　隋　军　何盛宝　张卫国

编　委：（按姓氏笔画排序）

于建宁　马德胜　王　峰　王卫国　王立昕　王红庄
王雪松　王渝明　石　林　伍贤柱　刘　合　闫伦江
汤　林　汤天知　李　峰　李忠兴　李建忠　李雪辉
吴向红　邹才能　闵希华　宋少光　宋新民　张　玮
张　研　张　镇　张子鹏　张光亚　张志伟　陈和平
陈健峰　范子菲　范向红　罗　凯　金　鼎　周灿灿
周英操　周家尧　郑俊章　赵文智　钟太贤　姚根顺
贾爱林　钱锦华　徐英俊　凌心强　黄维和　章卫兵
程杰成　傅国友　温声明　谢正凯　雷　群　蔺爱国
撒利明　潘校华　穆龙新

专　家　组

成　员：刘振武　童晓光　高瑞祺　沈平平　苏义脑　孙　宁
高德利　王贤清　傅诚德　徐春明　黄新生　陆大卫
钱荣钧　邱中建　胡见义　吴　奇　顾家裕　孟纯绪
罗治斌　钟树德　接铭训

《海外砂岩油田高速开发理论与实践》编写组

主　　编： 吴向红

副 主 编： 赵　伦　张祥忠　马　凯

编写人员：

王进财　黄奇志　陈　礼　赵国良　张安刚

廖长霖　范子菲　冯　敏　倪　军　徐　锋

陈烨菲　王瑞峰　曹海丽　王　敏　宋　珩

康楚娟　侯庆英　肖　康　林雅平　晋剑利

许安著　杨原军　傅礼兵　杨轩宇　许必锋

张新征　张玉丰　罗　曼　王淑琴　王成刚

蔡冬梅　李建新　李轩然　刘云阳　梁宏伟

单发超　赵　阳

序

习近平总书记指出，创新是引领发展的第一动力，是建设现代化经济体系的战略支撑，要瞄准世界科技前沿，拓展实施国家重大科技项目，突出关键共性技术、前沿引领技术、现代工程技术、颠覆性技术创新，建立以企业为主体、市场为导向、产学研深度融合的技术创新体系，加快建设创新型国家。

中国石油认真学习贯彻习近平总书记关于科技创新的一系列重要论述，把创新作为高质量发展的第一驱动力，围绕建设世界一流综合性国际能源公司的战略目标，坚持国家"自主创新、重点跨越、支撑发展、引领未来"的科技工作指导方针，贯彻公司"业务主导、自主创新、强化激励、开放共享"的科技发展理念，全力实施"优势领域持续保持领先、赶超领域跨越式提升、储备领域占领技术制高点"的科技创新三大工程。

"十一五"以来，尤其是"十二五"期间，中国石油坚持"主营业务战略驱动、发展目标导向、顶层设计"的科技工作思路，以国家科技重大专项为龙头、公司重大科技专项为抓手，取得一大批标志性成果，一批新技术实现规模化应用，一批超前储备技术获重要进展，创新能力大幅提升。为了全面系统总结这一时期中国石油在国家和公司层面形成的重大科研创新成果，强化成果的传承、宣传和推广，我们组织编写了《中国石油科技进展丛书（2006—2015年）》（以下简称《丛书》）。

《丛书》是中国石油重大科技成果的集中展示。近些年来，世界能源市场特别是油气市场供需格局发生了深刻变革，企业间围绕资源、市场、技术的竞争日趋激烈。油气资源勘探开发领域不断向低渗透、深层、海洋、非常规扩展，炼油加工资源劣质化、多元化趋势明显，化工新材料、新产品需求持续增长。国际社会更加关注气候变化，各国对生态环境保护、节能减排等方面的监管日益严格，对能源生产和消费的绿色清洁要求不断提高。面对新形势新挑战，能源企业必须将科技创新作为发展战略支点，持续提升自主创新能力，加快构筑竞争新优势。“十一五”以来，中国石油突破了一批制约主营业务发展的关键技术，多项重要技术与产品填补空白，多项重大装备与软件满足国内外生产急需。截至2015年底，共获得国家科技奖励30项、获得授权专利17813项。《丛书》全面系统地梳理了中国石油“十一五”“十二五”期间各专业领域基础研究、技术开发、技术应用中取得的主要创新性成果，总结了中国石油科技创新的成功经验。

《丛书》是中国石油科技发展辉煌历史的高度凝练。中国石油的发展史，就是一部创业创新的历史。建国初期，我国石油工业基础十分薄弱，20世纪50年代以来，随着陆相生油理论和勘探技术的突破，成功发现和开发建设了大庆油田，使我国一举甩掉贫油的帽子；此后随着海相碳酸盐岩、岩性地层理论的创新发展和开发技术的进步，又陆续发现和建成了一批大中型油气田。在炼油化工方面，“五朵金花”炼化技术的开发成功打破了国外技术封锁，相继建成了一个又一个炼化企业，实现了炼化业务的不断发展壮大。重组改制后特别是“十二五”以来，我们将“创新”纳入公司总体发展战略，着力强化创新引领，这是中国石油在深入贯彻落实中央精神、系统总结“十二五”发展经验基础上、根据形势变化和公司发展需要作出的重要战略决策，意义重大而深远。《丛书》从石油地质、物探、测井、钻完井、采油、油气藏工程、提高采收率、地面工程、井下作业、油气储运、石油炼制、石油化工、安全环保、海外油气勘探开发和非常规油气勘探开发等15个方面，记述了中国石油艰难曲折的理论创新、科技进步、推广应用的历史。它的出版真实反映了一个时期中国石油科技工作者百折不挠、顽强拼搏、敢于创新的科学精神，弘扬了中国石油科技人员秉承“我为祖国献石油”的核心价值观和“三老四严”的工作作风。

《丛书》是广大科技工作者的交流平台。创新驱动的实质是人才驱动，人才是创新的第一资源。中国石油拥有21名院士、3万多名科研人员和1.6万名信息技术人员，星光璀璨，人文荟萃、成果斐然。这是我们宝贵的人才资源。我们始终致力于抓好人才培养、引进、使用三个关键环节，打造一支数量充足、结构合理、素质优良的创新型人才队伍。《丛书》的出版搭建了一个展示交流的有形化平台，丰富了中国石油科技知识共享体系，对于科技管理人员系统掌握科技发展情况，做出科学规划和决策具有重要参考价值。同时，便于科研工作者全面把握本领域技术进展现状，准确了解学科前沿技术，明确学科发展方向，更好地指导生产与科研工作，对于提高中国石油科技创新的整体水平，加强科技成果宣传和推广，也具有十分重要的意义。

掩卷沉思，深感创新艰难、良作难得。《丛书》的编写出版是一项规模宏大的科技创新历史编纂工程，参与编写的单位有60多家，参加编写的科技人员有1000多人，参加审稿的专家学者有200多人次。自编写工作启动以来，中国石油党组对这项浩大的出版工程始终非常重视和关注。我高兴地看到，两年来，在各编写单位的精心组织下，在广大科研人员的辛勤付出下，《丛书》得以高质量出版。在此，我真诚地感谢所有参与《丛书》组织、研究、编写、出版工作的广大科技工作者和参编人员，真切地希望这套《丛书》能成为广大科技管理人员和科研工作者的案头必备图书，为中国石油整体科技创新水平的提升发挥应有的作用。我们要以习近平新时代中国特色社会主义思想为指引，认真贯彻落实党中央、国务院的决策部署，坚定信心、改革攻坚，以奋发有为的精神状态、卓有成效的创新成果，不断开创中国石油稳健发展新局面，高质量建设世界一流综合性国际能源公司，为国家推动能源革命和全面建成小康社会作出新贡献。

王宜林

2018年12月

丛书前言

石油工业的发展史，就是一部科技创新史。“十一五”以来尤其是“十二五”期间，中国石油进一步加大理论创新和各类新技术、新材料的研发与应用，科技贡献率进一步提高，引领和推动了可持续跨越发展。

十余年来，中国石油以国家科技发展规划为统领，坚持国家“自主创新、重点跨越、支撑发展、引领未来”的科技工作指导方针，贯彻公司“主营业务战略驱动、发展目标导向、顶层设计”的科技工作思路，实施“优势领域持续保持领先、赶超领域跨越式提升、储备领域占领技术制高点”科技创新三大工程；以国家重大专项为龙头，以公司重大科技专项为核心，以重大现场试验为抓手，按照“超前储备、技术攻关、试验配套与推广”三个层次，紧紧围绕建设世界一流综合性国际能源公司目标，组织开展了 50 个重大科技项目，取得一批重大成果和重要突破。

形成 40 项标志性成果。（1）勘探开发领域：创新发展了深层古老碳酸盐岩、冲断带深层天然气、高原咸化湖盆等地质理论与勘探配套技术，特高含水油田提高采收率技术，低渗透 / 特低渗透油气田勘探开发理论与配套技术，稠油 / 超稠油蒸汽驱开采等核心技术，全球资源评价、被动裂谷盆地石油地质理论及勘探、大型碳酸盐岩油气田开发等核心技术。（2）炼油化工领域：创新发展了清洁汽柴油生产、劣质重油加工和环烷基稠油深加工、炼化主体系列催化剂、高附加值聚烯烃和橡胶新产品等技术，千万吨级炼厂、百万吨级乙烯、大氮肥等成套技术。（3）油气储运领域：研发了高钢级大口径天然气管道建设和管网集中调控运行技术、大功率电驱和燃驱压缩机组等 16 大类国产化管道装备，大型天然气液化工艺和 20 万立方米低温储罐建设技术。（4）工程技术与装备领域：研发了 G3i 大型地震仪等核心装备，“两宽一高”地震勘探技术，快速与成像测井装备、大型复杂储层测井处理解释一体化软件等，8000 米超深井钻机及 9000 米四单根立柱钻机等重大装备。（5）安全环保与节能节水领域：

研发了 CO_2 驱油与埋存、钻井液不落地、炼化能量系统优化、烟气脱硫脱硝、挥发性有机物综合管控等核心技术。（6）非常规油气与新能源领域：创新发展了致密油气成藏地质理论，致密气田规模效益开发模式，中低煤阶煤层气勘探理论和开采技术，页岩气勘探开发关键工艺与工具等。

取得 15 项重要进展。（1）上游领域：连续型油气聚集理论和含油气盆地全过程模拟技术创新发展，非常规资源评价与有效动用配套技术初步成型，纳米智能驱油二氧化硅载体制备方法研发形成，稠油火驱技术攻关和试验获得重大突破，井下油水分离同井注采技术系统可靠性、稳定性进一步提高；（2）下游领域：自主研发的新一代炼化催化材料及绿色制备技术、苯甲醇烷基化和甲醇制烯烃芳烃等碳一化工新技术等。

这些创新成果，有力支撑了中国石油的生产经营和各项业务快速发展。为了全面系统反映中国石油 2006—2015 年科技发展和创新成果，总结成功经验，提高整体水平，加强科技成果宣传推广、传承和传播，中国石油决定组织编写《中国石油科技进展丛书（2006—2015 年）》（以下简称《丛书》）。

《丛书》编写工作在编委会统一组织下实施。中国石油集团董事长王宜林担任编委会主任。参与编写的单位有 60 多家，参加编写的科技人员 1000 多人，参加审稿的专家学者 200 多人次。《丛书》各分册编写由相关行政单位牵头，集合学术带头人、知名专家和有学术影响的技术人员组成编写团队。《丛书》编写始终坚持：一是突出站位高度，从石油工业战略发展出发，体现中国石油的最新成果；二是突出组织领导，各单位高度重视，每个分册成立编写组，确保组织架构落实有效；三是突出编写水平，集中一大批高水平专家，基本代表各个专业领域的最高水平；四是突出《丛书》质量，各分册完成初稿后，由编写单位和科技管理部共同推荐审稿专家对稿件审查把关，确保书稿质量。

《丛书》全面系统反映中国石油 2006—2015 年取得的标志性重大科技创新成果，重点突出“十二五”，兼顾“十一五”，以科技计划为基础，以重大研究项目和攻关项目为重点内容。丛书各分册既有重点成果，又形成相对完整的知识体系，具有以下显著特点：一是继承性。《丛书》是《中国石油“十五”科技进展丛书》的延续和发展，凸显中国石油一以贯之的科技发展脉络。二是完整性。《丛书》涵盖中国石油所有科技领域进展，全面反映科技创新成果。三是标志性。《丛书》在综合记述各领域科技发展成果基础上，突出中国石油领先、高端、前沿的标志性重大科技成果，是核心竞争力的集中展示。四是创新性。《丛书》全面梳理中国石油自主创新科技成果，总结成功经验，有助于提高科技创新整体水平。五是前瞻性。《丛书》设置专门章节对世界石油科技中长期发展做出基本预测，有助于石油工业管理者和科技工作者全面了解产业前沿、把握发展机遇。

《丛书》将中国石油技术体系按 15 个领域进行成果梳理、凝练提升、系统总结，以领域进展和重点专著两个层次的组合模式组织出版，形成专有技术集成和知识共享体系。其中，领域进展图书，综述各领域的科技进展与展望，对技术领域进行全覆盖，包括石油地质、物探、测井、钻完井、采油、油气藏工程、提高采收率、地面工程、井下作业、油气储运、石油炼制、石油化工、安全环保节能、海外油气勘探开发和非常规油气勘探开发等 15 个领域。31 部重点专著图书反映了各领域的重大标志性成果，突出专业深度和学术水平。

《丛书》的组织编写和出版工作任务量浩大，自 2016 年启动以来，得到了中国石油天然气集团公司党组的高度重视。王宜林董事长对《丛书》出版做了重要批示。在两年多的时间里，编委会组织各分册编写人员，在科研和生产任务十分紧张的情况下，高质量高标准完成了《丛书》的编写工作。在集团公司科技管理部的统一安排下，各分册编写组在完成分册稿件的编写后，进行了多轮次的内部和外部专家审稿，最终达到出版要求。石油工业出版社组织一流的编辑出版力量，将《丛书》打造成精品图书。值此《丛书》出版之际，对所有参与这项工作的院士、专家、科研人员、科技管理人员及出版工作者的辛勤工作表示衷心感谢。

人类总是在不断地创新、总结和进步。这套丛书是对中国石油 2006—2015 年主要科技创新活动的集中总结和凝练。也由于时间、人力和能力等方面原因，还有许多进展和成果不可能充分全面地吸收到《丛书》中来。我们期盼有更多的科技创新成果不断地出版发行，期望《丛书》对石油行业的同行们起到借鉴学习作用，希望广大科技工作者多提宝贵意见，使中国石油今后的科技创新工作得到更好的总结提升。

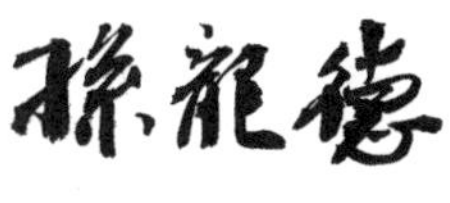

2018 年 12 月

前 言

砂岩油田在含油气盆地中广泛分布，是世界上最常见的油田类型之一。中国砂岩油田众多，经历了近百年的开发，积累了大量的砂岩油田开发经验，形成了以注水开发为核心的成熟开发理论与技术。之所以将本书命名为《海外砂岩油田高速开发理论与实践》，其主要原因是国内油田和海外合作油田石油资源的所有者与经营者存在差异，在开发利用石油资源上形成了两种模式：一是跨国石油公司的“海外模式”，二是资源国自已开发的“本土模式”。前者石油资源归属资源国政府所有，跨国公司只是规定时期内的开发经营者；而后者则是资源拥有者与经营者为同一主体。因此，两种模式存在着很大的差别，前者是在以经济效益为核心的前提下考虑资源的有效利用，后者是在资源充分利用的基础上获取最好的经济效益。正是由于海外油气开发受合同模式、开采时间以及资源国政治、经济等风险的限制，形成了不同于国内的开发理念，经过20多年的实践，逐步发展形成具有海外经营特色的开发理论与技术，有效支撑了非洲、中亚俄罗斯、美洲、中东、亚太等海外五大油气合作区的成功建成。

至“十二五”末，中国石油海外常规砂岩油田地质储量占海外公司总储量的39%，而砂岩油田作业产量占比高达70%，累计产量占比高达85%，对海外油气业务的规模持续高效发展发挥了重要作用。砂岩油田剩余可采储量非常丰富，无论是过去还是将来，砂岩油田保持高效、高速开发对中国石油海外事业的发展至关重要。

经过20余年海外油田开发实践和科技攻关，特别在“十二五”期间，基于海外项目砂岩油田油藏地质特征、流体特征及不同合同模式约束下，通过开展国家重大专项科技攻关、大型油田开发方案编制及实施、专项技术研究等，海外砂岩油田实现了高速、高效开发，其高速开发理论和技术得到长足发展，集成创新形成了系列海外砂岩油田高速开发理论和技术，并在海外91个砂岩油田开发中广泛应用，主力油田地质储量采油速度达到2%～6%，实现了海外砂岩油田“有油快流，好油先投，高速开采，快速回收”的开发策略，有效规避了资源国政治风险，及早收回了投资，形成了苏丹一二四区年产 1570×10^4t、南苏丹三七区年产 1530×10^4t、哈萨克斯坦 PK 项目年产 1000×10^4t 等示范工程，为中国石油海外事业快速拓展奠定了良好的物质基础。

本书将中国石油海外五大合作区主力砂岩油藏按驱动类型和流体类型进行分类描述。驱动类型包括弱天然水驱油藏、强天然水驱油藏（边水和底水）、人工注水与天然水驱联合驱动油藏（多层状边水油藏）；流体类型包括高黏油、低黏油。针对不同油藏类型，揭示其高速开发理论、相应的开发技术政策内涵及实践案例。

本书共六章，第一章由张祥忠、吴向红、赵伦、马凯、倪军、赵国良、王成刚、王敏、蔡冬梅、杨原军编写，张祥忠统稿；第二章由吴向红、赵伦、马凯、张祥忠、黄奇志、许安著、冯敏、侯庆英、王瑞峰、曹海丽、傅礼兵、张玉丰、单发超编写，吴向红统稿；第三章由吴向红、赵伦、马凯、陈礼、廖长霖、侯庆英、肖康、宋珩、许必锋、晋剑利、李轩然编写，吴向红统稿；第四章由赵伦、吴向红、张祥忠、王进财、马凯、张安刚、徐锋、梁宏伟、杨轩宇、刘云阳、赵阳编写，吴向红统稿；第五章由赵伦、吴向红、马凯、张祥忠、黄奇志、张安刚、冯敏、陈烨菲、徐锋、李建新、廖长霖、王淑琴、康楚娟、林雅平、张新征、罗曼编写，赵伦统稿；第六章由赵伦、吴向红、王进财、张祥忠、冯敏编写，范子菲统稿。吴向红担任本书的主编，并负责全书的组织和系统审查工作。

因编者水平有限，书中难免有不足之处，敬请批评指正！

目 录

第一章 绪 论

砂岩油田是我国最早开始国际油气合作经营开发的油气藏类型，海外五大油气合作区 26 个油气合作项目共有 55 个砂岩油（气）田，主要分布在穆格莱德、南图尔盖、曼格斯拉克等 10 余个含油气盆地中。中方接管初期遵循“有油快流，快速回收投资”的原则，实现油气产量由 2000 年的 969×10^4t，上升至 2015 年超过 1×10^8t，占海外作业产量的 70%，为成功建成“海外大庆”奠定了基础。2015 年底，海外砂岩油田剩余可采储量 24×10^8t，依然是海外油气合作经营实现可持续发展的基础。

第一节 跨国经营模式下油气田开发特殊性

跨国石油公司经营的海外油田开发模式必须在以经济效益为核心的前提下考虑资源的有效利用[1]。中国石油海外合作砂岩项目遵循“少投入、多采出，提高经济效益”的原则，开发策略是“有油快流、好油先投，高速开采，快速回收，规避风险，实现经济效益最大化”，形成了独特的海外油田开发理念和开发模式。

一、海外开发油田的特殊性

（1）石油资源归资源国政府所有，跨国公司只是在规定时期内的开发经营者；

（2）经营者必须遵从资源国政府和行业规定，以及各种相关条法的约束；

（3）受不同合同模式限制，设定开发时间和分成比例；

（4）受到国际市场油价竞争威胁，经受地域社会环境影响；

（5）不仅要承担技术经济风险，而且面临政治风险的挑战；

（6）国际油价波动对油田开发经营效益的影响；

（7）必须有强大的资本、技术和专业人才需求与支撑；

（8）超额利润驱动力是跨国油田开发发展壮大的根本原因。

因此，海外油田开发所采取的指导思想和开发策略有很大不同，形成了与本国油田开采不同的开发理念和开发模式。

二、资源与经营者的剥离与统一是产生不同开发理念的根本

本国油田开发，资源拥有者与经营者是同一主体。跨国油田开发，资源归属资源国政府所有，跨国公司只是规定时期内的开发经营者[2]。由于合同模式与开采时间的限制、追求巨额利润的目标驱使以及所面临的政治、技术、经济等风险，形成了不同的开发理念，从而制定出相应经营策略和开发政策，采取不同的开发模式（图 1–1）。

三、国外油田开发理念与开发模式

海外油气开发资源归资源国所有，中国公司只是一定期限内的油气开发经营者，受合

同模式（矿税制、产品分成、服务合同、回购合同）、合作伙伴等多方面制约，为规避政治、经济、安全等风险，需实施高速高效开采，快速回收投资的开发模式，更需要研究在合同模式和资源国法规要求下的开发策略和开发技术：

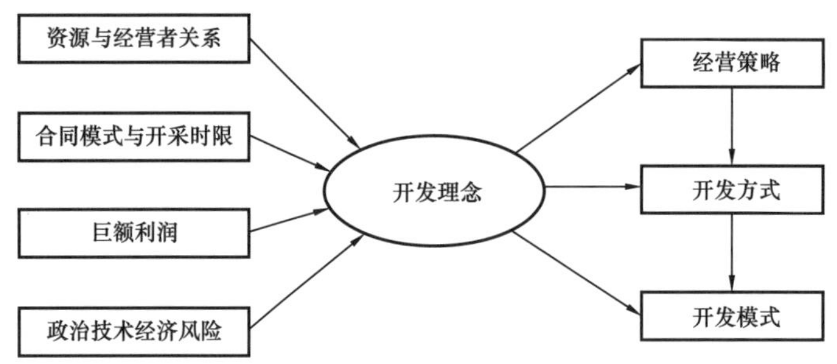

图 1–1　海外油田开发理念的形成与结果

（1）跨国油田开发者总是采取资源“为我所用”的原则，在对待资源的做法上，是选择性地有效利用，先“肥”后“瘦”、先“易”后“难”，优先选择富集且技术难度小的资源进行开发，而对低品位资源择机动用或合同期内不动用。

（2）资源拥有者与经营者分享油气开发经济成果，存在着利益分配关系，世界上比较通行的石油合同模式主要有四种：产品分成、服务合同、回购合同、矿税制，它们都规定了经营者在油气勘探开发投资中的回收和比例，同时也规定了双方利润分成比例，因此经营者必须在合同模式的规定下采用一切可行的办法来保证自己的利益，获取最大收益。合同都规定了一定的时间限制，油田开发项目的经营期一般限制在 20～25 年，也就是说，经营者占用资源和使用资源的时间是有限的，经营者在有限时间内实现自己的目标，必须采取又快又好的高速开采方式，实现有限时间内的最大采出量。

（3）跨国油田开发面临比国内更大的风险，除必须承担本行业的技术经济风险外，还要承担资源国政治、经济和社会不确定性带来的风险[3]。油田开发具有高投入、高风险、高回报的特点，经营者可以通过改进技术措施和经营管理进行有效控制风险，而资源国政治、社会和经济变化等不确定性带来的风险是经营者难以控制的，而且对项目的影响是致命的，经营者最好的办法就是提前实现投资回收，在较短时间内收回巨额投资，把投资风险降到最小限度，特别是在一些政治社会不稳定的国家和地区进行油气勘探开发投资尤其需要有效规避。

（4）跨国油田开发以追求经济效益为核心，以最小投入获取最大利润，实现经济效益最大化。尽可能降低投资是实现快速回收和获取最大利润的根本，因此，在工程建设上需要简化流程，做到安全、可靠、实用。在技术应用上采用最适用的成熟、安全、可靠、难度小的勘探开发技术，避免新技术试用带来的不确定性产生的经济风险。

因此，国内油田开发经验、模式、技术不能完全照搬到跨国经营的国际油公司油田开发中，必须根据实际油田开发现状、存在的问题、合同剩余期限、合同财税条款、资源国配套的工业技术基础，研发或集成创新经济有效的开发策略和技术。

中国石油海外合作项目油田开发近 25 年，取得的成绩令世人瞩目，形成了独特的海外油气田开发理念和开发模式（表 1–1）：

表 1–1 国内外油田开发理念与开发模式对比

比较	本国油气开发	跨国油气开发
资源与经营者关系	资源拥有者与经营者是同一主体	资源归属资源国政府所有，跨国公司只是规定时期内的开发经营者
合同模式	矿税制（许可证）	产品分成、服务合同、回购合同、矿税制
开发时限	较长、可连续	一般 20 年，可延时间段或不确定
政治社会风险	很小	很大，受地域和国家影响
技术风险	一般	很大
经济风险	一般	很大
综合风险	小	很大，影响因素多
利润驱使动力	强，但受控制	最强
资源利用	在资源充分利用的基础上获取最高的经济效益，倍加珍惜所有资源	选择性地有效利用，追求最大经济效益为核心，对低品位资源弃之不顾
开发技术	采用各种先进技术手段尽最大限度挖掘资源潜力	采用最适用的可靠技术
开发理念	从长期保障国内经济发展需求出发	以经济效益为核心
开发政策	较长时期稳定高产，满足国家和社会的需求，合理开发，不断提高油田采收率，使资源得到更好利用，实现油气可持续发展	高速开采，快速回收，规避风险，实现经济效益最大化
开发模式	（1）合理开发，保持长期高产稳产； （2）开发低品位资源，实现资源最佳利用； （3）滚动勘探开发，实现产能和储量接替； （4）采用新技术不断提高采收率，实现可持续发展 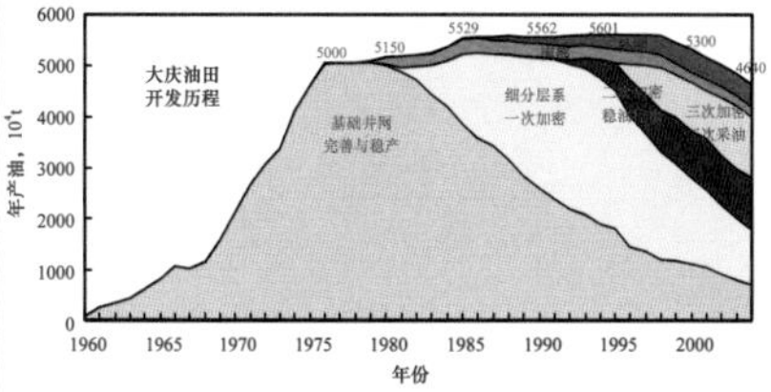	（1）规模建产，迅速达到最大值； （2）快速上产，高速开采，快速回收； （3）滚动勘探开发，实现产能和储量接替； （4）消除薄弱环节，提升开发潜力 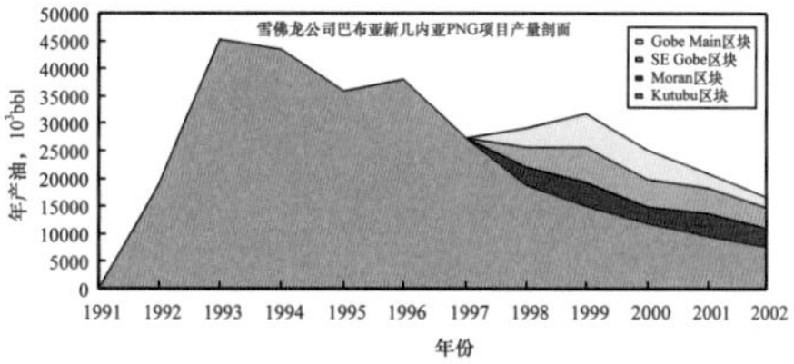

（1）开发早期阶段油田开发对策。

① 开发提前介入，做好油藏早期评价，制定正确开发决策；

② 先“肥”后“瘦”、先“易”后“难”，优先选择富集且技术难度小的资源进行开发；

③ 加大早期阶段油田开发投入，快速建设产能，有利资金回收；

④ 稀井高产，高速开发，实现少投入多产出，有利回避风险；

⑤ 充分利用油藏天然能量开发，推迟注水，提高油田开发经济效益，缩短投资回

收期；

⑥ 利用水平井整体注水开发，减少钻井投资，提高单井产量。

（2）开发中期阶段油田开发对策。

① 根据注水水驱控制程度，制定不同的开发调整对策；

② 层系转换，巧打调整井，避射高含水主力层，挖掘非主力层潜力；

③ 在微构造的高部位部署加密水平井，挖掘剩余油潜力；

④ 通过自喷转电潜泵等措施，提高油井产量，延长稳产期；

⑤ 加强堵水工作，优化堵水方式，调整层间矛盾；

⑥ 加强油田深层和滚动扩边勘探，实现新增储量，夯实油田稳产基础。

（3）开发后期阶段油田开发对策。

① 油田开发许可证快到期，并进入低产、低速、低效益阶段，尽量少钻新井；

② 停产井恢复应该以经济效益为标准，在老井中实施查层补孔、压裂、酸化、找水堵水、调参换泵等技术措施提高油井生产能力，充分动用剩余储量；

③ 通过侧钻、加深钻井、上返新层等办法增加原油产量，减缓递减；

④ 采取大幅度提高产液量的措施，强化高含水油田开采；

⑤ 与资源国加强合作、共担风险、实现双赢。

第二节　海外砂岩项目砂岩油田分布

一、砂岩油田分布

中国石油海外共有五大油气合作区：中亚俄罗斯油气合作区、非洲油气合作区、中东油气合作区、美洲油气合作区以及亚太油气合作区（图 1–2）。

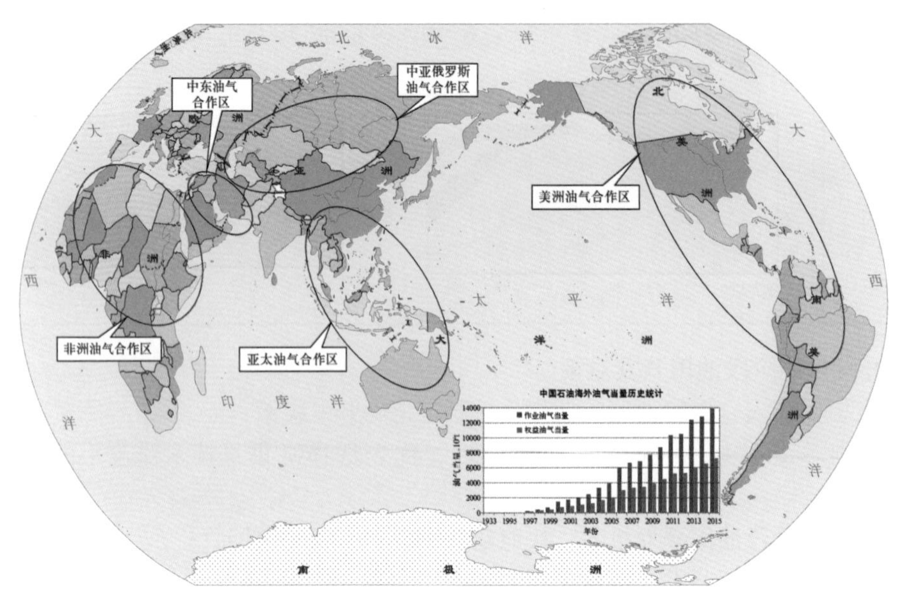

图 1–2　中国石油海外油气合作区分布图

审图号：GS（2019）2779 号

砂岩油田在五大油气合作区广泛分布，涉及合作项目26个，包括91个油田，主要分布在非洲（39个）、中亚俄罗斯（29个）、美洲（11个）、中东（7个）、亚太（5个）五个大区中。

1. 非洲合作区

非洲合作区共有砂岩项目6个，分布在苏丹、南苏丹、乍得、尼日尔等国家，包括苏丹一二四区、苏丹六区、南苏丹一二四区、南苏丹三七区、乍得、尼日尔等项目，主力砂岩油田达到39个。包括常规轻质、中质及重质原油，以轻质、中质原油为主。主力油藏具有较强的天然能量，如苏丹及南苏丹的法鲁奇、黑格里格、托马南、扶拉北等油田，基本采用天然能量高速开发。

2. 中亚俄罗斯合作区

共有砂岩开发项目10个，包括29个主力砂岩油藏，分布在哈萨克斯坦、俄罗斯、乌兹别克斯坦和阿富汗等国家，主要项目为哈萨克斯坦的MMG项目、PK项目和北布扎奇项目，其中MMG项目和北布扎奇项目位于北乌斯丘尔特盆地，PK项目位于南图尔盖盆地，包括库姆科尔南、库姆科尔北、阿克沙布拉克、南库姆科尔等主力砂岩油田。MMG项目包括卡拉姆卡斯、热德拜等主力砂岩油田。包括常规轻质及重质原油，以常规轻质原油为主。主要油藏类型为弱边水、强边水及底水油藏，主要采用人工注水高速开发。

3. 其他合作区

美洲合作区7个砂岩项目10个主力砂岩油田主要分布在委内瑞拉、厄瓜多尔、秘鲁和加拿大等国家，主要项目有委内瑞拉的MPE3、胡宁4、湖上和陆上项目；安第斯Tarapoa、秘鲁1-AB/8、加拿大的麦凯河等项目。以重油和超重油为主，主力油藏具有较强的边底水能量，主要采用天然能量高速开发。

中东地区3个砂岩项目7个主力砂岩油田主要分布在伊拉克，包括鲁迈拉、哈法亚和西古尔纳。以常规轻质油为主，主要采用天然能量和人工注水高速开发。

亚太合作区2个砂岩项目3个主力砂岩油田主要分布在印度尼西亚，包括NB和SWB等油田，主要采用天然能量开发。

二、盆地类型

沉积盆地是油气分布的基本地质单元。沉积盆地类型划分的依据具有多样性，国内外不同学者对盆地分类的原则各有侧重，主要分类原则有以下几个[4]：

根据盆地的大地构造性质进行分类。依据盆地所处的板块构造位置可以分为板内盆地和板缘盆地；依据大陆边缘的性质可以分为主动型、被动型、离散型、聚敛型、转换型盆地。

根据盆地形成的动力学环境分类。可以划分为张性、压性、扭性和混合型盆地，也可分为造陆和造山盆地。

根据盆地的结构进行分类。依据盆地下伏地壳性质可以划分为陆壳或克拉通壳盆地、洋壳盆地、残余洋壳盆地、过渡洋壳盆地；依据盆地基底性质可以划分为前寒武纪、加里东系、华力西系和阿尔卑斯系褶皱基底的盆地；依据盆地的构造变形样式可以分为坳陷型和断陷型盆地、单断半地堑和双断地堑盆地。

根据盆地形成的地质时代或构造阶段，可分为元古代、古生代、中新生代盆地或加里东期、华西期、阿尔卑斯期盆地。

根据盆地的沉降与充填性质进行划分。依据盆地下沉和填充补偿关系可分为过补偿盆地、补偿盆地和欠补偿盆地；依据盆地内发育的沉积系统、沉积环境和沉积相等特点可以将其划分为大陆环境、陆缘环境和海洋环境盆地。

目前广泛采用的盆地分类方案主要有两种：第一种以现今盆地的基本特征及其与板块构造背景的密切关系为依据，将盆地分为克拉通盆地、陆内与陆间裂谷盆地、被动大陆边缘盆地、弧前与弧后盆地、前陆盆地和走滑盆地等；第二种以盆地形成的地球动力学特征为依据，将盆地分为与张性（伸展）、压性（缩短挠曲）、走滑作用有关的（扭性）盆地。本书以第一种分类为基础，对海外砂岩油田分布的盆地进行了统计。统计结果表明，海外砂岩油田主要分布于裂谷盆地和前陆盆地中，其中裂谷盆地包含71个油田，储量占29.7%，中亚俄罗斯、非洲和亚太油气合作区砂岩油田均为裂谷盆地；前陆盆地包含20个油田，储量占70.3%，中东和美洲油气合作区砂岩油田均为前陆盆地。

中亚俄罗斯油气合作区砂岩油田主要分布于哈萨克斯坦的4个裂谷盆地：南图尔盖盆地（PK项目、KAM项目和ADM项目）、滨里海盆地（阿克纠宾项目的肯基亚克盐上油田和KMK项目）、北乌斯丘尔特盆地（北布扎其项目、MMG项目的卡拉姆卡斯油田）、曼格什拉克盆地（MMG项目的热得拜及其卫星油田）。

非洲油气合作区砂岩油田主要分布于4个裂谷盆地：苏丹、南苏丹的穆格莱德盆地（一二四区、6区项目）、迈卢特（Melut）盆地（三七区项目）、尼日尔的Termit盆地（Agadem项目）和乍得的Bongor盆地（乍得项目）。

中东油气合作区砂岩油田主要分布于1个前陆盆地：伊拉克的美索不达米亚盆地，包括鲁迈拉、哈法亚和西古尔纳项目。

美洲油气合作区砂岩油田的主要分布于5个前陆盆地：委内瑞拉的东委内瑞拉盆地（MPE3、陆湖陆上项目和胡宁4项目）、马拉开波盆地（陆湖湖上项目）、厄瓜多尔的Oriente盆地（安第斯项目）、秘鲁的马拉农（Maranon）盆地（1AB 8项目）和塔拉拉盆地（秘鲁6/7区和10区项目）。

亚太油气合作区砂岩油田主要分布中国的渤海湾裂谷盆地（SPC项目）和印尼的南苏门答腊裂谷盆地（印尼项目）。

三、分布层位

海外砂岩油田主力生产层位有中生界（三叠系、侏罗系和白垩系）、新生界（古近系和新近系）和古生界（二叠系），储量占比分别为61.9%、37.5%和0.6%（图1–3），剩余可采储量占比分别为59.6%、39.2%和1.2%（图1–4）。

中亚俄罗斯油气合作区砂岩油田主力生产层位为中生界侏罗系和白垩系。

非洲油气合作区砂岩油田主力生产层位为中生界白垩系，占该地区砂岩油田储量的52.4%，其次为新生界古近系，占该地区砂岩油田储量的42.8%，再次为古生界二叠系，占该地区砂岩油田储量的4.8%。

中东油气合作区砂岩油田主力生产层位为中生界白垩系。

美洲油气合作区砂岩油田主力生产层位为中生界白垩系和新生界古近系，分别占该地区砂岩油田储量的20.3%和79.7%。

亚太油气合作区砂岩油田主力生产层位为新生界新近系。

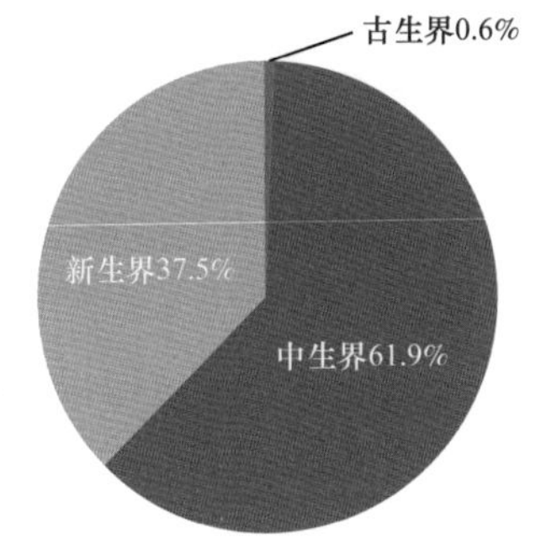

图 1-3　主力层位储量分布统计图

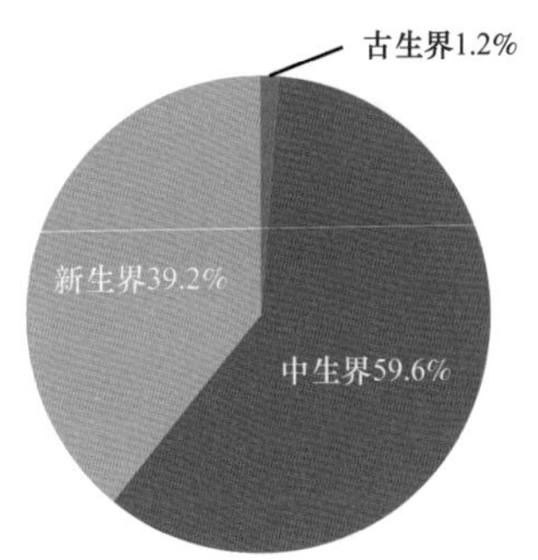

图 1-4　主力层位剩余可采储量分布统计图

四、储量规模

截至 2015 年底，海外已开发砂岩油田 2P 原油地质储量近 160×10^8t，主要分布在美洲、中东、中亚和非洲，分别占 35.4%、33.8%、14.9% 和 13.6%，亚太最少，仅占 2.3%（图 1-5）。剩余可采储量主要分布在中东、美洲、非洲、中亚，分别占 35%、32.6%、16% 和 15.7%，亚太仅占 0.7%（图 1-6）。

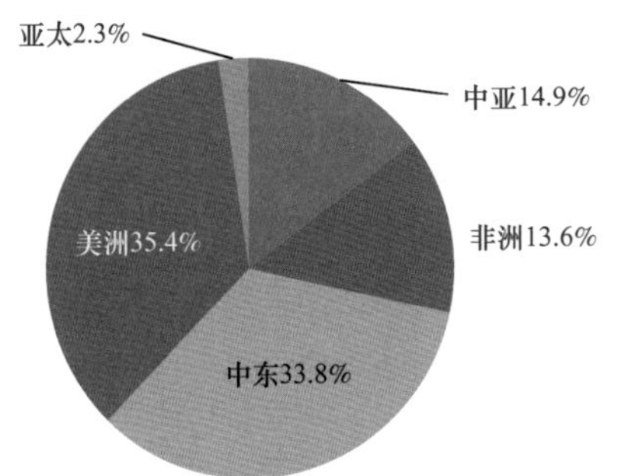

图 1-5　五大油气合作区储量分布统计图

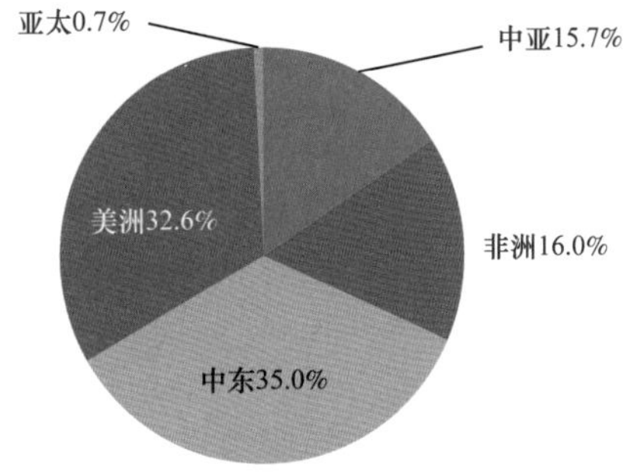

图 1-6　五大油气合作区剩余可采储量分布统计图

因海外油田开发技术研究、技术应用、开发效益等与合同模式、油品性质等关系密切，尽管海外砂岩油田地质储量和剩余可采储量主要分布在中东、美洲，但相比于其他项目，中东项目受合同模式、中国石油进入时间及技术应用等限制；美洲项目受合同模式和油品性质及开发成本等多重限制，合同者效益有限。目前和未来海外油气生产经营效益都主要来自非洲、中亚俄罗斯合作区的常规砂岩油藏，这两个合作区的油气开发经验、理论与技术相对较为成熟，也是本书描述的重点。

表 1-2 为五大油气合作区主力砂岩油田地质储量占该地区砂岩油田储量比例统计表。

表 1-2　各大区主力砂岩油田储量分布统计表

大区	所属国家	所属项目	主力油田	地质储量占该地区砂岩油田储量比例
中亚俄罗斯	哈萨克斯坦	MMG	卡拉姆卡斯	28.6%
			热得拜	15.6%
		北布扎奇	北布扎奇	11.1%

续表

大区	所属国家	所属项目	主力油田	地质储量占该地区砂岩油田储量比例
中亚俄罗斯	哈萨克斯坦	PK	库姆科尔	7.1%
			阿克沙布拉克	4.7%
非洲	南苏丹	一二四区	郁里提	7.8%
	苏丹	一二四区	黑格里格	6.7%
	南苏丹	三七区	法鲁奇	23.7%
	南苏丹	三七区	毛里塔	6.2%
	苏丹	六区	扶拉	4.8%
	苏丹	六区	莫噶	3.2%
中东	伊拉克	鲁迈拉	MainPay	72.3%
			UShale	16.3%
			Nahr Umr	2.3%
		哈法亚	Upper Kirkuk	3.9%
		西古尔纳	Zubair	3.1%
美洲	委内瑞拉	MPE3	MPE3	51.7%
		苏马诺	ZUMANO	20.5%
		陆湖	湖上	5.7%
			陆上	2.1%
	厄瓜多尔	安第斯	Tarapoa 区块	3.3%
	秘鲁	秘鲁 10 区	秘鲁 10 区	14.2%
		秘鲁 6、7 区	6 区	3.7%
			7 区	3.0%
		1-AB/8	8 区	2%
亚太	中国	SPC	渤海	90.2%

在中亚俄罗斯合作区，亿吨级的砂岩油田主要有 MMG 项目的卡拉姆卡斯油田、热得拜油田、北布扎奇项目的北布扎奇油田、PK 项目的库姆科尔油田（后分为库姆科尔南和库姆科尔北油田）和阿克沙布拉克油田。

在非洲合作区，南苏丹和苏丹一二四区、六区和三七区分别占非洲地区砂岩油田储量的 32%、40.1% 和 14.4%。一二四区亿吨级主力油田主要为郁里提油田和黑格里格油田。三七区亿吨级主力油田主要为法鲁奇油田和毛里塔油田。六区 5000 万吨级主力油田主要为扶拉油田和莫噶油田。

在中东合作区，亿吨级的砂岩油田主要有鲁迈拉项目的 MainPay、UShale 和 Nahr Umr 油田、哈法亚项目的 Upper Kirkuk 油田和西古尔纳项目的 Zubair 油田。

在美洲合作区，亿吨级砂岩油田有 9 个，分别是委内瑞拉的 MPE3、陆湖（包括湖上和陆上油田）和苏马诺项目，厄瓜多尔的安第斯项目（Tarapoa 区块）、秘鲁的 1–AB/8、6 区、7 区和 10 区。

在亚太合作区，亿吨级砂岩油田有 1 个，为 SPC 项目的中国渤海湾的渤海油田。

第三节　海外砂岩油田储层特征

一、沉积相及砂体类型

海外砂岩油田储层形成于陆地、湖（海）陆过渡及湖泊等环境中，发育有河流—（辫状河）三角洲—湖泊（海洋）、扇三角洲—湖泊等沉积体系，沉积相包括河流、扇三角洲、辫状河三角洲、三角洲、湖底扇和滨浅湖等多种类型（表 1–3）。

表 1–3　陆相湖盆沉积的相、亚相及微相表[5]

<table>
<tr><th colspan="2">相</th><th colspan="2">亚相</th><th>微相</th></tr>
<tr><td colspan="2" rowspan="3">冲积扇</td><td colspan="2">扇根（扇顶）</td><td>主槽、槽滩、侧缘滩、漫洪带</td></tr>
<tr><td colspan="2">扇中</td><td>辫流带、辫流沙岛、漫流带</td></tr>
<tr><td colspan="2">扇缘</td><td></td></tr>
<tr><td colspan="2" rowspan="3">河流</td><td colspan="2">辫状河（长流程、短流程）</td><td>河道滞留沉积、心滩</td></tr>
<tr><td colspan="2">曲流河（低弯度、高弯度）</td><td>点坝、废弃河道、串沟、决口扇、天然堤</td></tr>
<tr><td colspan="2">限制型河</td><td>河道</td></tr>
<tr><td rowspan="10">三角洲</td><td rowspan="4">鸟足状—叶状体</td><td colspan="2">三角洲分流平原</td><td>水上分流河道—低弯度曲流河和顺直型河流</td></tr>
<tr><td rowspan="2">三角洲前缘</td><td>内</td><td>水下分流河道、席状砂、分流河口坝（少）、分流间砂体（少）</td></tr>
<tr><td>外</td><td>席状砂（薄层）</td></tr>
<tr><td colspan="2">前三角洲</td><td>多为泥岩、无储层</td></tr>
<tr><td rowspan="3">过渡型（唇边状）</td><td colspan="2">三角洲平原</td><td>辫状河（短流程）</td></tr>
<tr><td colspan="2">三角洲前缘</td><td>水下分流河道、河口坝、席状砂、前缘斜坡砂体</td></tr>
<tr><td colspan="2">前三角洲</td><td>泥岩</td></tr>
<tr><td rowspan="3">扇型</td><td colspan="2">扇三角洲平原相</td><td>辫状河砂砾岩体</td></tr>
<tr><td colspan="2">扇三角洲前缘相（主体）</td><td>水下分流河道、前缘砂、边缘席状砂</td></tr>
<tr><td colspan="2">前扇三角洲</td><td>泥岩夹泥质粉砂岩和碳酸盐岩薄互层</td></tr>
<tr><td colspan="2" rowspan="3">湖底扇</td><td colspan="2">上扇</td><td>主水道、天然堤</td></tr>
<tr><td colspan="2">中扇</td><td>水道、水道间、溢岸支道</td></tr>
<tr><td colspan="2">外扇</td><td>席状砂、经典浊积岩</td></tr>
</table>

1. 河流相

辫状河主要沉积的是心滩坝，是垂向加积的产物。由于每一次洪泛事件水动力能量不同，所携碎屑物粒度也不同，由多次洪泛事件垂向加积的心滩坝，其垂向上粒度和沉积构造变化无一定规律，因而其层内渗透率非均质变化呈无规律的变化。

曲流河包括高弯度和低弯度两类，沉积5种不同微相砂体：点坝砂体、废弃河道砂体、串沟砂体、决口扇和天然堤砂体，以点坝砂体为主[6]。点坝砂体由侧向加积形成，砂体底部为含有最粗颗粒的沉积，向上逐渐变细，最后为最细的溢岸沉积，导致了点砂坝内部渗透率呈正韵律特征，底部最大的渗透率与顶部最小的渗透率形成很大的极差。点砂坝的另一重要特征是其上部在侧积体间发育侧向披覆的泥质薄层，这是两次洪泛事件的沉积物。这些泥质侧积层对储层内流体流动有强烈的影响。

海外砂岩油田河流相沉积储层以辫状河沉积为主，其次为曲流河，如南图尔盖盆地库姆科尔油田的白垩系（M-Ⅰ层为曲流河沉积，M-Ⅱ层为辫状河沉积）、南苏丹法鲁奇油田主力储层古近系Yabus组。

南苏丹法鲁奇油田主力储层古近系Yabus组为河流相沉积，自下而上由辫状河演化为曲流河。曲流河主要位于Yabus组Ⅴ砂组及以上储层。曲流河道多为弯曲的长条状，边滩为透镜状或新月形分布于凸岸，决口扇形如扇状分布于河道的外缘，废弃河道形如弯月状夹在泛滥平原与边滩之间，泛滥平原为片状分布于河道外部。根据河道曲率、边滩规模和废弃河道发育程度，该区曲流河可以分为两种类型（图1-7）：（1）复合河道型，河道曲率大，河道迁移、废弃频率高，边滩规模大、呈透镜状，废弃河道发育，砂体在平面上呈鳞片状或交织带状，该类型分布于YⅡ-1—YⅣ-1小层；（2）独立河道型，河道曲率相对较小，河道相对稳定，边滩规模较小、呈点状或新月状，砂体在平面呈独立的条带状，该类型分布于YⅣ-2—YⅤ-2小层。

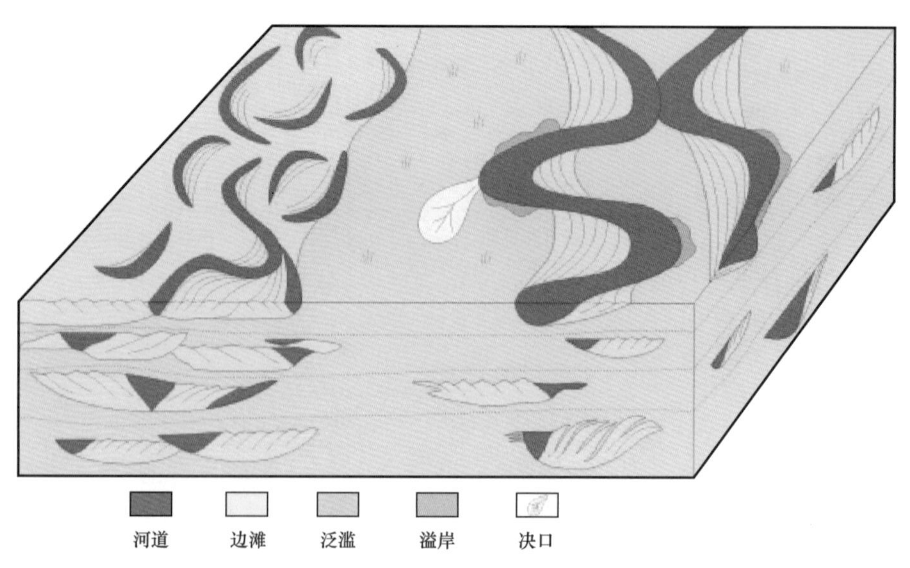

图1-7 法鲁奇油田曲流河微相分布模式

辫状河主要位于Yabus组Ⅵ砂组及以下地层（图1-8）。心滩主要呈椭圆状，其长轴的延伸方向与物源方向一致，为北东、北西向；溢岸沉积充填于辫状河道之间，其形态取决于辫状河道的形态和辫状河道的密度，但形态多为宽条带状；辫状河道的形态较复杂，显示多次交叉，呈网状和树枝状。

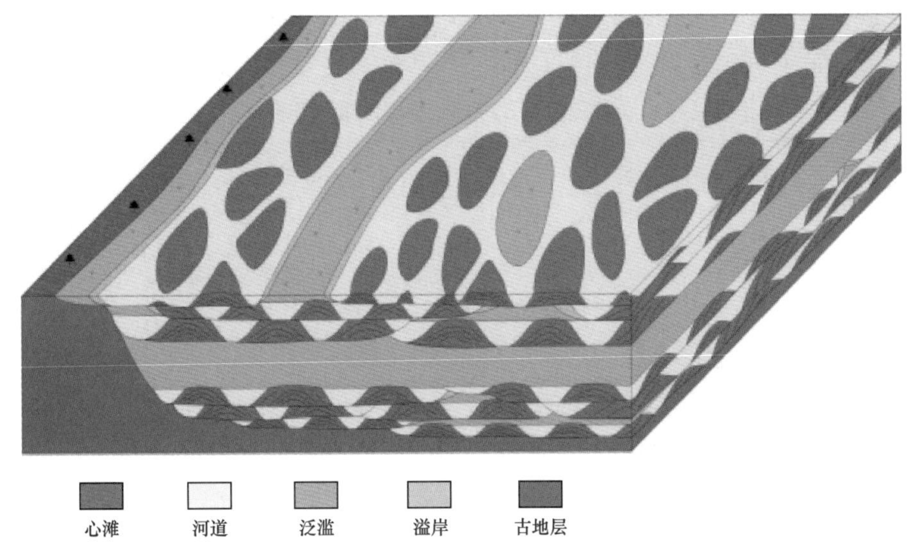

图 1-8　法鲁奇油田辫状河微相分布模式

2. 海（湖）陆过渡相

过渡相是海外砂岩储层的重要沉积环境之一，包括叶状体—鸟足状三角洲、过渡型三角洲和扇三角洲等沉积相类型[7, 8]。这几类三角洲主要有 4 类砂体：

（1）分流河道砂体：包括三角洲平原水上分流河道砂体和内前缘水下分流河道砂体。这里的曲流河沉积砂体与冲积平原上的曲流河砂体特征基本一致，只是规模较小，粒度相对较细。

（2）席状砂：在三角洲前缘上发育的大面积分布的薄层砂体。内前缘席状砂粒级较粗，具有一定的厚度（以米计）。外前缘席状砂粒度相对较细，厚度小（有时以厘米计），两者层内都比较均匀。

（3）分流河口坝砂体：具反韵律或复合韵律的层内非均质性，侧向连续性好，渗透率有一定的方向性，但平面非均质性相对较弱。

（4）分流间砂体：包括天然堤、决口扇、分流间洼地等微环境溢岸沉积，砂体小，多呈透镜状。

1）叶状体—鸟足状三角洲

叶状体—鸟足状三角洲距离物源百千米以上，具有广阔的冲积平原，坡降小于 0.5～3m/km，冲积平原各种相带发育完全，三角洲前缘砂体呈鸟足状，前缘砂体单层厚度薄，3～5m，河口坝垂直岸线，向湖前积很远，大于 10km，典型油田如南图尔盖盆地库姆科尔油田侏罗系、阿克沙布拉克油田侏罗系、MMG 项目的卡拉姆卡斯油田和热德拜油田、北布扎奇项目的北布扎奇油田、鲁迈拉项目的 Main Pain 油藏等。

缓坡进积型三角洲分为河控三角洲和浪控三角洲（表 1-4）。河控三角洲分为鸟足状和朵状两类。鸟足状三角洲河流输入的泥砂量大、悬浮沉积物多、砂泥比较低，有较固定的河道和天然堤，向湖推进快，延伸远，形似鸟足状。朵状三角洲河流输入的泥砂量大、悬浮沉积物较多、砂泥比较高，波浪作用加强，三角洲前缘沉积物受到波浪的改造，河口沉积物再次搬运和沉积，形成朵状三角洲。浪控三角洲平面形态呈鸟咀状，分支河道小而少，泥砂输入少，波浪作用较强，造成河口偏移，前缘沉积物发生再分配，河口砂坝不发育，沉积慢，坡度较陡，为砂泥间互的席状砂沉积。

表 1–4　湖盆三角洲 8 种端元类型的沉积特征简表[9]

三角洲类型	退积型				进积型			
	陡坡		缓坡		陡坡		缓坡	
沉积特征	浪控	河控	浪控	河控	浪控	河控	浪控	河控
河流类型	辫状	辫状	蛇曲	蛇曲	辫状	辫状	蛇曲	蛇曲
河口水动力组合	W/F①	F/W	W/F	F/W	F/W	F/W	W/F	F/W
R_d 与 R_s 的关系	$R_d<R_s$	$R_d<R_s$	$R_d<R_s$	$R_d<R_s$	$R_d>R_s$	$R_d>R_s$	$R_d>R_s$	$R_d>R_s$
最大粒级	砾	砾	砂	砂	砾	砾	砂	砂
主要格架相	滩、坝	分流河道河口砂坝	滩、坝	分流河道河口砂坝	滩、坝	分流河道河口砂坝	滩、坝	分流河道河口砂坝
层序组合	正旋回	正旋回	正旋回	正旋回	反旋回	反旋回	反旋回	反旋回

注：W—波浪；*F*—河流；R_d—沉积速度，R_s—沉降速度。

① 主要水动力 / 次要水动力。

卡拉姆卡斯油田 J1C 为缓坡进积型河控朵状三角洲，油田内为三角洲前缘亚相，主要发育水下分流河道、河口坝、决口扇、溢岸砂、支流间湾微相（图 1–9、图 1–10）。由北到南，水下分流河道砂体向前推进，河道规模从下到上逐渐增加，构成前积序列。水下分流河道和河口坝砂体是该区的主体沉积，厚度大，延伸远，分布稳定。在水下分流河道砂体之外，发育决口扇在侧向上与其拼接，另外在分流间湾泥质沉积中发育溢岸砂，但一般砂体厚度较薄，延伸范围有限。

热德拜油田 J8 层为缓坡进积型河控鸟足状三角洲，河口坝广泛发育，分流河道呈鸟足状发育于河口坝之上，呈“河在坝上走”的沉积模式，滩砂孤立地发育于三角洲前缘前端，孤立分布。分流河道剖面主要呈“顶平底凸”的形态，河口坝呈“底平顶凸”。在层序组合上主要为反旋回（图 1–11）。

2）扇三角洲

扇三角洲紧邻物源（数千米），几乎无冲积平原，三角洲前缘砂体呈扇形，前缘砂体单层厚度较厚，达数十米。河口砂坝平行沉积走向，岩性变化小，典型油田如阿克沙布拉克油田J–Ⅲ层。

阿克沙布拉克油田J–Ⅲ层为快速堆积型扇三角洲沉积（图1–12），砂体厚度由东向西逐渐变小，从研究区东部向西部，岩石粒度由粗到细，表现为从含砾粗砂岩—粗砂岩—

细砂岩—泥岩［图1–12（b）］的变化特征。J–Ⅲ层平面上共发育东部和南部3个复合扇体［图1–12（d）］，其中东部扇体为主力扇体。扇体主要以水下分流河道沉积为主，由于沉积物供应充足且沉积迅速，河道在平面上呈片状分布，侧向迁移程度弱，因此扇体内部基本不发育水下分流河道间湾等泥岩沉积。河口坝发育在扇体前端水动力相对较弱的区域，发育程度低，反映了扇三角洲快速堆积的沉积特征。滩坝砂发育在扇体前端和侧部的构造低部位区域，由扇三角洲砂体后期遭受滑塌和湖水改造等作用形成。

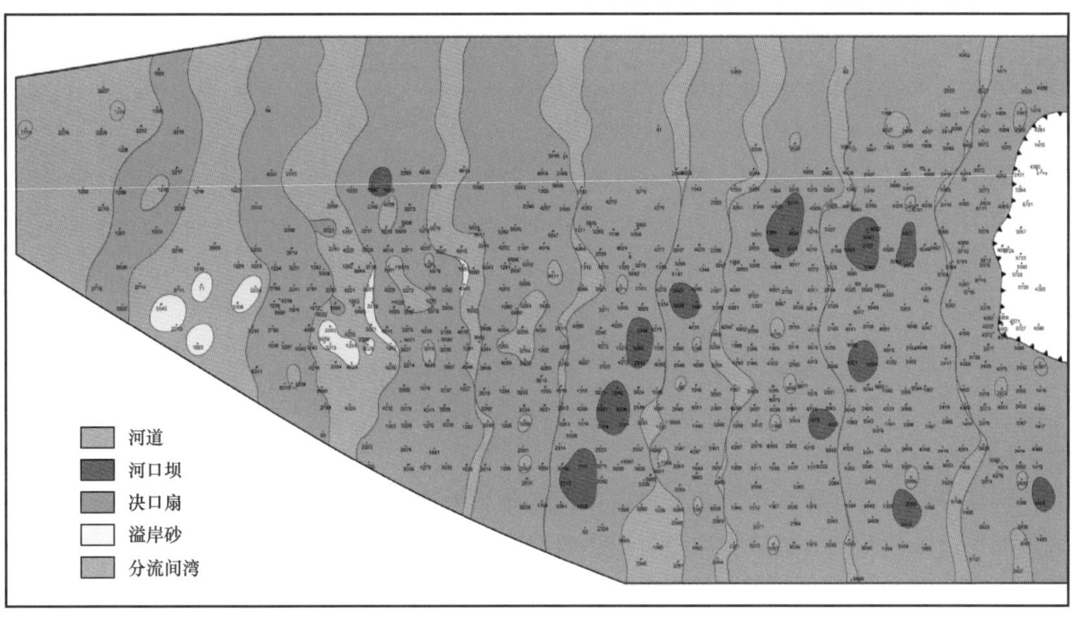

图 1–9 卡拉姆卡斯油田 J1C 层某小层沉积微相平面图

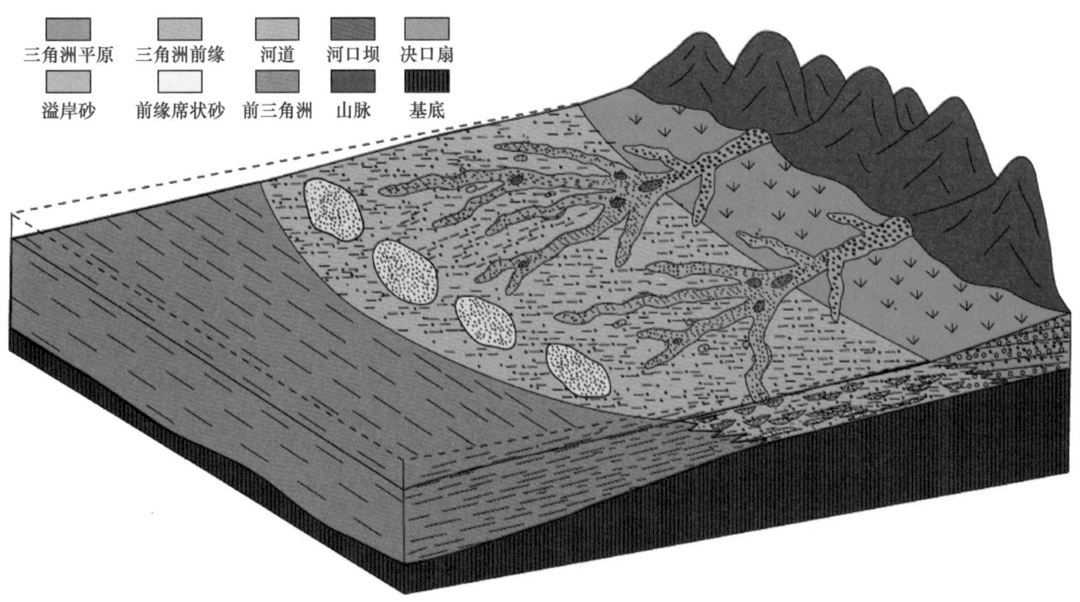

图 1–10 卡拉姆卡斯油田 J1C 层缓坡进积型河控朵状三角洲相模式

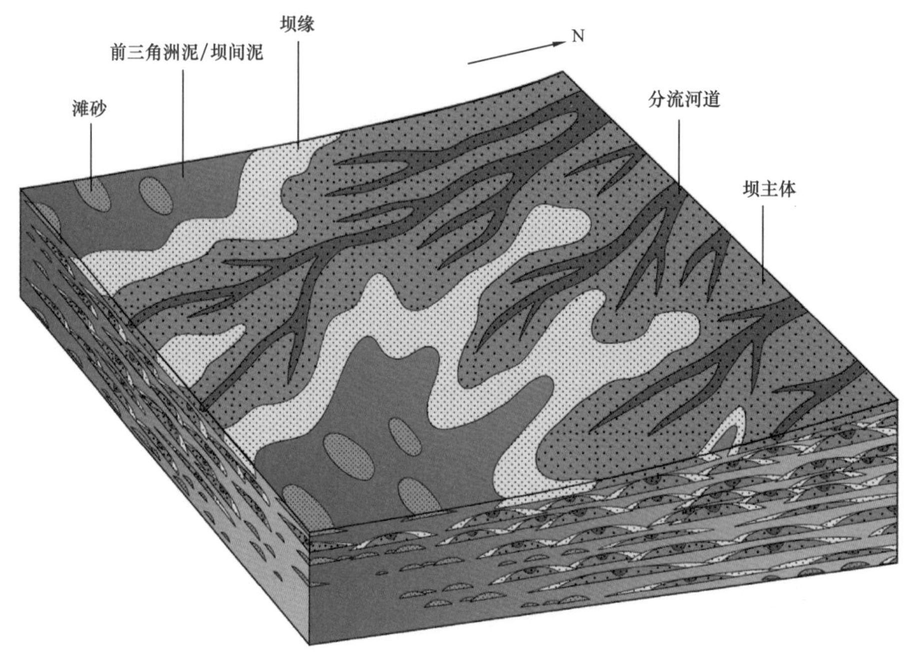

图 1-11　热德拜油田 J8 层缓坡进积型河控鸟足状三角洲相模式

3）过渡型三角洲

在鸟足状—叶状体三角洲和扇三角洲之间存在大量的过渡类型三角洲，即短流程河流入湖而形成的三角洲。过渡类型三角洲距离物源数十千米，具有较窄的冲积平原，辫状河直接入湖，三角洲前缘砂体呈唇边形，前缘砂体单层厚度中等（10～20m），河口坝垂直岸线，向湖前积不远，小于 10km，典型油田如北布扎奇油田白垩系。

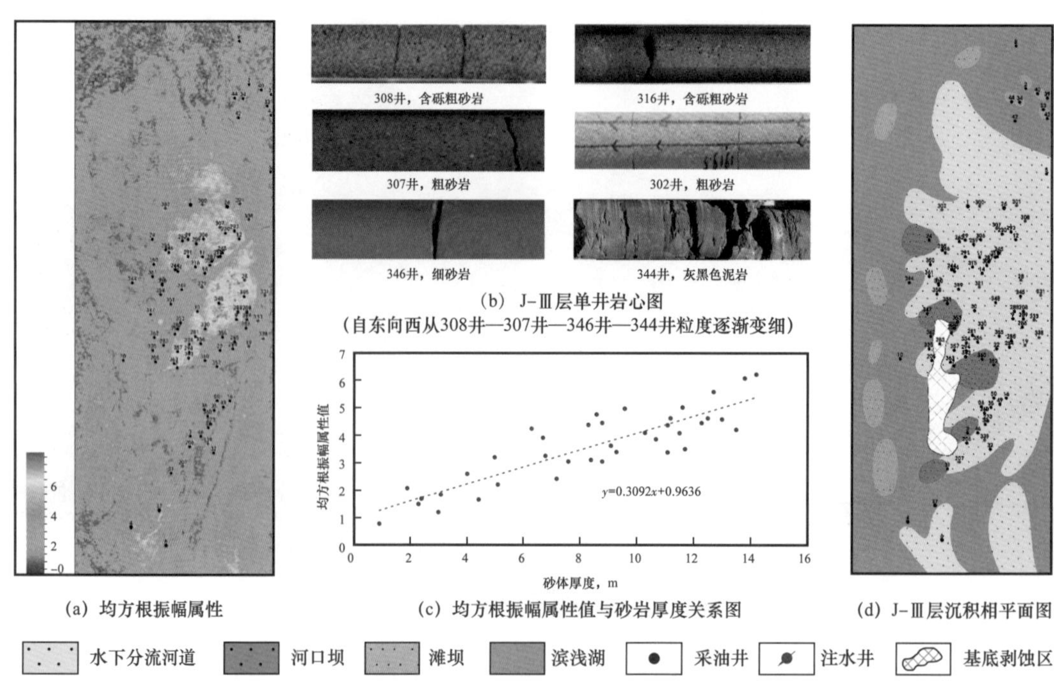

图 1-12　阿克沙布拉克油田 J- Ⅲ层扇三角洲沉积相展布图

北布扎奇油田白垩系属于三角洲前缘亚相沉积（图 1-13），研究区是靠近滨浅海一侧的前缘亚相末端沉积。沉积微相（构型单元）主要包括分流河道、河口坝、席状砂、滩坝砂和坝间泥等 5 种类型。

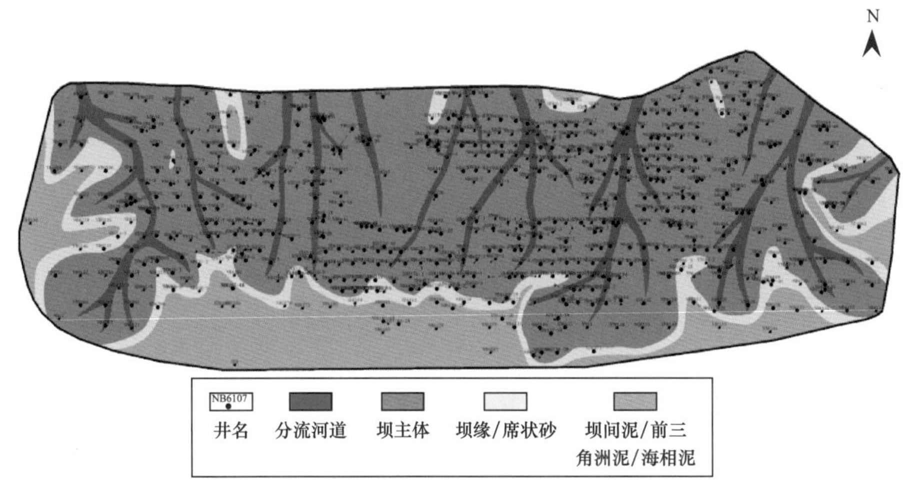

图 1-13 北布扎奇油田Ⅵ区白垩系 C2-1 层沉积微相图

分流河道：厚度较薄，一般 2～6m，岩性以细砂岩为主，泥质含量低，粒度较粗，分选较好。自然伽马曲线呈中—高幅的钟形、复合钟形或齿化箱形，孔隙度、渗透率呈相对高值，垂向发育下粗上细的正韵律及较均质韵律。由于研究区位于三角洲前缘外侧，河道频繁顺源分叉，多为末端分流河道，规模较小，在河口坝上流动时能量较弱，切割下部河口坝砂体力度较小，在垂向演化上常位于坝主体之上，呈现“河在坝上走”的沉积模式。剖面上砂体呈现“底凸顶平”的形态，平面上呈条带状。

河口坝：位于分流河道的河口处，沉积速率最高，是研究区最发育的沉积微相类型。为了更清楚地表征河口坝内部的储层质量差异，把河口坝细分为坝主体和坝缘两个次一级的沉积单元。

坝主体为河口坝的主要组成部分，砂体厚度大，一般 2～8m，粒度相对较粗，砂体受海浪的反复冲洗筛选，分选好，物性好，是优质的含油储层。岩性多以细砂岩为主，总体岩石粒度比河道略细。底部见紫红色泥岩或粉砂质泥岩；常呈大段的块状层理，可见波状层理、平行层理及小型交错层理等。垂向上，以向上变粗的反韵律为特征。坝主体的电性特征表现为自然伽马曲线较光滑，呈箱形或漏斗形，幅度差较大。孔隙度、渗透率呈现高值，表现为反韵律或相对均质的复合韵律特征，以后者为主。剖面上砂体呈“底平顶凸”形态，平面上呈不规则朵状或宽窄条带状。

坝缘砂体厚度较薄，一般小于 2m，水动力强度较弱，常与粉砂质泥岩、泥质粉砂岩或泥岩互层，可见小型交错层理、波状层理等，物性一般，较坝主体差，一般为干层或非油层，容易受海浪改造形成广泛分布于三角洲前缘前端的薄层席状砂，在垂向剖面上呈向上变粗的反韵律，平面上处于坝主体的外围，呈环带状。坝缘的电性特征为自然伽马曲线呈漏斗形或复合漏斗形，曲线幅度小于坝主体，孔、渗曲线表现反韵律或复合韵律特征。

滩坝砂：是三角洲前缘经海浪改造或长期搬运、反复淘洗后滞留形成的水下堆积性薄沉积体，其分布局限，长轴方向平行于海岸方向。滩坝砂分为滩砂和坝砂。研究区处于滨岸环境，主要发育滩砂，坝砂不太发育。滩砂岩性主要是粉砂岩或粉细砂岩与泥岩的互层，层数多且单砂体厚度小（<2m）。成分成熟度中—高，分选好，但砂泥频繁互层，孔隙度、渗透率较低，含油性较差，物性不好。滩坝砂电性特征与坝缘、席状砂相似，单井上不好区分，需要根据沉积旋回特征，结合沉积微相平面展布情况来具体分析。自然伽马曲线呈指形，孔隙度、渗透率垂向以正反或反正复合韵律类型为主。

北布扎奇白垩系沉积模式（图 1–14）反映了研究区发育的海相三角洲前缘沉积环境，主要接受北和北东方向的物源供给。三角洲前缘主要发育河口坝，分流河道发育于河口坝之上，呈“河在坝上走”的沉积模式，滩砂发育于三角洲前缘前端，孤立分布。分流河道剖面主要呈“顶平底凸”的形态，河口坝呈“底平顶凸”。

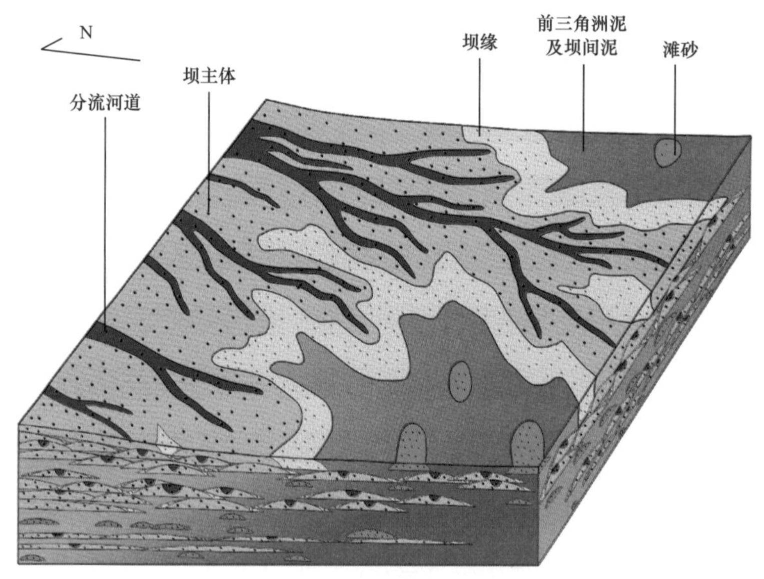

图 1–14　海相三角洲前缘构型模式图

3. 湖相

印尼 Jabung 区块新近系 Lumut 段和 Simpang 段发育湖相沉积，可划分为滨湖、浅湖和半深湖三个亚相。滨湖又可进一步分为泥坪、砂泥混合坪、砂坪微相；浅湖可进一步分为浅湖砂坝和浅湖泥微相类型。当浅湖局部被三角洲前缘相隔而孤立时，可形成湖湾沉积，它与浅湖水体流通性较差，为较闭塞的还原环境。

4. 湖底扇

湖底扇是湖盆中以重力流搬运沉积建造于浪基面以下深湖环境的碎屑岩体。湖底扇砂体侧向连续性差，其几何形态以水道式条带状为主，不发育连续系较好的叶状体砂体。储层岩性以鲍马序列为特征，多次浊流事件的叠加切割方式，导致渗透率非均质性严重。此外，因矿物成熟度低，微观非均质性也相对强，常具双模态孔隙结构。

印尼 Jabung 区块湖底扇主要发育于 NEB 油气田新近系的 L.Lumut 和 M.Lumut 段。NEB 油气田 L.Lumut 和 M.Lumut 段沉积时期滑塌湖底浊积扇形成的主要原因是由于该油气田东北部的辫状河三角洲前缘带尚未完全固结的沉积物，因受构造因素的影响，沉积物发生破裂、滑动并与水混合形成密度流，在重力作用下沿斜坡液化、滑塌后形成浊流进入湖泊的深水区再快速堆积而成湖底扇。所以，平面上湖底扇位于辫状河三角洲体系的外侧，从盆地形态结构可看出，由物源方向至盆地的较深水处，发育着从辫状河或扇三角洲直接过渡为湖底浊积扇的沉积演化特征。

按砂体厚度及其延伸方向，湖底扇沉积体系可划分为内扇、中扇和外扇三个亚相。内扇以发育碎屑流（水下泥石流）、颗粒流和浊流的 A 段沉积为主；中扇以发育浊流的 A–B 段沉积为主，此二亚相都为有利储层发育的相带；而外扇以发育远源浊积的 C–D–E 段和 D–E 段泥、粉砂岩为主，一般不利于储层发育。

二、储层物性特征

海外砂岩储层以中高孔隙度、中高渗透率为主（图 1–15），高—特高渗透油田占 28.4%，高渗透油田储量占 38.1%，中渗透油田储量占 24.8%，低渗透油田储量仅占 8.4%。

剩余可采储量以高—特高渗透油田为主（图 1–16），高—特高渗透油田占 43.5%，高渗透油田占 35.2%，中渗透油田占 18.8%，低渗透油田占 2.4%。

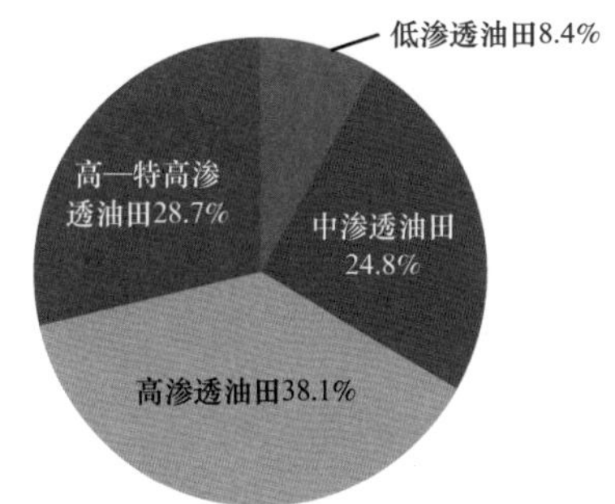

图 1–15　不同物性油田地质储量分布统计图

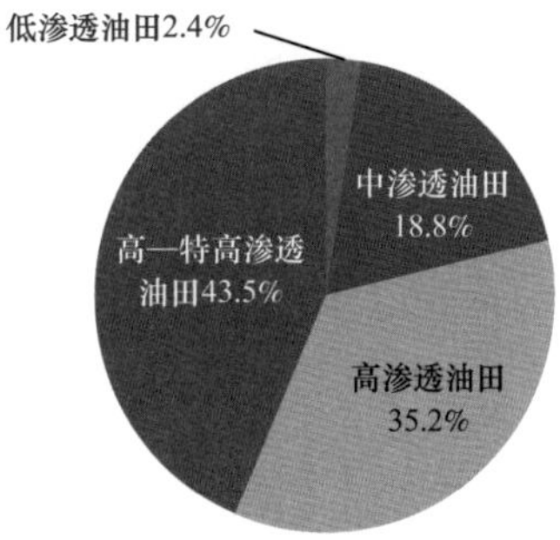

低渗透油田2.4%
中渗透油田
18.8%
高—特高渗透
油田43.5%
高渗透油田
35.2%

图 1–16　不同物性油田剩余可采储量分布统计图

1. 低渗透油田

中低孔隙度、低渗透油田较少，如 PK 项目的迈伊布拉克油田（平均孔隙度 16.3%～19.7%，平均渗透率 17～28.7mD）、北努拉雷油田（平均孔隙度 11.1%，平均渗透率 14.1mD）、阿克塞伊油田（平均孔隙度 11%，平均渗透率 21.5～28.9mD），MMG 项目的卫星油田，苏丹六区的 Bara 油田以及秘鲁六、七区、十区等油田，其储量约 13×10^8t，仅占海外砂岩油田总储量的 8.4%。

2. 中渗透油田

中渗透油田各大区均有分布，典型油田如中亚俄罗斯油气合作区卡拉姆卡斯油田侏罗系 J1C 层，各单砂层平均孔隙度 26.3%～27.2%，平均渗透率 278.3～345.8mD。热德拜油田侏罗系平均孔隙度 16.7%～19.1%，平均渗透率 45.1～247.6mD。北布扎奇油田白垩系孔隙度 25.0%～30.6%，渗透率 27～322mD，平均 102.9mD。

中东油气合作区鲁迈拉油田 Main Pay 油藏白垩系总体属中高孔隙度、中高渗透储层，表现为自南至北、自下而上储层物性逐渐变差。其中北鲁迈拉油田孔隙度集中分布在 12%～24% 之间，中值为 18.1%，渗透率集中分布于 100～1100mD，中值为 421mD。

3. 高渗透油田

中亚俄罗斯油气合作区南图尔盖盆地，库姆科尔南油田储层物性极好，其中白垩系平均孔隙度 25.2%～26.4%，平均渗透率 338～1930mD，为高孔隙度、中高渗透储层；侏罗系孔隙度平均 22.6%～25%，渗透率 171～816mD，为中孔隙度、中高渗透储层。阿克沙布拉克油田 J- Ⅲ层平均孔隙度为 25.8%，平均渗透率为 1320mD，为高孔隙度、高渗透储层。北布扎奇油田侏罗系孔隙度 29.0%～31.7%，渗透率 228～1424m，平均 1036mD。

中亚俄罗斯油气合作区肯基亚克盐上油藏白垩系油层孔隙度 35.6%～36.4%，平均 36%，渗透率 35.4～4970mD，平均 1640mD；中侏罗统孔油层孔隙度 28.7%～39.8%，平均 36.1%，渗透率 28～5000mD，平均 1875mD，均属高孔隙度、高渗透储层。

中东油气合作区南鲁迈拉油田孔隙度集中分布在 15%～23% 之间，中值 20.2%，渗透率集中分布于 180～3800mD，中值为 842mD。

4. 高—特高渗透油田

非洲油气合作区苏丹黑格里格油田白垩系 Bentiu 组储层物性极好，岩心分析孔隙度主要分布于 23%～30%，平均 25.4%，渗透率主要分布于 1000～6000mD，平均 2255mD，为高孔隙度、高—特高渗透储层。南苏丹法鲁奇油田亦具有中高孔隙度、中高渗透特征，古近系 Yabus 组平均孔隙度 24%，不同区块主力砂组平均渗透率 500～2000mD。

美洲油气合作区胡宁 4 区块古近系岩心最大孔隙度为 39.8%，最小为 24.6%，平均为 34.0%。最大渗透率为 27000mD，最小为 73mD，平均为 5381mD，属特高孔隙度、特高渗透储层。

表 1-5 为海外主力砂岩油田储层物性统计表。

表 1-5　海外主力砂岩油田储层物性统计表

项目	油田 / 区块	层位	平均孔隙度 %	平均渗透率 mD	储层类型
苏丹一二四区	黑格里格油田	白垩系 Bentiu 组	20.0～28.0	1000～2000	中高孔隙度、高渗透
南苏丹三七区	法鲁奇油田	古近系 Yabus 组	20.0～30.0	500～2000	中高孔隙度、高渗透
PK	库姆科尔南油田	白垩系	25.2～26.4	338～1930	高孔隙度、中高渗透
		侏罗系	22.6～25	171～816	中孔隙度、中高渗透
	阿克沙布拉克油田	侏罗系 J- Ⅲ	25.8	1320	高孔隙度、高渗透
MMG	卡拉姆卡斯油田	侏罗系 J1C	26.3～27.2	278.3～345.8	中高孔隙度、中渗透
	热德拜	侏罗系	16.7～19.1	45.1～247.6	中孔隙度、中渗透
北布扎奇	北布扎奇油田	白垩系	25.0～30.6	102.9	中高孔隙度、中渗透
		侏罗系	29.0～31.7	1036	特高孔隙度、高渗透
阿克纠宾	肯基亚克盐上	白垩系	36.0	1640	特高孔隙度、高渗透
		中侏罗统	36.1	1875	特高孔隙度、高渗透
MPE3	MPE3	新近系	30～36	5000	特高孔隙度、特高渗透
胡宁 4	胡宁 4	古近系 Oficina 组	34.0	5381	特高孔隙度、特高渗透
鲁迈拉	鲁迈拉油田（北）	白垩系	12～24	100～1100	中低孔隙度、中高渗透
	鲁迈拉油田（南）	白垩系	15～23	180～3800	中孔隙度、中—特高渗透

三、储层非均质性

国内各油田根据陆相储层特征及生产实践，以裘亦楠的分类方案为基础，综合各种分类方案，提出了一套较完整且实用的分类方案，目前国内已普遍采用。该方案将储层非均质性分为宏观及微观非均质性两大类，而其中宏观非均质性又包括层内非均质性、平面非均质性及层间非均质性，微观非均质性包括孔隙非均质性、颗粒非均质性和填隙物非均质性[7]。

表征渗透率非均质程度的定量参数有渗透率变异系数（V_k）、渗透率突进系数（T_k）、渗透率级差（J_k）、渗透率均质系数（K_p）。一般来说，当 $V_k \leqslant 0.5$ 时为均匀型，表示非均质性弱；当 $0.5 \leqslant V_k \leqslant 0.7$ 时，为较均匀型，表示非均质性程度中等；当 $V_k > 0.7$ 时为不均匀型，表示非均质性程度强。当 $T_k < 2$ 为均质型，反映非均质程度弱；当 T_k 在 2～3 之间为较均质型，反映非均质程度中等；当 $T_k > 3$ 为不均质型，表示非均质程度强。

储层的非均质性受控于沉积环境和成岩作用，湖盆碎屑岩沉积具有相带窄、平面上相变快的基本特点，再加上高频的湖进湖退，以致各种环境、不同相带的砂体在平面上频繁交错、叠合分布，造成陆相湖盆储层往往具有多砂层、层间非均质性比较严重（表 1–6）。

表 1–6　陆相湖盆典型微相砂体的层内非均质性[7]

砂体微相	沉积方式	粒度韵律	渗透率韵律	渗透率非均质程度	夹层
曲流河点坝	侧积	正韵律	正韵律	强	泥质侧积层
辫状河心滩坝	垂积	均质韵律	均质韵律	中	少
分流河道	填积	正韵律	正韵律	强	泥质薄层分布于中上部
河口沙坝	前积	反韵律	反韵律	中—弱	泥质薄层分布于中下部
滩坝	进　积	反韵律	反韵律	弱	少
浊积岩	浊积	正韵律	正韵律	中—强	泥质薄层分布于中上部

海外砂岩油气田储层多形成于河流、三角洲环境中，储层非均质一般较强。

1. 河流相砂体非均质性

下面以苏丹黑格里格油田古近系 Bentiu 组辫状河沉积来说明河流相砂体的非均质性。

黑格里格油田古近系 Bentiu 组砂岩从上至下分成多个砂层组，依次编号 1、2、3、4 等，每个砂组厚 70～100m，由多套辫状河沉积砂体叠加组成（图 1–17）。每个砂层组由 2～4 个小层组成，小层间发育局部稳定的泥岩隔 / 夹层，这些隔 / 夹层将砂层组细分为 A、B、C、D 小层，小层厚 6～30m。

1）层间非均质性

（1）层间泥岩隔层。

Bentiu_1、2、3 层间发育比较厚、分布稳定的泥岩隔层，它们是泛滥相沉积的产物；泥岩隔层分布广，在油田区域稳定且能连续追踪，是整个油田地层对比和划分的主要标志层。据三个油田单井统计，Bentiu_1 和 Bentiu_2 之间泥岩隔层厚度范围为 2.5～19.0m，平均 7.8～10.0m；Bentiu_2 和 Bentiu_3 之间泥岩隔层厚度范围为 2.5～44.3m，平均 5.8～32.9m。Bentiu 组内的层间泥岩隔层把 Bentiu 油层分隔成不同的独立油藏。

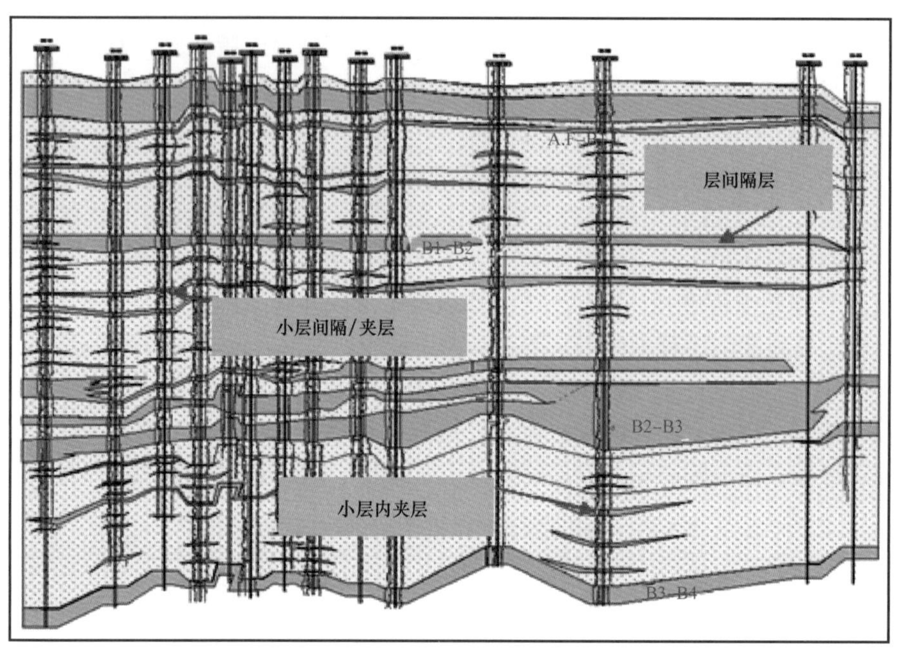

图 1-17　黑格里格油田隔夹层纵向分布剖面图

（2）小层间泥岩隔 / 夹层。

Bentiu 组各独立油藏内发育 2～3 个小层间隔 / 夹层，小层间隔 / 夹层是相对短暂泛滥相沉积泥岩，其厚度变化大，平均沉积厚度范围为 1.7～19.5m，分布相对稳定，可以起到局部隔层的作用；小层间的隔 / 夹层泥岩延伸范围达 1～3 个井距甚至更广，对边底水的突进或锥进可以起到局部遮挡作用，但对整个油藏没有分隔作用，并且在局部地区存在“开天窗”可能。

（3）小层间砂体发育特征。

总体上，Bentiu_1 地层砂体发育，单砂体层数有 6～15 个，分层系数平均为 10.9；储层砂岩总厚度大，净毛比为 0.61～0.90，平均 0.79；Bentiu_2 地层单砂体层数有 3～10 个，分层系数平均为 6.7，储层净毛比为 0.36～0.75，平均 0.52；Bentiu_3 地层单砂体层数有 5～15 个，分层系数平均为 11.3，储层净毛比为 0.71～0.88，平均 0.79；综合来看，Bentiu_1 和 Bentiu_3 砂体发育，砂体连通性好。

从各小层物性参数来看，Bentiu_1 物性最好，平均孔隙度 21.3%～24.4%，平均渗透率 1248～2786mD；Bentiu_2 物性居中，平均孔隙度 20.5%～20.7%，平均渗透率 999～1132mD；Bentiu_3 物性最差，平均孔隙度 18.8%～20%，平均渗透率 521～927mD。

2）层内非均质性

（1）层内夹层分布特征。

Bentiu 储层各个小层是由多期辫状河道和心滩砂体叠置而成，各小层砂体内部发育的不连续非渗透隔层或极低渗透的夹层对流体流动可起到遮挡作用，因而对驱油过程影响极大。砂体内存在的隔 / 夹层主要有三类：① 心滩坝中的泥质落淤层，厚度较薄，但分布范围广；② 河道顶部的泥质薄层，分布范围小，限制在河道内；③ 砂体内的泥质纹层，厚度极小，以毫米计，在层系中常呈韵律性反复出现。上述三类隔夹层均为垂向加积成因，平行砂层分布，因此主要构成流体的垂向渗流屏障。

（2）沉积构造对层内非均质性影响。

辫状河单砂体具有独特的垂向层序（图 1-18），从下至上不仅岩性、粒度、沉积构造等都有变化特征，而且物性变化造成的非均质性很强。砂体之间的界面以及砂体内部层理构造等的发育，增强了层内非均质性（图 1-19）。取心揭示，砂岩中的沉积构造很发育，层理构造主要以交错层理、斜层理和平行层理为主（图 1-20）。

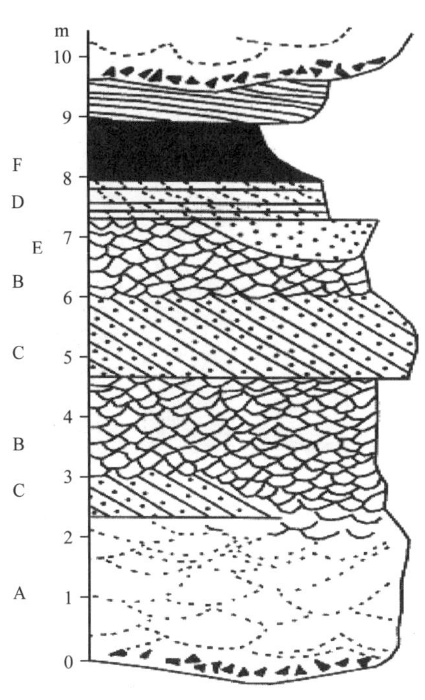

图 1-18　辫状河垂向层序

（3）层内渗透率变化特征及非均质程度。

根据测井解释结果和 2 口取心井常规物性分析资料，共选择 7 口井 17 个典型砂岩层段，分析了其渗透率大小在垂向上的变化规律及其非均质性。从统计结果来看，渗透率在纵向上的变化所构成的韵律性存在五种模式：正韵律、反韵律、复合正韵律、复合反正韵律、均匀韵律，但以正韵律、复合正韵律为主，约占 74%，总体表现为最小渗透率位于砂体上部，最大渗透率位于砂体中下部（图 1-21）。

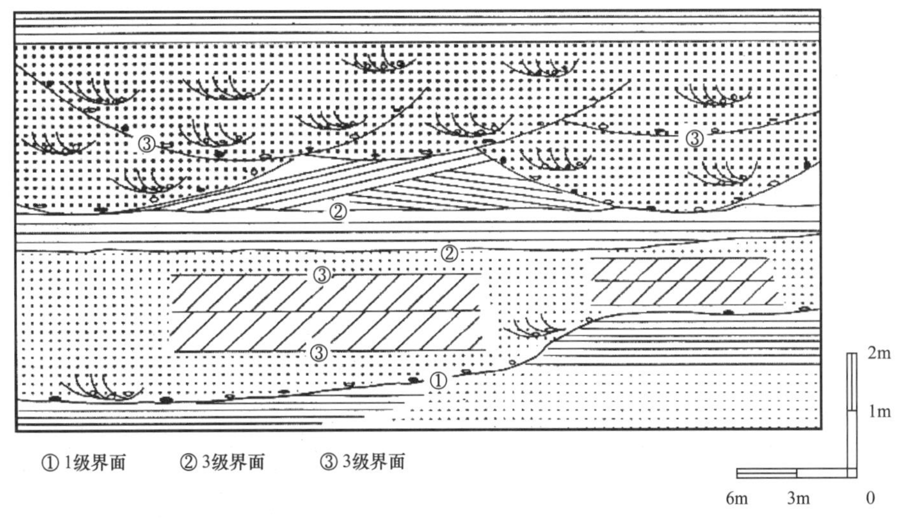

图 1-19　辫状河沉积的 3 级界面

从层内渗透率纵向变化可知，典型油层的层内渗透率变异系数变化范围为 0.98～1.5，渗透率突进系数变化范围 3.65～6.08，渗透率级差变化范围为 194～361。综合以上各个参数，储层层内非均质强，对油藏的开发影响严重。

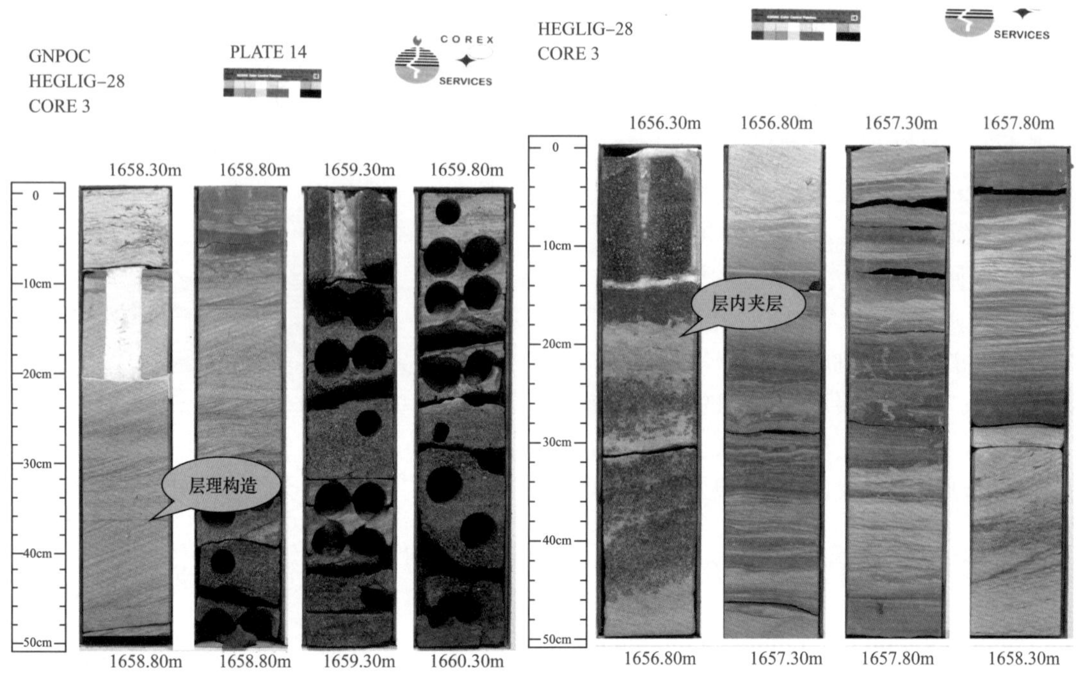

图 1-20　黑格里格油田 HE-28 井岩心中的沉积构造

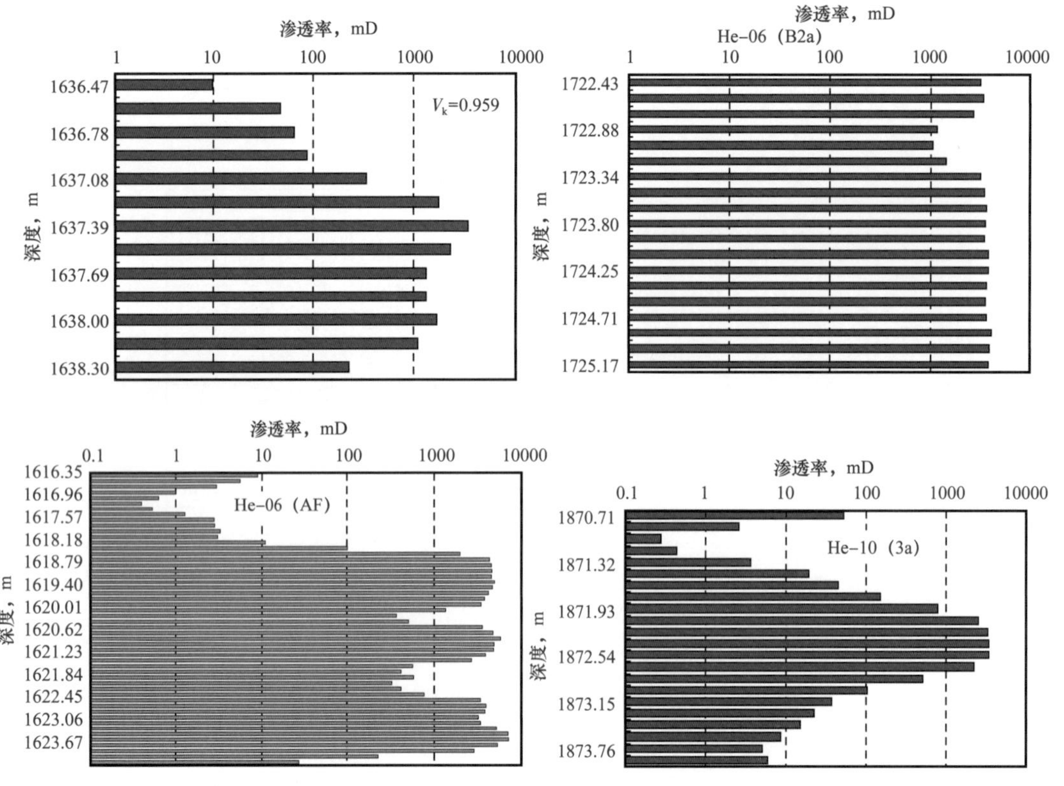

图 1-21　黑格里格油田 Bentiu 组小层内的渗透率纵向分布特征

3）小层平面非均质性

三大主力油田 Bentiu_1、2、3 层的储层在平面上连通性好，平均孔隙度变化范围 18.8%～26.5%，平均渗透率变化范围 74～3999mD；井间渗透率非均质变异系数 0.19～1.17，突进系数为 1.87～6.87，级差 6.3～114。

2. 三角洲砂体非均质性

下面以 MMG 项目卡拉姆卡斯油田 J1C 层三角洲前缘沉积来说明三角洲砂体的非均质性。

1）层间非均质性

各类沉积环境在纵向上形成的不同性质的砂体和隔层的分布，使得储层在纵向上具有差异性。

（1）层间隔层。

通过岩心描述和岩心分析资料以及测井资料研究，概括起来，本区隔夹层可分为以下三类：泥质隔夹层、钙质隔夹层和物性隔夹层，其识别标准见表 1–7。

表 1–7 卡拉姆卡斯油田 J1C 层隔夹层识别标准

序号	类型	中子伽马 API	梯度电阻率 Ω·m	侧向电阻率 Ω·m	密度 g/cm^3	泥质含量 %
1	钙质	＞3.12	＞3.21	＞2.82	＞2.26	17.3～69.86
2	泥岩	＜2.27	＜2.32	＜1.78	＞2.26	53.4～92.7
3	砂质泥岩	2.27～2.42	＜2.36	＜1.89	＞2.26	37.8～81.6

应用制定的隔夹层标准，对单井上的隔夹层进行了识别，其成果如表 1–8、表 1–10 所示。在研究区的 715 口井中识别出隔层 2220 个，平均单井发育隔层 3.1 个，隔层总厚度为 3387.84m，平均厚度 1.62m。其中钙质隔层 23 个，累计厚度 21.07m，平均厚度 0.92m；泥岩隔层 651 个，累计厚度 957.28m，平均厚度 1.47m；砂质泥岩隔层 1546 个，累计厚度 2409.49m，平均厚度 1.71m。总体上来看隔层岩性以砂质泥岩隔层为主，占总个数的 69.6%，占总厚度的 71.1%。

（2）层间非均质性。

陆相湖盆中大多数沉积体系的流程短、相带窄、相变快，因而层间非均质性一般都比较突出。层间非均质性研究是划分开发层系、决定开采工艺的依据，同时，层间非均质性是注水开发过程中层间干扰和水驱差异的重要原因。层间非均质性研究既是油田开发初期划分开发层系、确定开发方案的地质基础，也是在多油层合采时分析层间矛盾和研究剖面水淹规律及剩余油分布特征的地质依据。层间非均质性主要受沉积相的控制，尤其三角洲相砂体相带窄、相变快，层间非均质性显得更为突出。层间非均质性主要由渗透率非均质参数来描述。

表 1–9 列出了卡拉姆卡斯油田 J1C 层 8 个单砂层储层参数分布情况，由顶部到底部的各单砂层的层内平均孔隙度和平均渗透率变化不大，平均砂岩厚度 1.7～2.1m，也变化不大，这说明研究区的储层非均质性较弱。

表 1-8　卡拉姆卡斯油田 J1C 隔层识别成果分岩性统计表

隔层类型	隔层岩性	个数	个数占比，%	累计厚度，m	厚度占比，%	平均厚度，m
1类	钙质	23	1.04	21.07	0.62	0.92
2类	泥岩	651	29.32	957.28	28.26	1.47
3类	砂质泥岩	1546	69.64	2409.49	71.12	1.71
累计	隔层	2220	100.00	3387.84	100.00	1.62

表 1-9　卡拉姆卡斯油田 J1C 各单砂层储层参数统计表

序号	层号	砂岩厚度 m	砂地比 %	泥质含量 %	孔隙度 %	渗透率 mD	含油饱和度 %
1	J1C–1t1–1	1.8	70.9	18.9	26.3	278.3	61.5
2	J1C–1t1–2	2.0	79.0	16.8	26.7	305.5	63.0
3	J1C–1t2–1	2.1	81.1	16.2	26.9	328.2	62.2
4	J1C–1t2–2	2.0	76.4	16.5	27.0	335.9	61.1
5	J1C–2t1–1	1.7	67.7	17.9	27.0	336.9	56.8
6	J1C–2t1–2	1.8	76.1	18.5	27.0	340.3	57.4
7	J1C–2t2–1	1.9	76.2	19.6	27.2	345.8	58.2
8	J1C–2t2–2	1.7	63.4	20.4	26.8	314.4	56.2
平均		1.9	73.9	18.1	26.9	323.2	59.5

总体上，卡拉姆卡斯油田 J1C 层各单砂层之间层间非均质性中等—较弱（图 1–22），各单砂层间平均渗透率变异系数为 0.49，平均渗透率突进系数为 1.69，平均渗透率级差为 5.30。

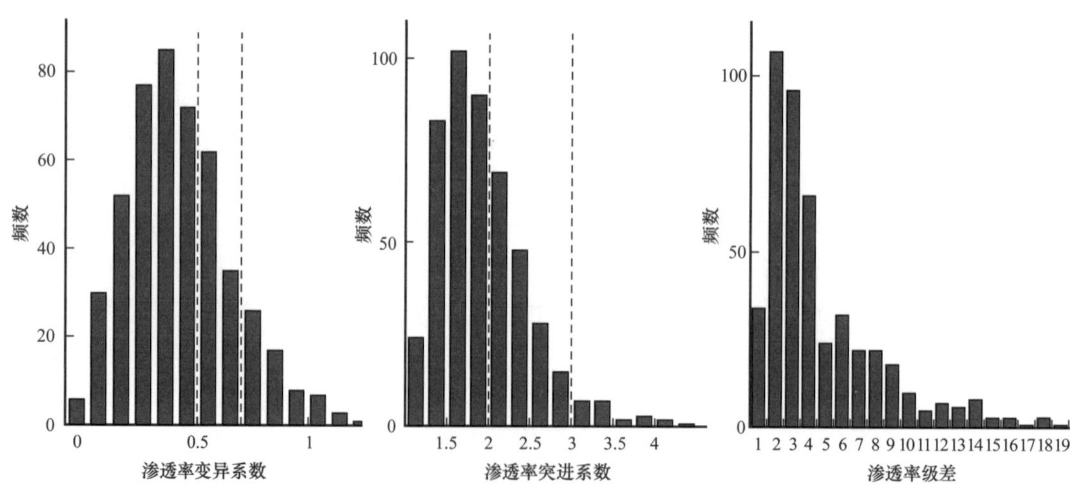

图 1–22　卡拉姆卡斯油田 J1C 层间渗透率非均质参数统计直方图

2）层内非均质性

层内非均质性是指单一油层内部的差异性。层内渗透率的变化和差异是构成层内非均质性的重要原因，是控制层内水洗厚度的主要因素之一。主要研究内容包括：层内夹层；粒度韵律性、渗透率韵律性（高渗段位置）；层内渗透率非均质程度；渗透率各向异性，包括层理构造的渗透率各向异性、全层规模的水平 / 垂直渗透率比值等。

（1）层内夹层。

在研究区的 715 口井中识别出夹层 82 个（表 1–10），平均单井发育夹层 0.11 个，夹层总厚度为 57.9m，平均厚度 0.71m。其中钙质夹层 6 个，累计厚度 2.87m，平均厚度 0.48m；泥岩夹层 13 个，累计厚度 9.96m，平均厚度 0.77m；砂质泥岩夹层 63 个，累计厚度 45.05m，平均厚度 0.72m。

表 1–10 卡拉姆卡斯油田 J1C 夹层识别成果分岩性统计表

夹层类型	夹层岩性	个数	个数占比，%	累计厚度，m	厚度占比，%	平均厚度，m
1 类	钙质	6	7.32	2.87	4.96	0.48
2 类	泥岩	13	15.85	9.96	17.20	0.77
3 类	砂质泥岩	63	76.83	45.05	77.81	0.72
累计	夹层	82	100.00	57.88	99.97	0.71

夹层岩性类型亦以砂质泥岩为主，占 77.8%。J1C–1t2–2 层夹层发育数量最多（表 1–11），而 J1C–2t1–2 层夹层发育数量最少，夹层平均厚度介于 0.60～0.82m 之间，平均 0.71m。

表 1–11 卡拉姆卡斯油田 J1C 夹层识别成果统计表

层内夹层	个数	个数占比，%	总厚度，m	厚度平均值，m
J1C–1t1–1	11	13.41	7.69	0.70
J1C–1t1–2	9	10.98	5.80	0.64
J1C–1t2–1	9	10.98	6.29	0.70
J1C–1t2–2	17	20.73	10.74	0.63
J1C–2t1–1	9	10.98	6.43	0.71
J1C–2t1–2	4	4.88	2.39	0.60
J1C–2t2–1	9	10.98	7.36	0.82
J1C–2t2–2	14	17.07	11.18	0.80
累计	82	100.00	57.88	0.71

图 1–23 为 J1C 层夹层参数分布直方图，研究区的夹层频率分布在 0.029～0.142 个 /m 之间，平均 0.056 个 /m，总体而言相对较低；夹层密度分布在 0.004～0.152m/m 之间，平均 0.039m/m；夹层平均厚度分布在 0.008～1.66m 之间，平均为 0.71m。

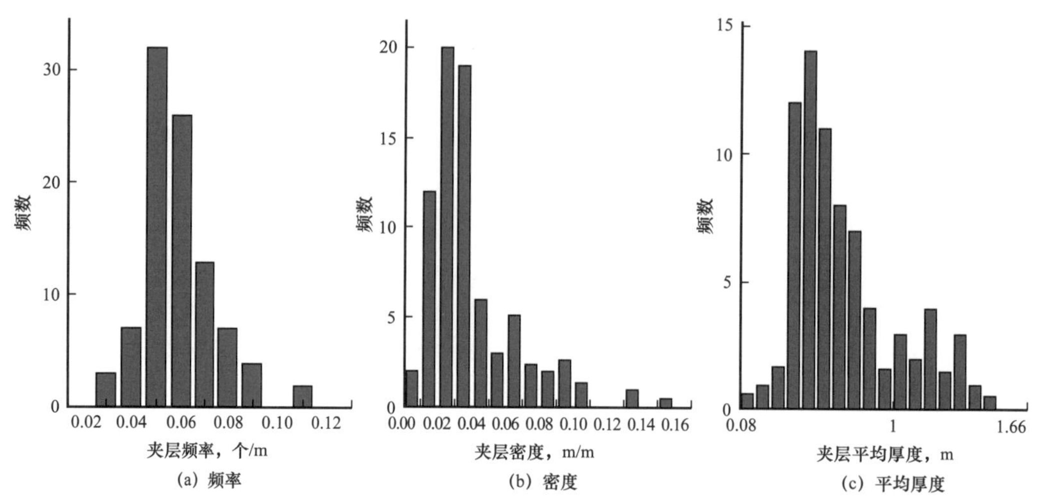

图 1-23　卡拉姆卡斯油田 J1C 层内夹层参数直方图

（2）层内非均质性。

表 1-12 列出了卡拉姆卡斯油田 J1C 层 8 个单砂层的层内非均质参数评价表，从表 1-12 可以看出，J1C 层各单砂层层内平均渗透率非均质参数变化不大，渗透率变异系数主要分布在 0.538～0.580 之间，平均为 0.565，平均渗透率突进系数为 2.072，平均渗透率级差为 20.06。总体上层内非均质性中等。

表 1-12　卡拉姆卡斯油田 J1C 层内非均质性评价表

序号	层名	孔隙度，%	渗透率，mD	变异系数	突进系数	级差	非均质程度
1	J1C-1t1-1	26.3	278	0.586	2.146	23.49	中等
2	J1C-1t1-2	26.7	305	0.580	2.110	19.76	中等
3	J1C-1t2-1	26.9	328	0.562	2.088	20.27	中等
4	J1C-1t2-2	27.0	336	0.568	2.094	19.89	中等
5	J1C-2t1-1	27.0	337	0.558	2.018	17.59	中等
6	J1C-2t1-2	27.0	340	0.565	2.073	18.65	中等
7	J1C-2t2-1	27.2	346	0.538	2.034	18.86	中等
8	J1C-2t2-2	26.8	314	0.560	2.013	21.97	中等
平均		26.9	323	0.565	2.072	20.06	中等

由各层内渗透率变异系数、渗透率突进系数、渗透率级差频率直方图（图 1-24）可知，各层内渗透率变异系数主要分布区间为 0.2～1，渗透率突进系数主要分布区间为 1～3.5，渗透率级差分布区间为 2～30，表明层内非均质以中等和弱为主。

（3）各沉积微相非均质参数规律。

表 1-13 为卡拉姆卡斯油田 J1C 各沉积微相非均质程度统计表。各种类型微相的层内非均质程度为中等，差别不大。

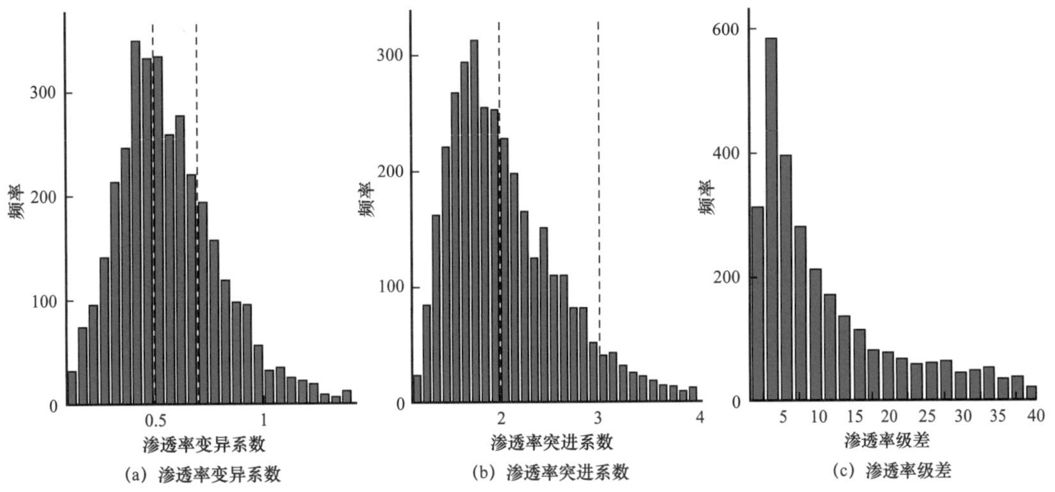

图 1-24　卡拉姆卡斯油田 J1C 层内渗透率非均质参数统计直方图

表 1-13　卡拉姆卡斯油田 J1C 各沉积微相非均质参数统计表

微相类型	变异系数 V_k			突进系数 T_k			级差 J_k			非均质程度
	最小值	最大值	平均值	最小值	最大值	平均值	最小值	最大值	平均值	
河道	0.59	0.69	0.63	2.04	2.34	2.2	17.8	25.55	21.76	中等
河口坝	0.57	0.64	0.6	2.11	2.28	2.2	18.6	25.34	20.71	中等
溢岸砂	0.6	0.9	0.68	1.98	2.69	2.2	9.11	33	21.71	弱—中等，平均为中等
决口扇	0.48	0.84	0.68	1.92	2.69	2.19	4.43	49.66	26.95	弱—中等，平均为中等

河道各单砂层变异系数各单砂层最小值为 0.59，最大值为 0.69，平均值为 0.63，各单砂层突进系数最小值为 2.04，最大值为 2.34，平均值为 2.2，各单砂层级差最小值为 17.8，最大值为 25.55，平均值为 21.76。非均质程度为中等。

河口坝各单砂层变异系数最小值为 0.57，最大值为 0.64，平均值为 0.6，各单砂层突进系数最小值为 2.11，最大值为 2.28，平均值为 2.2，各单砂层级差最小值为 18.6，最大值为 25.34，平均值为 20.71。非均质程度为中等。

溢岸砂变异系数各单砂层最小值为 0.6，最大值为 0.9，平均值为 0.68，各单砂层突进系数最小值为 1.98，最大值为 2.69，平均值为 2.2，各单砂层级差最小值为 9.11，最大值为 33，平均值为 21.71。非均质程度为弱—中等，平均为中等。

决口扇各单砂层变异系数最小值为 0.48，最大值为 0.84，平均值为 0.68，各单砂层突进系数最小值为 1.92，最大值为 2.69，平均值为 2.19，各单砂层级差最小值为 4.43，最大值为 49.66，平均值为 26.95。非均质程度为弱—中等，平均为中等。

3）平面非均质性

储层的平面非均质性是指储层砂体的几何形态、规模、连续性以及砂体内储层各属性参数的平面变化所引起的非均质性。研究规模为砂体规模，侧重于砂体的横向变化、储层参数的变化。平面非均质性对于井网布置、注入水的平面波及效率及剩余油的平面分布有很大的影响。下面以研究区 J1C-1t1-1 小层为例说明其平面非均质特征。

图 1-25 至图 1-27 分别为卡拉姆卡斯油田 J1C-1t1-1 小层砂岩厚度、砂地比和渗透率分布图。J1C-1t1-1 层砂体极为发育，砂岩含量较高，砂体平面上呈网状展布，砂体间较多拼接和切叠，研究区中部砂体较厚。储层物性高值区主要位于河道和河口坝等有利相带，孔隙度平均值为 26.3%。渗透率高值分布范围相对较小，主要分布在砂体较厚的中部位置，平均渗透率在 278mD 左右。

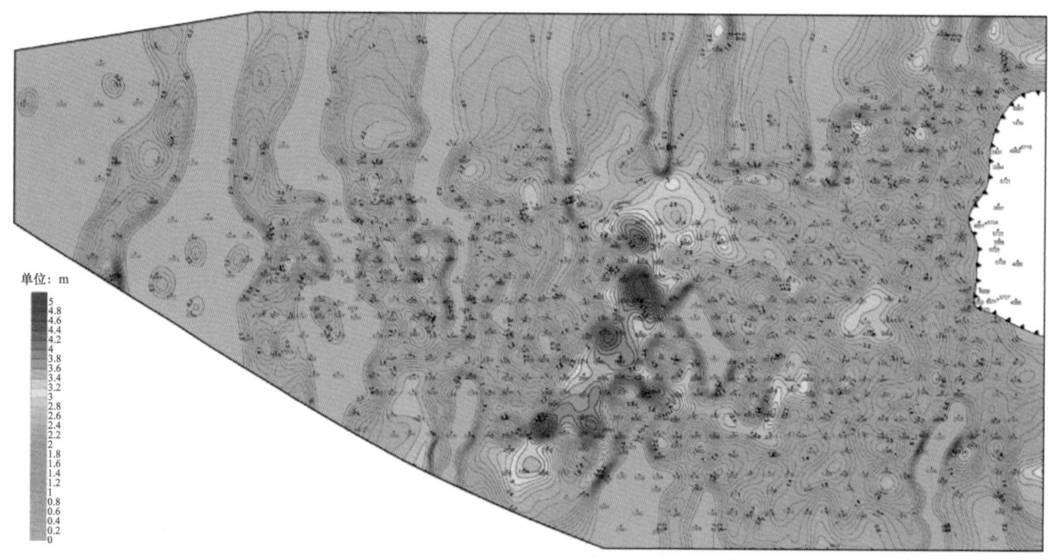

图 1-25　卡拉姆卡斯油田 J1C-1t1-1 小层砂岩厚度分布图

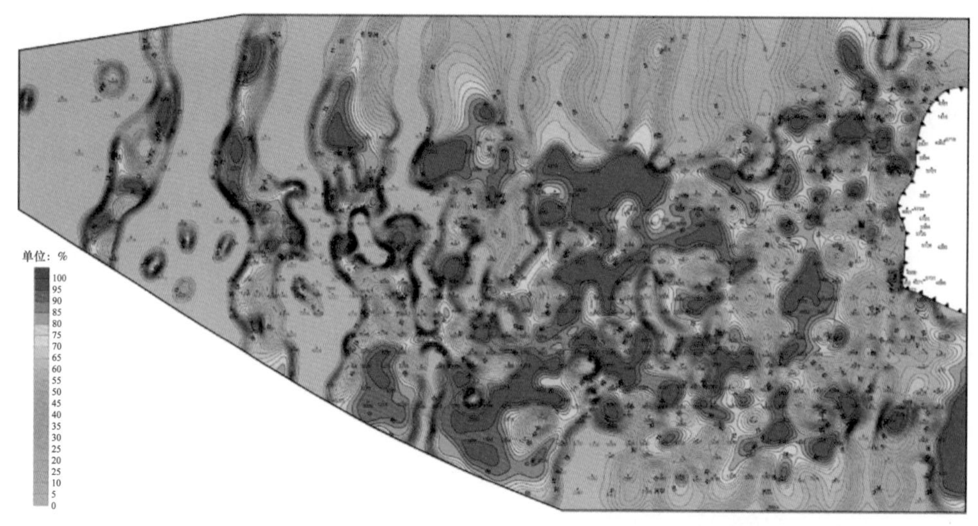

图 1-26　卡拉姆卡斯油田 J1C-1t1-1 小层砂地比分布图

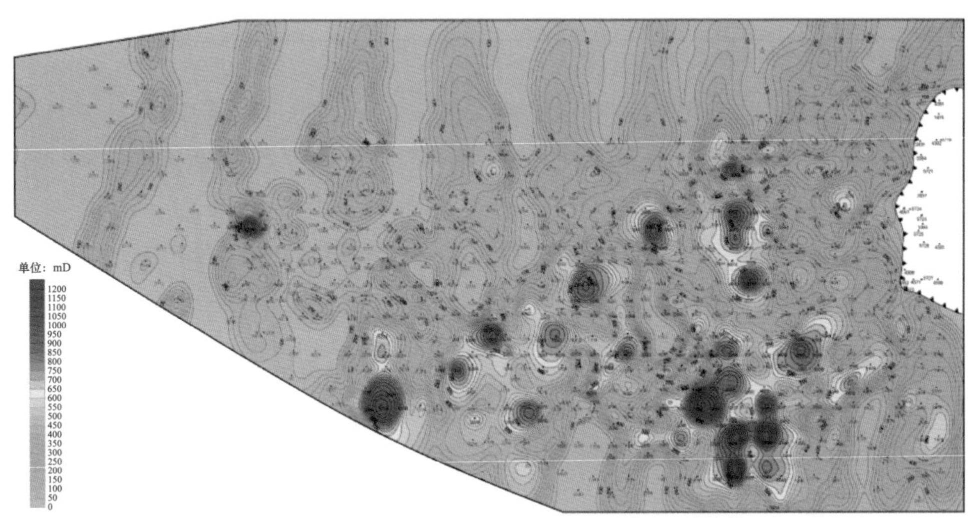

图 1-27 卡拉姆卡斯油田 J1C-1t1-1 渗透率分布图

第四节 海外砂岩油田油藏类型及流体特征

海外砂岩油田油藏类型多样，难以一概而论。流体性质也各有不同，低黏、中黏、高黏、稠油等均有分布。海外项目优先采用"快速上产、高速开发、快速回收成本"的开发政策，主力建产油田一般具有储量规模大、储层物性好、原油品质好、地层能量较充足的特点。本节以法鲁奇、黑格里格、南库姆科尔、阿克沙布拉克等海外典型砂岩油田为例介绍油藏类型。

一、油藏类型

油藏类型在一定程度上决定了油田开发的难易程度，油藏类型不同在开发过程中采用的开发方式、开发技术政策和最终的开发效果也有所差异。油藏在利用天然边底水能量或人工注水开发过程中实现高速开发，需要较强且持续的供液能力，一般来说，较大的储量丰度、较好的储层及流体物性是油藏高速开发的基础。根据油水关系和构造特征把海外砂岩油藏分为三大类：层状边底水油藏、块状底水构造油藏和断块油藏。

1. 层状边底水构造油藏

该类油藏是海外最为常见的砂岩油藏类型，油层一般为中厚层，油层间有明显的泥质隔层，纵向上具有多个油水系统，部分油层带气顶，边底水能量弱—中等。

中亚俄罗斯油气合作区和中东油气合作区以层状边底水构造油藏为主。中亚俄罗斯油气合作区的库姆科尔油田为层状边底水构造油田（图1-28），纵向上包括6个主力产层，下白垩统的M-Ⅰ（曲流河沉积）、M-Ⅱ（辫状河沉积），上侏罗统（三角洲平原）的J-Ⅰ、J-Ⅱ、J-Ⅲ及J-Ⅳ，中孔隙度、中高渗透砂岩储层。白垩系为构造型边底水未饱和油藏，埋深1083m，地层压力11.1MPa，饱和压力4.9MPa，气油比为11.8m^3/t，侏罗系为带气顶岩性—构造边水饱和油藏，埋深1258m，地层压力13.7MPa，气油比为133m^3/t，边水天然能量不足。

中亚俄罗斯油气合作区阿克沙布拉克油田（图1-29）纵向上包括白垩系（M-Ⅱ-1、M-Ⅱ-2）和侏罗系（J-0、Ⅰ、Ⅱ、Ⅲ）两套含油层系，其中主力油藏M-Ⅱ（河流相）

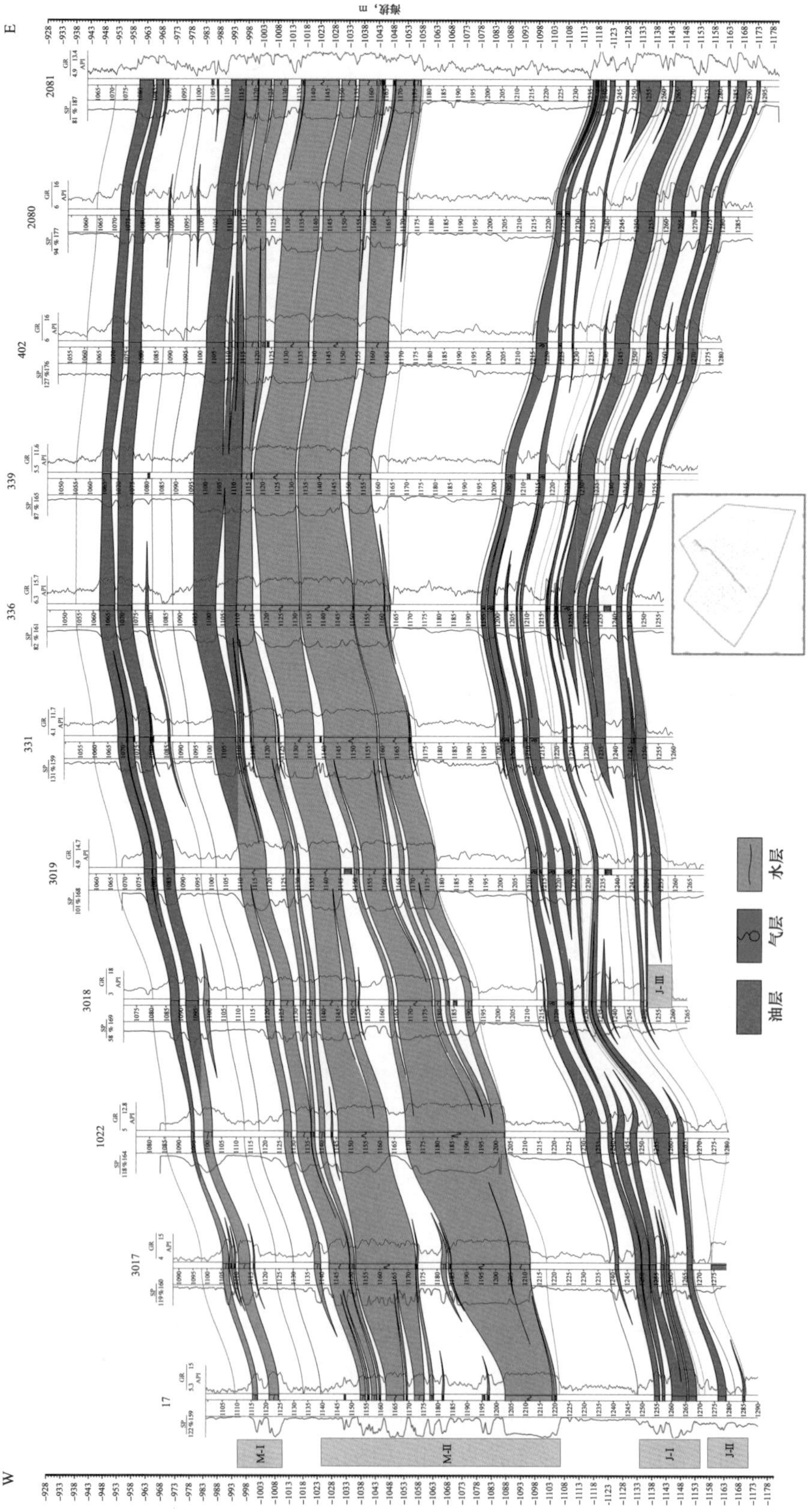

图 1-28 库姆科尔层状边底水构造油藏剖面图

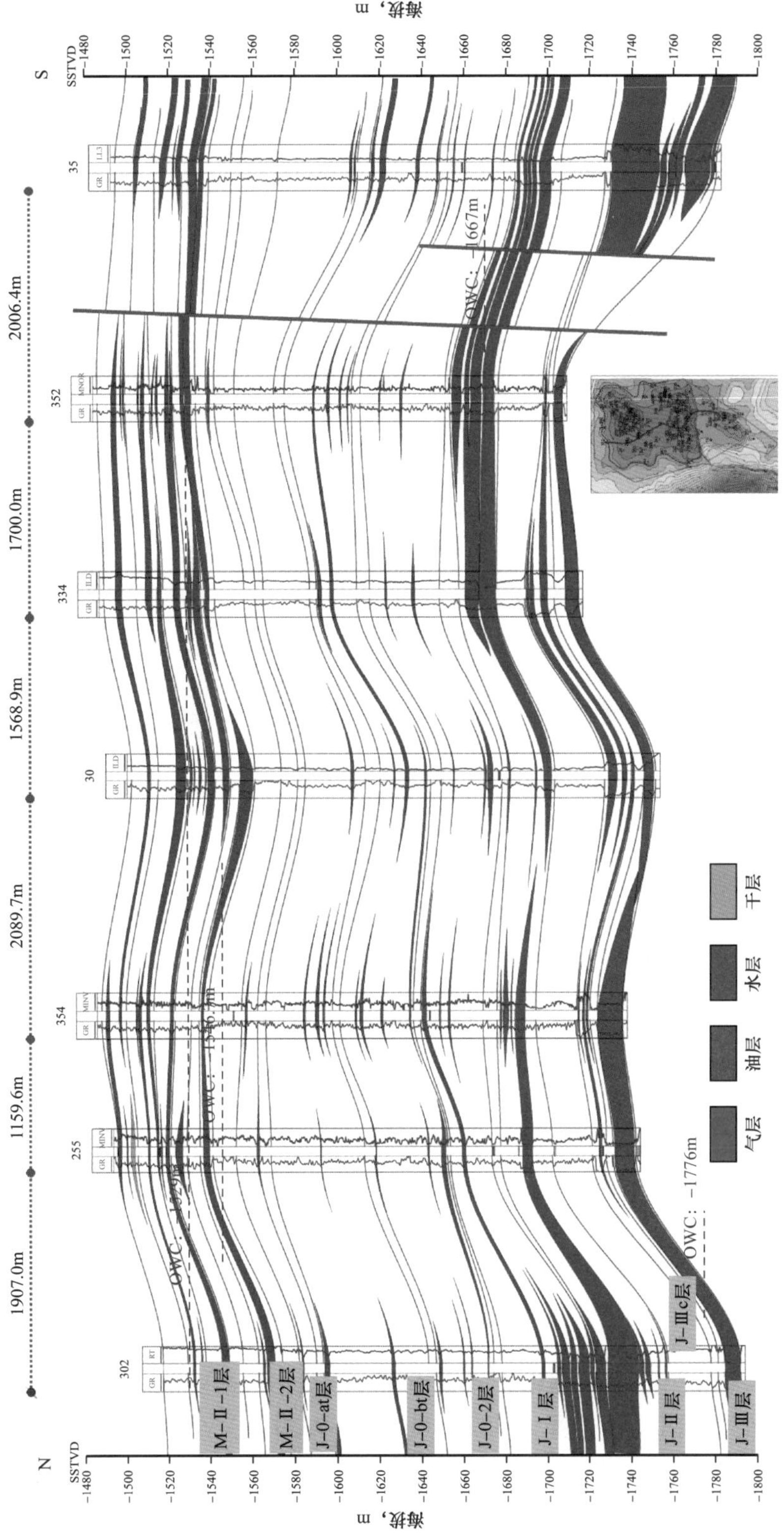

图 1-29　阿克沙布拉克层状边底水构造油藏剖面图

和J-Ⅲ（扇三角洲）为层状背斜构造边水油藏。储层以砂岩和粉砂岩为主，M-Ⅱ层孔隙度18.5%，渗透率68mD；J-Ⅲ层平均孔隙度25.8%，平均渗透率1320mD。M-Ⅱ层埋深1640m，地层压力16.57MPa，饱和压力4.67MPa，气油比27.2m³/t；J-Ⅲ层埋深1850m，边水能量很强，地层压力19MPa，饱和压力15MPa，气油比146.2m³/t。

2. 块状底水构造油藏

该类油藏主要分布在非洲油气区，以苏丹一二四区油田最为典型。该类油藏油层一般为厚层状，油层间和油藏内部隔夹层均不发育，油水界面统一，整体表现为块状特征，一般具有较强的底水能量。非洲油气合作区的黑格里格油田位于苏丹 Muglad 盆地东南部，为苏丹一二四区最大的油田，埋深 1600～2000m，主力层 Bentiu 油藏为辫状河沉积，以块状底水油藏为主（图 1-30），天然能量充足；油层物性好，中高孔隙度、渗透率，孔隙度（21%～30%），渗透率（50～6000mD）；正常的温度压力系统，油藏温度 72～90℃，地温梯度 3℃ /100m；原始地层压力 2890psi[1]，饱和压力 47psi，地层压力系数 1.00～1.03。

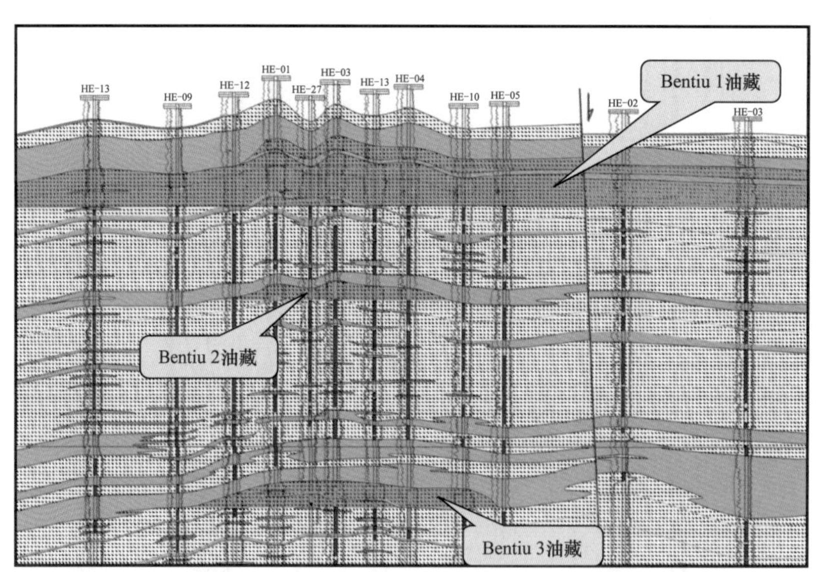

图 1-30　黑格里格油田 Bentiu 层块状底水构造油藏剖面图

3. 断块油藏

该类油藏受构造运动的影响，断层发育，断层将油藏进一步复杂化，不同断块具有不同的油水界面，属于不同油水系统，而在断块内部油水界面相对统一。不同断块边底水能量有所差异。最为典型的断块油藏为非洲油气合作区南苏丹三七区的法鲁奇油田（图1-31）、高地饱压差高凝油油藏，纵向上各储层具有一定边底水能量，储层具有中高孔隙度、渗透率特征。主力含油层YⅣ—Samaa的油层分布主要受构造控制，并受沉积相的影响。由YⅣ至Samaa，各断块含油面积逐渐减小。油层位于构造较高部位，其中YⅣ—YⅥ砂组受沉积相影响明显，油层厚度较大区域并不完全集中于构造高部位，呈斑块状分布；YⅦ—Samaa砂组主要由构造控制，厚度较大的区域处于构造高部位，分布连

[1] 1psi=6.895kPa。

片。从油藏结构分析，YⅡ—YⅢ砂组为岩性油藏，YⅣ—YⅧ组油藏均为有稳定隔层阻挡的边水油藏，而Samaa油藏内部没有稳定分布的隔层，且砂体厚度很大，存在大规模的底水，杂断块块状底水油藏。

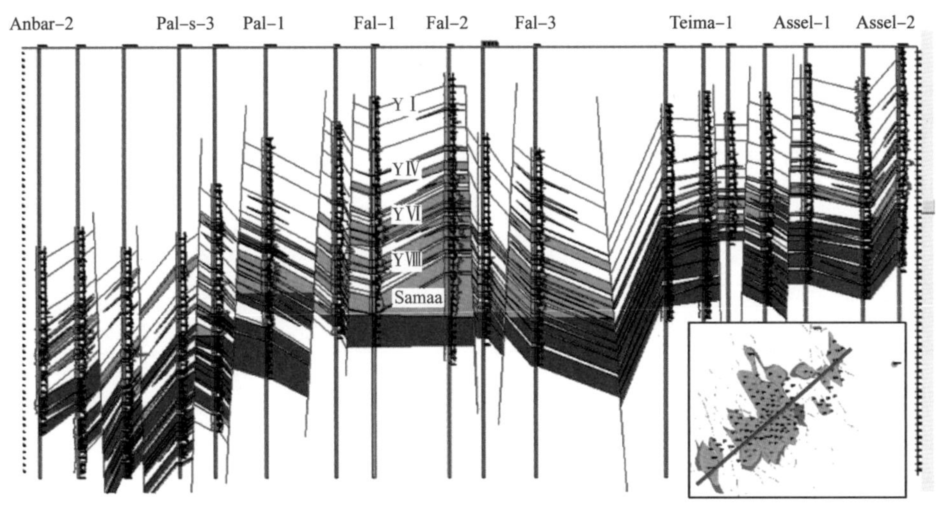

图 1-31 法鲁奇油田主力断块油藏剖面图

二、流体特征

海外砂岩油藏按照低黏（$\mu \leqslant 5$mPa·s）、中黏（5mPa·s$\leqslant \mu \leqslant$20mPa·s）、高黏（20mPa·s$\leqslant \mu \leqslant$50mPa·s）、稠油（$\mu \geqslant$50mPa·s）进行分类。

1. 低黏油藏

低黏油藏 42 个，以中亚俄罗斯合作区的 PK 项目、MMG 项目的热德拜油田、KK 项目和中东油气合作区鲁迈拉项目的 MainPay 油藏、哈法亚项目的 Nahr Umr 油藏和西古尔纳项目为主。

库姆科尔南油田为轻质稀油（表 1-14 和表 1-15），地层原油低黏度（1.15～2.98mPa·s），地面原油重度为 40.2～42.1°API、中低含蜡（8.9%～12.8%），地层水为 $CaCl_2$ 型。

表 1-14 库姆科尔油田地层原油性质

层位	地层温度 ℃	地层压力 MPa	饱和压力 MPa	地饱压差 MPa	溶解气油比 m^3/t	体积系数	原油密度 g/cm^3	原油黏度 mPa·s	压缩系数 $10^{-4}MPa^{-1}$
M-Ⅰ&Ⅱ	49	11.3	4.64	6.66	15.11	1.06	0.790	2.98	13.36
J-Ⅰ&Ⅱ	56	13.2	饱和		133.59	1.39	0.697	1.48	22.15
J-Ⅲ	57	13.6			126.13	1.33	0.730	1.54	18.93
J-Ⅳ	58	13.8			186.48	1.45	0.670	1.15	23.24

表 1–15　库姆科尔油田地面原油性质

层位	原油密度 g/cm³	原油黏度 mPa·s	烃类组成，%					不同温度下回收率，%				
		20℃	石蜡	焦油	沥青	硫黄	杂质	100℃	150℃	200℃	250℃	300℃
M–Ⅰ&Ⅱ	0.824	11.02	8.86	9.15		0.136		4.5		25.73		45.7
J–Ⅰ&Ⅱ	0.820	11.64	11.97	6.18		0.117		4.1	7.2	23.6	27.4	42.5
J–Ⅲ	0.822	14.37	11.82	3.5		0.18		3.89	11.125	24.9	31.5	43.5
J–Ⅳ	0.815		12.8	6		0.07		3.3		29.4		48.6

阿克沙布拉克油田为轻质稀油（表1–16和表1–17），地层原油黏度为0.46～2.15 mPa·s，地面原油重度为38.2～41.5°API，凝固点9～14.67℃，含蜡量9.1%～12.5%。主力油藏J–Ⅲ层地下原油黏度为0.455mPa·s，地面原油重度39°API，凝固点13.67℃，含蜡量12.5%，地层水类型为$CaCl_2$型。

表 1–16　阿克沙布拉克油田地层原油性质

层位	地层温度 ℃	地层压力 MPa	饱和压力 MPa	地饱压差 MPa	溶解气油比 m³/t	体积系数	原油密度 g/cm³	原油黏度 mPa·s
M–Ⅱ	70.67	15.33	4.59	10.74	27.63	1.13	0.780	2.15
J–Ⅰ	74.65	16.38	10.90	5.48	106.60	1.32	0.720	0.65
J–Ⅲ–W	81	19.98	6.55	13.43	32.40	1.18	0.739	1.75
J–Ⅲ–C	80.42	18.28	14.88	3.4	162.50	1.47	0.670	0.46

表 1–17　阿克沙布拉克油田地面原油性质

层位	原油密度 g/cm³	原油黏度 mPa·s	烃类组成，%					不同温度下回收率，%				
		20℃	石蜡	焦油	沥青	硫黄	杂质	100℃	150℃	200℃	250℃	300℃
M–Ⅱ	0.834	4.92	9.06	2.7	0.3	0.15	0.02	2	10	23	31	48
J–Ⅰ	0.830	13.64	10.31	9.96	0.62	0.14	0.05	4.6	17.54	26.66	42.04	52.67
J–Ⅱ	0.818		9.8	4.12	0.006	0.32	0.13	5	16	25	48	—
J–Ⅲ	0.830	17.29	12.54	7.81		0.14	0.18	8.5	17.59	26.08	36.49	44.87

2. 中黏油藏

中黏油藏29个，主要分布于非洲油气合作区，如苏丹一二四区、三七区和六区大部分油田，中东油气合作区鲁迈拉项目的 Nahr Umr 油田、哈法亚项目的 Upper Kirkuk 油田，美洲油气合作区安第斯项目的 Tarapoa 区块和秘鲁 1AB8 区块。

黑格里格油田主区块原油性质中等，属中黏—高黏稀油（表 1-18）。地面原油重度 28～35°API，原油密度 0.854～0.889g/cm^3，凝固点 13～40 ℃，原油地下黏度 4.8～25.7mPa・s，原始气油比 0～1.37m^3/m^3 原油体积系数 1.04～1.094。黑格里格油田 Bentiu 组地层水矿化度较低，矿化度 1000～5000 mg/L，水型为 $NaHCO_3$ 型。

表 1-18　黑格里格油田 Bentiu 组地层流体性质

层位	原油重度，°API		参考深度 m	原始油藏压力 MPa	泡点压力 MPa	油藏温度 ℃	气油比 m^3/m^3
	范围	平均					
Bentiu1	28～35	30.3	1685	16.1	0.34	80.6	2.7
Bentiu3	35	35	1891	18.0	0.34	87.8	3.0

3. 高黏油藏

高黏油藏 6 个，典型油田如中亚俄罗斯油气合作区 MMG 项目的卡拉姆卡斯油田，美洲油气合作区的陆湖项目和苏马诺项目。

卡拉姆卡斯油田地层原油为中质、高黏油。地层条件下平均原油相对密度为 0.86g/cm^3，地层原油黏度 14.1～31mPa・s，平均 20.5mPa・s（表 1-19）。

表 1-19　卡拉姆卡斯油田地层原油性质

序号	层位	地层压力 MPa	地层温度 ℃	在地层温度下的饱和压力 MPa	气体含量 m^3/t	气体含量 m^3/m^3	体积系数	石油的收缩率 %	地层条件下原油的性质		压缩系数 $10^{-4}MPa^{-1}$
									密度 g/cm^3	黏度 mPa・s	
1	J	9.18	40	7	31.2	25.7	1.07	8.4	0.8326	14.1	
2	J-5C	9.18	39	6.9	32.9	27.5	1.059	5.6	0.835	15.6	12.5
3	J-4C	9.38	40	5.9	23.8	21.1	1.043	4.1	0.89	27.1	11.4
4	J-3C	9.47	40.7	6.9	27.1	23.2	1.059	5.6	0.856	18.1	11.9
5	J-2C	9.33	39.5	6.4	23.3	20.2	1.049	4.7	0.869	20.5	11.6
6	J-1C	9.34	39	7	30.8	26.9	1.052	4.9	0.874	23.3	12.4
7	J-Ⅰ	9.46	40	7	24.2	20.6	1.064	6	0.849	17.6	14
8	J-Ⅱ	9.42	41.5	7.2	27.8	24	1.05	4.8	0.866	18.9	9.7
9	J-Ⅲ	9.57	38.5	6.8	25.4	21.1	1.064	6	0.83	19.9	13.3
10	J-Ⅳ	9.5	40.8	6.9	26.1	23.1	1.046	4.4	0.885	19.2	9.6
11	J-Ⅴ+Ⅵ	9.53	43	5.1	21.6	19.2	1.036	3.5	0.893	31	
平均		9.4	40.2	6.6	26.7	23.0	1.1	5.3	0.86	20.5	11.8

卡拉姆卡斯油田地面原油密度平均0.909g/cm³，地面平均原油黏度158mPa · s，中等含蜡（2.6%～3.8%），中等含硫（1.09%～1.47%），胶质沥青质含量较高（17.3%），属胶质原油（表1-20）。

表1-20　卡拉姆卡斯油田地面原油性质

	层位	密度，g/cm³	凝固的温度，℃	含量，%（质量分数）			
				石蜡	胶质	沥青	硫
1	Ю	0.8958					1.47
2	Ю-5 С	0.905	−18	3.2	17	3.9	1.29
3	Ю-4 С	0.9109	−18	3	19.3	5	1.29
4	Ю-3 С	0.9117	−18	2.8	14.7	5.3	1.4
5	Ю-2 С	0.9097	−18	2.9	14.5	4.3	1.4
6	Ю-1 С	0.9072	−18	2.8	19.12	3.5	1.09
7	Ю-Ⅰ	0.9097	−18	2.7	17.4	4	1.45
8	Ю-Ⅱ	0.9091	−18	2.6	17.3	3.2	
10	Ю-Ⅳ	0.9068	−15	3.7	19.5	4.1	
11	Ю-Ⅴ	0.9114	−15				
12	Ю-Ⅵ	0.9144	−18	3.8	17.9	3.2	1.22
平均		0.9090	—	3.1	17.3	4.0	1.29

4. 稠油油藏

稠油油藏14个，典型油田如中亚俄罗斯油气合作区盐上油田、KMK项目、北布扎奇项目，非洲油气合作区南苏丹三七区的法鲁奇油田、苏丹六区的扶拉油田，美洲油气合作区的MPE3项目。

北布扎奇油田原油为普通稠油（表1-21），白垩系地层原油黏度414mPa · s，侏罗系地层原油黏度316～417mPa · s。

表1-21　北布扎奇油田地层原油性质

层位	饱和压力 MPa	气油比 m³/t	标准分选的 容积系数	地层石油密度 g/cm³	地层原油黏度 mPa · s
白垩系	1.81	6.34	1.02	0.9237	414
J10层	2.23	7.16	1.026	0.9225	316
J20层	1.64	5.14	1.018	0.928	417

北布扎奇油田原油为普通稠油（表 1–22），地面原油密度高（0.9267～0.954g/cm^3），黏度高（50℃时达 151.7～201.8mPa・s），含蜡量高（1.36%～1.77%），胶质含量高（20.4%～22.5%），凝固点低（–25℃），属于高含硫原油。

表 1–22 北布扎奇油田地面原油性质

性质		白垩系				侏罗系			
		分析数目		测量范围	平均值	分析数目		测量范围	平均值
		井	样品			井	样品		
黏度 mPa・s	20℃	—	—		—	—	—		—
	50℃	7	7	90.623～312.3	201.8	7	7	81.76～212	151.7
倾点，℃		7	7	–10～–21	–13.3	6	6	–5～–25	–11.7
硫含量，%		1	1	2	2	2	2	1.69～2.0	1.85
硅质焦油含量，%		3	3	12.72～15.4	14.3	2	2	16.8～16.9	16.9
沥青含量，%		3	3	5.73～6.48	6.1	3	3	5.48～5.87	5.62
石蜡含量，%		3	3	0.6～2.35	1.36	2	2	0.8～2.74	1.77
馏分组成，%	HK	8	8	131～217	147	8	8	103～201	157.25
	≤100℃	—	—		—	—	—	—	—
	≤150℃	1	1	1	1	2	2	0.8～1.0	0.9
	≤200℃	5	5	1.0～4.0	2	4	4	1.0～5.0	3.38
	≤300℃	7	7	17.5～25	20.2	8	8	12.0～24.0	19.19
原油密度，$10^3kg/m^3$		8	8	0.9294～0.951	0.9428	8	8	0.932～0.954	0.94

法鲁奇油田油品性质复杂，纵向上上部稀（中黏）下部稠（稠油），平面上边部稀（中黏）中间稠（稠油）。除法尔 –3、法尔 –8、芬提块及法尔 –1 和法鲁奇南块的底部分布稠油外，主力区块法尔 –1 块、帕尔块及阿塞尔块、法鲁奇南块、泰马块等断块的 Yabus 组均分布稠油。各块地层原油及地面原油性质见表 1–23。

法鲁奇油田 Yabus 组高凝油含蜡量 13.4%～31.3%，析蜡点 50～63℃，凝固点 36～42℃，胶质沥青质含量 25%，酸值 0.98～6.88mg KOH/g，平均 3.05mg KOH/g；地层原油黏度 173.2mPa・s。原油属于中—重质油，API 度 15.5～29.9°API。油藏为低饱和油藏，原油饱和压力 548psi（3.8MPa），地饱压差较大，约 1300psi（9.0MPa）。

海外高速开发砂岩油田主要油藏和流体特征参数见表 1–24。

表 1-23 法鲁奇油田各块地层原油及地面原油性质

断块	储层	地层原油性质						地面原油性质				
		密度 g/cm^3	饱和压力 MPa	气油比 m^3/m^3	体积系数 m^3/m^3	压缩系数 10^{-4}MPa^{-1}	黏度 mPa·s	原油重度 °API	凝固点 ℃	酸值 mg KOH/g	沥青含量 %	含蜡量 %
安巴	Y&S	0.8175	2.3	7.8	1.07	10.4	15.6	29.5	36.6	1.32	6.22	32
帕尔 S		0.8357	2.7	9.0	1.069	9.3	41.1	27.6	36.1	1.56	2.33	35.9
阿塞尔		0.8489	3.8	15.5	1.08	10.2	24.5	26	40.6	0.98	5.08	30.5
泰马		0.8570	3.0	13.9	1.086	9.1	24.8	24.4	41.1	3.08	9.12	28.1
法尔 -1		0.8688	2.9	10.6	1.118	8.9	173.2	20.5	36.1	4.41	17.86	20.5
法鲁奇		0.8413	3.8	15.1	1.081	9.7	30.8	24.7	39.3	2.26	13.33	19.8
法尔 -8		0.8919	3.0	10.8	1.069	9.1	401.1	15.5	27	4.75	36.17	18.1
法尔 -3		0.8909	3.2	9.4	1.075	8.0	176.1	19.5	30.8	6.88	18.99	10.7
芬提		0.8712	2.8	9.8	1.059	9.7	200.2	19.2	34.5	3.51	16.9	13.2
帕尔 S & 安巴	Upper G &Melut	0.8039	2.5	10.5	1.079	10.8	9.1	29.7	38.3	0.39	2.05	46.6

表 1-24 海外主力砂岩典型油藏流体特征表

地层原油类型	项目	典型油田	地层原油黏度 mPa·s	地面原油重度 °API	凝固点 ℃	含蜡量 %	地层水类型
低黏	PK	库姆科尔	1.15～2.98	40.2～42.1		8.8～12.8	$CaCl_2$
		阿克沙布拉克	0.46	39	9～14.67	9.1～12.5	$CaCl_2$
	MMG	热德拜	2.2	39	30.8	20.7	$CaCl_2$
	鲁迈拉	MainPay	0.64	31.1			
中黏	苏丹一二四	黑格里格	4.8～25.7	28～35			$NaHCO_3$
	鲁迈拉	Nahr Umr	6.7	24			
	哈法亚	Upper Kirkuk	5.1	20.7			
高黏	MMG	卡拉姆卡斯	20.5	25.7		2.6～3.8	$CaCl_2$
稠油	北布扎奇	北布扎奇	152～659	17.7～21.2	-25	3.48	$CaCl_2$
	南苏丹三七区	法鲁奇	173.2	15.5～29.9	36～42	17.8	$NaHCO_3$

三、天然能量

油藏的天然能量，即油藏具备的原始能量，常见的包括边底水能量、溶解气能量、气顶能量、弹性能量、重力驱能量等，其中边底水能量、溶解气能量、气顶能量是最常见的可以规模化利用的天然能量。对于一个实际开发的油藏，往往包含两种或者多种天然能量。

苏丹、南苏丹的大型油田一般具有较强的边底水能量，可以保障边底水驱阶段实现高速开发。如苏丹一二四区油藏驱动类型主要为底水、边水驱动，占油藏数量的 95.3%，占地质储量的 99.4%，仅有少量以纯弹性驱动为主的透镜体和封闭断块油藏（表 1–25）。其中，底水油藏数约占一半，地质储量占 68%；边水油藏数近一半，但地质储量不到 1/3；透镜体和封闭油藏数只有 3.8%，地质储量仅占 0.6%。

表 1–25　苏丹一二四区油藏驱动类型统计

驱动类型	油藏数量比例	地质储量比例
边水	45.6%	31.8%
底水	49.7%	67.6%
弹性	3.8%	0.6%
合计	100%	100%

天然能量评价包括对油藏主要能量类型的判断、对原始能量大小的评估和投产后天然能量的消耗与压力保持水平的跟踪评价，摸清天然能量存耗规律与压力分布非均质性，确定人工补充能量时机与规模，分块、分层、分区差异化部署，最大程度充分利用天然能量。对于边底水油藏而言，水体大小、供给能力、层间及平面压力非均质性刻画，是天然能量跟踪评价的重点。

油藏天然水体能量强度评价方法包括：（1）静态法（定性法）：沉积微相、油藏类型、砂体发育程度、储层物性及连通性与水体的强度的关系；（2）天然能量评价模板法（定量与定性）；（3）单位采出程度压降法（定量与定性）；（4）油藏自然递减预测法（定量与定性）；（5）数值模拟（定量）。

以法鲁奇油田为例，油田早—中期利用天然能量、以 2% 左右的地质储量采油速度开发 5～6 年后，主块上部层系低压区地层压力保持水平 50%～55%。

根据中国石油天然气行业标准 SY/T 6167—1995《油藏天然能量评价方法》，建立法鲁奇油田各区块天然能量评价模板，评价各区块天然能量大小。结合生产动态和天然能量评价模板（图 1–32），综合判断安巴、泰马、阿塞尔、法鲁奇、South–1、South–2、South–3 块 2015 年天然能量较充足，单位采出程度的压降均在 116psi 以下，无因次弹性产量比均在 10 以上；而法尔 –1、法尔 –5、芬提、法尔 –3 块的天然能量较低，其单位采出程度的压降较高，某些区块甚至高于 300psi，无因次弹性产量比较低，在 10 以内，具体见表 1–26。

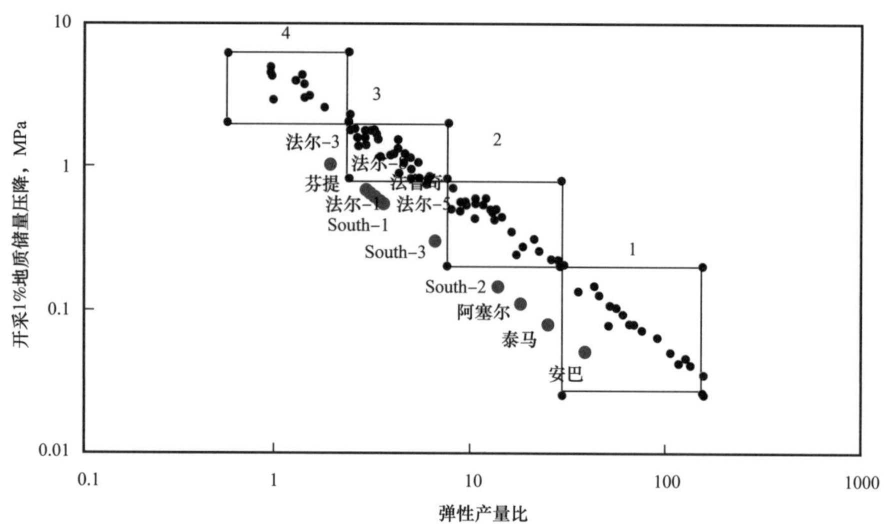

图 1-32　法鲁奇油田各区块天然能量评价模板

表 1-26　法鲁奇油田各区块天然能量级别

分级		单位采出程度的压降 psi	无因次弹性产量比	断块
1	天然能量充足	＜29	＞30	安巴、泰马
2	天然能量较充足	29～116	10～30	阿塞尔、帕尔 S-2、帕尔 S-3
3	具有一定天然能量	73～363	2～10	帕尔 -1，法尔 -1，法尔 -3，法尔 -5，法尔 -8，芬提
4	天然能量不足	＞363	＜2	—

统计中国石油海外合作区高速开发主力砂岩油田（表 1-27），除非洲合作区主力油田天然能量较强以外，其他区域大部分砂岩油田天然能量普遍不足，需要注水开发。生命周期内全部采用天然能量高速开发的油田储量占总储量的 15%～30%。

表 1-27　中国石油海外高速开发砂岩油田天然能量状况

油田	储集层形态	天然驱动能量	开发方式	注水井数，口		月注采比	累计注采比	地层压力保持水平 %	天然能量特征
				总数	开井数				
黑格里格	块状	底水	天然能量	1	1			75	很强
托马南	块状	底水	天然能量					69	很强
伊拉拉	块状	底水	天然能量					80	很强
伊拉哈	块状	底水	天然能量					80	很强
伊拉士	块状	底水	天然能量					80	很强

续表

油田	储集层形态	天然驱动能量	开发方式	注水井数，口		月注采比	累计注采比	地层压力保持水平%	天然能量特征
				总数	开井数				
郁里提	层状	边水	注水	44	0	0	0.56	40	很弱
法鲁奇	层状	边水	注水	14	14	0.44	0.25	50~98	弱－中等
库姆科尔南	层状	边水	注水	92	88	1.31	1.04	51	很弱
库姆科尔北	层状	边水	注水	247	197	0.97	0.92	62	弱
南库姆科尔	层状	边水	注水	12	11	0.57	0.42	50.5	中－强
阿克沙布拉克	层状	边水	注水	21	17	0.58	0.64	79	中－强

第五节 海外砂岩油田开发历程

中国石油海外项目始于1993年秘鲁塔拉拉油田六七区项目，历经24年，截至2016年底，海外业务已形成中亚俄罗斯、中东、非洲、美洲、亚太五大油气合作区，在全球35个国家运营着91个项目，其中油气田开发生产项目47个。

中国石油海外油气资源类型以常规油气资源为主，砂岩油田在海外油气田勘探开发业务中仍具有举足轻重的地位。目前海外共有26个砂岩项目，包括南苏丹和苏丹一二四区高峰年产1570×10^4t、南苏丹三七区高峰年产1530×10^4t、苏丹六区高峰年产330×10^4t、哈萨克斯坦PK高峰年产1000×10^4t、MMG年产600×10^4t等项目。共有91个已开发主力砂岩油田，主要包括南苏丹三七区多层状大型边底水砂岩油田法鲁奇、苏丹一二四区强底水油田托马南、黑格里格、哈萨克斯坦大型边水油田库姆科尔南、库姆科尔北、阿克沙布拉克等典型油田。

中国石油海外砂岩油田原油产量持续增长（图1–33），根据业务发展及作业产量情况，海外砂岩油田开发历程可以划分为探索起步、快速增长、开发调整三个主要阶段。

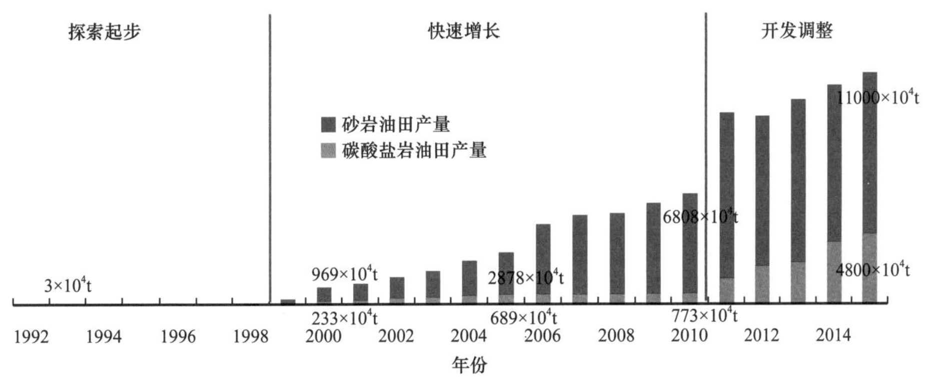

图1–33 中国石油海外砂岩油田产量增长情况

一、探索起步阶段

1992 年至 1998 年是中国石油海外业务的探索起步阶段。20 世纪 90 年代开始，中国已从石油出口国变为净进口国，保障国家石油供应压力增大，自 1993 年起，中国石油先后在秘鲁、加拿大、泰国等国建设了几个规模较小的项目，海外业务作业总产量小于 100×10^4t，总体呈逐年增长趋势。

该阶段投产的砂岩油田主要利用天然能量开发，以秘鲁 6/7 区块为例，该区块为层状边水砂岩油田，油藏埋深 1000m，孔隙度 9%～14%，渗透率 5～10mD，油品性质好，原油重度 35°API，地下原油黏度 0.8mPa · s；由于储层物性较差，自 1994 年投产以来利用天然能量低速开发，高峰动用地质储量采油速度仅为 0.1%。

经历该阶段的探索，中国石油海外业务实现起步，在海外的油气勘探开发队伍逐渐熟悉了国际惯例，积累了宝贵经验。

二、产量快速增长阶段

1999 年至 2010 年为中国石油海外业务产量快速增长阶段。该阶段中国石油积极寻找海外优质油气资产，海外业务地理范围逐渐拓宽，规模逐渐扩大，在中亚、中东、非洲、美洲、亚太各地区均有分布。针对海外油田开发受资源国政治、经济形势及合同期限制等特点，中国石油逐渐摸索出适合于各地区合同模式、政治安保环境下的海外业务勘探开发技术政策，提出充分利用天然能量高速开发的理念，并逐步发展出相关配套技术，成功应用于海外多个油田。

该阶段中国石油海外业务成功建成苏丹一二四区、南苏丹三七区、哈萨克斯坦 PK 项目等多个千万吨级大油田。苏丹项目被称为“海外创业的标志性工程”。自 1996 年 11 月 29 日，苏丹一二四区由大尼罗石油作业公司接管，加快了全区石油勘探进程和油田开发建设。一二四区自 1999 年 6 月投入开发以来，坚持“有油快流、高速开发”，当年实现产量 100×10^4t 并快速上升到 1570×10^4t，使海外砂岩油田产量实现跨越式增长；该项目主力砂岩油藏天然底水能量充足，充分利用天然能量快速上产、高速开发，主力油田高峰期采油速度 2.3% 并实现稳产 4 年。

该开发阶段年产百万吨以上的法鲁奇、黑格里格、郁里提、托马南、南库姆科尔、Tarapoa 等典型砂岩主力油田以利用天然能量开发为主，部分开展局部注水补充能量，均在该阶段实现了高峰产量，地质储量采油速度 1.9%～7%，剩余可采采油速度 10.5%～34%（图 1–34、表 1–28）。主力油田的高速开发保障了海外砂岩油田作业产量实现快速增长，同时实现快速收回投资，创造了巨大经济效益。

三、开发调整阶段

自 2011 年海外砂岩油田产量突破亿吨大关以来，产量维持在 1×10^8t 以上，2015—2016 年砂岩油田作业产量占当年海外业务总产量的 70% 以上。同时，这个时期海外砂岩主力油田已逐步进入开发调整阶段，且不断面临国际油价持续低迷、部分资源国政局动荡、安全形势恶化及汇率大幅波动等极端困难。尤其在近几年低油价冲击下，中国石油各海外项目因地制宜，抓住油田开发存在的主要矛盾，开展主力油藏开发调整技术研究和调整方案编制，形成一系列适合其开发特点的高效、经济开发调整技术。

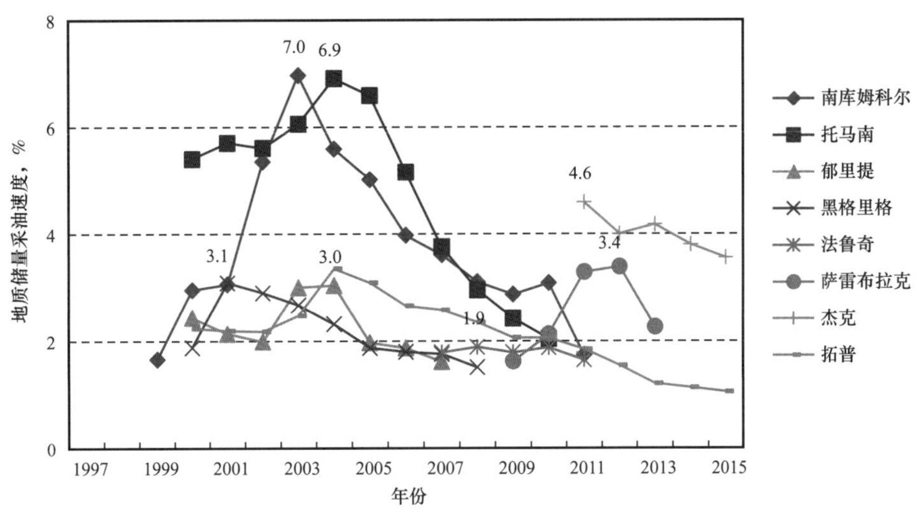

图 1-34 典型海外砂岩油田高峰采油速度

表 1-28 海外典型砂岩油田开发方式及高峰采油速度

油田	项目	投产年份	水体类型	开发方式	地质储量采油速度 %	剩余可采采油速度 %
黑格里格	苏丹一二四区	1999	块状底水	天然能量	3.1	15.0
法鲁奇	南苏丹三七区	2006	层状边水	天然能量为主	1.9	10.5
托马南	南苏丹一二四区	1999	块状底水	天然能量	6.9	34.0
郁里提	南苏丹一二四区	1999	块状底水	天然能量+注水	3.0	19.7
南库姆科尔	哈萨克斯坦PK 项目	1997	层状边水	天然能量为主	7.0	17.7
Tarapoa	厄瓜多尔安第斯项目	2000	层状边水	天然能量为主	3.4	15.3

1. 块状底水油田高含水期稳油控水技术

黑格里格为苏丹一二四区项目主力砂岩油田，主力油藏为典型的块状底水油藏特征，在开发调整中继续优化开发方式，充分利用底水能量，加强厚层油藏隔夹层分布刻画及剩余油分布规律研究，制定相应的挖潜对策，通过实施井网加密、侧钻、调层上返、堵水调剖等技术，实现控水稳油开发。

2. 层状边水油藏天然能量与人工注水协同开发技术

法鲁奇为南苏丹三七区项目典型的大型多层状砂岩边底水油藏。经历早中期高速开发后呈现出剩余油分布复杂、各层能量非均质性强、压力保持水平差异大等问题，在开发调整中，采用“天然能量与人工注水协同开发”的调整技术，优化注采井网、开发层系，最大程度利用天然能量，实现天然能量与人工注水协同开发，注采井数比从最初方案设计的1∶3调整到1∶7，节约注水井约60口。

3. 不同边水能量强度的油田注水开发技术

库姆科尔南油田 Object-2 层为弱边水油藏，投入开发后即采用反九点注水开发，低含水阶段采出程度高达 20%，中期加大新井部署并达到 4.5% 的峰值采油速度，后期在剩余油富集地区局部加密提高注采对应程度并加强注水补充地层能量，在此基础上有效实施大泵提液稳油技术，实现了该油藏持续高速开发。

阿克沙布拉克油田主力油藏 J- Ⅲ为强边水油藏，高孔隙度、高渗透储层，油藏条件下油的黏度低于水的黏度。开发早中期采用天然能量开发，采油速度高，水线推进速度快。开发中后期，采用逐步补充边外注水方式，并优化边外注水量，使得水驱前缘平稳推进，合同期内采出程度大幅度提高，实现油田长期高速高效开发。

截至 2015 年，中国石油海外 91 个砂岩油田中，58 个油田利用天然能量开发，占 63.7%；28 个油田注水开发，占 30.8%。剩余可采储量超过 9×10^8t，占比 54%；剩余可采储量约 8×10^8t，占比 44%。天然能量开发油田年产油 3000×10^4t 以上，占比 30%；注水开发油田年产油 7000×10^4t 以上，占比 69%。因此，砂岩油田持续高速高效开发将面临艰巨的调整任务。

第六节　海外砂岩油田开发现状

一、砂岩油田产量

海外砂岩油田开发从 1993 年中国石油中标秘鲁塔拉拉项目开始，历经 20 余年已经拥有 91 个已开发主力砂岩油田，分布在五大合作区。2015 年，海外砂岩油田产量约为 1.1×10^8t，下面按照不同油藏类型进行统计。

不同油藏类型（按能量划分）产量构成：大部分油藏具有一定的边水能量，其中边水油田 68 个，早期采用天然能量开发，之后适时注水开发，年产油约 8700×10^4t，占比 80%；底水油田 19 个，年产油约 1000×10^4t，占比 9.1%；带气顶油田 3 个，年产油 10×10^4t，占比 0.1%（图 1–35）。

不同油藏类型（按原油黏度划分）产量构成：海外砂岩油藏按照低黏（$\mu \leqslant 5$mPa · s）、中黏（5mPa · s$\leqslant \mu \leqslant$20mPa · s）、高黏（20mPa · s$\leqslant \mu \leqslant$50mPa · s）、稠油（$\mu \geqslant$50mPa · s）进行分类，低黏油田 42 个，年产油约 7000×10^4t，占比 63.9%；中黏油田 29 个，年产油约 1700×10^4t，占比 15.5%；高黏油田 6 个，年产油约 60×10^4t，占比 0.5%；稠油油田 14 个，年产油约 2200×10^4t，占比 20.1%（图 1–36）。

不同开发方式油田产量构成：58 个油田采用天然能量开发，年产油约 3300×10^4t，占比 30.5%；28 个油田注水开发，油田年产油约 7500×10^4t，占比 68%；2 个油田注气开发和 3 个油田热采开发，年产油约 170×10^4t，占比 1.5%（图 1–37）。

不同开发阶段油田产量构成：从各油田所处的开发阶段来看，高采出程度（可采储量采出程度>80%）油田 20 个，年产油约 5800×10^4t，占比 54.5%；中采出程度（50%<可采储量采出程度<80%）油田 29 个，年产油约 1800×10^4t，占比 18.3%；低

采出程度（可采储量采出程度<50%）油田42个，年产油约3000×10^4t，占比27.2%（图1-38）。

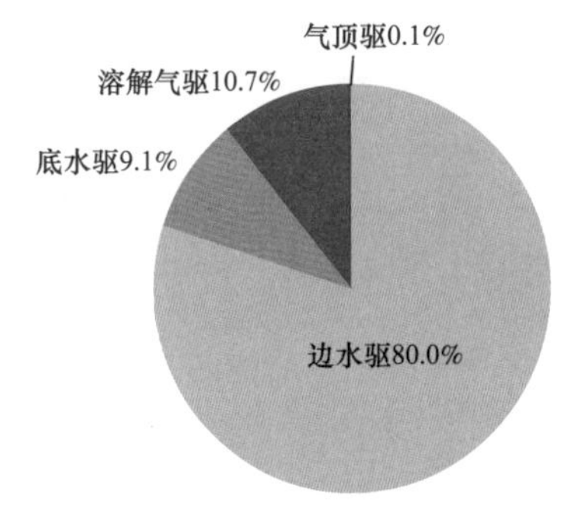

图1-35 不同类型天然能量砂岩油田年产量

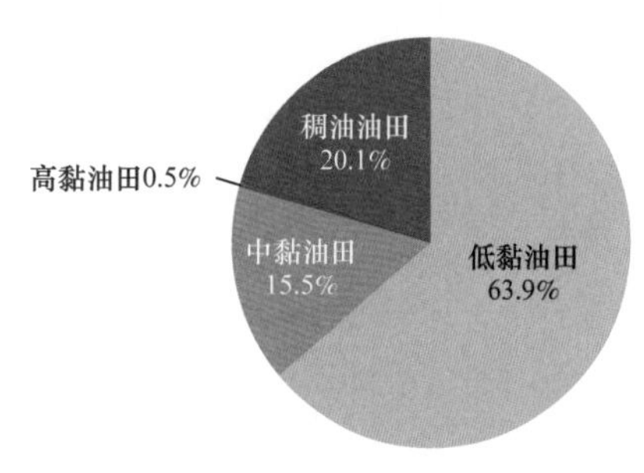

图1-36 不同原油黏度砂岩油田年产量

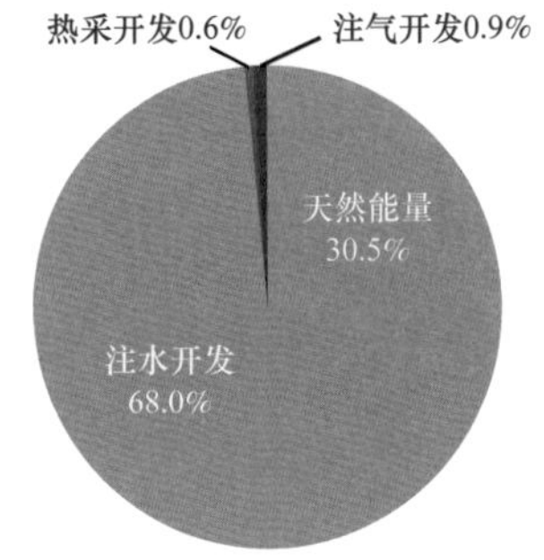

图1-37 不同开发方式砂岩油田年产量

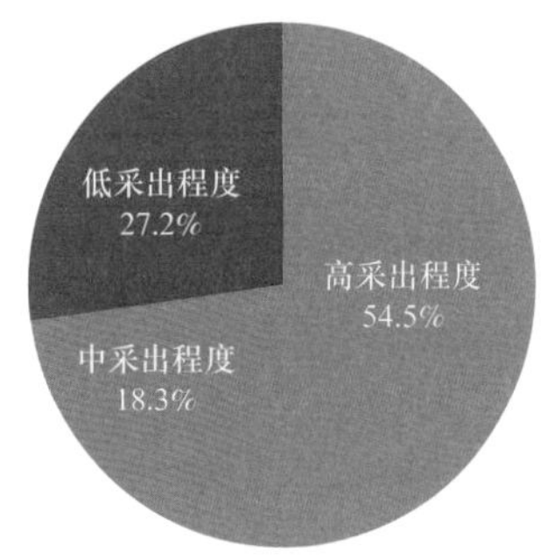

图1-38 不同采出程度砂岩油田年产量

二、砂岩油田主要开发指标

1. 多数砂岩油田采出程度较低，剩余可采储量丰富

高采出程度油田20个，剩余可采储量5×10^8t，占比28.7%（图1-39）；中采出程度油田有29个，剩余可采储量2.2×10^8t，占比12.6%；低采出程度油田有42个，剩余可采储量10.2×10^8t，占比58.6%，主要为MPE3、南苏丹三七区、苏丹六区、乍得、尼日尔、北布扎奇、KMK、哈法亚（Upper Kirkuk/NahrUm）、西古尔纳（Zubair）等油田。总体而言，中低采出程度的砂岩油田有71个，剩余可采储量潜力比较大。

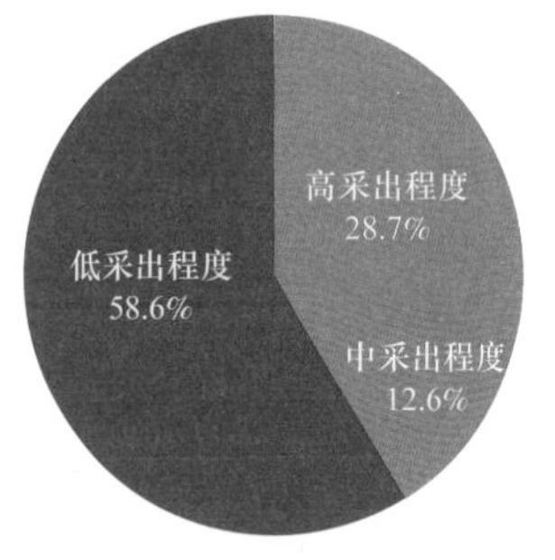

图1-39 不同采出程度砂岩油田剩余可采储量对比

2. 剩余可采储量主要分布于天然能量开发油田

从开发方式上看，注水开发油田剩余可采储量7.7×10^8t，占比44.4%；天然能量开发油田剩余可采储量9.4×10^8t，占比53.7%，热采和注气开发油田剩余可采储量0.33×10^8t，占比1.9%（图1-40）。

3. 低黏度和稠油油藏剩余可采储量高

42个低黏油田剩余可采地质储量7.1×10^8t，占比40.8%；14个稠油油田剩余可采地质储量7.3×10^8t，占比42%（图1-41）。

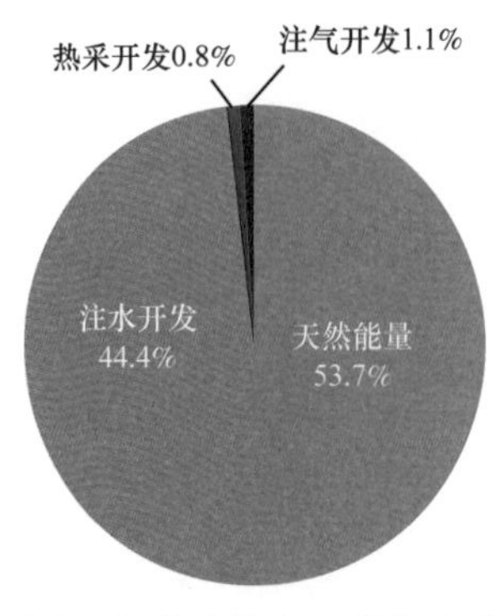

图 1-40　不同开发方式砂岩油田剩余可采储量对比

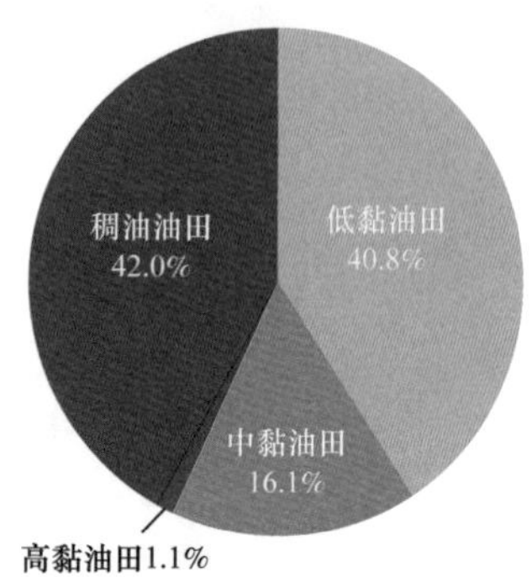

图 1-41　不同类型砂岩油田剩余可采储量对比

4. 主力油田采油速度高、累计产油高

统计 91 个砂岩油田历年的采油速度，高速开发（采油速度＞1.5%）油田 37 个，平均峰值采油速度为 3%（表 1-29）。高速开发油田地质储量约 59×10^8t，占比 39%；可采储量约 32×10^8t，占比 58%；累产油 25×10^8t，占比 67.6%；2015 年产油约 7000×10^4t，占比 63.6%。

表 1-29　不同开发方式砂岩油田剩余可采储量

类型	数量，个	地质储量，10^8t	可采储量，10^8t	剩余可采储量 10^8t	累产油 10^8t	2015 年产油 10^4t
高速开发油田	37	59	32	7	25	7000
海外砂岩油田	54	150	55	17	37	11000

5. 高速开发油田综合含水高

37 个高速开发油田目前综合含水范围 0.6%～98%，平均为 65.5%。中低开发速度油田平均含水率为 52.9%。

三、砂岩油田开发技术

海外砂岩油田开发 20 余年来，吸纳和借鉴国内外油藏开发的先进技术与经验，通过国家重大专项、集团重大专项、海外勘探开发公司课题多项技术攻关，逐渐集成创新形成了一系列适合海外开发模式下的砂岩油田高速高效开发技术。

1. 大型块状底水砂岩油藏高效开发技术

以苏丹一二四区油田为例，主力油田以块状底水油藏为主，石油地质储量占全区的 67.6%，而产量占 70% 以上。10 个地质储量规模较大的主力油田中，有 9 个属于块状强底水砂岩油藏。根据该区油藏特点，吸纳并借鉴国内外同类型油藏开发的先进技术与成功经验，苏丹一二四区大型块状底水砂岩油藏采用了与国内不同的开发模式，即早期采用天然水驱、稀井网、合层开发、大泵提液等开发技术政策实现高速开发，中后期采用井网加密、分层开采、水平井开发与低效井侧钻挖潜以及调剖堵水等稳油控水技术，实现了油田的高效开发。形成的主要技术系列有：块状底水砂岩油藏精细描述技术、块状底水砂岩油藏隔夹层描述与预测技术、块状底水砂岩油藏开发控水稳油关键技术。

2. 大型层状砂岩低黏油藏高效开发技术

以哈萨克斯坦库姆科尔南油田为例，该油田白垩系 Object-1 为强边底水油藏，侏罗系 Object-2 层为弱边水油藏，具有原油黏度低、水驱油效率高等特点。开发早期采用反九点注水补充地层能量，峰值采油速度达到 4.3%，开发效果极佳。2005 年中国接管时，采出程度高达 42%，含水率为 79%，地层压力保持水平 60%，处于中高含水开发后期阶段。针对油藏低黏度、高含水、高采出程度的开发现状，开展系统研究攻关，创新性制定出针对低黏度油藏以剩余油富集区为重点的局部加密和水动力调整的开发调整策略，形成了层状砂岩油藏沉积微相和流动单元划分技术、高含水层状砂岩油藏水淹层评价技术、层状砂岩油藏水驱开发效果评价技术、高含水及特高含水层状砂岩油藏剩余油分布规律研究及开发后期挖潜技术。

3. 多层状砂岩油藏高效开发技术

以南苏丹三七区法鲁奇油田为例，基于大型多层状砂岩油藏流体性质、储层特征及生产特征，以实验研究、油藏工程研究及储层描述为手段，形成了“稀井高产、水平井开发稠 / 薄油层、充分利用天然能量推迟注水”的多层状油藏早—中期开发技术政策和开发技术。针对砂岩油藏天然能量高速开发后能量不均衡、剩余油分布复杂的特点，形成天然水驱油藏开发效果及能量评价方法，建立了储层非均质与天然能量不均衡双重控制的剩余油分布模式，揭示了天然水驱与人工注水协同开发机理，提出了低油价下利用天然能量延迟注水、层系井网立体调整、天然水驱与人工注水协同的高效开发技术。

4. 强边水砂岩油藏高效开发技术

以哈萨克斯坦阿克沙布拉克油田为例，该油田主力油藏 J- Ⅲ层具有中高孔隙度、高渗透和边水能量强但分布不均的特点，油藏投产后，采油速度高导致水线推进速度快，部分井高含水迅速关井。鉴于此，根据油藏平面和纵向上压力分布特征，优化边外注水量，采用逐步补充边外注水方式，使水驱前缘平稳均匀推进，大幅度提高合同期内采出程度，形成强边水油藏高效开发技术。

5. 超重油油藏冷采技术

以委内瑞拉 MPE3 区块超重油油田为例，与普通重油相比，超重油具有“四高一低”可流动的特性：原油密度高、含硫量、重金属含量高、沥青质含量高、原油黏度相对低（黏度相对低指的是和普通重油相比，在相同的原油密度条件下，委内瑞拉超重油比普通重油黏度低 5～10 倍）。MPE3 超重油在地层条件下冷采可形成泡沫油流，可以获得较高的单井产能。

基于 MPE3 区块超重油油藏与普通重油具有不同的油藏地质特征和开发特点，立足于关键技术的攻关和创新，形成适合该油藏特色的开发技术：疏松砂岩超重油油藏精细描述技术、超重油油藏泡沫油开采技术、超重油油藏水平井整体开发技术。

参考文献

[1] 王基铭 . 国外大石油石化公司经营发展战略研究［M］. 北京：中国石化出版社，2007.

[2] 童晓光，窦立荣，田作基，等. 21 世纪初中国跨国油气勘探开发战略研究［M］. 北京：石油工业出版社，2003.

[3] 卢耀忠，詹清荣 . 论中国能源企业提升海外油气投资效益的策略要点 [J]. 国际化经营，2015（2）：75-80.

[4] 戴俊生，李理 . 油区构造解析 [M]. 东营：石油大学出版社，2002.

[5] 韩大匡等 . 多层砂岩油藏开发模式 [M]. 北京：石油工业出版社，1999.

[6] 薛叔浩，刘雯林，薛良清，等，湖盆沉积地质与勘探 [M]. 北京：石油工业出版社，2002.

[7] 吴胜和 . 储层地质学 [M]. 北京：石油工业出版社，1998.

[8] 于兴河 . 油气储层地质基础 [M]. 北京：石油工业出版社，2009.

[9] 何治亮 . 湖盆三角洲分类的初步探讨 [J]. 石油天然气地质，1986，7（04）：395-403.

第二章　砂岩油田高速开发机理及适应条件

油田开发速度受多种因素控制，主要取决于油藏自身条件及能量，如储层物性、原油性质、储量丰度、构造复杂性、裂缝发育程度、驱动能量大小等。总体来说，储层物性好、原油黏度小、储量丰度大、构造简单、储层连通性好、驱动能量强的油藏较易实现高速开发。裂缝发育油藏也较易实现高速开发，但由于裂缝造成的注入水或者地层水快速突进，以及裂缝闭合引起产量快速递减，油藏开发效果往往较差。同时开发速度还受油田自然环境和开发投资环境的影响，海上油田和国际经营开采油田，由于前期投资高，投资风险大，受合同模式限制和资源国政治经济影响，油田投入开发后一般采用高速开发，以实现快速收回投资，降低投资风险。但最终决定油田能否实现高速开发的还是油藏自身的先天条件。

第一节　高速开发适应条件

一、油田采油速度与单井产能的关系

1. 油田采油速度

采油速度有三种表示方法，第一种是地质储量采油速度，即油田年产油量占原始地质储量的百分数；第二种是可采储量采油速度，即油田年产油量占可采储量的百分数；第三种是剩余可采储量的采油速度，即年产油量占剩余可采储量的百分数。较常用的为第一种，即地质储量采油速度：

$$v_o = \frac{Q_o}{N} \times 100\% \tag{2-1}$$

式中　v_o——采油速度，%；

Q_o——年产油量，10^4t；

N——原始地质储量，10^4t。

油田由单个或多个油藏、区块组成，油田地质储量为这些油藏或区块的总和，同样，油田产量也是所有生产井单井的产量的总和。

根据中华人民共和国石油天然气行业标准《油（气）田（藏）储盆技术经济评价规定》（SY/T 5838—1993），地质储量采油速度可以划分为特低速、低速、中速、高速、特高速5个等级（表2-1）。其中地质储量采油速度高于1.5%的一般统称为“高速开发”。

表2-1　地质储量采油速度划分标准

级别	特低速	低速	中速	高速	特高速
划分标准	＜0.5%	0.5%～1.0%	1.0%～1.5%	1.5%～2.5%	＞2.5%

采油速度是衡量油田开采速度快慢的指标。理论上讲，若不考虑项目的经济极限和三次采油接替问题，无论采用何种采油速度、井网方式的注水开发，都能驱出所有的可流动油，即任何二次采油方法的最终采出程度（原油采收率）在理论上是基本相同的，只是在项目生产期内产量剖面不同而已。若采用较高采油速度，开发初期其原油产量高，但开发后期由于产量递减速度较快，其原油产量反而比低采油速度下的产量低。

项目的持续稳定发展，必须建立在适当的储采关系基础上。从储量角度看，由于勘探难度越来越大，新增石油储量品质逐渐降低，与过去同等投入条件下相比，新增探明储量中可供开采的储量不断减少，因此在勘探上没有更大突破的条件下，确定合理的采油速度对于油田持续稳定发展至关重要。此外，项目开发是一个上下游一体化的系统，项目的整体年产能力（合理采油速度）还要综合考虑地面设施建设、管道输送能力和合同期内法律、经济效益和社会政治风险等多方面的因素。

大庆油田年产油 5000×10^4t 稳产 27 年，稳产期采油速度为 1%～1.2%，主力油田控制采油速度开发，采用的是长期稳定高产的方针。海外砂岩油田为实现快速收回投资，普遍采用“有油快流、快速上产、快速回收投资”的高速开发策略。统计 11 个高速开发油田，具有以下特征（表 2-2）：

表 2-2　海外高速开发砂岩油田采油速度与稳产时间、阶段采出程度的关系

开采年限	法鲁奇	伊拉拉	伊拉哈	伊拉土	郁里提	黑格里格	托马南	阿克沙布拉克	南库姆科尔	库姆科尔北	库姆科尔南
1	1.8%	6.7%	2.3%	2.8%	2.4%	1.9%	3.4%	2.3%	1.7%	1.5%	1.5%
2	1.9%	4.6%	4.7%	3.1%	2.1%	3.1%	3.6%	3.5%	3.0%	1.7%	1.7%
3	1.8%	3.5%	3.9%	3.2%	2.0%	2.9%	3.5%	3.6%	3.1%	2.5%	2.2%
4	1.9%	3.1%	2.3%	2.6%	3.0%	2.7%	3.8%	3.4%	5.4%	3.3%	2.4%
5	1.7%	2.8%	4.9%	1.7%	3.1%	2.3%	4.3%	3.4%	7.0%	3.9%	2.4%
6		2.0%	2.1%	3.2%	2.0%	1.9%	4.1%	3.2%	5.6%	3.5%	2.6%
7		1.8%	1.6%	2.1%	1.9%	1.8%	3.2%	2.6%	5.0%	4.0%	2.4%
8				1.6%	1.6%	1.8%	2.9%	2.8%	4.0%	3.9%	2.4%
9						1.5%	2.2%	2.8%	3.6%	3.6%	2.9%
10							1.9%	2.5%	3.1%	3.5%	3.6%
11							1.6%	2.5%	2.9%	3.2%	3.7%
12								2.5%	3.1%	2.5%	4.1%
13									1.7%	2.2%	3.6%
14										1.8%	2.8%

续表

开采年限	法鲁奇	伊拉拉	伊拉哈	伊拉土	郁里提	黑格里格	托马南	阿克沙布拉克	南库姆科尔	库姆科尔北	库姆科尔南
15											1.6%
16											1.8%
17											1.6%
稳产时间，年	5	7	7	8	8	9	11	12	13	14	17
阶段产出程度，%	9.1	24.5	21.8	20.3	18.1	19.9	34.5	35.1	49.2	41.1	43.3
平均采油速度，%	1.8	3.5	3.1	2.5	2.3	2.2	3.1	2.9	3.8	2.9	2.6

（1）高速采油期阶段采出程度高。

南库姆科尔、库姆科尔南、库姆科尔北油田地质储量采油速度大于 1.5% 以上阶段采出程度分别达到 49.1%、43.3% 和 41.1%；

（2）高速开发时间长。

库姆科尔南、库姆科尔北、南库姆科尔、阿克沙布拉克等油田高速开发时间超过 10 年以上。

（3）高速开发阶段内平均采油速度高。

南库姆科尔油田达到 3.8%，其次为托马南油田 3.1%。

（4）8 个油田采油速度达到特高级别。

高速开发阶段内平均采油超过 2.5% 的油田有南库姆科尔等，采油速度达到 5% 以上开发时间达到 4 年。

2. 单井产能

油田高速开发并不意味高效开发。稀井高产构成的油田高采油速度视为高效开发；密井网、低单井产量形成的油田高采油速度视为低效或未达到最佳效益开发。海外油田开发原则即为高速高效开发，因此本书描述的高速是以高效开发为前提的，即要求油井有较高的单井产能。影响单井产能大小的因素很多，是储层渗透率、压力、有效厚度、含水、原油地下黏度等的函数：

例如著名的丘比公式：

$$Q_{well}=C\times K\times K_{ro}\times H\times(p_r-p_f)/\{B_o\times\mu_o\times[\ln(r_e/r_w)-0.75+S]\} \quad (2-2)$$

其中 C 为系数。

K 为储层绝对渗透率，mD。与砂岩储层孔隙度、孔隙结构有关，该参数大小可以衡量流体通过多孔介质的渗流能力，数值越大，储层物性越好，单井产能越高（图 2-1）。假设储层有效为 10m，其他条件相同的情况下，储层渗透率从 50mD 增加到 1000mD，油井产量即从 16t/d 增加到 314t/d。

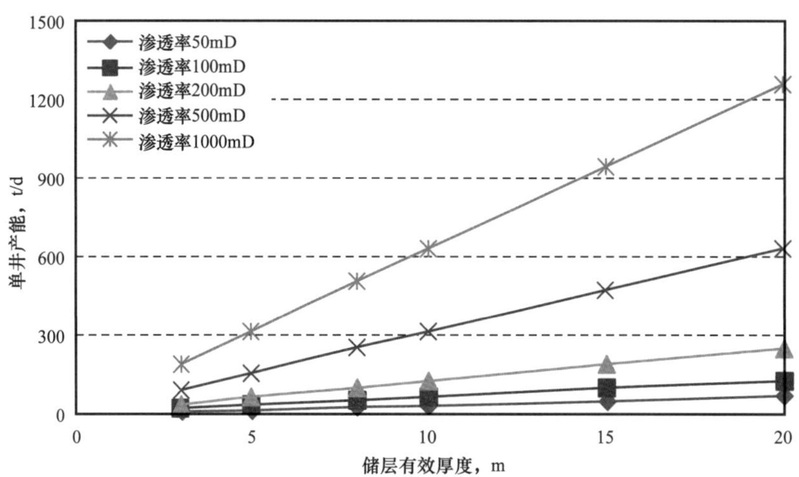

图 2-1　油井单井产量与储层渗透率及有效厚度的关系

K_{ro} 为油的相对渗透率，小于 1.0。油水两相在砂岩油藏多孔介质中流动时渗流时油的相对渗透率，$K_{ro}=K_o/K$，K_o 为油相的有效渗透率。如果多孔介质中只有油流动，水不流动，此时 K_{ro} 达到最大值，接近 1.0；如果水和油同时在多孔介质中渗流，随着含水饱和度增加，K_{ro} 逐渐变小，直到为零，即油饱和度等于残余油饱和度，油相停产渗流，此时油井只产水，含水率 100%。所以随着油井含水率的增加，油井产量急剧减少（图 2-2、表 2-3）。

H 为油井钻遇并射开的储层有效厚度，m。单井产量与储层有效厚度成正比，厚度越大，产量越高，单井控制的储量越大，储量丰度就越大，因此有效厚度与油井高产稳产关系密切（图 2-2）。

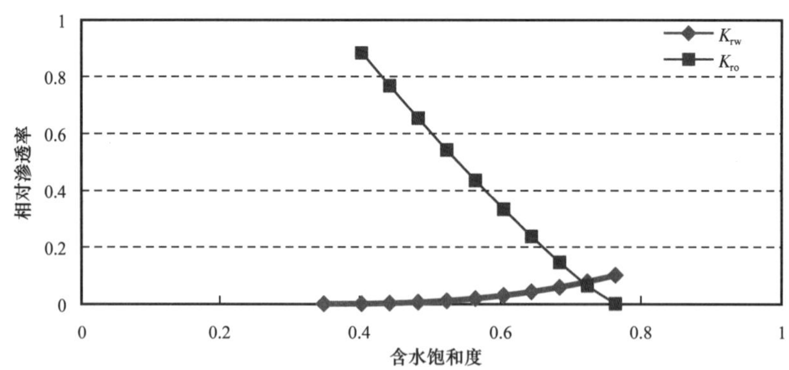

图 2-2　某岩心油水相对渗透率曲线

表 2-3　某生产井产量与储层含水饱和度的关系

含水饱和度，%	水的相对渗透率 K_{rw}	油的相对渗透率 K_{ro}	单井产量，t/d	备注
0.3500	0	1	286	单相油，水、气不流动
0.4032	0.0004	0.8836	252	

续表

含水饱和度，%	水的相对渗透率 K_{rw}	油的相对渗透率 K_{ro}	单井产量，t/d	备注
0.4434	0.0021	0.7668	194	
0.4836	0.0055	0.6529	126	
0.5238	0.0110	0.5413	69	
0.5640	0.0189	0.4353	30	
0.6042	0.0294	0.3325	10	
0.6434	0.0423	0.2372	2	
0.6836	0.0584	0.1458	0.3	
0.7238	0.0776	0.0635	0	
0.7640	0.1	0		
1	0.1	0		

p_r–p_f 为油井的生产压差，MPa。p_r 为油藏压力，p_f 为井底流压。油井产量与生产压差成正比，压差增加 1 倍，产量增加 1 倍。一般情况下，油藏可分为强天然能量和弱天然能量。例如强底水油藏、强边水油藏、异常高压油藏，随着产出量增加，油藏边底水迅速补充到储层，油藏保持较高的压力水平，在整个油藏生命周期内始终可以保持较大的生产压差，油井保持较高的产量。如果油藏天然能量不充足，随着生产的进行，油藏压力迅速下降，生产压差也随之急剧下降，油井产量递减快，如果没有新井或新区块投入，油田产量开始快速下降，即油田不能保持高速开发。因此油藏压力是油田保持高速开发的灵魂。

μ_o 为地层原油黏度，mPa·s。油井产量与原油黏度成反比，黏度越大，油井产量越低，而且水油流度比越大，一旦油井见水，水的渗流速度远大于油的渗流速度，油井产量急剧下降。因此，根据储层中原油黏度可以将油藏分为低黏油藏、中黏油藏和高黏油藏。不同的油藏类型，其油水渗流特征差别很大，开发技术政策也存在很大的差异，开发特征和开发指标大相径庭（图 2–3）。其他条件相同情况下，原油黏度从 2mPa·s 增加到 20mPa·s，单井产量从 543t/d 下降到 54t/d。因此，原油地下黏度与油井产量和油田采油速度关系密切。

其他影响油井产量的参数还有泄油半径 r_e、井眼半径 r_w、表皮系数 S 及体积系数 B_o 等。

二、砂岩油田高速开发影响因素

调研国内外不同储层物性、流体特征、采油速度的 181 个砂岩油田，其中国内 162 个，国外 19 个[1]。从图 2–4 可以看出，超过 45% 的油田采用中低采油速度（地质储量采油速度小于 1.5%）开发，只有不到 55% 的油田采用高速开发，可见，不是所有的油田都可以实现高速开发。油田开发速度既受油藏自身条件的影响，又受外在因素的制约。国内油田开发和海外合作油田开发存在很大的差异，国内油田开发速度更多取决于油田本身的条件，海外合作开发油田受合同模式、合同期限、资源政治经济条件、国际油价等多重限制。

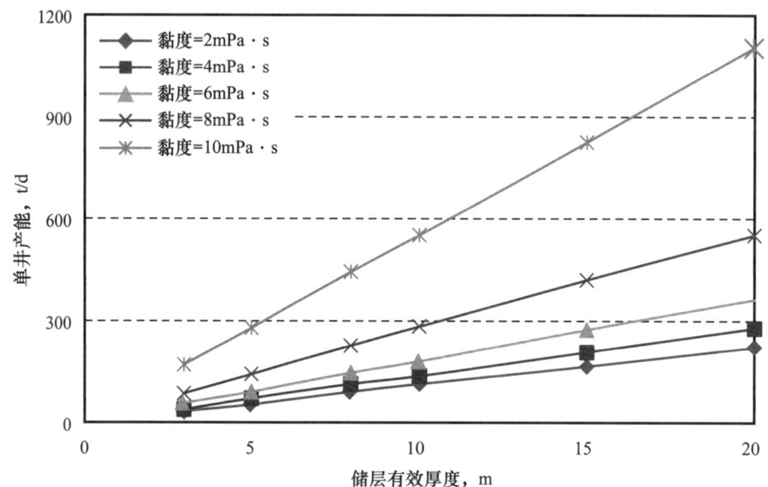

图 2-3　原油黏度与单井产能的关系

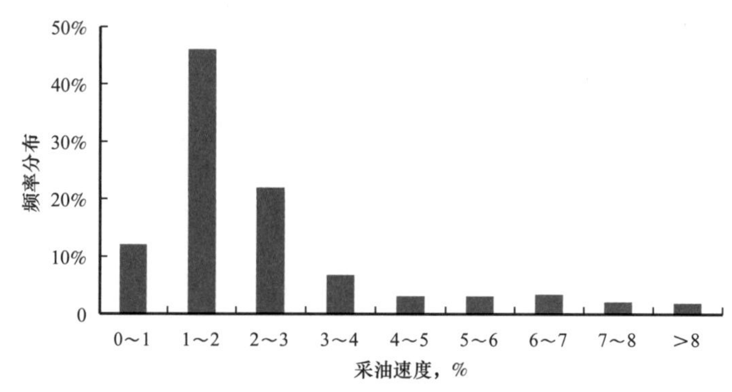

图 2-4　砂岩油田采油速度频率分布

1. 国内油田采油速度主要影响因素

国内陆上已探明石油储量中多以陆相河湖相沉积为主，储层以中高渗透为主，渗透率大于 100mD 的中高渗透储层储量占 77.3%，渗透率小于 100mD 的低渗透储层储量占 22.7%。从地层原油黏度分析，国内陆上已探明石油储量中，地层原油以中黏度以上为主，65.8% 的原油储量属于中黏度以上（大于 5mPa · s），其中中黏度（5～20mPa · s）原油占 44%，高黏度（20～50mPa · s）原油储量占 7.5%，稠油（大于 50mPa · s）储量占 14.3%。根据国内陆上油藏中高黏度的特点，同时适应国民经济长期可持续发展的要求，国内油田一般制定长期稳产的开发策略，采用 1%～2% 的中高开发速度进行开发。大多数油田实施早期注水保持地层压力的开发方式，中后期通过多次井网加密提高储量动用程度来实现稳产，高含水期实施以聚合物驱为主的三次采油技术提高采收率，如大庆油田。

大庆喇叭甸、萨尔图、杏树岗油田是中国陆相油田开发的代表，为大型背斜构造油藏，储层为河流三角洲沉积，平均孔隙度 25%～27%，以中高渗透一、二类储层为主，平均渗透率大于 200mD，地层原油黏度 9.4mPa·s，地饱压差 0.3MPa，原始气油比 47.2m^3/t，原油体积系数 1.112，油藏的弹性能量和溶解气能量较小，依靠弹性能量只能采出地质储量的 1.7%。以多层状边水油藏为主，边水规模小，能量弱。根据油藏地质条件和天然能量小的特点，采用早期注水补充地层能量方式开发油田，以 1% 左右采油速度实现了长期稳产开发（图 2–5）。

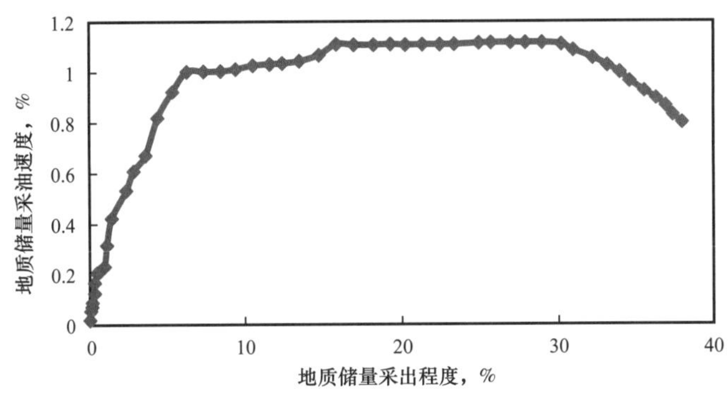

图 2–5　大庆喇叭甸、萨尔图、杏树岗油田历产采油速度变化

江汉盆地王场油田是国内陆相油田高速开发的典型代表，油田长期稳产在采油速度 2.5% 以上（图 2–6），建立了中国陆相砂岩油田高速开发模式，该油藏具有如下高速开发地质条件：（1）储层物性良好，粒度分级以粉砂质细砂岩为主，分选好，储层有效孔隙度 24.7%，平均渗透率在 500mD 以上，属中高渗透储层。（2）流体性质良好，地下原油黏度 8.6mPa·s，驱油效率较高。（3）按物质平衡法计算，水区体积为油区体积的 16 倍，在高速开采条件下，边水补给能量只有采油消耗能量的 54%～67%，证明天然能量不足，通过人工增产措施可以实现高速开发。

中国以南海珠江口盆地为代表的海相砂岩油田多采用高速开发[2]，各油田峰值采油速度 3.7%～12.9%（图 2–7），建立了中国海相砂岩油田高速开发模式，该盆地油藏具备以下高速开发地质条件：（1）构造类型单一，构造完整。多数油田构造以基底隆起上继承发育的低幅度披覆背斜构造为主，大部分构造内部无断层切割。（2）储层物性好，油层分布稳定。以辫状河三角洲和三角洲前缘沉积为主，孔隙类型简单，以原生粒间孔为主。平均孔隙度 21.7%，平均渗渗透率在 1000mD 以上，并且油层平面分布稳定，连通性好。（3）流体性质好，驱油效率高。地层原油黏度一般小于 5mPa·s（表 2–4），水驱油效率比中国陆上砂岩油田高 10%～20%。（4）储量丰度高，对 20 个油田储量丰度统计表明，65% 油田为高储量丰度，35% 油田为中储量丰度。（5）地层能量充足，主力油层水体倍数 100～300 倍，甚至更大，具备充足的天然能量。

2. 海外合作区油田采油速度主要影响因素

中国石油海外五大合作区典型高速开发砂岩油田主要有强边底水油藏和弱边底水油藏，因此，分天然能量高速开发油田和注水开发油田进行阐述。

1）天然边底水能量高速开发影响因素

对于天然边底水能量充足、地层流体流动性好，同时具有一定地饱压差的油藏，可利用天然能量高速开发。天然水体大小、原油流动能力、地饱压差、储层有效厚度、开发技术政策等是决定油藏利用天然能量高速开发可行性及影响其开发效果的主要因素[3]。本章在讨论油藏高速开发影响因素时，假定油藏具有一定稳产期。

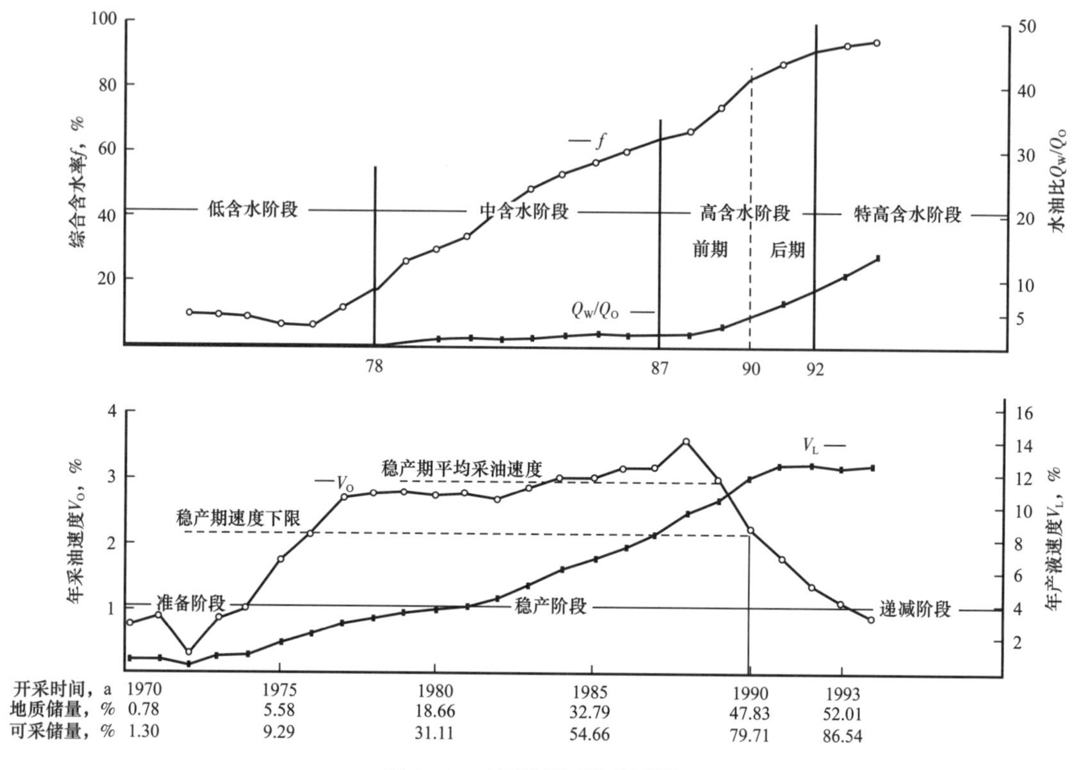

图2-6 王场油田开发模式图

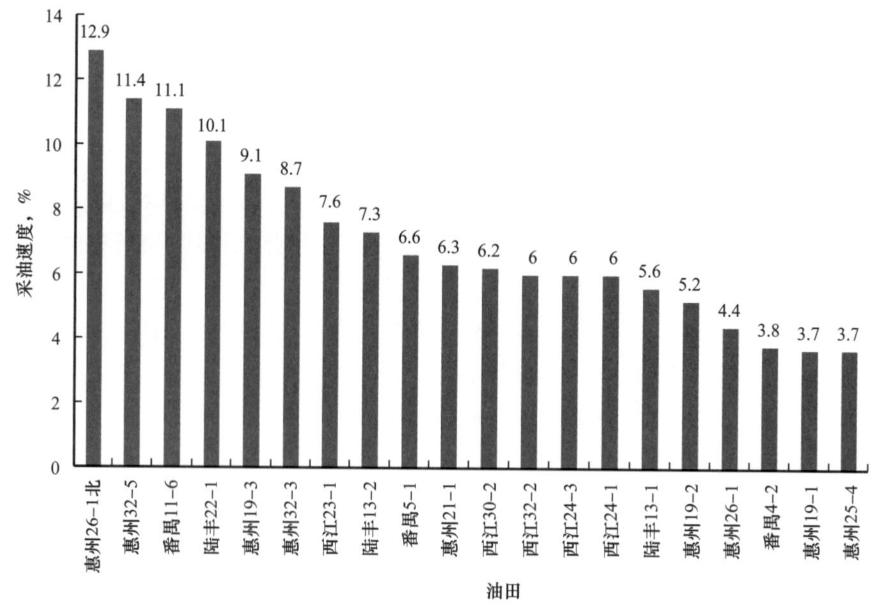

图2-7 中国南海珠江口盆地砂岩油田峰值采油速度对比图

表 2-4 南海珠江口盆地砂岩油田油藏特征参数

油田	地层压力 MPa	饱和压力 MPa	地层原油黏度 mPa·s	地层原油密度 g/cm^3	原始气油比 m^3/m^3	体积系数	原油压缩系数 10^{-4}/MPa	渗透率 mD	孔隙度 %	储量丰度 $10^4m^3/km^2$
惠州 21–1	28.93	11.40	0.43	0.671	94.20	1.231	24.90	127～572	15～16.5	89.4
惠州 26–1	22.06	2.38	2.19	0.784	3.60	1.071	12.77	1575～5087	15.7～21.9	163.1
惠州 32–2	24.28	0.78	3.85	0.815	1.50	1.058	11.57	1838～2421	19.2～21.4	126.4
惠州 32–3	21.79	0.95	1.05	0.766	11.30	1.102	11.51	805～5461	16.6～22.8	95.3
惠州 32–5	19.33	3.80	1.40	0.745	41.00	1.147	11.88	895～1370	15.2～26.4	63.2
西江 23–1	17.72	0.57	9.80	0.853	0.87	1.051	19.95	5520～6080	22.5～33.0	104.5
西江 24–3	21.43	0.88	6.10	0.828	1.30	1.041	12.95	3055～9858	22.6～23.6	201.4
西江 30–2	22.9	0.84	8.98	0.846	2.80	1.056	8.12	4304～9911	19.2～25.7	618.5
陆丰 13–1	24.52	0.84	3.77	0.820	1.55	1.063	10.12	2174～5307	15.3～23.3.3	85.4
陆丰 13–2	24.66	1.25	1.47	0.767	8.91	1.085	12.44	3508～4234	17.2～22.1	73.8
陆丰 22–1	15.69	0.55	4.97	0.817	1.01	1.066	11.48	2424～5760	20.3～24.5	64.5
番禺 4–2	19.17	0.50	51.80	0.873	0.66	1.046	7.58	4900～9851	14.5～31.2	312.8
番禺 5–1	19.8	0.51	10.23	0.851	0.62	1.041	7.48	2274～2290	15.9～30.4	233.9

（1）高速开发需要一定水体条件，10 倍水体以上的油藏，可在保障油田具有一定稳产期的条件下，实现天然水驱高速开发。

天然水体大小是决定油藏能量供给的决定因素，是油藏能否实现边底水驱高速开发的决定性因素。对比 5～100 倍水体条件下，天然水驱开发 10 年的地质储量采出程度对该阶段采油速度的敏感性（图 2-8），可以发现：

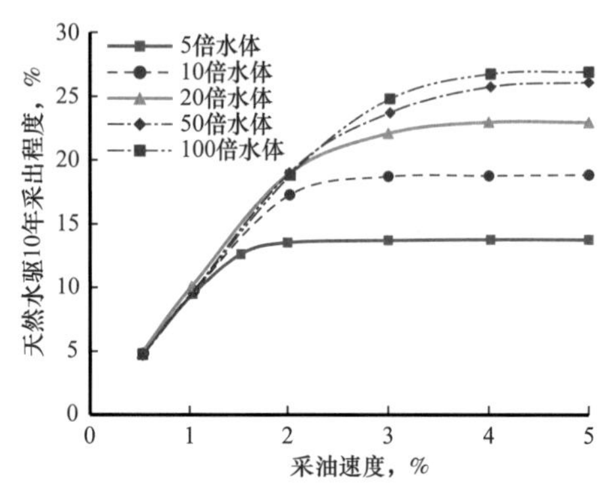

图 2-8　不同水体倍数、采油速度下天然水驱 10 年采出程度对比

①一定水体条件下，提高采油速度可以改善天然水驱阶段（或开发早中期）采出程度，但提高到一定程度后改善作用不再明显。

②不同采油速度对水体大小的敏感性也随着水体倍数的增大而逐渐降低，也就是说，对于同一油藏、一定采油速度开发条件下，水体体积越大其天然水驱采出程度越高，但水体体积达到一定的程度后，对该阶段采出程度影响变小。

③不同水体大小油藏的合理采油速度范围不同。

敏感性分析表明，5 倍、10 倍、20 倍、50 倍、100 倍水体油藏天然水驱采油速度合理范围分别为 1.0%～1.5%、1.5%～2.0%、2.0%～3.0%、3.0%～4.0%、3.5%～4.5%（表 2-5）。该采油速度仅适用于储层及流体物性较好、能量传导能力较强的边底水油藏。一般说来，具有较强边水能量的天然水驱油藏较早进入稳定状态，采出程度一般 6.2%～12.3%。

表 2-5　不同水体倍数油藏天然水驱阶段合理采油速度

水体倍数	5 倍	10 倍	20 倍	50 倍	100 倍
天然水驱阶段合理采油速度，%	1.0%～1.5%	1.5%～2.0%	2.0%～3.0%	3.0%～4.0%	3.5%～4.5%

（2）原油流动能力是制约天然水驱高速开发效果的重要因素，取决于原油流度、储层非均质性等（图 2-9）。

（3）具有一定地饱压差的油藏，是实现油藏边底水驱阶段高速开发、同时保障油田中后期高效开发的必要条件。

海外实现天然水驱阶段高速高效开发的油田，一般具有较大地饱压差（以南苏丹和苏丹油田为例，平均 18MPa），可基本保障地层压力大幅下降的过程中，近井低压区地层压力仍高于原油饱和压力，避免因原油脱气增加渗流阻力。对于天然能量不足且地饱压差较小的油藏，一旦延误注水时机并已导致地层压力下降，将引起地层原油脱气，局部油井生产气油比上升，且脱气区逐渐扩大，产量递减加快。

2）注水油田高速开发影响因素

国外砂岩油田一般早期采用衰竭开采方式实现高速开发，产能下降之后采用注水等措施补充地层能量，压力保持水平较高，注水后油井恢复产能或者减缓递减。最为典型的是俄罗斯西西伯利亚、伏尔加—乌拉尔、提曼—伯绍拉等地区一些大型、特大型的砂岩油田，原油黏度一般小于 5mPa·s，渗透率多大于 200mD。这些砂岩油田大多实现了高速开发，高峰采油速度一般 3%～6%，最高可以达到 12%（图 2-10），如亚里诺—卡缅诺洛日油田的亚斯亚纳波利亚层油藏，为一长 40km、宽 6km 的长轴背斜构造，油田断层不发育，构造东翼较平缓且有较强的边水能量，为石炭系砂岩储层，孔隙度 15.8%～18%，渗透率 194～208mD，地层原油黏度 0.95～0.97mPa·s，油田实现高峰采油速度 4.8%，并且进入递减前油田采油速度一直保持在 3.5% 以上。

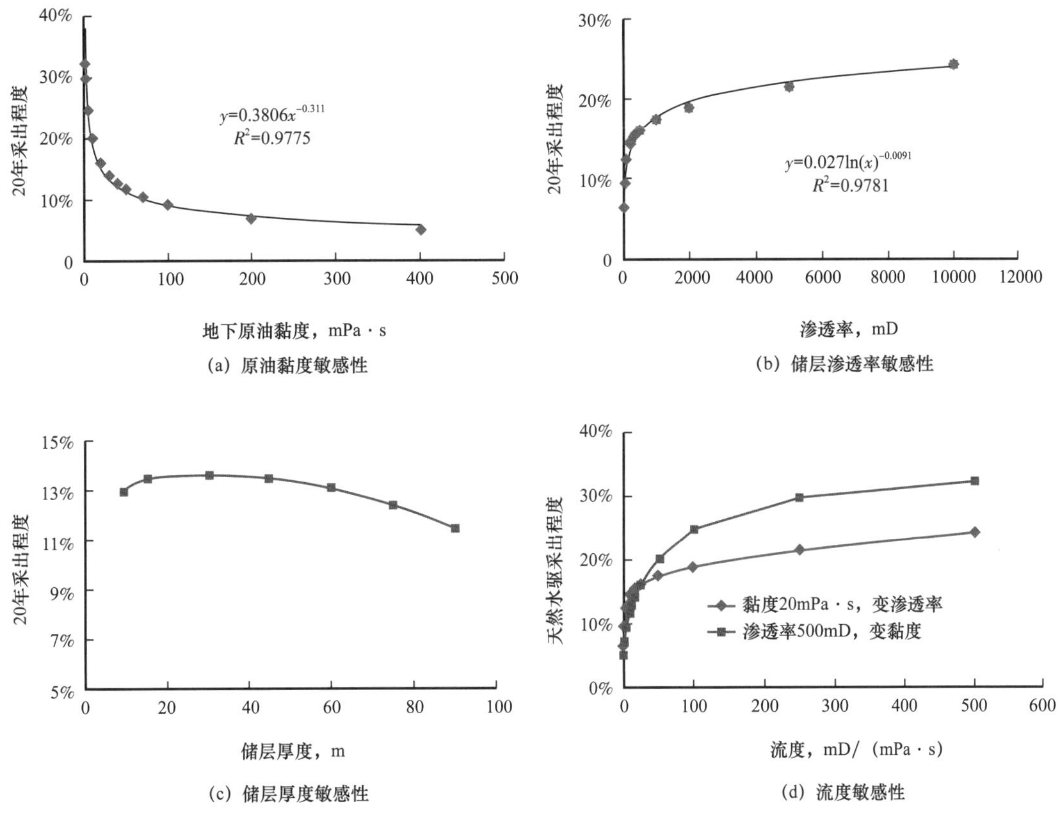

图 2-9　高速开发条件下（2%）天然水驱效果对不同因素敏感性

统计中国石油海外合作区不同采油速度油田储层渗透率、地层原油黏度以及储量丰度可以看出（图 2-11、图 2-12）：

中低采油速度开发油田：平均渗透率 499mD，平均地层原油黏度 21.9mPa·s，平均储量丰度 160.22×10^4t/km^2。

高速开发油田：储层平均渗透率 2131mD，平均地层原油黏度 6.5mPa·s，平均储量丰度 226.9×10^4t/km^2，并且随着储层渗透率的增加、地层原油黏度的下降以及储量丰度的增加，油田更易实现高速开发。

但是低原油黏度、中高渗透储层以及充足驱动能量的油藏并不一定都可以实现高速开发，如果油藏中断层或者裂缝发育也制约高速开发的实现。断层的存在影响了天然水驱或者人工水驱动态，增加了开发过程中能量及时补充的难度，降低了采油速度；如果储层裂缝发育，则注入水或者边底水更容易沿裂缝快速突进，油井暴性水淹从而产能降低。同时，在开发过程中压力下降导致裂缝闭合，也使油井产能下降，难以实现高速开发。

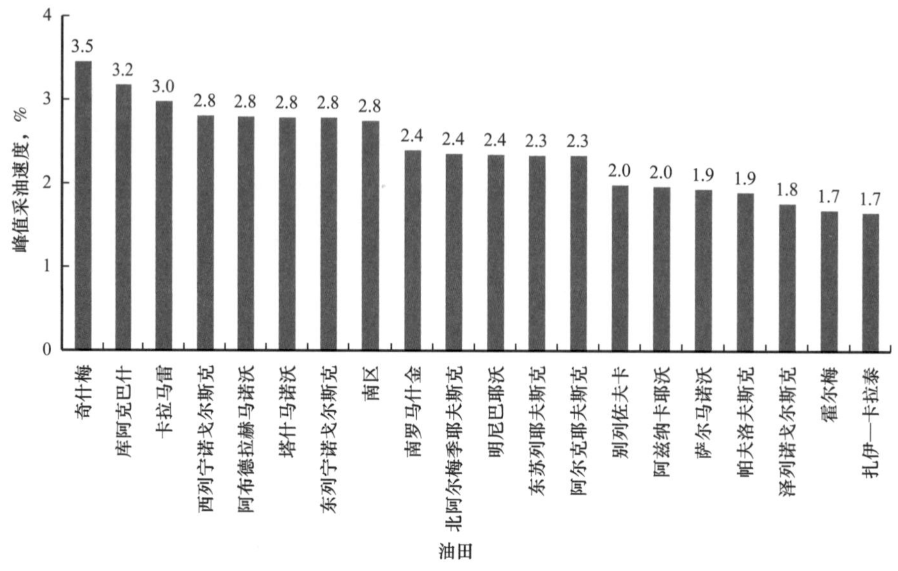

图 2-10　俄罗斯西伯利亚部分大型砂岩油田高峰采油速度对比

亨丁顿油田位于美国陆架，是美国海相油田开发的代表，为斜坡断块背斜油气藏，储层为海底斜坡扇上置扇叶混积砂岩，平均孔隙度 25%～35%，以中高渗透一、二类储层为主，平均渗透率大于 100mD，平均原油黏度 103mPa · s。油藏黏度较高，且油藏被断层分割为 17 个小断块，断层严重影响水驱时注入水沿轴线方向流动，同时存在大量横切断层，增加了注水开发的难度，降低了采油速度。该油藏峰值采油速度 0.57%，预计最终采收率 21.2%，对于这种黏度较高、断层发育的储层一般不适宜进行高速开发。

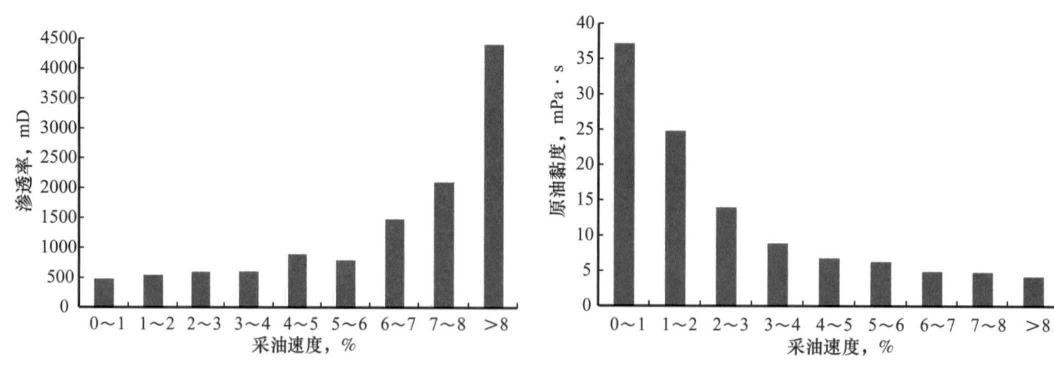

图 2-11　砂岩油田采油速度与渗透率频率分布　　图 2-12　砂岩油田采油速度与黏度频率分布

总之，注水开发油田速度受多种因素控制，地层原油黏度、储层渗透率和润湿性、储量丰度是 4 个重要的油藏特征参数，其中地层原油黏度和储层渗透率直接决定了地层原油流动的难易程度，影响在开发过程中注入水和地层水波及程度和突进速度，从而影响油田开发特征与开发规律，它是油田能否采用高速开发的重要条件。一般来说，地层原油黏度低、渗透率高的油田油水流度比低，注入水或者地层水指进不明显，含水上升慢，越容易获得较高的采油速度。而储层亲水性好，驱油效率就高，油田越容易取得较好的开发效果[4]。

从以上国内外油田实例分析可以看出，简单平缓的背斜或者单斜构造、中高渗透储层物性、低地层原油黏度、充足的天然驱动能量或者合理的人工能量补充是油田实施高速开发的几个比较重要的条件。如果储层渗透率低，则压力传导性差，流体流动阻力大，无法实现依靠天然能量高速开发。天然能量不足的油藏，若能合理利用注水等方式补充地层能量，也可以实现高速开发[5]。

分析统计高速开发砂岩油藏一般具有以下特征：（1）扇三角洲、曲流河、辫状河、三角洲沉积砂体，储层属于中高孔隙度、中高渗透储层，储层平面和纵向上连通性好；（2）构造简单，多为背斜构造，断层不发育；（3）地层原油黏度低或流动系数大，储量丰度高；（4）天然能量充足或早期注采井网比较完善，油田开发过程中压力保持水平高且地层压力高于饱和压力。

三、国内外高速开发模式

统计国内外高速开发油田采油速度随可采储量采出程度变化规律，可以总结出 4 种高速开发油田采油速度变化模式：强采模式、递减模式、稳产模式、渐进模式。

1. 强采模式

油田投产即进行高速开发，数年内油田可采储量采出程度达到 50% 以上，随后采油速度保持较低的水平。

美国蒙大拿州钟溪油田属于典型的强采式高速开发油田。该油田为地层圈闭油藏，无明显的局部构造。沉积环境为滨海沙坝沉积与三角洲沉积的交汇处（图 2–13），大部分地区具有沙坝复合体特征，储层渗透率平均 1680mD，原油黏度 2.75mPa·s，天然能量不足，通过人工注水合理补充地层能量实现了高速开发。

该油田地质储量 3327×10^4t，1969 年投入开发，当年地质储量采油速度 0.69%，1970 年采油速度快速上升至 6.8%，之后产量快速下降，至 1971 年年产量只有 81×10^4t，采油速度 2.4%。1972 年实施边缘线状注水开发，有效补充地层能量，1973 年产量恢复至 111×10^4t，至 1976 年产量保持在 120×10^4t 以上，采油速度保持在 3.5% 以上，1979 年后产量快速递减，采油速度低于 3%，至 2006 年该油田采收率达到 56%（图 2–14）。

南苏丹一二四区的托马南油田和哈萨克斯坦的南库姆科尔油田早期地质储量采油速度达到 7%，但基本没有稳产期，采油速度迅速下降。

2. 递减模式

油田投产后采油速度快速达到峰值，随后采油速度逐年下降，进入递减期。

美国东得克萨斯油田是递减式高速开发油田的典型代表。该油田位于得克萨斯盆地东侧的赛宾隆起西翼，产油层为白垩系的伊格福德·乌德宾层，为地层不整合遮挡油藏（图 2–15）。油层厚度在油田东西部只有几米，向西部边缘增厚度 30m，平均油层厚度 11.4m。平均孔隙度 25%，平均渗透率 2500mD，地层原油黏度 3.3mPa·s，边水水体约 $6360\times10^8\text{m}^3$，天然水体能量强。油田原油地质储量 10×10^8t，采收率 78.4%。

该油田 1931 年投入开发，1931—1937 年依靠天然水驱开发，地层压力由原始的 11MPa 下降至 1937 年的 8MPa，1938 年 6 月回注盐水保持地层压力。1933 年达到高峰产量 2760×10^4t，地质储量采油速度 2.93%。开发 23 年后产量逐年缓慢下降，至 1956 年年

产量降至 980×10^4t，采油速度 1%，平均每年下降 70×10^4t，地质储量采出程度 44.8%。1964 年采油速度只有 0.58%，1965—1972 年提高油井开井时率，采油速度逐渐恢复至 1.1%，之后又逐年下降，至 2007 年油田累积产量 7.8×10^8t，地质储量采出程度达到 77.5%（图 2-16）。

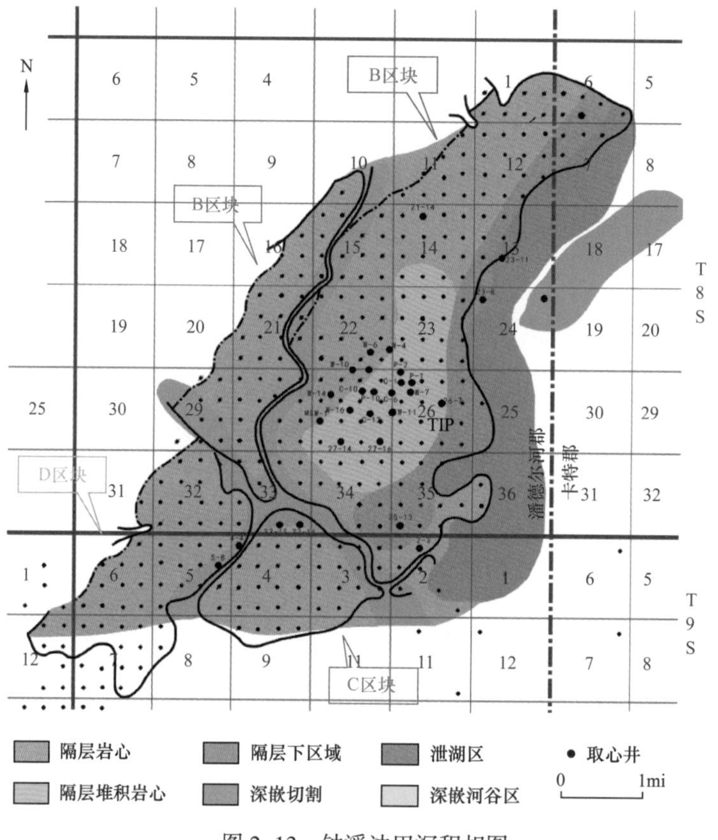

图 2-13　钟溪油田沉积相图

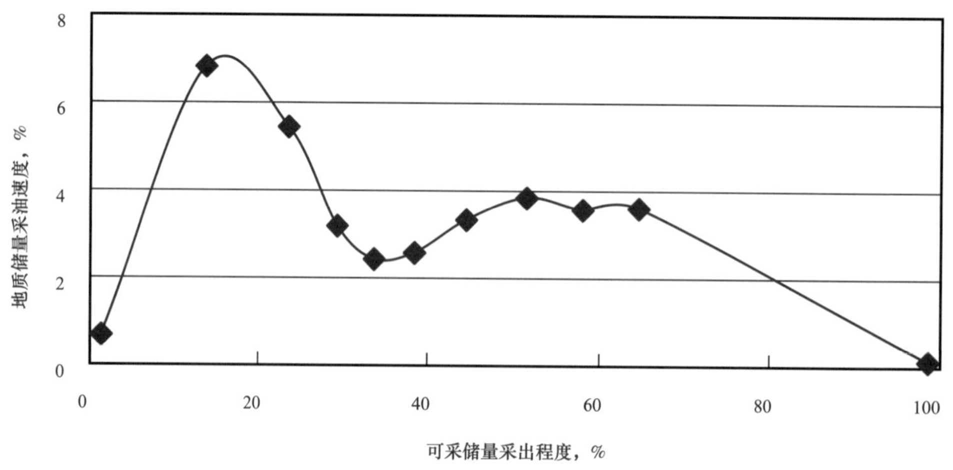

图 2-14　钟溪油田采油速度与可采储量采出程度关系

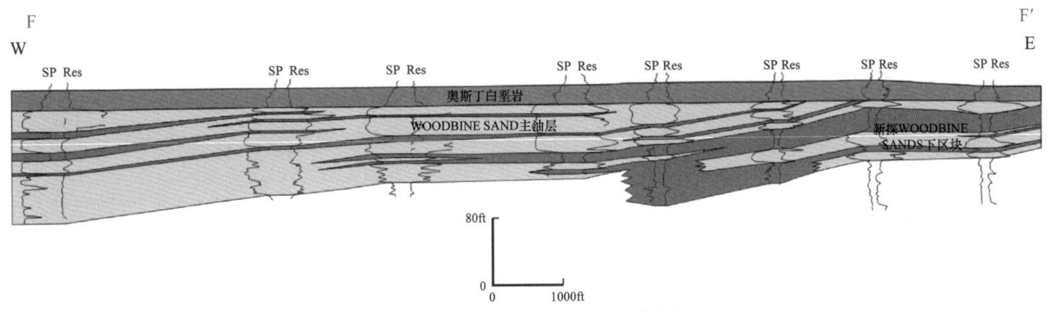

图 2-15　东得克萨斯油田油藏剖面图

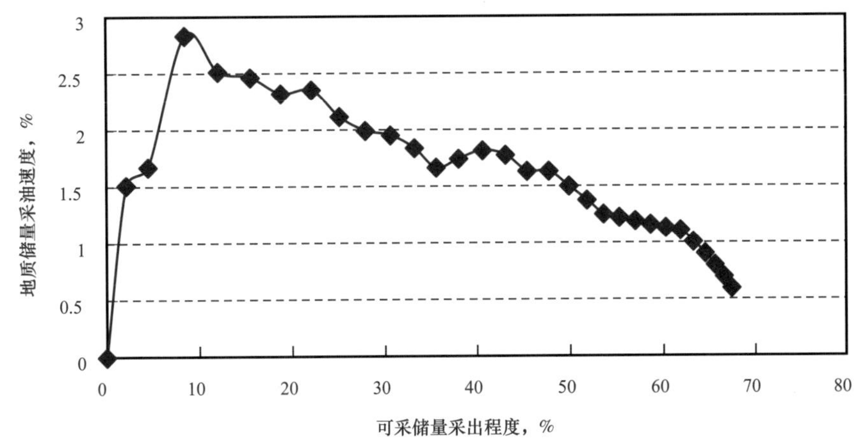

图 2-16　东得克萨斯油田采油速度与可采储量采出程度关系

苏丹一二四区的黑格里格油田、苏丹六区的 Jake 油田等属于此类模式。

3. 稳产模式

油田开发初期采用较高的采油速度开发，保持高采油速度稳产一段时间，稳产期末可采储量采出程度达到 60% 左右，随后采油速度逐年下降，进入递减期。

美国密西西比州西南部的小溪油田属于典型的稳产式高速开发油田。该油田为地层圈闭，受南北向的鼻状构造控制，主要产层为白垩系的下塔斯卡萨组砂岩，为曲流河点坝沉积，平均油层厚度 8.8m（图 2-17），平均孔隙度 23.8%，平均渗透率 98mD，地层原油黏度 0.4mPa·s。原始地层压力 34MPa，地层原油饱和压力 15MPa，地饱压差高达 19MPa。原油地质储量 0.15×10^8t，可采储量 971×10^4t，采收率 66.7%。

该油田 1958 年投入开发，1958—1961 年为天然能量开发阶段，依靠弱边水和溶解气驱油，投产第二年采油速度达到 5.3%，地层压力下降快，至 1959 年北部地层压力下降至 20.7MPa，油井含水和生产气油比不断上升，1959 开始实施气举开发，1961—1970 年为注水开发阶段，以边缘注水方式补充地层能量，同时关闭高含水和高气油比生产井。通过以上措施，1965 年油田采油速度仍然保持 4%，实现了 4%～6.3% 高速开发稳产 7 年，油田可采储量采出程度达到 60.3%，之后油田进入产量递减期。1970 年停止注水，继续采用衰竭式开发，1974—1977 年开展 CO_2 驱先导试验，1978—1985 年由于缺少 CO_2 气源，油田停止生产。1986 年油田复产，实施 CO_2 驱，产量重新恢复至 429t/d，至 2009 年油田地质储量采出程度达到 65.3%（图 2-18）。

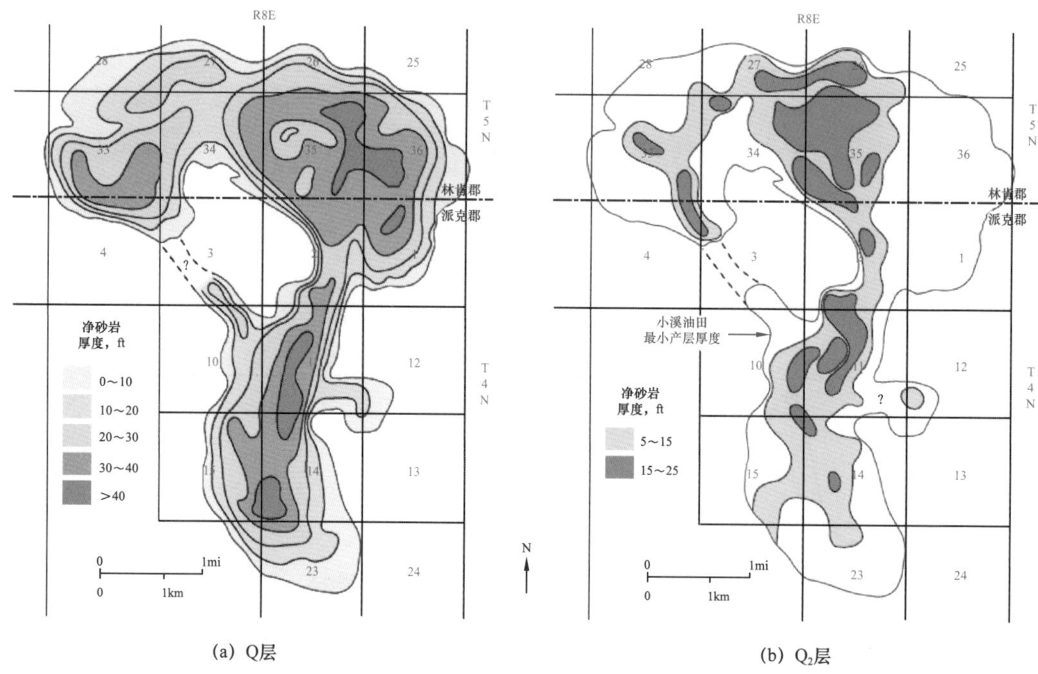

图 2–17　小溪油田油层有效厚度图

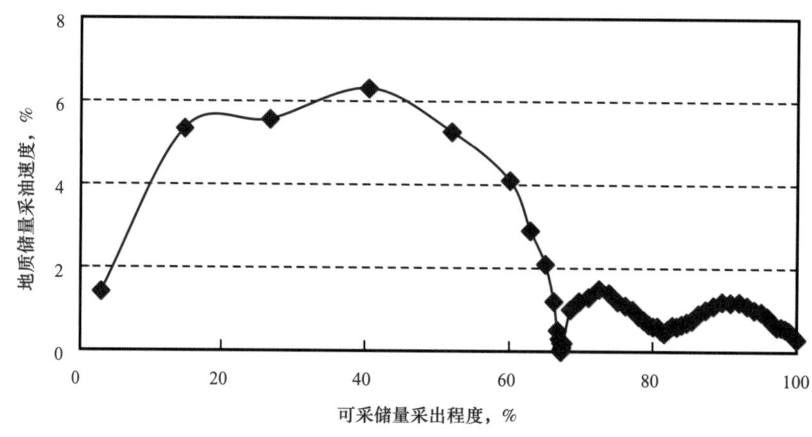

图 2–18　小溪油田采油速度与可采储量采出程度关系

4. 渐近模式

油田开发初期采用中—低采油速度开发，随后采油速度逐渐提高，达到高峰采油速度时，可采储量采出程度 60% 左右，随后产量逐渐下降。

哈萨克斯坦库姆科尔南油田属于典型的渐进式高速开发油田。该油田储层岩性主要为砂砾岩，物性好。其中白垩系为高孔隙度（27%～32%）、高渗透（1380～2690mD）储层，属于构造边底水未饱和油藏（图 2–19），埋深 1083m，地层压力 11.1MPa，饱和压力 4.9MPa，气油比为 11.8m^3/t。侏罗系为中高孔隙度（21%～27%）、中高渗透（127～715mD）储层，属于带气顶构造边水饱和油藏，埋深 1258m，地层压力 13.7MPa，气油比为 133m^3/t。油田地下原油低黏度（1.15～2.98mPa · s），轻质（0.814～0.822g/cm^3）、中低含蜡。

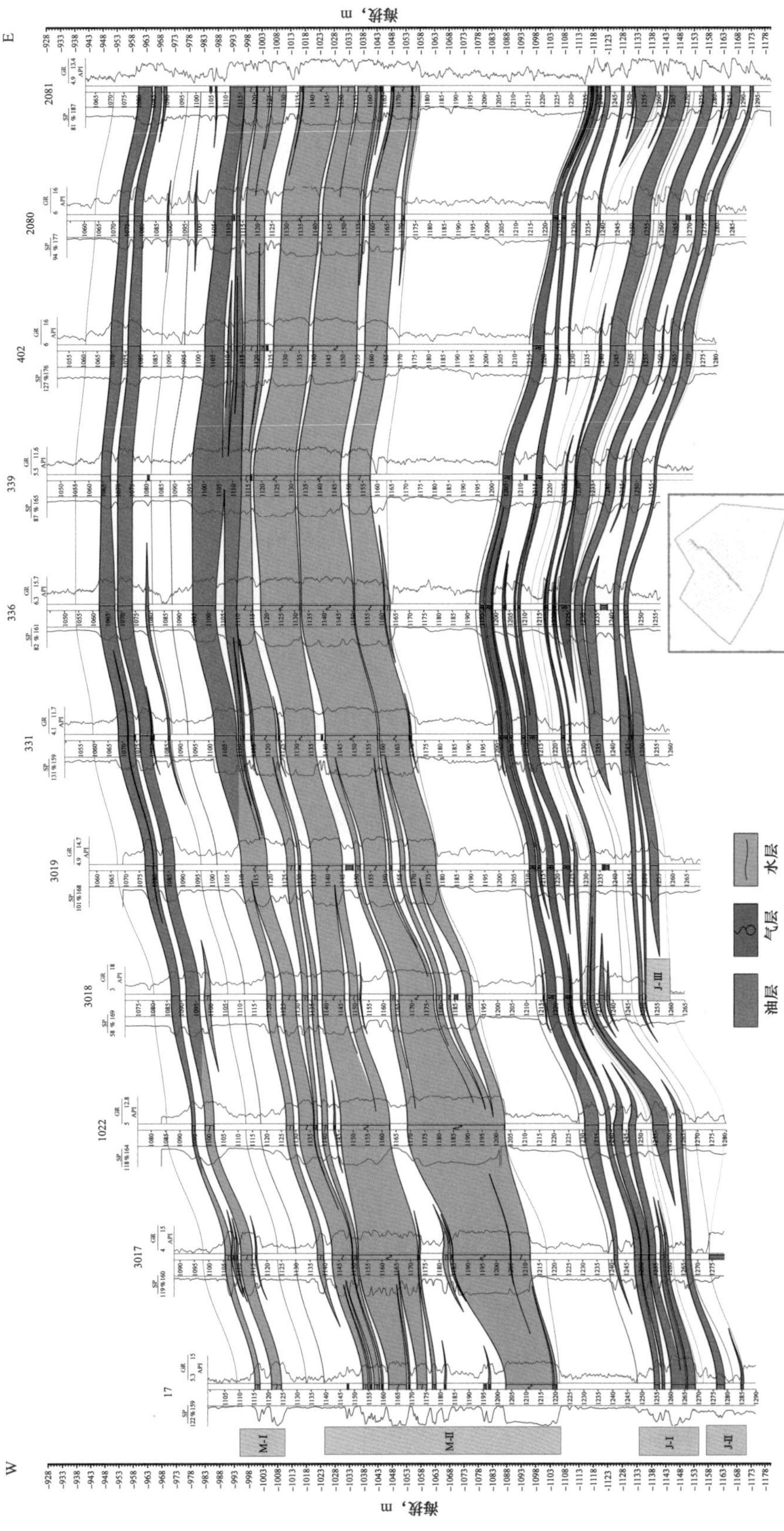

图 2-19　库姆科尔南油田 SW-NE 向油藏剖面图

该油田分为 4 套开发层系：下白垩统底部 Aryskum 组（K1nc1ar）2 个产层——M-Ⅰ和 M-Ⅱ（Object-1），上侏罗统 Kumkol 组（J3km）3 个产层——J-Ⅰ和 J-Ⅱ（Object-2）、J-Ⅲ（Object-3）以及中侏罗统 Doshan 组（J2ds）J-Ⅳ（Object-4）。于 1990 年 5 月正式投入开发，1991 年 10 月开始注水，主力开发层系早期采用反九点 500m 井网注水开发，后期不断调整注水方式，采用边外注水结合局部面积注水方式提高水驱动用程度，部署加密井，井距达到 250m 左右，油田产量于 2002 年达到高峰，年产油 314×10^4t，其高峰年产油速度 4.3%。从 2004 年起，油田产量逐年递减，进入递减阶段，2015 年油田地质储量采油速度仅为 0.6%，地质储量采出程度为 53.3%（图 2-20）。

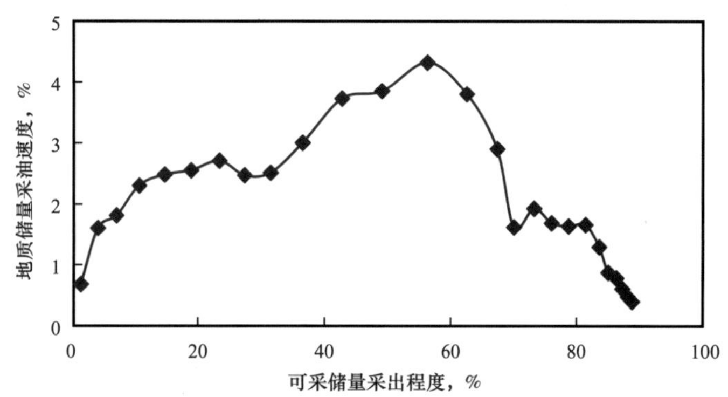

图 2-20　库姆科尔南油田采油速度与可采储量采出程度关系

第二节　砂岩油田高速开发机理

本节重点分析海外砂岩油田高速开发储层渗流特征、水驱规律、采油速度与采收率等关系，揭示砂岩油藏高速开发机理。

一、中高渗透率油藏高速开发渗流机理

1. 注水对储层物性变化的影响规律

注水开发打破了油藏流体和储层在漫长地质岁月中建立的动态平衡状态，流体和储层明显的相对运动加速了流体对储层的影响。本节采用多种实验手段研究了注水开发后储层物性变化、孔隙结构变化的规律。

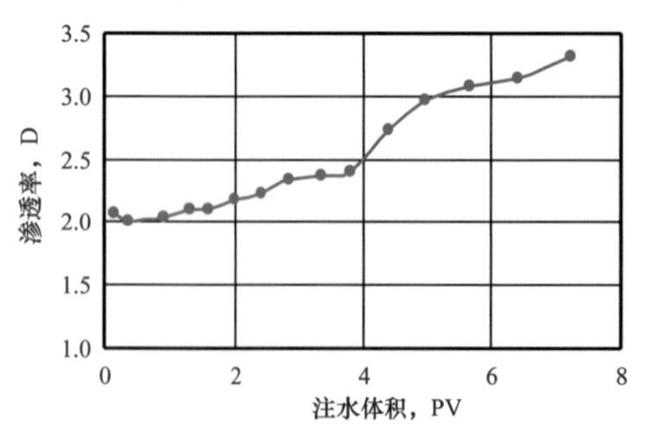

图 2-21　上升型典型曲线

南苏丹三七区法鲁奇油田 PP-29 井岩心储层岩心水驱实验发现，随着注水体积（PV 数）增加，渗透率的变化呈 3 种形式：

（1）逐渐上升型：注水对地层的冲刷作用为主。

（2）上升—下降型。

上升—下降型典型曲线的主要特征是 0～（5～10）PV 内上升，后期下降（图 2-22）。

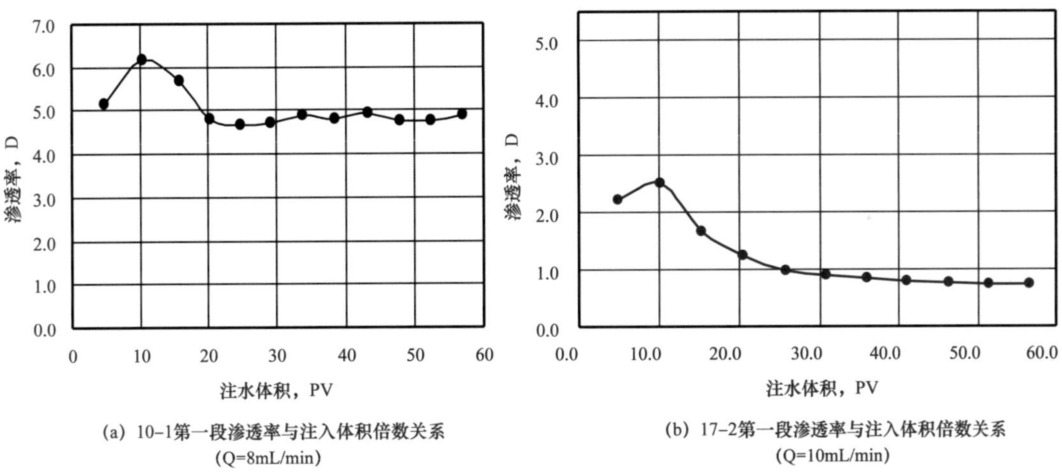

图 2-22 上升—下降型典型曲线

（3）缓慢下降型。

分析认为：随着注入水冲刷，岩石内发生黏土矿物、微粒运移，堵塞孔隙喉道，渗透率下降（图 2-23）。

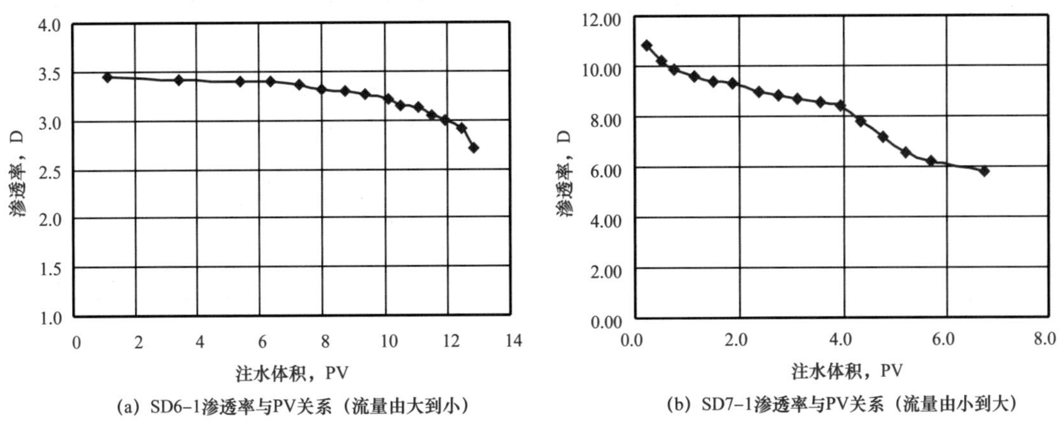

图 2-23 缓慢下降型典型曲线

实验发现，渗透率是多元函数，$K=f(x_1, x_2, x_3 \cdots x_n)$，其变化规律复杂，长期注水过程中，渗透率是变化的，把孔隙介质的渗透率看作是不变的仅仅是一种假设。渗透率上升、下降的这种变化，既矛盾又统一。看似相反，其实质是一致的，都是微粒的运移及运动。上升是因为颗粒运移，孔隙疏通；下降是因为颗粒运移，吼道堵塞。另外，实验得到的渗透率变化，与现场相符。有的区域渗透率变好，形成大孔道，有的区域或层位变小。

影响渗透率及其变化的因素包括：（1）岩石矿物组成及性质：粒度组成、颗粒大小分布、颗粒圆度、颗粒的堆积方式、胶结程度、胶结物质、黏土矿物、孔隙度、孔隙直径、孔隙分选性、渗透率、岩石岩相；（2）注水的情况：流速（流量）、工作制度（流速变化）、水的矿化度；（3）实验条件：覆压、岩心长度。

总之，渗透率变化是总体上的变化趋势。对于 PP-29 井岩心，渗透率变化的趋势与流量的变化趋势有关，流量逐渐升高，则渗透率逐渐变大；而初始流量大（流量由大到小），则随着注水体积的增加渗透率逐渐降低。引起渗透率变化的内在主因是黏土及微粒的运移，外在主因是流量的大小及变化过程。25 块岩心实验统计显示：上升占 20%，上升—下降占 28%，下降占 52%。

2. 注水孔隙结构变化对渗流特征的影响

疏松砂岩在注水过程中，容易造成地层微粒运移，进而形成大孔道，造成注水沿大孔道快速窜到生产井，油井含水率快速上升，对油藏开发产生不利影响，可采用大孔道演化实验进行研究。

在定压差 0.045MPa 下进行长期水驱实验，根据实测数据，绘制图 2–24 和图 2–25。在整个变化曲线过程中，流量总体呈现出逐渐增大的趋势，这是因为随着孔涌的进行，越来越多的砂子流出模型，增加了模型的渗透率，在定压差驱替过程中，流速增加。整个曲线中存在两个明显的下凹，导致流速下降的两个可能原因：一是由于砂子的流出，越来越多的细小砂子被流体携带，形成了固液两相流，增大了渗流阻力，导致渗流速度下降；二是由于长时间的出砂，主流线上逐渐形成大孔道，出现了亏空，导致上覆砂子垮塌，阻挡了渗流通道，导致渗流速度下降。通过上面的分析可以认为，第一个下凹更有可能是第一个原因造成的，而第二个下凹更有可能是第二个原因造成的。

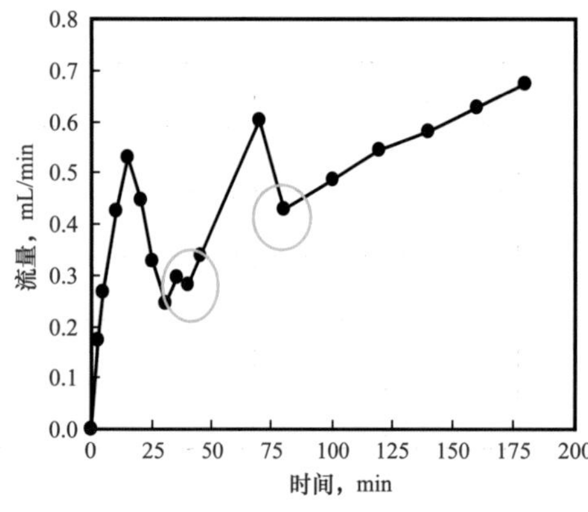

图 2–24　流量随时间变化曲线

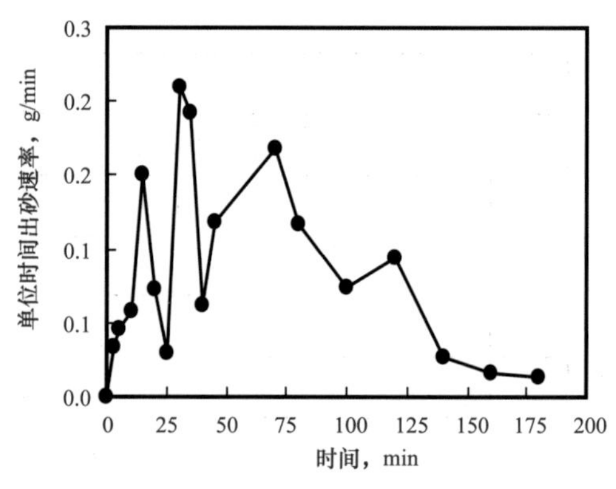

图 2–25　单位时间出砂速率随时间变化曲线

整个曲线变化过程中，总体呈现出先增大后减小的趋势。这是由于随着注水时间的增加，出口端的砂子首先产出。砂子的产出增大了渗透率，导致渗流速度增大，单位时间内越来越多的砂子产出。但是当主流线上逐渐形成大孔道以后，储层中的砂子就越来越少，因此出砂速率又开始下降。中间过程中的波动是由于出砂过程中的复杂性造成的，是多种因素的耦合结果。

从图 2–26 可以看出，随着注水时间的增加，出砂量逐渐增加，最后趋于平缓。其中初始时刻，累积产砂量不是很明显，但是 25min 之后，累积产砂量呈现明显增加趋势，因而出砂不是一个缓慢变化的过程，而是存在一个突变点。

从图 2–27 可以看出，整个变化曲线过程中，存在明显的三个阶段。第一个阶段，产出物砂体率 10%～20% 之间，砂子只占少部分，该阶段可称为水中砂阶段；第二个阶段，产出物砂体率在 47%～63% 之间，砂子占大部分，水只占少部分，该阶段可称之为砂中水阶段；第三个阶段，产出物砂体率在 1%～25% 之间，砂子只占少部分，称之为水中砂阶段。从整个曲线来看，第二个阶段相对靠前，也就是说，在整个大孔道的形成过程中，大量出砂集中在初始阶段。第二阶段出现时没有明显的过渡阶段，而是产砂量突然增大，给防砂预警带来困难。

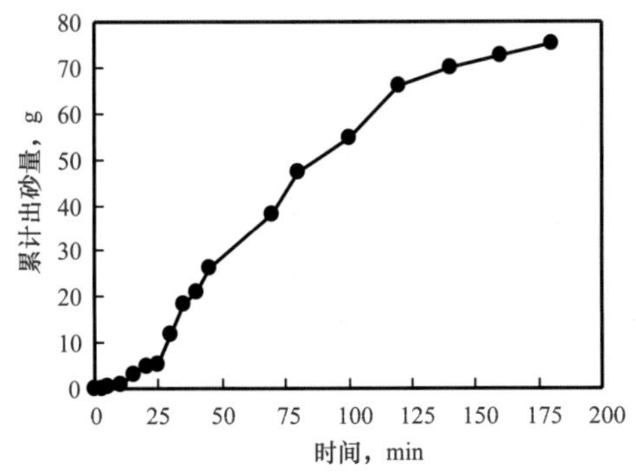

图 2–26　累计出砂量随时间变化曲线

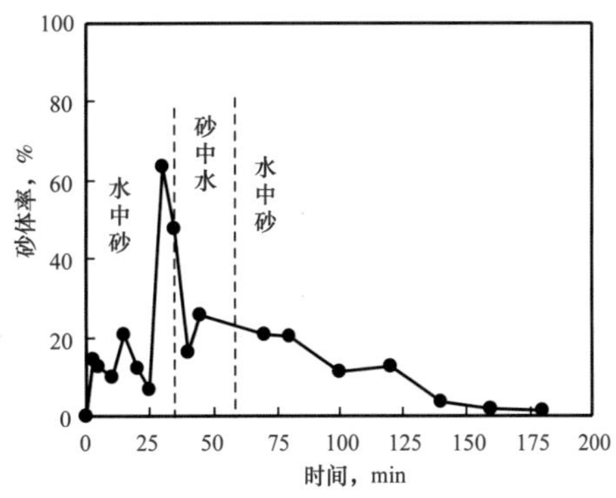

图 2–27　砂体率变化曲线

3. 衰竭开发后规模注水渗流特征影响因素

南苏丹三七区砂岩油田主要由 Yabus 和 Samaa 组油藏组成，每个油藏由若干个砂层组组成。为模拟油藏层内非均质对注水开发效果的影响，进行了室内物理模拟实验（表 2–6）。物理模型以油藏基本特征为原型，抽取特征值，并适度简化（理想化）。

表 2–6　三次实验对比表

层组	压力 MPa	束缚水饱和度，%	初始含油饱和度，%	一次采收率 %	水驱采收率，%		最终采收率 %
					无水	最终	
Yabus 组（4000mD）	11.91	20.53	79.47	0	11.96	64.99	64.99
	2.8	23.68	76.32	5.26	17.82	60.94	66.20
	1.8	21.52	78.48	13.62	13.19	60.7	74.32
	1.0	21.9	78.10	22.36	11.28	41.41	63.77
Yabus 组（2000mD）	11.91	18.69	81.31	0	18.30	61.77	61.77
	2.8	19.09	80.91	5.09	17.61	60.49	65.58
	1.8	19.39	80.61	13.15	13.27	57.7	70.85
	1.0	19.44	80.56	21.73	10.22	41.78	63.51
	1.0～2.8	18.98	81.02	20.97	12.78	46.68	67.65
Samaa 组（3000mD）	12.83	17.31	82.69	0	16.65	51.58	51.58
	3.6	17.94	82.06	4.02	10.92	49.31	53.33
	2.6	18.29	81.71	8.56	11.93	47.95	56.51

从图 2–28 可知：随着注水压力的降低，含水率上升速度加快，很长一段时间都处于高含水时期。在这一阶段注入水的时间比较长，含水率上升速度减缓。

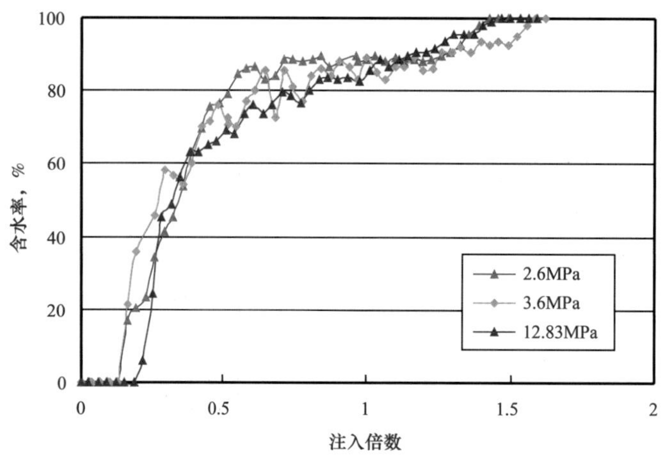

图 2-28　含水率与注入倍数关系

从图 2-29 可以看出：（1）水驱采出程度越高，含水率上升越平缓；含水率上升分为两个阶段，从含水率为零上升到高含水期这个阶段含水率上升的速度较快，原油也是在这一阶段大量产出，进入高含水期后，含水率上升的速度变得很慢，原油在这一阶段的产量占总采收率的 15%～25%，然后含水率上升非常快，阶段产油量很低甚至没有，这一阶段的注水可以看作是无效注水；（2）高含水生产阶段比较长，原油在这一阶段的产量占总采收率的 15%～25%，在这一阶段含水率的变化比较平缓。

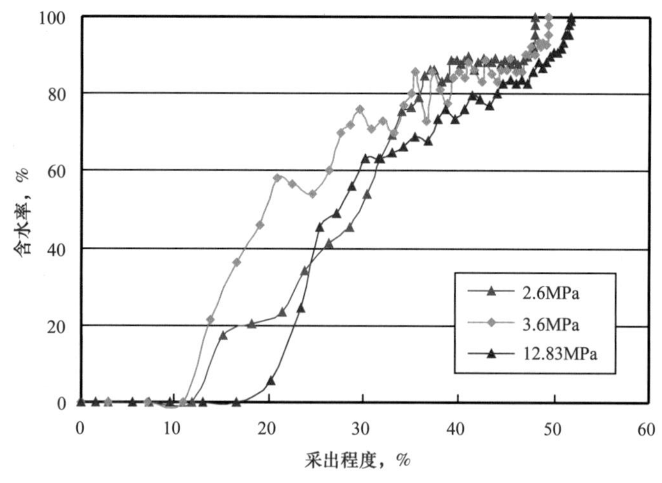

图 2-29　含水率与采出程度关系

三套试验的总采收率随着压力的变化规律一致，渗透率为 4000mD 与渗透率为 2000mD 在同一个压力点的采收率相差不大，而在 Samaa 组 3000mD 的采收率相差很大，说明原油的黏度对采收率的影响大，渗透率的影响较小。另外，黏度越高的原油，采收率比较低并且最高点和最低点的差值也较小。衰竭开采的采收率受到渗透率的影响很小，几乎没有影响。黏度对衰竭开采的采收率影响较大，黏度越大，衰竭开采的采收率越低。

水驱采收率随压力的变化规律大体一致，渗透率为 4000mD 与渗透率为 2000mD 的几乎重合，Samma 组 3000mD 的与前两套试验的规律相似。

4. 不同含水阶段剩余油分布规律实验研究

图 2-30 至图 2-33 为层内非均质模型水驱油过程中油水饱和度分布图。注入水优先进入特高渗透层，较高渗透层仅注入井附近区域受效，较低渗透层则基本未启动。与采出程度曲线变化一致，层内非均质模型水驱油过程也主要分为三段，高渗透层为主的采出段、中渗透层为主采出段和低渗透层为主的采出段。

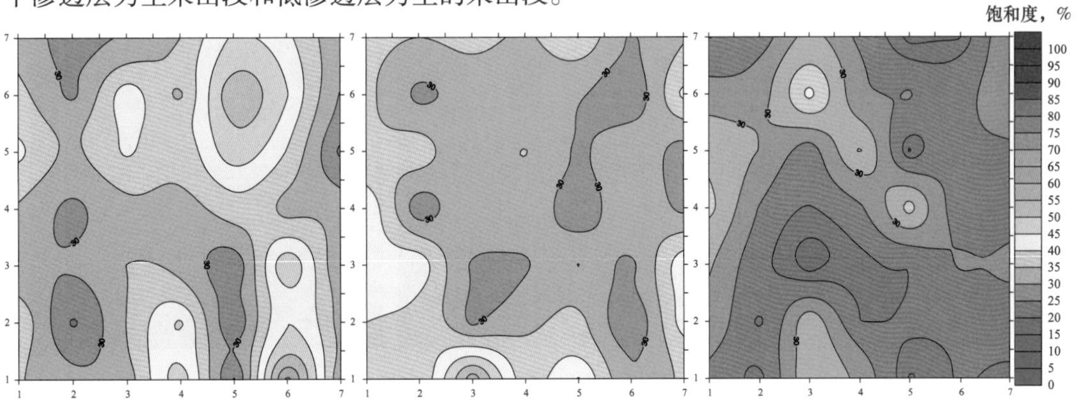

饱和度，%

(a) 500mD　　(b) 2000mD　　(c) 5000mD

图 2-30　水驱前含水饱和度分布

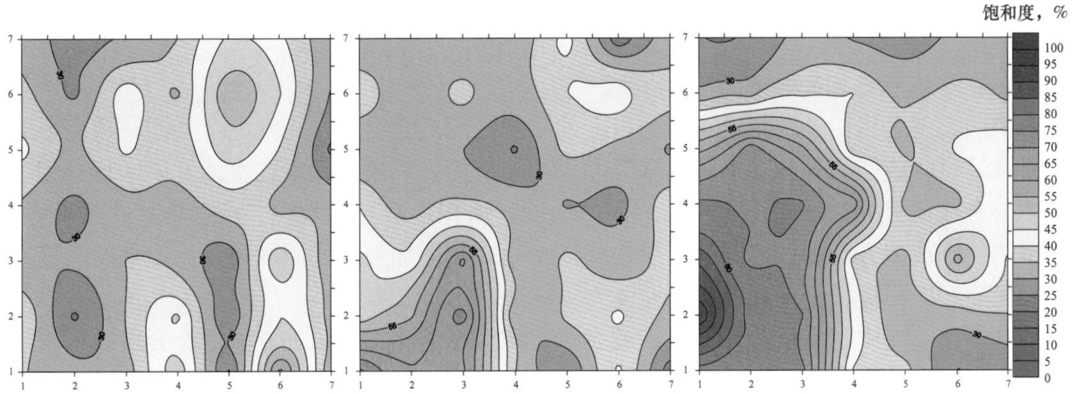

饱和度，%

(a) 500mD　　(b) 2000mD　　(c) 5000mD

图 2-31　水驱 0.12PV 时含水饱和度分布

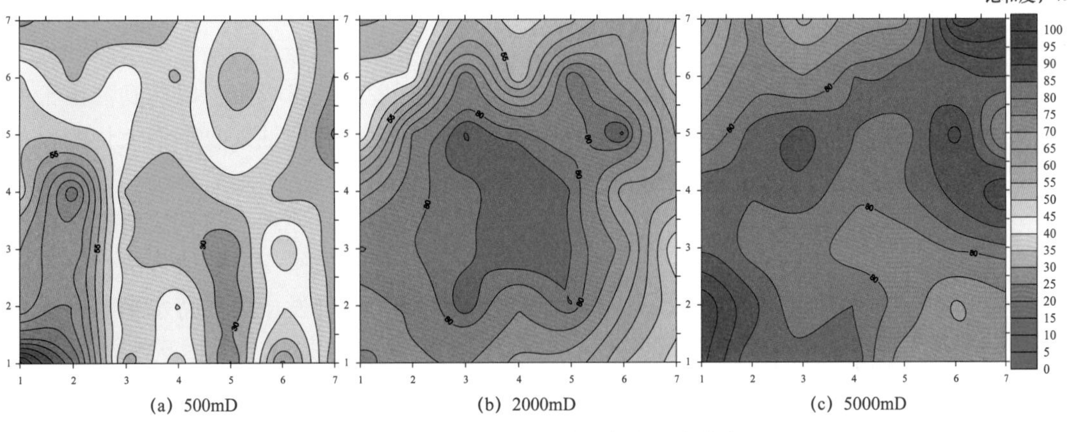

(a) 500mD　　(b) 2000mD　　(c) 5000mD

图 2-32　水驱 0.76PV 时含水饱和度分布

从图 2-33 中可以看出，水驱结束后，渗透率最高的储层［图 2-33（c）］含水饱和度高，残余油饱和度低。较高渗透层［图 2-33（b）］模型整体注水波及程度和驱油程度相对较高，部分物性较差的区域水洗程度较低，残余油局部富集。较低渗透层［图 2-33（a）］注入水波及程度低，残余油饱和度高，是油田后期调整开发措施的主要潜力区。

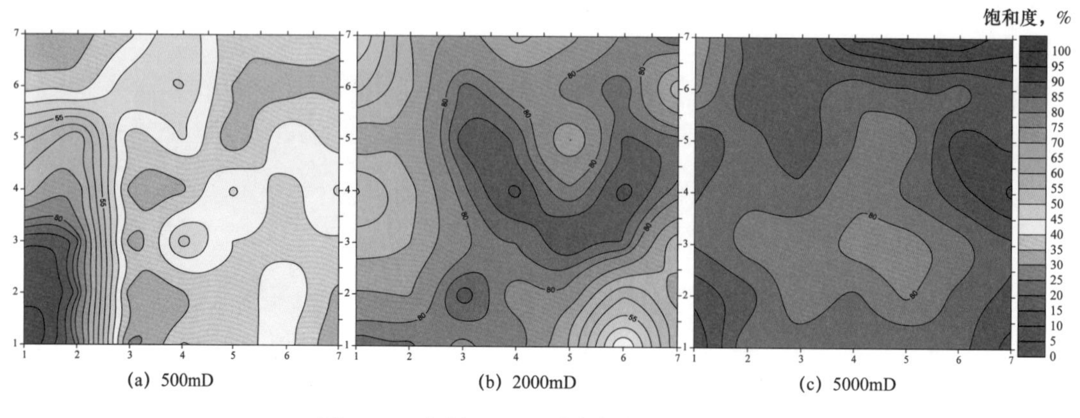

图 2-33　水驱 1.13PV 后残余油饱和度分布

二、天然能量与人工注水协同高速开发机理

1. 能量协同定义及机理

协同，就是指协调两个或者两个以上的不同资源或者个体，相互配合共同一致完成某一目标的过程或能力。协同也指元素对元素的相干能力，表现元素在整体发展运行过程中协调与合作的性质。结构元素各自之间的协调、协作形成拉动效应，推动事物共同前进。对事物双方或多方而言，协同的结果使个体获益，整体加强，共同发展。导致事物间属性互相增强、向积极方向发展的相干性即为协同性。

油气田开发中的能量协同开发，就是指协调天然能量、人工补充能量及开发需求等不同个体，使其共同配合、充分作用获得最大经济效益的过程或能力[6-9]。协同开发的机理为以油藏物质平衡方程为理论基础，地质因素和动态指标为约束条件揭示油藏水体能量、压力保持水平、采出程度、累计采出量与能量补充等的协同关系。研究过程中综合考虑水体能量、地质储量、采油速度和注入能量等因素的影响，建立单因素及多因素的协同开发技术政策综合图版，明确天然水驱和人工注水协同开发的技术界限，以达到油田天然能量利用最大化和原油采收率最大化的目的（图 2-34）。

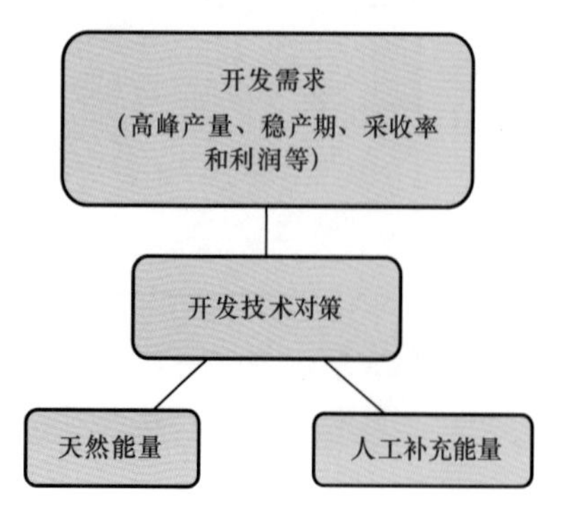

图 2-34　天然能量与人工补充能量协同关系图

依据协同开发原理，结合法鲁奇油田开发规律，采用物质平衡、数值方法研究不同水体条件下协同开发压力保持水平（可采采出程度）、累计注采比与无因次水体强度的关系，形成协同关键指标评价模板，为类似油田提供参考（图 2-35、图 2-36）。

该模板考虑不同天然能量与注水达到最高协同，使油田在一定期限内达到相同采出程度；同时假设油藏为高地饱压差油藏，不考虑溶解气驱，且天然水体与油藏连通性好。因不同油藏条件和开发需求存在差异，各油藏采油速度存在差异，模板注水时机采用可采储量采出程度表示。

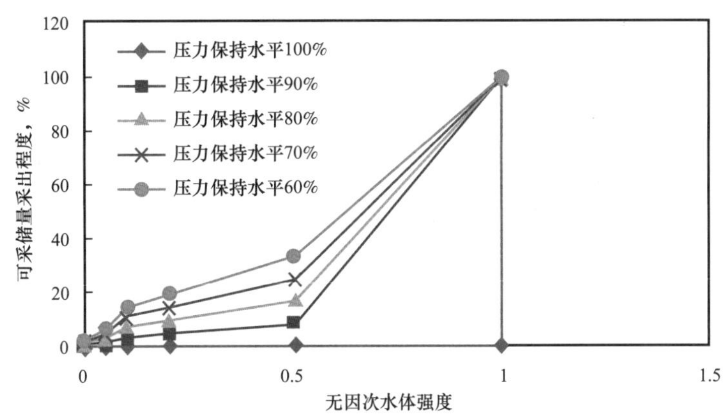

图 2-35 协同开发可采采出程度（注水时机）、水体强度与压力保持水平关系模板

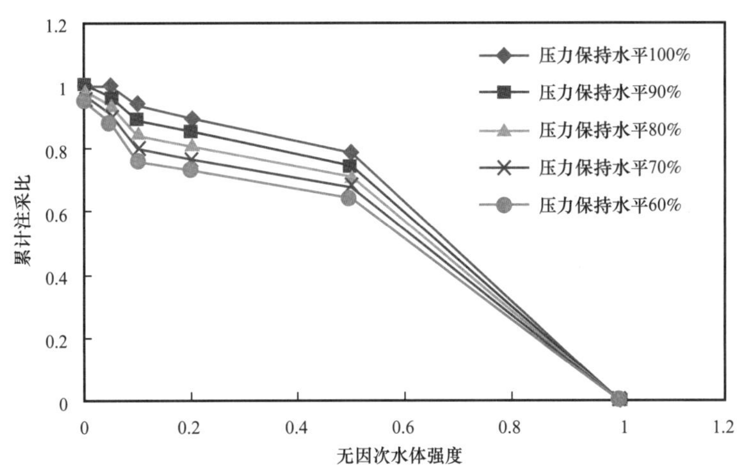

图 2-36 协同开发累计注采比、水体强度与压力保持水平关系模板

对于实际油藏而言，能量协同关系除受水体大小影响外，还受断层遮挡、储层连续性、储层及流体非均质性等因素的制约。采用帕尔块模型分析水体倍数与注水产量贡献比例的关系（图 2-37）。以无水体条件下优化后的注水开发产量剖面设定为参考标准，模型分别连接不同大小的水体（无水体、3 倍、6 倍、8 倍、10 倍、20 倍、50 倍、无限大水体），不同水体模型注水补充能量分别所占产量比例明显分为两段式。

当水体倍数小于 10 倍时，注水产量贡献比例与水体倍数符合关系：

$$y=-0.0648x+0.8453 \tag{2-3}$$

当水体倍数大于 10 倍时，注水产量贡献比例与水体倍数符合关系：

$$y=-0.0012x+0.1767 \tag{2-4}$$

其中，x 为水体倍数，y 为注水产量贡献比例。

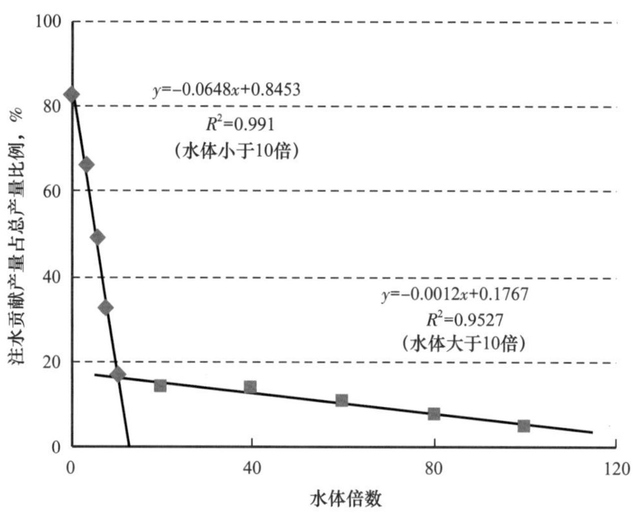

图 2-37　注水贡献产量比例预测

显然，对于帕尔块纵向上不同水体大小的油藏，天然水驱与注水产量贡献比例存在较大差异，水体越小（10 倍左右为分界线），产量贡献比例对水体大小的敏感程度越高。实际油藏开发过程中，应根据具体问题建立适合的模型研究天然能量与注水的协同关系。

不同水体倍数油藏天然能量、人工补充能量协同关系如图 2-38 所示。无水体或水体倍数小于 5PV 的油藏，需要实施早期注水开发；水体倍数在 5～10 倍内的油藏建议达到稳产期后立即开始注水；水体大于 10 倍的油藏注意跟踪评价油藏压力水平，选择合适的时机注水。例如，法鲁奇油田主力块水体倍数在 5～10 倍，在稳产后期开始规模注水，预计注水产量比例占合同期总产量的 20% 左右。

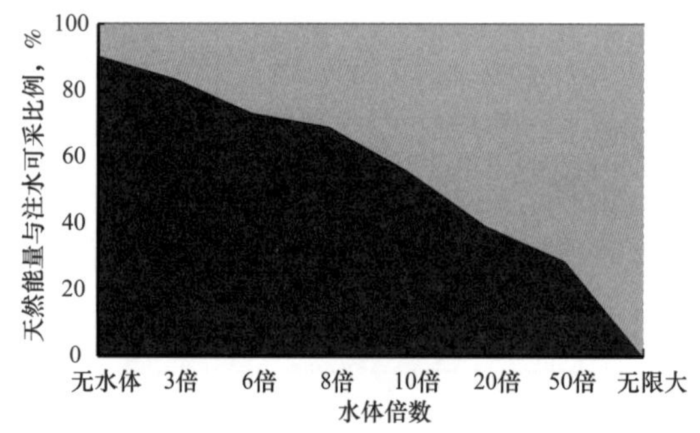

图 2-38　天然能量、人工补充能量与水体体积的协同关系

2. 采油速度与开发关键技术指标的协同关系

1）采油速度与采出程度、稳产年限的关系

大量的水驱油田开发实际资料表明，水驱油田随开发时间的延长，产量的变化大体可分为 3 个阶段：产量上升阶段、稳产阶段和产量下降阶段。其中稳产阶段是主要开发阶段，大型水驱油田更是如此。当油藏采油速度一定时，稳产期末的采出程度与油藏地质条件密切相关，油藏渗透率越高，稳产期末的采出程度也越高。高渗透率油藏可以在较高的采油速度条件下达到较高的稳产期采出程度，而对低渗透率油藏而言，单井产量低，提高采油速度意味着井网密度大，开采成本高，即使通过强注强采提高采油速度，但稳产时间短，稳产期末采出程度很低。

张永庆等[10]以国内外油田实际资料为基础，分析得出油田稳产时间与平均剩余可采储量采油速度关系为：

$$t=13.5454+0.744848V_{or}-0.135273V_{or}^{2} \quad (2-5)$$

式中　t—— 稳产时间，年；

V_{or}——剩余可采储量采油速度，%。

根据式（2-5）可知，剩余可采储量采油速度越大，稳产时间越短。实际资料显示，稳产时间有一定范围，分析认为主要是由于各油田地质因素和开发因素不同所致，但总体变化规律仍遵循上式。若以剩余可采储量采油速度 8% 为界限，当小于 8% 时，稳产时间一般长于 10 年；当剩余可采储量采油速度大于 8% 时，则稳产时间会低于 10 年。文中分析认为地质储量采油速度 2.5%，剩余可采储量采油速度 8% 可作为油田稳产开发的重要界限经验值。若采油速度小于 2.5%，稳产期后的递减率小于 7%，通过措施控制，较容易减缓递减；但若采油速度大于 2.5%，稳产期后的递减率则超过 7%，控制或减缓递减就会较困难，对油田开发后期生产不利。

2）采油速度和采出程度的关系

大多数学者认为，在其他条件一定的前提下，采油速度的高低不影响最终采收率，而是影响产量剖面的形态和一定期限内的采出程度。特别是海外油田的开发有一定合同期，合同者应在有限的时间内获得尽可能高的采出程度，因而确定合理的采油速度至关重要。

对于具体油田而言，应综合考虑油藏类型、储层流体特征、单井合理产能、开发方式、井网密度、钻井成本等因素确定合理、经济的采油速度，实现油田合理开发及经济效益最大化。

3）不同采油速度下的童氏曲线特征

曾经有学者模拟计算了 6 种采油速度的情况下的童氏曲线（含水与采出程度关系曲线）特征[11-13]。由图 2-39 可以看出：采油速度大小主要影响油井的含水上升规律，当采油速度很低（0.8%）时，油井无水采油期长，这一阶段约采出地质储量的 15%，在采出程度达 25% 以后，含水才以较快速度增长。当采油速度增加到 1.5% 时，无水采油期明显缩短，其采出程度不到地质储量的 5%。随着采油速度的增大，无水采油期越来越短，当采油速度大于 3.0% 时，无水采油期仅采出地质储量的 1%。从曲线的变化趋势还可以看出，采油速度的高低并不影响油田最终采收率，当含水率大于 85% 时，各曲线逐渐会聚在一起，此时可放大产液量生产以缩短油田开发期限。另外，还计算了低 K_v/K_h（K_v/K_h=0.1）及高 K_v/K_h（K_v/K_h=1）以及有夹层时（夹层位于射孔段底部）产量对底水锥进的影响，计算表明：高 K_v/K_h 时，产量变化对底水锥进的影响要比低 K_v/K_h 时敏感，有夹层时，产量变化对底水锥进的影响也十分明显。

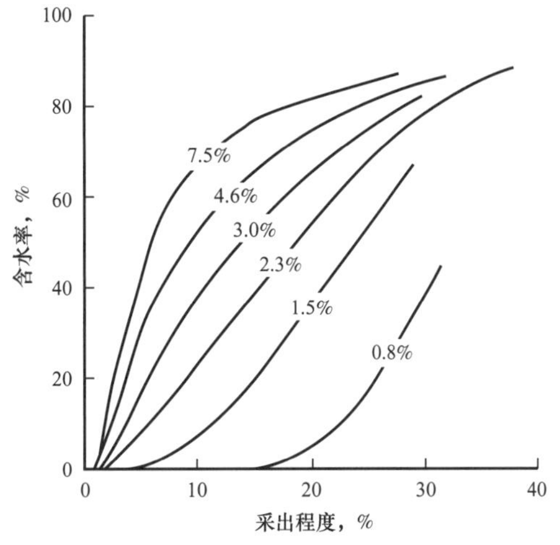

图 2-39　6 种采油速度情况下的童氏曲线

3. 不同采油速度下能量协同关系

注水阶段应根据油藏具体情况优化能量协同关系，确定合理的注采比，并在不同开发阶段调整注水量。在天然水驱后注水开发中，能量协同关系体现为油藏一定开发期限内不同能量贡献累积产量占总累积产量的比例。

应用边底水油藏理论模型得到不同采油速度下天然能量与人工注水补充能量理想协同关系图版（图 2-40）。采用 $y=y_0+A\mathrm{e}^{-x/t}$ 函数对曲线进行拟合（表 2-7），可得到不同采油速度下天然能量与人工注水贡献产量比例与油藏水体倍数关系式，相关系数均在 0.99 以上。根据回归出来的关系式可以求取任一水体倍数下的天然能量与人工注水产量贡献比例。

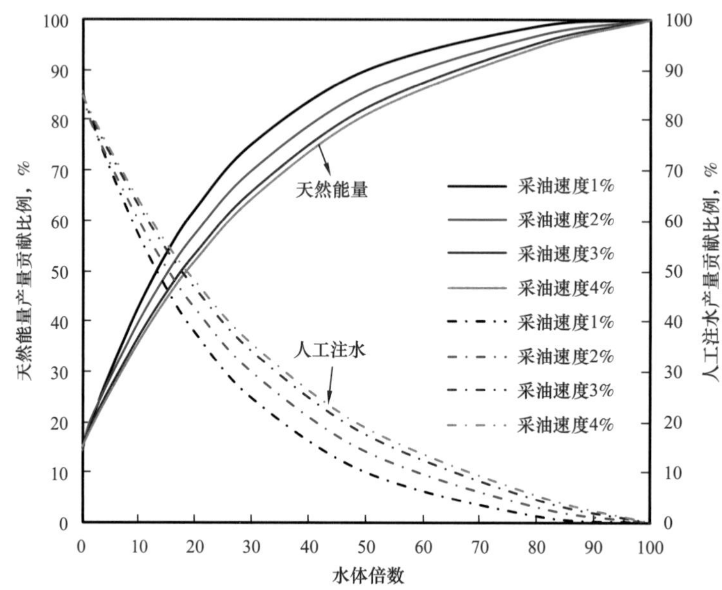

图 2-40　天然能量与人工注水及采油速度的理想协同关系图版

表 2-7　不同采油速度下天然能量与人工注水贡献产量比例与油藏水体倍数关系式

采油速度	天然能量贡献产量（y）与水体大小（x）关系式	人工注水贡献产量（y）与水体大小（x）关系式
1%	y=102.68−87.72e$^{-x/25.87}$	y=−2.68+87.72e$^{-x/25.87}$
2%	y=103.87−87.32e$^{-x/31.664}$	y=−3.87+87.72e$^{-x/31.664}$
3%	y=105.65−89.83e$^{-x/36.87}$	y=−5.65+89.83e$^{-x/36.87}$
4%	y=105.89−90.58e$^{-x/38.50}$	y=−5.89+90.58e$^{-x/38.50}$

水体倍数越大，天然能量在油田开发生命期中的产量贡献比例越高。法鲁奇油田主力断块水体倍数为 5～20 倍，天然能量贡献比例约为 25%～50%，其余可采储量需依赖注水补充能量采出。

对于某一水体倍数的油藏，低采油速度时的天然能量贡献产量比高采油速度贡献比例大，说明天然能量在采油速度低时更能充分发挥驱动作用。采油速度越高，天然能量贡献比例越小。如水体倍数为 10 倍的油藏，采油速度为 1% 时天然能量开发产量贡献比例为 43.1%，注水开发产量贡献比例为 56.9%；当采油速度提高至 4% 时，天然能量贡献比例为 36.0%，注水贡献比例为 64.0%，注水贡献提高了 7.1%。

4. 采油速度与成本及效益的协同关系

经济效益最大化和持续稳定增长，是石油企业所追求的生产经营的重要目标，它能够促使经营管理者注重长期效益，避免短期行为，促进企业长期稳定发展。

采油速度与成本的关系：开发过程中存在一个经济上合理的采油速度，在此速度下既可得到较高的原油产量和采收率，又可得到相对较低的原油开发成本。对于已开发油田，提高原油开采速度往往是通过打加密调整井或提高各种措施工作量等方式进行的。如果采取改善油水关系、提高储量动用程度的增补新井和措施，在提高采油速度的同时往往也提高了原油采收率，有时甚至还会降低油田含水率，一般不会明显增加原油开采成本。但若采取过度的强注强采等方式来提高原油开采速度，则会在一定程度上破坏地下油水关系，造成边水、底水突进或油层水淹等现象，使油田含水率急剧上升，产量递减速度加快，同时含水率升高必然使油田注水费、动力费、污水处理费、材料费、井下作业费等操作成本相应增加，导致原油开采成本迅速上升。

采油速度与效益的关系：在进行油田开发时，对于不同采油速度的开发方式，采取的原则一般是在一定的稳产期或保持稳产期采出程度前提下，以较高的采油速度来满足国家或市场的需要。但油田投产初期，如果采油速度定得过高，在稳产期后油田的递减速度可能会大大加快，项目的利润水平递减也就更加显著，反而会造成总体经济效益减少。

三、低黏度油藏人工注水高速开发机理

1. 毛管数

吕平等人[14]进行了驱油效率影响因素研究，通过室内实验得到毛管数与驱油效率和残余油饱和度的关系，如图 2–41 所示，随着毛管数的增加，残余油饱和度减小，驱油效率增加。

根据压力梯度与毛管数之间的关系：

$$\frac{\mathrm{d}p}{\mathrm{d}x}=\frac{\sigma_{\mathrm{ow}}}{K_{\mathrm{w}}}N_{\mathrm{c}} \tag{2-6}$$

式中 $\frac{\mathrm{d}p}{\mathrm{d}x}$——压力梯度，atm/m；

σ_{ow}——油与驱替流体之间的界面张力，mN/m；

K_{w}——水相有效渗透率，D；

N_{c}——毛管数，只取决于润湿性和孔隙介质几何特性的无因次量。

又有达西定律：

$$v_{\mathrm{x}}=\frac{K_{\mathrm{w}}}{\mu_{\mathrm{w}}}\cdot\frac{\mathrm{d}p}{\mathrm{d}x} \tag{2-7}$$

式中 v_{x}——驱替速度，除以孔隙度，即为真实速度（v）；

μ_{w}——水相黏度，mPa · s。

结合式（2–6）和式（2–7），则可定义毛管数为：

$$N_{\mathrm{c}}=\frac{\mu_{\mathrm{w}}v_{\mathrm{x}}}{\sigma_{\mathrm{ow}}} \tag{2-8}$$

因此，增加驱替速度可以增加毛管数，从而降低残余油饱和度，提高驱油效率；随着注入倍数的增加，驱油效率也会有一定程度的增大，这说明高速开发条件下能够增大驱替毛管数，采油速度提高 4 倍，毛管数增大 4 倍。同时，在一定时间内增大了油藏的注入倍数或冲刷程度，从而提高了驱油效率。

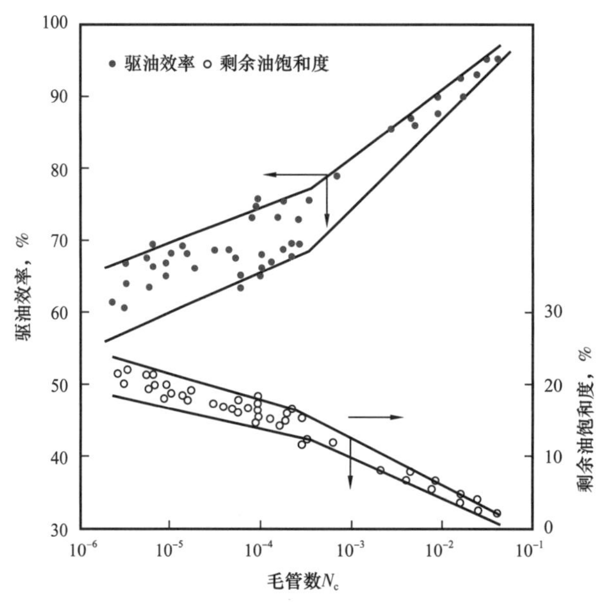

图 2-41　毛管数与驱油效率关系图版

2. 残余油启动压力梯度

根据库姆科尔南油田岩心实验，高含水后提液后，高速驱替下可开采出低速驱替下的一部分残余油，从而使得高速驱替效果优于低速开发。

假设有一长为 L，内半径为 r_0 的毛细管，其中流体的黏度为 μ，在压差（p_1-p_2）下作层流或黏滞性渗流。若流体可以润湿毛细管壁，则在管壁处液体的流速为零，在管中心处的流速最大，距离管中心相同距离 r 处的流速相同，如图 2-42 所示，设为 v_R。同时，在毛细管中，当注入水以速度 v 在毛细管中进行驱替时，水驱后油膜附着在岩石壁面上，水驱过程的剪切力不足以使油膜脱离壁面，假设促使原油脱离壁面的速度为 v'，因此当 v_R 大于 v' 时，则距离管中心 r 处的油膜被驱替，而留下 r_0-r_R 大小的残余油，如图 2-43 所示，随着注入水驱替速度的增加，根据流速分布剖面，小于 v' 的速度分布范围所占比例越来越小，即随着驱替速度增加，单元微管中的驱油效率越高。

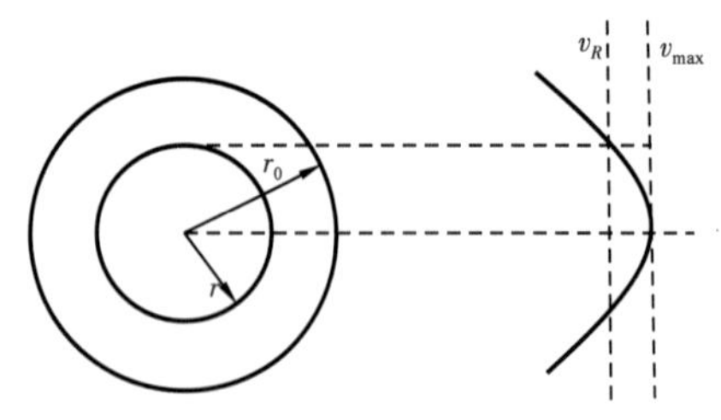

图 2-42　黏性流体在毛管中的流速分布

同时，在微观孔喉中水驱油状态下，残余油以柱状、膜状、盲端和孤岛状等形式存在，如图 2-44 所示，在较大驱替速度下，岩心中同时存在较大的驱替压差，各类残余油所受的驱替作用力增大，相对于低流速下的残余油被重新启动，残余油饱和度减小。

3. 储层岩石润湿性变化

相同时间内，高速驱替下注入水驱替倍数较大，地下岩石与注入水接触时间较长，导致岩心润湿性改变。

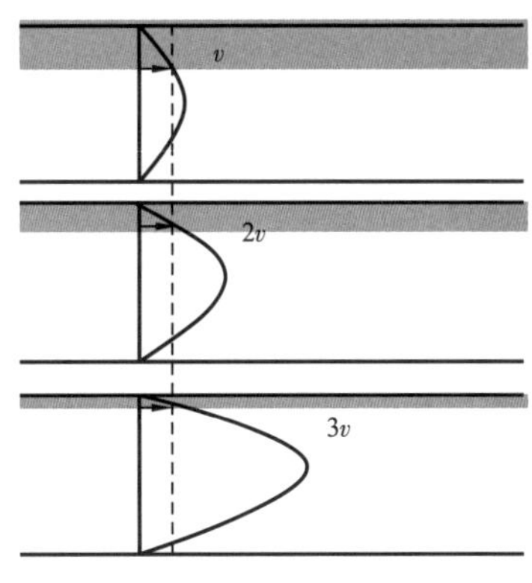

图 2–43　不同驱替速度下残余油分布特征

同时，驱替速度越大，储层岩石表面上剪切力越大，岩石表面的热物理平衡条件被破坏，岩石表面附着的极性物质越容易剥蚀。因此，储层岩石润湿性也随之改变。极性物质的减少，使岩石向亲水方向改变，驱油效率增高。对比了大庆油田岩心长期水驱后物性的变化以及相渗特征的变化，图 2–45 即为王传禹针对大庆油田葡萄花、萨尔图油层，研究得到随着注水倍数的增加，V_o–V_w（无因次吸油量 – 无因次吸水量）逐渐降低，油层岩石的润湿性发生反转，向亲水方向转变。

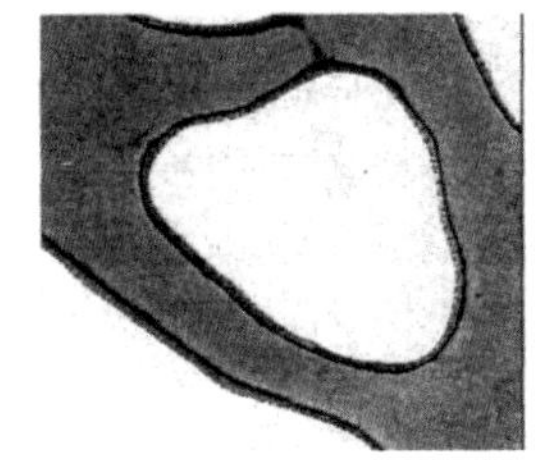
(a) 膜残余油

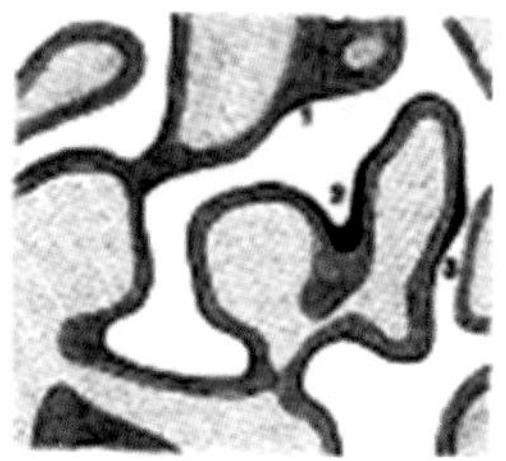
(b) 盲端（角状）残余油

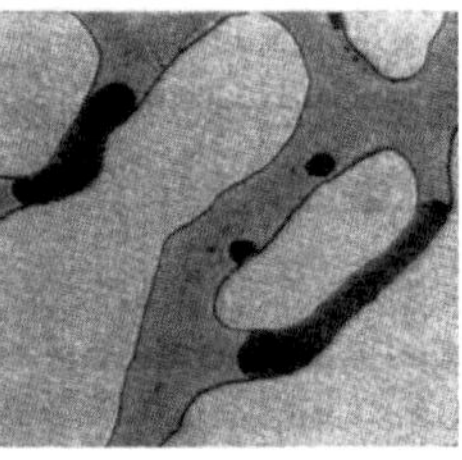
(c) 柱状残余油

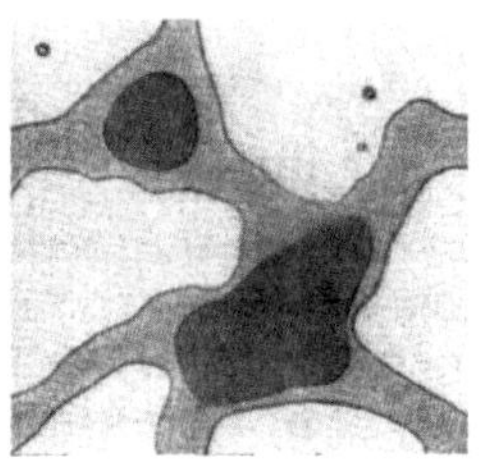
(d) 孤岛状残余油

图 2–44　水驱油状态下不同残余油形态

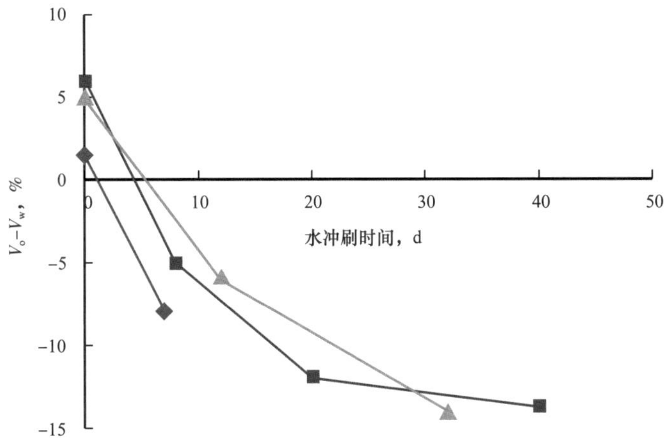

图 2–45　无因次吸油吸水量与时间的关系

4. 微观驱油效率

长期水驱实验研究表明，在相同驱替倍数下，高速驱替下的驱油效率要比低速驱替低。这往往是由于岩心的不均质性所造成的。当岩心中孔喉结构分布不均匀，或存在大孔道等结构时，高速驱替下，注入水往往更易进入渗流阻力小的孔喉，即大孔道。如图 2-46 所示，当驱替速度较大时，注入水往往沿着大孔道方向窜流，岩心见水后，小孔道的原油未被动用，形成残余油，造成未波及区域内开发效果较差。因此，注水高速驱替过程中，要对吸水剖面进行及时监测并适时封堵高渗通道，提高波及范围。

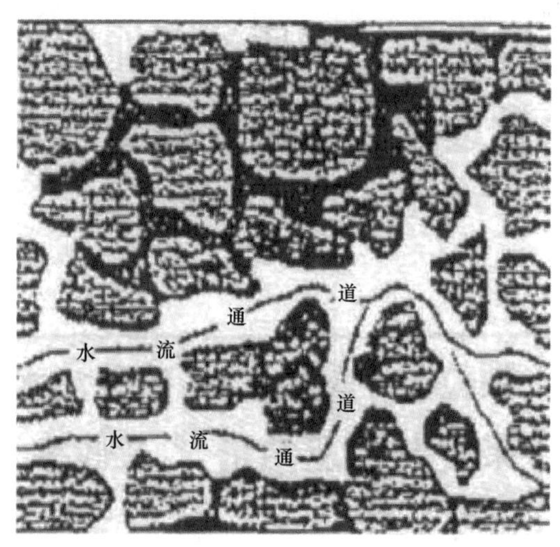

图 2-46　注入水沿大孔道方向流动

5. 流体性质

流度：流体的渗透率与其黏度之比，流度越大，说明该相流体越容易流动。

流度比：指在油藏被注入流体接触部分中注入流体的流度与油藏内波及区油的流度之比。

$$M=\frac{\lambda_{\mathrm{w}}}{\lambda_{\mathrm{o}}}=\frac{K_{\mathrm{rw}}}{K_{\mathrm{ro}}}\cdot\frac{\mu_{\mathrm{o}}}{\mu_{\mathrm{w}}} \tag{2-9}$$

式中　M——驱替相与被驱替相的流度比；

λ_{w}——驱替相水的流度，mD/（mPa · s）；

λ_{o}——被驱替相油的流度，mD/（mPa · s）；

K_{rw}——水相对渗透率，mD；

K_{ro}——油相对渗透率，mD；

μ_{o}——油黏度，mPa · s；

μ_{w}——水黏度，mPa · s。

由于油水黏度差异，水驱油过程中在外来压差的作用下，大孔道断面大、阻力小，水必然优先进入大孔道，同时由于水的黏度较小，使得大孔道的阻力的越来越小，在大孔道中的水窜就会越来越快，从而会产生黏性指进现象，影响驱油效率，微观平面波及系数随水油流度比的增大而减小。

如图 2-47 所示，$M<1$，有较规则的流动前缘，见水波及系数可达 70% 左右；$M=1$ 时，表明水油流动能力相同；$M>2$，出现明显的黏滞指进现象，微观波及系数降低。

综上所述，油水黏度比（水油流度比）对驱油效率的影响很大。较小的油水黏度比（水油流度比）在水驱油过程中可形成近活塞驱替，有利于提高驱油效率；当油水黏度比过高时，则容易形成指进或窜流，降低微观波及系数和驱油效率。

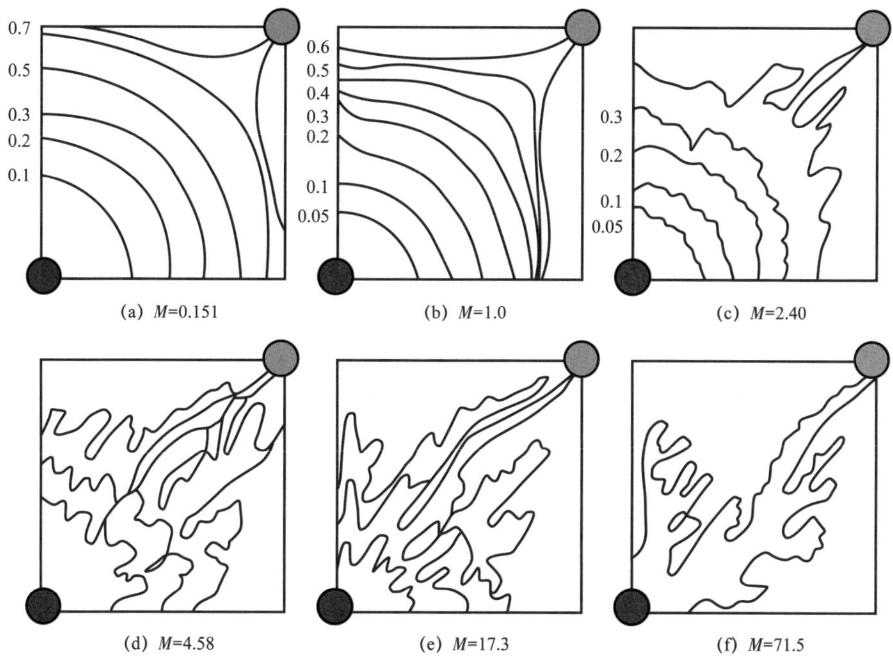

(a) M=0.151 (b) M=1.0 (c) M=2.40

(d) M=4.58 (e) M=17.3 (f) M=71.5

图 2-47 五点法注采单元流度比对波及状况的影响

6. 库姆科尔南砂岩油田采油速度实验研究

为了从宏观角度研究高速开发对油田开发效果的影响，特别是开发速度对波及系数的影响，以库姆科尔南油田 500m 井距反九点井网为研究单元，通过相似性准则(表 2-8 和表 2-9）建立物理模型并结合助油藏数值模拟手段，分析均质砂岩油藏在不同开发速度以及不同流度情况下的油井含水上升规律以及水驱波及特征，明确了高速开发下均质油藏的水驱波及规律。

表 2-8 直井水驱油油藏物理模拟相似准则数组

相似准则	物理意义	模化参量
$\pi_1=\dfrac{k\Delta p}{\mu vL}$	驱动力与黏性力之比	注采压差
$\pi_2=\dfrac{k\Delta pg}{\mu v}$	重力与黏性力之比	渗透率
$\pi_3=\dfrac{q}{L^2v}$	无因次流量	注入量
$\pi_4=\dfrac{vt}{L\phi\Delta S}$	均时性准则	生产时间
$\pi_5=\dfrac{\sigma\cos\theta\sqrt{K\phi}}{\mu Lv}$	毛细管力与黏性力之比	界面张力
$\pi_6=\dfrac{\rho WD}{\mu}$	水平井筒内流体流动的惯性力与黏性力之比	井径

表 2-9　油藏参数与实验模型参数对照表

参数名称	油藏参数	高速	低速
油藏宽度，m	250	0.5	0.5
油藏长度，m	250	0.5	0.5
油藏厚度，m	20	0.4	0.4
孔隙度，%	27	30	30
渗透率，mD	350	2000	2000
采油速度，%	4	4	1
原油地质储量，m^3	337500	0.0048	0.0048
生产时间，d	30	0.019	0.019

为研究不同采油速度对开发效果的影响，分别模拟采油速度为 4% 和 1% 时井网的开发效果，并对比不同注水量下的驱替特征以及注水波及形态。均质实验结果显示（图 2-48），高速与低速驱替下，模型底部先见水；相同见水时刻高速开发能够增大水驱波及体积，提高无水采出程度。

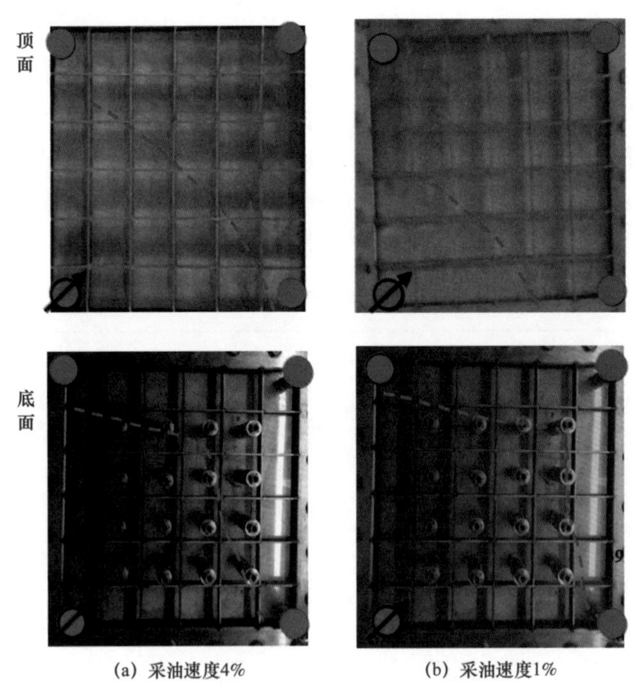

(a) 采油速度4%　　(b) 采油速度1%

图 2-48　不同驱替速度时顶、底面波及对比

对比井网整体的驱替特征曲线（图 2-49），高速开发下油井见水时间最短，但其无水期采油量多，4% 采油速度下无水采出程度为 37.5%，1% 采油速度下为 31%。高速开发时，油井含水上升速度慢，整条含水上升曲线一直低于低速开发时的情况，开发效果好且有利于快速回收投资。该生产特征与实际开发效果相吻合，图 2-50 为 PK 项目主力油田

含水率与采出程度关系曲线，其中大庆油田采油速度在1%，低于库姆科尔南油田采油速度4%，对比图4-29可以发现，不同开发速度下油田实际驱替特征与实验符合性较好，低黏油藏高速开发时，开发效果较好。

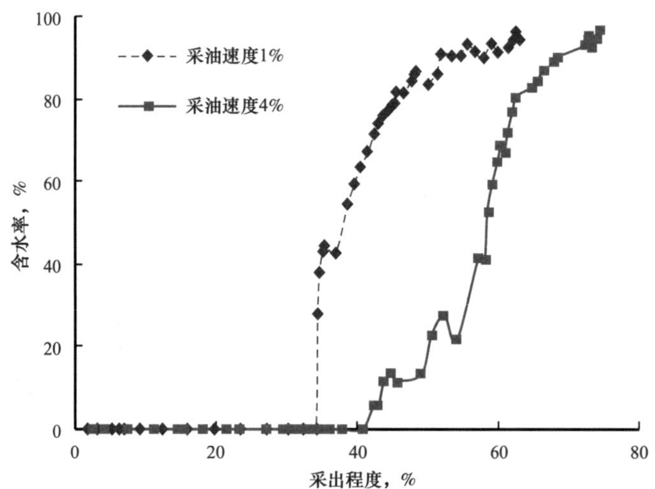

图2-49　不同驱替速度下井网整体驱替特征曲线

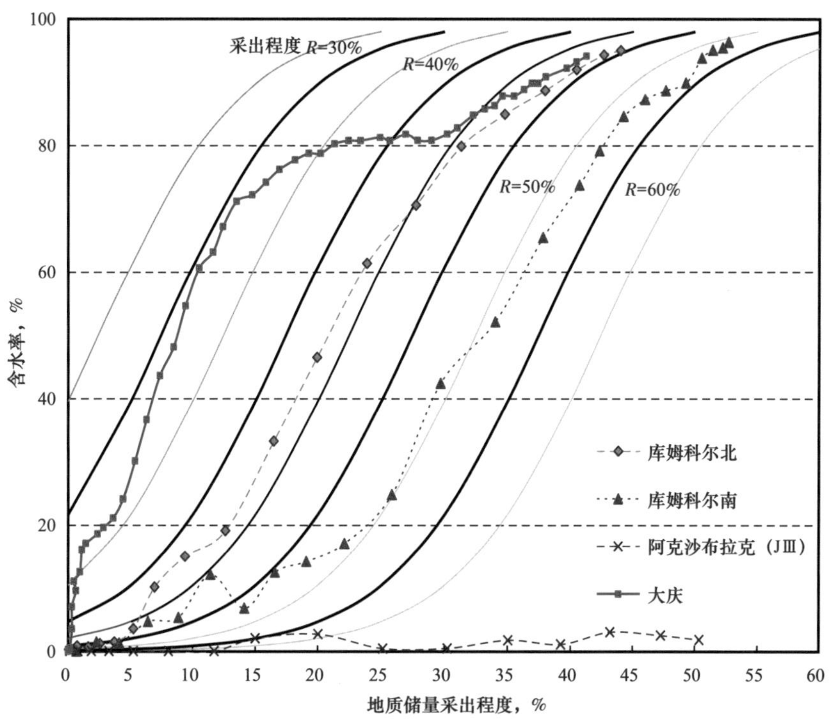

图2-50　油田含水率与采出程度关系曲线

同时，从驱替特征曲线上可以看到，室内实验中高速开发最终采出程度较高，而库姆科尔南油田目前采出程度也要高于大庆油田。

利用数值模拟进行低黏度储层较厚砂岩油藏不同采油速度下的开发效果比较（图

2–51）：相同含水率情况下，高速开发不会降低水驱波及体积，而在相同见水时间时，高速开发可提高波及体积。这主要是由于高速开发时，驱替速度较高，重力的影响相对变小，纵向水驱前缘更加均匀，而在低速开采时，重力影响更加敏感，注入水从地层底部优先驱替，导致纵向波及不均匀，底部水侵量大，油井见水快，导致无水采出程度低。

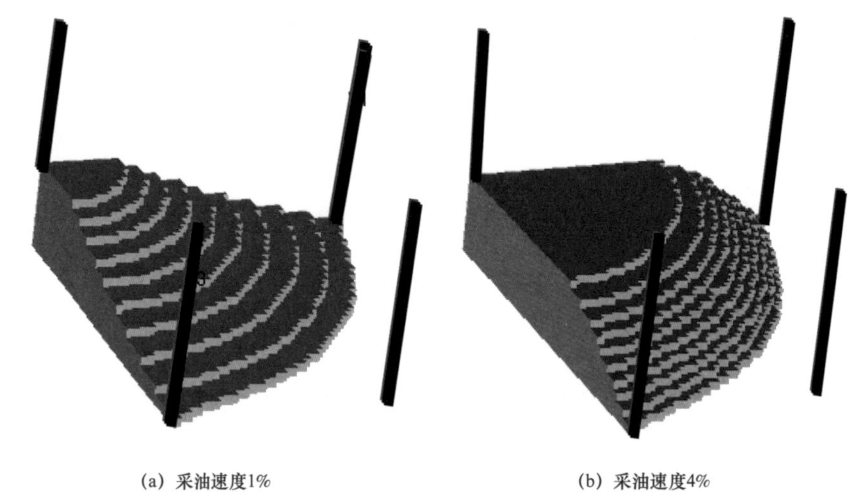

(a) 采油速度1%　　(b) 采油速度4%

图 2–51　相同见水时间时，不同驱替速度下的驱替前缘

总之，对于均质、较厚、低黏度的砂岩油藏，高速开发对提高波及体积影响大；而对于均质、薄油层、低黏度的油藏，高速开发对提高波及体积影响小。

第三节　砂岩油田高速开发水驱规律

水驱特征曲线是油藏工程常用分析方法，通过分析累计产油量、累计产液量、水油比等指标之间的关系特征，预测可采储量、评价水驱开发效果等[11-13]。其原理为，当水驱油藏开发到一定程度后，累计产水量与累计产油量、累计产液量与累计产油量、水油比与累计产油量等指标在特定坐标系下呈现规律性的直线关系。本节针对具有一定边底水能量油藏的天然水驱高速开发、天然能量不足砂岩油藏注水高速开发，分别通过实例阐述其水驱规律。

一、边底水油藏天然能量高速开发水驱规律

结合南苏丹典型层状砂岩边水油田开发实践，厘清海外开发技术政策下天然水驱规律独特性。

1. 天然水驱特征曲线

目前针对水驱特征曲线的研究与应用主要集中于注水开发油田，成果不完全适用于利用天然能量高速开发的海外砂岩油田。法鲁奇油田水驱特征曲线显示，油田综合含水率 40% 后出现明显直线段，而且相关系数非常高（0.9991～0.9994）。与国内常规注水开发油田水驱特征曲线对比（流体性质接近油藏），直线段出现时含水率偏低（大庆 50%～55%），如图 2–52 至图 2–54 所示。

采用水驱特征曲线计算当前的累计产油量，甲型曲线误差为14.8%，乙型曲线误差-34.2%，因此，水驱特征曲线不适合描述法鲁奇油田总体开发特征，同时不适用于预测水驱采收率。

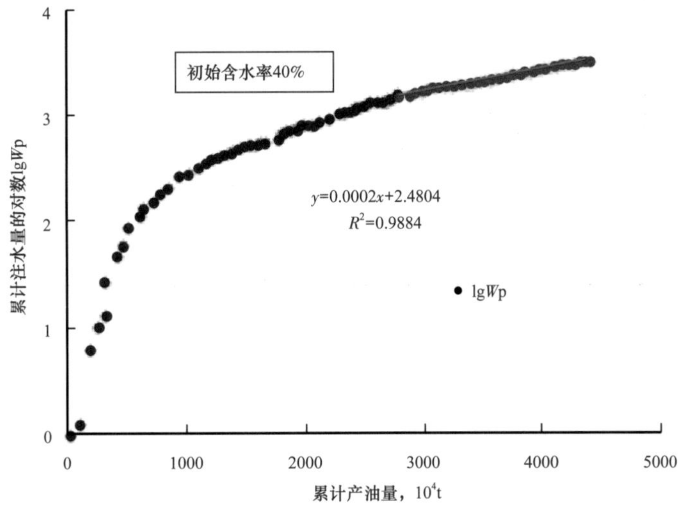

图2-52 法鲁奇油田天然水驱甲型曲线

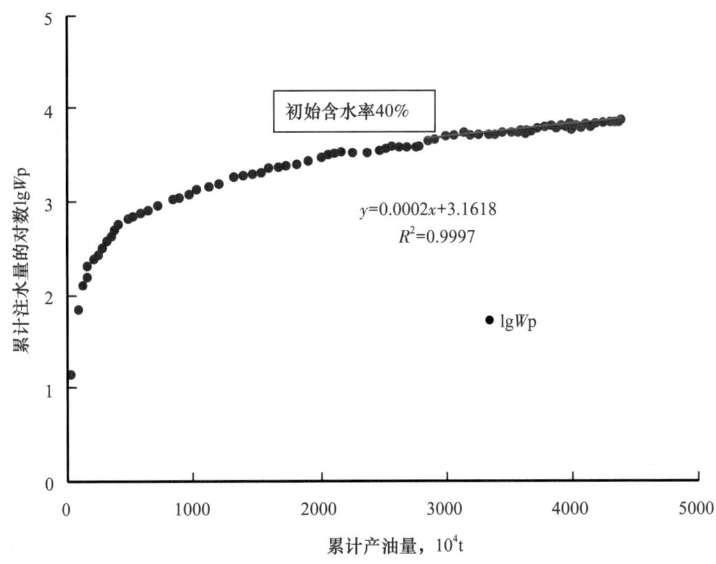

图2-53 法鲁奇油田天然水驱乙型曲线

研究表明，天然水驱油藏水驱特征曲线与水体能量密切相关，直线段出现的时机（初始含水率）与地层压力变化特征、水体能量消耗规律相一致，单位采出程度压力降变化曲线拐点与初始含水率基本吻合（图2-54）。动态分析、测试资料、数模研究表明，投产后地层压力下降速度先快后慢：压力下降到一定程度后油藏与水体形成一定压差，边底水入侵补充能量，地层压力下降逐渐减缓，对应水驱特征曲线出现直线段。法鲁奇油田各块水体体积5～40倍，天然水驱特征在不同含水率阶段出现直线段，水体越小直线段出现越早（图2-55至图2-57）。

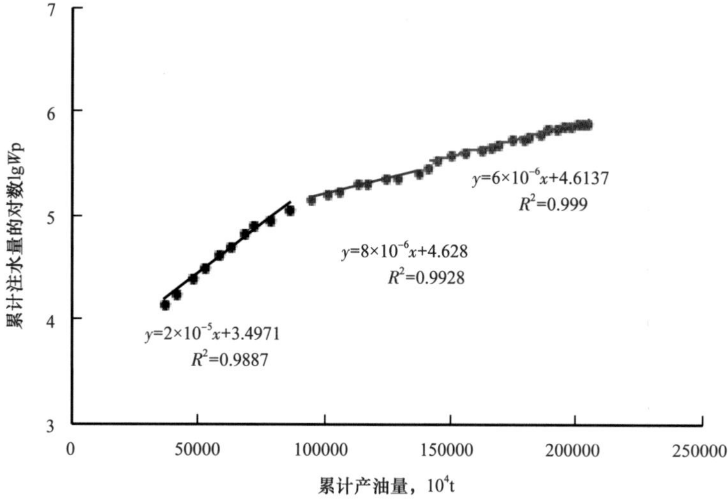

图2-54　大庆油田天然水驱甲型曲线

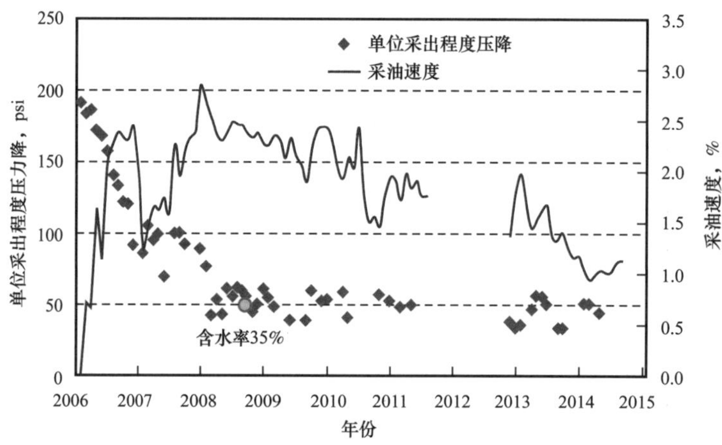

图2-55　法尔-1块YⅣ层单位采出程度压降、采油速度变化曲线

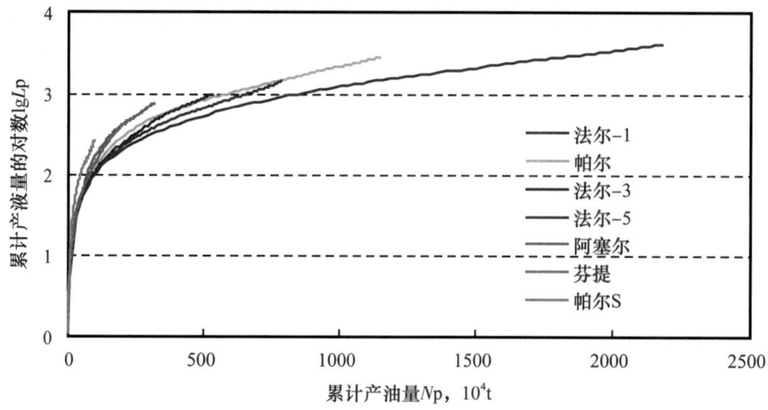

图2-56　法鲁奇油田各区块天然水驱曲线

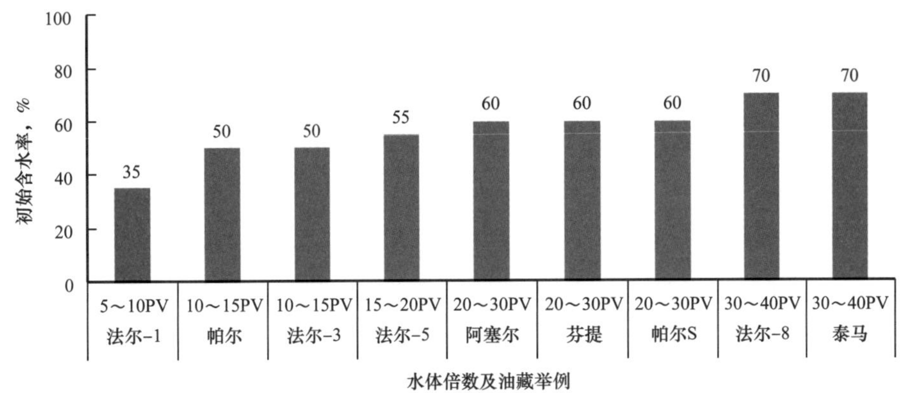

图 2-57　不同水体体积油藏水驱特征曲线初始含水率变化

2. 含水率—含水上升率关系

法鲁奇油田含水率与含水上升率变化曲线如图 2-58 所示。油田开发初期含水率上升较快，无水—低含水期（含水率小于 20%）较短，仅持续 8 个月，含水上升率为 6.5%～8.7%。中含水期（含水率 20%～60%）持续 56 个月，含水率上升相对较缓，含水上升率为 1.4%～3.7%。天然水驱阶段末期油田基本进入高含水期，含水率上升加快，含水上升率为 8.4%。油田及主力断块天然水驱末期采出程度、含水率及含水上升率见表 2-10。复产后，短期内油田含水率下降 5% 左右，之后迅速回升，含水上升率 9.4%；2014—2015 年含水率持续上升，含水上升率为 6.0%～4.7%。2015 年 12 月，含水率达到 73.7%。因此，高含水期加强堵水上返补孔措施是开发调整阶段重点工作之一。

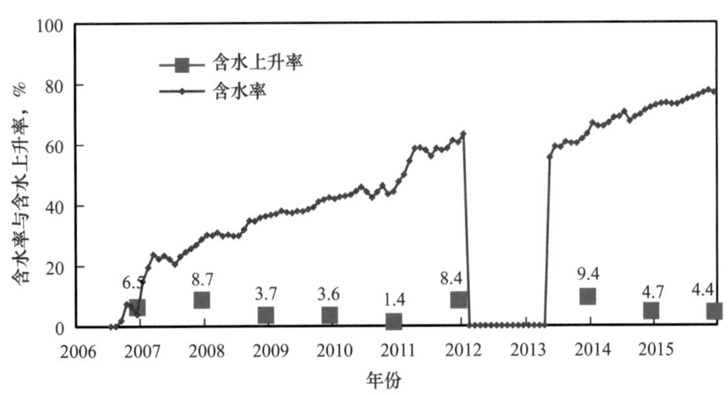

图 2-58　法鲁奇油田含水率与含水上升率

表 2-10　法鲁奇油田主力块天然水驱末期采出程度、含水率及含水上升率

区块	泰马	帕尔	芬提	法尔 -1	法尔 -3	法鲁奇油田
采出程度，%	7.4	13.3	6.5	10.3	6.5	9.7
含水，%	77.4	72.9	58.3	59.1	52.6	63.4
含水上升率，%	11.4	6.0	6.9	8.5	9.1	8.4

3. 含水率—采出程度关系

由法鲁奇油田及主力断块含水－采出程度关系曲线（图2-59）可知，天然边底水驱油藏具有"三低一高"特点：无水期采出程度低、低含水期采出程度低、天然水驱效率低、含水上升率高。不同区块的含水率上升速度不同，采出程度也存在一定差异，其中，帕尔块天然边水能量较充足，采油速度相对较高，天然水驱阶段获得较高的采出程度，含水率上升速度相对较快。

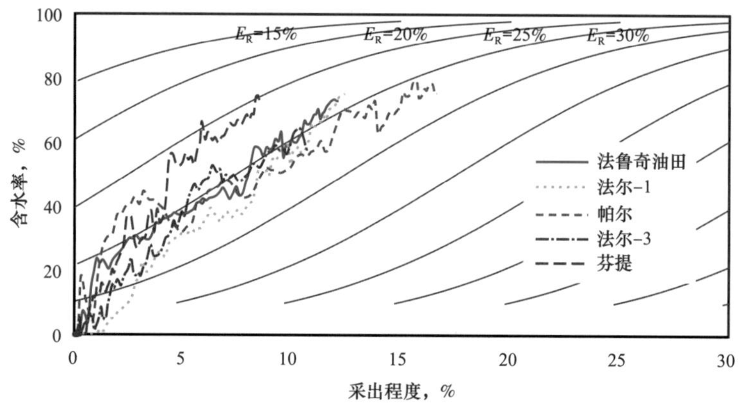

图2-59　法鲁奇油田采出程度与含水率关系

法鲁奇油田含水率与采出程度关系曲线与理论曲线对比（图2-60）表明，油田在开发初期含水率上升快，偏离理论曲线的程度较大，此后，进行了多轮次的堵水、补孔及加密井等调整措施，油田含水率上升速度逐渐变慢，天然水驱后期实际曲线与理论曲线的重合度较高。

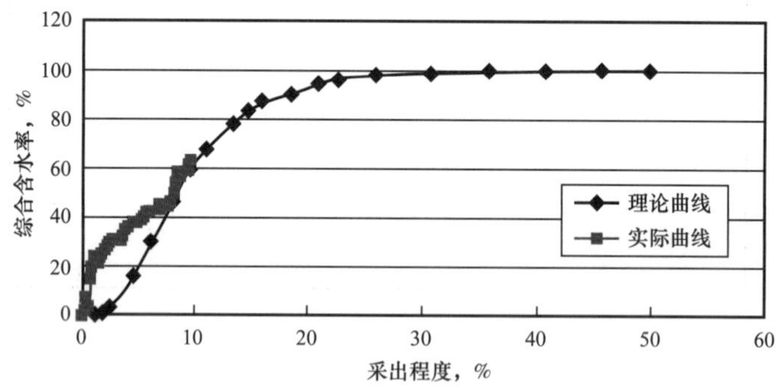

图2-60　法鲁奇油田天然水驱阶段采出程度与含水率关系

4. 累计生产油水比与综合含水率关系

对比典型规模注水开发油田，法鲁奇油田利用天然能量合层开发，累计生产油水比与综合含水率关系与同面积注水油田存在较大差别，无因次单井产油量随时间变化规律差别大。

对比有限天然水驱与典型规模注水油藏累计生产油水比与含水关系（图2-61）、有限天然水驱与典型规模注水油藏无因次单井产油量变化曲线（图2-62）可知：

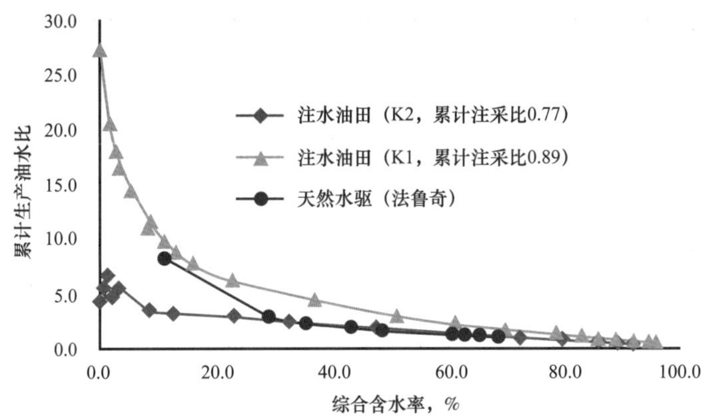

图 2-61 有限天然水驱与典型规模注水油藏累计生产油水比与含水率关系

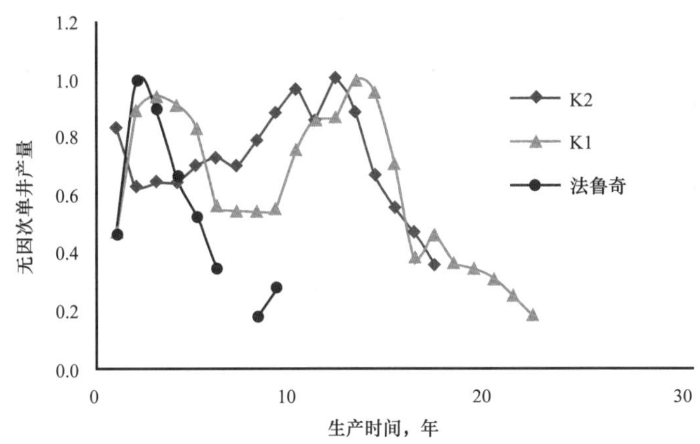

图 2-62 有限天然水驱与典型规模注水油藏无因次单井产油量变化曲线

（1）K1 油田采用反九点面积注水，累计注采比达到 0.89，油藏压力保持水平 80%～90%，对比 K2 和法鲁奇油田，相同含水率时累计生产油水比高，单井稳产时间长。

（2）K2 油田投产 2 年后注水，累计注采比 0.77，油藏压力保持水平 50%～80%，开发效果比 K1 差（K1 和 K2 储层物性和流体性质接近）。

（3）法鲁奇油田各层存在不同天然水体，采用天然能量高速开发，产量递减快，开发效果介于 K1 和 K2 之间。

二、低黏度油藏人工注水开发水驱规律

以哈萨克斯坦库姆科尔南油田开发实践为例，阐述低黏度油藏人工注水高速水驱规律。

1. 水驱特征曲线

库姆科尔南油田水驱特征曲线显示，含水率达 30% 后出现明显直线段，相关系数非常高（图 2-63、图 2-64）。

采用水驱特征曲线计算油田的累计产油量，甲型曲线误差为 0.3%，乙型曲线误差 1.1%。因此，甲型、乙型水驱特征曲线适合描述库姆科尔南油田总体开发特征和预测水驱采收率。

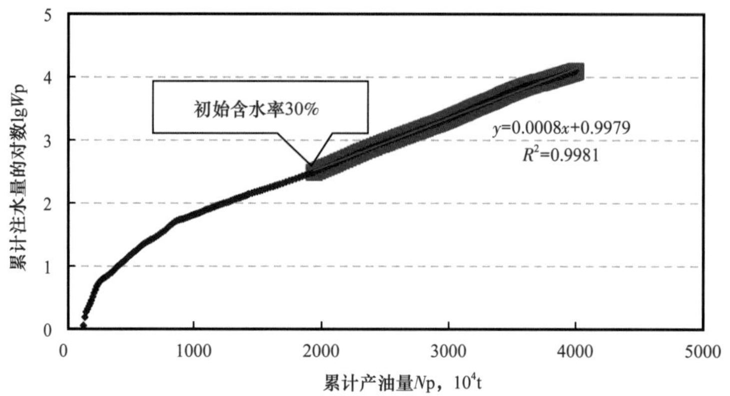

图 2-63　库姆科尔南油田天然水驱甲型曲线

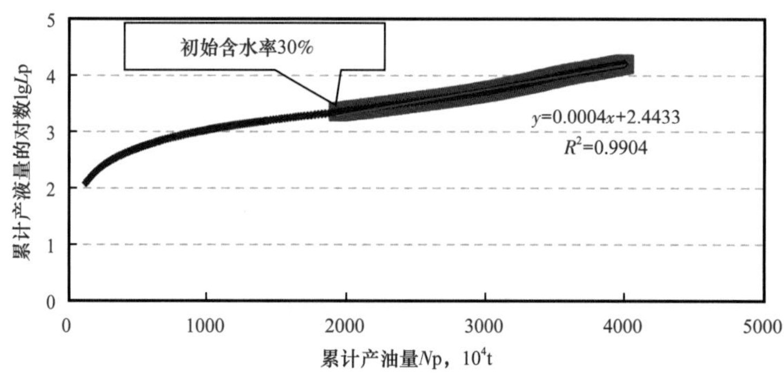

图 2-64　库姆科尔南油田天然水驱乙型曲线

2. 综合含水率与含水上升率关系

库姆科尔南油田含水率与含水上升率变化曲线如图 2-65 所示。油田开发初期含水率上升较慢，无水及低含水期（含水率小于 20%）时间较长，持续 10 年，含水上升率为 0～2.3%，平均仅为 1%。中含水期（含水率 20%～60%）时间持续 6 年，含水率上升迅速，含水上升率为 2.1%～4.6%。油田进入特高含水期（含水率>90%）后，含水率上升率变缓，为 0～1.9%。

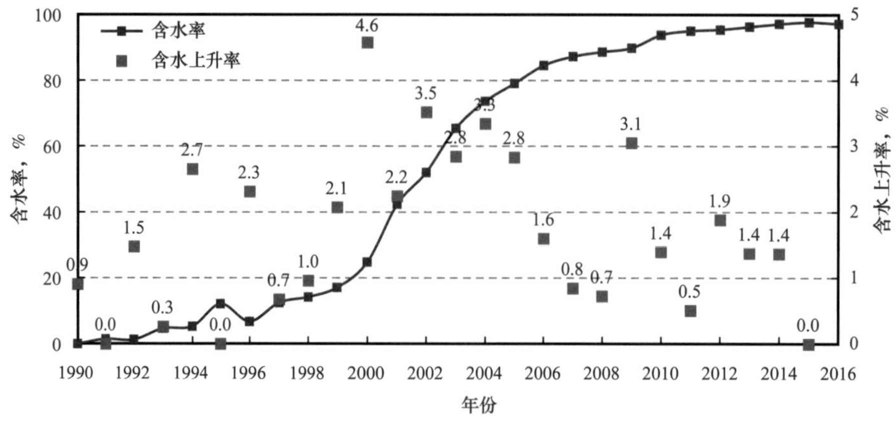

图 2-65　库姆科尔南油田含水与含水上升率

3. 含水率与采出程度关系

由库姆科尔南油田及主力开发层系含水率—采出程度关系曲线（图 2-66）可知，人工注水水驱低黏度油藏具有如下特点：无水期采出程度低，但低含水期采出程度高达 23%，水驱效率高，中后期含水上升率高。同时由于不同层位的储层物性、边底水能量、注水方式、井网完善程度的不同，导致含水上升率和采出程度也存在一定差异。其中开发层系 Object-1 储层物性好、边底水能量较充足，同时边缘注水及时补充地层能量，其采油速度和采出程度较高，含水率上升速度较快。

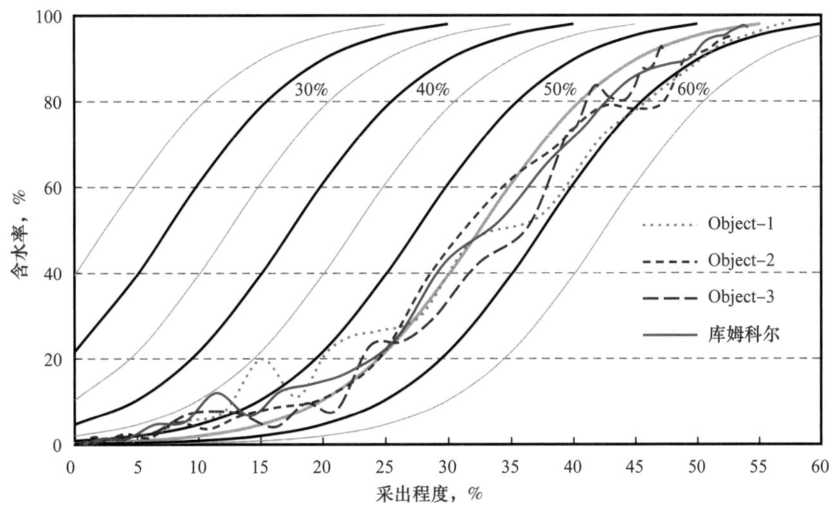

图 2-66　库姆科尔南油田采出程度与含水率关系

参 考 文 献

[1]李国玉，唐养吾．世界油田图集［M］．北京：石油工业出版社，1997.

[2]张凤久．南海海相砂岩油田高速高效开发理论与实践［M］．北京：石油工业出版社，2011.

[3]王乃举．中国油藏开发模式总论［M］．北京：石油工业出版社，1999.

[4]赵伦，陈希，陈礼，等．采油速度对不同黏度均质油藏水驱特征的影响［J］．石油勘探与开发，2015，42（3）：352-357.

[5]荆克尧，熊国明，刘会友，等．胜利油区采油速度现状与对策研究［J］．油气地质与采收率，2001，8(6)：75-77.

[6]韩大匡，等．多层砂岩油藏开发模式［M］．北京：石油工业出版社，1999.

[7]刘丁曾，等．大庆萨葡油层多层砂岩油藏［M］．北京：石油工业出版社，1999.

[8]王树新，等．老君庙 L 层多层砂岩油藏［M］．北京：石油工业出版社，1999.

[9]谢鸿才，等．王场油田潜三段多层砂岩油藏［M］．北京：石油工业出版社，1999.

[10] 张永庆，陈舒薇．油田稳产界限分析方法研究［J］．石油勘探与开发，2001，28(1)：63-65.

[11] 秦同洛．实用油藏工程方法［M］．北京：石油工业出版社，1989.

[12] 俞启泰．水驱油田产量递减规律［J］．石油勘探与开发，1993（04）：72-80.

[13] 陈元千．水驱曲线法的分类、对比与评价［J］．新疆石油地质，1994(04)：348-356.

[14] 吕平．驱油效率影响因素的试验研究［J］．石油勘探与开发，1985(04)：54-60.

第三章　砂岩油田高速开发技术政策

海外油气田开发经营指导思想是：以最少投入获取最大收益。油田开发过程中，充分利用稀井高产、有油快流，减少地面工艺流程，规模建产、快速上产达到产量高峰，实现快速回收，提高采油速度，最大限度提高一次采油采出程度，延缓或推迟注水，在规避风险的基础上实现经济效益最大化。这类油气田开发项目可以适当加大油田产能建设投资，以获取更高的油气产量和更高生产规模，加速回收进程，并为回收后获取最大经济效益奠定基础[1-3]。

海外油田开发受到各合作伙伴的国家投资政策、国际油价、资源国政策和安全形势等多种因素影响。制定合理的开发策略，尽快回收投资，使投资方利益最大化的同时保护资源国利益等，都是需要优先考虑的问题。

经济高效的“高速开发”在海外油田开发中具有重要的战略意义，例如南苏丹三七区自 2006 年投产后，开发早中期利用天然能量高速开发，2011 年收回全部投资。2012 年，南苏丹和苏丹利益纠纷导致南苏丹石油项目全面停产，苏丹油田设施遭到严重破坏，管线运行几乎停滞，中国石油油气作业产量受到极大影响。回顾项目开发历史，早中期利用天然边底水能量高速开发是保障项目降低运营成本、快速收回投资、规避资源国安保风险的重要开发技术策略。这套开发技术策略在层系划分、井网部署、注水技术政策等方面都有不同于国内油田开发之处（表 3–1）。

表 3–1　海外砂岩油田与国内典型油田主要开发技术政策对比

技术政策	国内典型油田	海外典型油田：南苏丹三七区主力油田
开发方式	规模注水	天然水驱、协同注水、规模注水相结合
开发层系	细分层系	先粗后细
采油速度	1% 左右	1%～7%，大部分油田采油速度大于 2%
注水时机	早期注水	尽量延迟注水

不同类型油藏开发技术政策不尽相同，例如对于具有较强边底水能量的油藏，需要充分利用边底水天然条件；在边底水天然能量不能满足采油速度要求后，则进行人工协同注水补充地层能量；同时需要避免不合理的底水锥进、边水推进、注入水指进，应根据构造位置、储层物性及生产等特点，优化单井合理开发界限，如单井排液量、生产压差限制。本章采用油藏工程理论推导、数值模拟等多种方法相结合进行高速开发技术政策研究，优化油藏开发各阶段关键开发指标，如采油速度、合理压力保持水平、注水时机、注采比等。

第一节 开发层系划分

合层开发导致层间压力保持水平及采出程度差异大，天然能量较弱的上部储层采出程度低、压力保持水平低。协同注水开发过程中，充分考虑海外油田难以真正意义上实现细分层系开发，调整中应根据具体情况加强分注、局部差异化调整注水强度等方法，达到层间协同的目的。

开发层系划分具有一些普适性的原则，一般包括[4-6]：

（1）同一层系内各油层的性质应相近，以保证各油层对注水方式和井网具有共同的适应性，减少开采过程中的层间矛盾。

（2）一个独立的开发层系应具有一定的储量，保证油田满足一定的采油速度，并具备较长的稳产时间和达到较好的经济指标。

（3）各开发层系间必须具有良好的隔层，以便在注水开发的条件下，层系间能严格地分开，确保层系间不发生窜通和干扰。

（4）同一开发层系内油层构造形态、油水边界、压力系统和原油物性应比较接近。

（5）应考虑当前的采油工艺技术水平，在分层开采工艺所能解决的范围内，应避免划分过细的开发层系，以减少建设工作量，提高经济效益。

一、强底水块状油藏为主的油田开发层系划分

此处层系划分原则只适合纵向上包括多个底水油藏或具有层状油藏和块状油藏复合的砂岩油田，在开发层系划分中应当注意：

（1）在油田开发初期的中低含水阶段，应首先动用主力油藏，即油层厚度百分数较大的油藏，对于同一开发层系内零星分布的底水油层，应分类有序动用。

（2）一般层状油藏与底水油藏不应同时射开动用，但如果层状油藏比较薄，无法形成单独的开发层系，开发早期可与底水油藏合层开发，以提高储量的动用程度。

（3）在以底水油藏为主的开发层系内，如果无明显的夹层，射开厚度应小于总厚度的30%；如果夹层发育，开发早期只射开夹层以上油层。

块状强底水砂岩油藏合理开发层系举例：依据黑格里格油田主块 HE-1 块纵向上包括弱边水层状油藏 Aradeiba，强底水油藏 Bentiu1、Bentiu2 和 Bentiu3。油藏数值模拟计算结果，由于储层物性、流体性质以及供液能力等存在差异，合采的开发效果不如分层开采，具体见表 3-2。因此，黑格里格主力块状强底水稀油砂岩油田适宜分 Aradeiba main、Aradeiba EF+Bentiu1、Bentiu2+Bentiu3 等三套层系进行开发。

表 3-2 黑格里格油田 HE-1 块合采与分采计算结果对比

方案	生产层位	累计采油，10^4t		差值 10^4t
		合采	分采	
1	Aradeiba		16	
2	Bentiu1		293	

续表

方案	生产层位	累计采油，10^4t		差值，10^4t
		合采	分采	
4	Bentiu3		229	
5	Ara.+Bentiu1	300	307	7
6	Bentiu1+Bentiu2	306	323	17
7	Bentiu1+Bentiu3	390	521	131
8	Bentiu1+Bentiu2+Bentiu3	399	551	153

二、强边水层状油藏为主的油田开发层系划分

对于层状油藏而言，须着重考虑油藏层间非均质特征，包括纵向上油藏跨度、储层物性、流体性质、压力系统、各层油水关系、各层天然能量驱动方式的差别。同时，层状油藏层系划分及其他技术政策制定时，应兼顾层间协同性，避免层间压力、动用水平差距过大。

对于某些特殊原油性质的油藏，如高凝油油藏来说，地层或井筒可能发生冷伤害，采用合理的开发方式可以有效避免地层受到冷伤害，而井筒冷伤害主要受温度、流速等因素影响，层系划分时应考虑单层系有足够的厚度，保证单井有足够的产能，避免因单井产能低，流体在流经井筒过程中温度下降快，从而造成井筒析蜡，堵塞地层[7]。为获得较高的单井产能，可使用对流体有加热作用的电潜泵采油，一定程度上能有效防止井筒流体温度过低而析蜡。因此，在天然能量较充足的高凝油油藏开发早中期可采用大段合采（控制在储层和流体性质非均质性允许范围内），有效避免井筒冷伤害；中后期含水率上升，单井产液量高，可适当分层开发。

对于天然能量不足的多层状油藏，开发过程中应避免合注合采。合采与分采开发效果数值模拟对比（表 3-3）表明，分层系开发采油速度高、采收率较高。然而从高凝油生产注采工艺角度分析，油井找堵水工作一般比稀油油井难度大，分注工艺最多考虑二级三段。

表 3-3　分层开发与合采开发结果对比

开采方式	层系	生产时间 d	累注水量（热 / 冷）10^4t	注水孔隙体积比 V_p	累产油量 10^4t	累产水量 10^4t	净产油量 10^4t	采收率 %	采油速度 %
分采	YⅠ—Ⅱ	4680	2.6/25.4	1.07	5.9	22.2	5.6	28.2	2.2
	YⅢ—Ⅳ	5575	5.2/50.5	1.06	12.5	42.2	12.4	27.3	1.8
	合计	5575	7.9/75.9	1.06	18.2	64.5	18.1	27.6	1.8
合采		6318	7.9/67.9	0.96	17.4	56.4	17.3	26.4	1.5

例如，法鲁奇油田早期利用天然能量大段合采，中后期优化层系细分后，油田主力块划分为 3～4 套开发层系（图 3-1）。

实际上，法鲁奇油田很难实现严格意义上的分层开发，YⅣ—Ⅴ层开发调整中考虑分注合采，局部差异化调整注水强度，增加上部YⅣ低压区注水井数，使其压力水平保持程度基本与YⅤ相同，达到层间协同。以帕尔块为例，协同调整后，共部署17口注水井，YⅣ层17口注水井（11口分注YⅣ和YⅤ），采油井79口，采注井数比4.6∶1；YⅤ层11口注水井，采注井数比7.2∶1。主要协同指标调整结果：（1）注水初期上下层注采比分别为1.45和1.18；（2）地层压力保持水平75%左右；（3）合同期末YⅣ、YⅤ采出程度分别达到32.8%、33.2%（表3–4）。

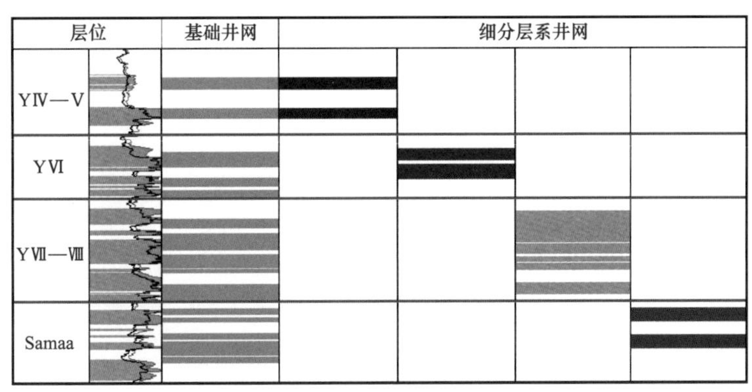

图3–1　主力块开发层位变化图

表3–4　帕尔块主力层天然水驱后地层压力保持水平及采出程度

	储层	YⅣ	YⅤ	YⅥ	YⅦ
油藏概况	地质储量，10^4t	2080	2326	2329	526
	原始地层压力，MPa	12.5	12.6	12.8	12.9
天然水驱阶段	累计产油量，10^4t	236	323	377	44
	采出程度，%	11.3	13.9	16.2	8.5
	天然水驱后地层压力，MPa	8.0	9.8	11.2	11.4
	地层平均压力保持水平，%	64	78	87.6	88.9
	低压区压力保持水平，%	40～50	50～60	70～75	80～85
开发调整及关键指标预测	同井分层注水井数，口	11	11	继续利用天然能量开发	
	单层注水	6	0		
	注采比	1.45	1.18		
	压力保持水平，%	74.7	75.2		
	合同期末采出程度，%	32.8	33.2		

三、弱边水层状油藏开发层系划分

对于弱边水层状油藏来说，油藏天然水体能量偏小，储层及流体的非均质性在开发层系划分过程中的角色就尤为重要。同一层系内各油层的性质应相近，以保证各油层对注水方式和井网具有共同的适应性，减少开采过程中的层间矛盾[8]。对于这类油藏在开发初期一般根据储层发育程度和储层物性的差异来划分开发层系，实施分层系开发。在开发中后期根据剩余油分布状况，进行层系调整。

库姆科尔油田位于南图尔盖盆地南部的阿雷斯库姆坳陷，其白垩系为层状构造边底水未饱和油藏，侏罗系为层状岩性—构造带气顶边水饱和油藏。库姆科尔油田于1984年发现，1995—1996年投入开发。根据国内外90多个油田采出1%地质储量压力下降值判定地层能量标准（表3-5），计算出每采出1%的地质储量地层压力下降值和弹性采出比的结果（表3-6），认为库姆科尔油田为弱边水油藏。

表3-5 国内外90多个油田采出1%地质储量压力下降值判定地层能量标准表

评价指标	油藏天然驱动能力大小分级			
	充足	较充足	有一定量	不充足
采出1%地质储量的压降 $\Delta p/R$，MPa	<0.2	0.2～0.8	0.5～2.5	>2.5
无因次弹性产量比 N_{pr}	>30	30～10	10～2	<2

表3-6 库姆科尔油田天然能量分级计算参数及结果表

开发层系	天然能量开采截止时间	总导压系数 C_t $10^{-4}MPa^{-1}$	累计产油量 N_p 10^4t	地质储量 N 10^4t	地层压降 Δp MPa	采出程度 R %	采出1%地质储量的压降 $\Delta p/R$MPa	无因次弹性产量比 N_{pr}
Object-1	1997.09	20.23	17.6	2768.5	0.3	0.64	0.47	10.5
Object-2	1997.09	29.49	28.9	4124.9	2.3	0.70	3.28	1.0
Object-3	1996.10	26.62	22.4	1748.4	2.4	1.28	1.87	2.0
Object-4	1997.04	35.57	1.3	62.7	2	2.07	0.96	2.9

库姆科尔油田油层主要位于白垩系的M-Ⅰ与M-Ⅱ层、侏罗系的JⅠ-JⅣ层。不同含油层沉积环境、储层发育程度、储层物性、流体性质均有所不同（表3-7至表3-11），决定了分层系开发的必要性。M-Ⅰ、M-Ⅱ层分别为曲流河、辫状河沉积，单储层厚度15～20m，储层内及储层间隔夹层不发育，储层孔隙度平均28.8%（M-Ⅰ）～28.9%（M-Ⅱ），储层渗透率平均1821（M-Ⅰ）～1744mD（M-Ⅱ），表现为高孔隙度、高渗透储层特点。并且这两层的原油黏度2.89mPa·s，明显高于侏罗系地层原油黏度。J-Ⅰ、J-Ⅱ层为三角洲前缘沉积，中厚—中薄油层，油层平均厚度5.4～6.8m，平均孔隙度23.7%（J-Ⅰ）～24%（J-Ⅱ），平均渗透率280.9（J-Ⅰ）～398mD（J-Ⅱ），表现为中孔隙度、中渗透储层特征，并且这两层流体性质相同，具有统一的油水界面。J-Ⅲ层也为三角洲前缘沉积，油层平均厚度5.4m，平均孔隙度23.5%，平均渗透率311.9mD，为中孔隙度、中渗透储层。综合以上储层发育、储层物性、流体性质、油水系统等特点，开发初期就将该油田开发层系划分为四套：Object-1包括白垩系M-Ⅰ、M-Ⅱ层，Object-2由上侏罗纪的J-Ⅰ和J-Ⅱ层组成，Object-3为J-Ⅲ层，J-Ⅳ被划分为第四套开发层系（Object-4），如图3-2所示。

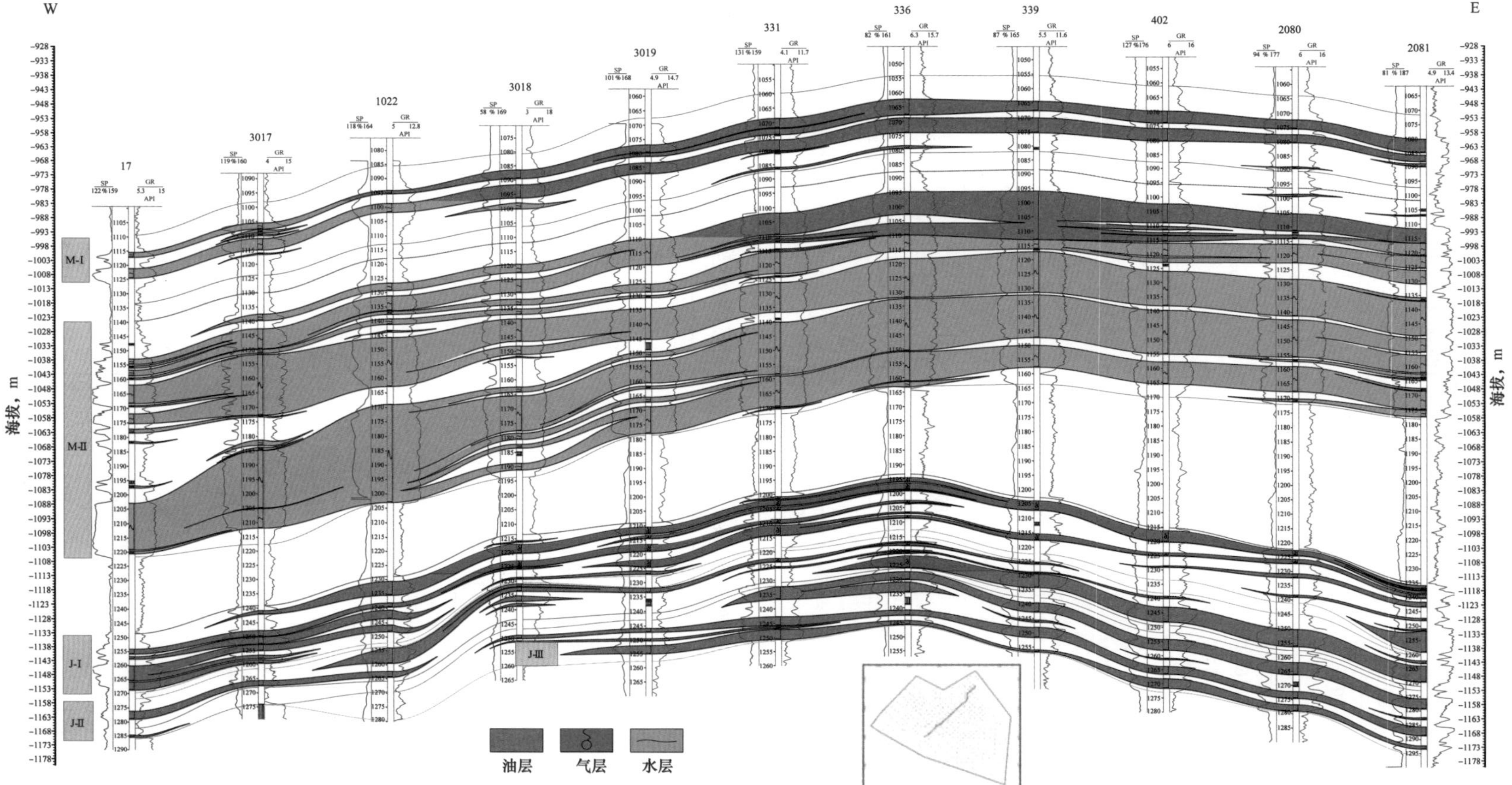

图 3-2　库姆科尔北油田油藏剖面图

表 3-7　库姆科尔北油田不同层系地层原油性质统计表

参数		Object-1	Object-2	Object-3	Object-4
地层压力 p_i，MPa		11.1	13.5	13.79	13.89
饱和压力 p_b，MPa		4.9	13		13.2
地层压差 p_i-p_b，MPa		6.2	0.52	0.79	0.69
气油比 *GOR* m³/t	p_1=0.162MPa，T_1=34℃	14.4	178.7		194.2
	p_2= 0.101 MPa，T_2= 20℃	0.4	1.9		2.1
	总体 GOR	14.8	180.6		196.3
地层原油密度 ρ_o，g/m³		0.785	0.716		0.689
地面原油密度 ρ_o，g/m³		0.821	0.819	0.821	0.814
地层原油黏度，μ_o，mPa · s		2.89	1.07	0.99	0.87
体积系数 B_{oi}		1.044	1.351	1.351	1.493
石蜡析出温度，℃		47.8	56.5	56	39
地层温度 *T*，℃		49	55	57	58

表 3-8　库姆科尔北油田不同层系物性统计表

层系	小层	孔隙度，%			渗透率，mD		
		最小值	最大值	平均值	最小值	最大值	平均值
1	M-Ⅰ	19.6	41	28.8	10.4	15406	1821
	M-Ⅱ	22	40	29.9	49	15409	2744
2	J-Ⅰ	16	38	23.7	3	1893	280.9
	J-Ⅱ	16	36	24	3	3061	398
3	J-Ⅲ	16	34	23.5	3	3061	311.9
4	J-Ⅳ	16	32	23	3	3061	351

表 3-9　库姆科尔北油田隔层厚度统计表

小层	隔层厚度，m		
	最小值	最大值	平均值
M-Ⅰ—M-Ⅱ	15.0	24.2	19.6
M-Ⅱ—J-Ⅰ	10.3	114.5	46.3
J-Ⅰ—J-Ⅱ	0.0	21.7	8.2

续表

小层	隔层厚度，m		
	最小值	最大值	平均值
J-Ⅱ—J-Ⅲ	0.2	30.5	9.0
J-Ⅲ—J-Ⅳ	2.2	43.0	18.3

表 3-10　库姆科尔北油田有效厚度统计表

层系	小层	油层有效厚度，m			气层有效厚度，m		
		最小值	最大值	平均值	最小值	最大值	平均值
1	M-Ⅰ	0.9	13.5	8.0			
	M-Ⅱ	0.8	19.1	8.8			
2	J-Ⅰ	0.5	16.2	6.8	0.5	14.9	7.0
	J-Ⅱ	0.5	16.2	5.4	0.9	7.9	5.3
3	J-Ⅲ	0.6	17.0	5.4	2.3	9.3	5.2
4	J-Ⅳ	0.7	13.5	4.5	0.5	1.7	1.7

表 3-11　库姆科尔北油田各层油气水界面及油藏类型一览表

层系	小层	油水界面，m	油气界面，m
1	M-Ⅰ	-985～-988	
	M-Ⅱ	-996～-1000	
2	J-Ⅰ	-1197	-1111.5～-1113
	J-Ⅱ	-1197	-1111.5～-1113
3	J-Ⅲ	-1198	-1111.5～-1113
4	J-Ⅳ	-1198	-1165

第二节　合理采油速度及地层压力保持水平

采油速度对海外油田开发项目经济效益影响很大，项目设置一定开发期限，合同者希望在尽可能短时间内获得较高的累计产油量，即采出程度。因此，油田开发既要求高产，又要求有一定的稳产期，这样能优化投资利用率，产生最大的经济效益，但合理采油速度必须综合油藏地质条件和生产需求而定。

一、强边底水油藏合理采油速度

对于强边底水油藏而言，采油速度是决定天然水驱阶段能量利用效率的重要因素，不但直接影响阶段内油水运动规律、采出程度，且对阶段末地层能量分布、剩余油分布特征有较大影响，是油藏开发中后期实现天然能量与人工补充能量协同互补的基础。

采油速度受到油藏水体能量及储层物性条件等因素的制约，采油速度过高会引起含水率上升快以及暴性水淹等现象，因此采油速度需要控制在合理的范围内，既可以充分发挥天然能量的作用，又能较好地抑制边底水侵，有利于油藏长期稳产高产。目前确定合理油藏采油速度的方法主要有油藏数值模拟法、类比法、线性回归法和多元逐步回归分析法等。

为保证油田在生命周期内高效开发，避免油田因天然能量过度衰竭造成最终采收率损失，具有一定边底水能量的油藏天然水驱阶段持续时间有限，当地层压力下降至一定水平时需要进行人工补充能量开发。对比理论油藏模型（不考虑断层遮挡、储层连续性等因素）不同采油速度下天然水驱开发10年阶段采出程度（图2-8）可知，不同水体倍数油藏存在不同的合理采油速度区间。例如，10倍水体油藏天然水驱阶段最优采油速度为2.0%左右，在该采油速度下油藏阶段采出程度为18.5%，天然能量利用效率高，且不会引起油井水淹过快、地层压力下降过快等问题。当天然水驱阶段采油速度低于2.0%时，随着采油速度减小，阶段采出程度急剧减少，说明天然能量利用效率低；当采油速度高于2.0%时，阶段采出程度随采油速度增大而提高的幅度变小，例如采油速度为3.0%时，阶段采出程度仅为19.0%左右，仅比采油速度2.0%情况下提高0.5%，但高速开采导致油井含水突破加快、地层压力保持水平下降速度加快、能量非均质程度增大，增加了后期注水开发调整难度。

以南苏丹三七区法鲁奇油田法尔-1断块为例，设计了4个不同的采油速度对比其对开发效果的影响：采油速度分别为地质储量的2%、3%、4%、5%（表3-12），计算到2025年底，各方案的转注时间分别根据其产量递减时间而定，在各自产量递减前开始转注。

表3-12　采油速度研究计算结果

方案	采油速度 %	转注时间 月	稳产期 月	2025年底采出程度 %	压力保持水平 MPa	累计注水 10^8m^3
1	2	33	86	25.1	5.4	1.34
2	3	18	42	25.8	7.0	1.72
3	4	11	24	25.6	8.2	1.81
4	5	7	14	25.3	9.1	1.84

（1）在相同生产井数的条件下，采油速度由2%提高至5%，稳产期则由86个月缩短至14个月，合同期内采出程度由25.1%上升至25.8%后又下降至25.3%，累计注水量增加，由$1.34 \times 10^8m^3$上升至$1.84 \times 10^8m^3$。

（2）针对20年合同期的采出程度，最佳的采油速度为3%，以此采油速度生产，能够获得42个月的稳产期和25.8%采出程度。

综合法鲁奇油田各断块储层流体特性，初期普遍采用2%～4%采油速度生产，可以有效利用地面基础设施，获得较好的经济效益。

二、强边底水油藏合理压力保持水平

法鲁奇油田地层原油饱和压力低，地饱压差大，理论和实验研究表明，合理的注水时机为地层压力下降至饱和压力附近（3.4～4.8MPa）（图 3-3）后开始注水，但实际油田开发过程中，要保障油田开发具有较高的采油速度，因而需要油井保持较高的产液量。法鲁奇油田单井产液量保持在 300～700t/d 比较合理，需要的生产压差为 1.4～2.7MPa，因此实际开发实践需要综合考虑注水压力恢复速度等因素，压力下降到原始压力 50% 左右（6.2MPa）应开始规模注水。考虑下泵深度、饱和压力等因素，中低含水期压力保持水平应为 7.6～8.3MPa，即原始压力的 60% 左右为宜，中高或特高含水期压力保持水平应大于 70%，以保障足够生产压差提液生产。

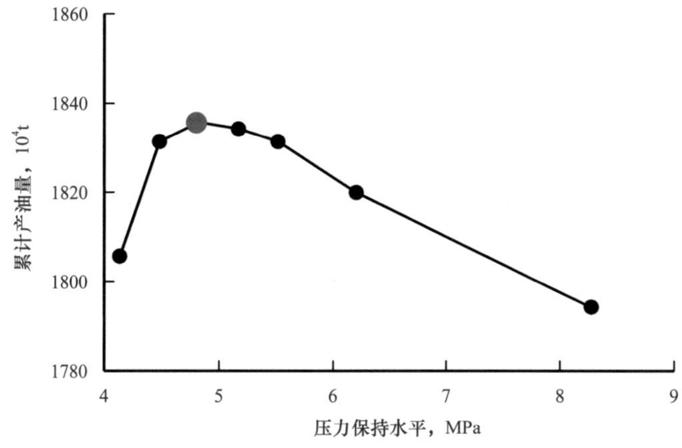

图 3-3　法尔 -1 块 YⅥ 油藏不同地层压力保持水平开发效果对比

天然边底水驱后油藏平面和纵向上采出程度、地层压力分布、剩余油分布非均质性往往较强，因此，在开发技术政策制定中不可一概而论，需要跟踪评价各层、各区地层压力情况，制定差异化的技术指标参数。

阿克沙布拉克油田位于南图尔盖盆地的阿雷斯库姆凹陷的阿克沙布拉克地堑的西部斜坡上。油田主要发育有 5 套含油气层系，由下至上分别为上侏罗统库姆克尔组的 J- Ⅲ、J- Ⅱ、J- Ⅰ和阿克沙布拉克组的 J-0，下白垩统阿雷斯库姆组的 M- Ⅱ，其中 J- Ⅲ为该油田的主要含油气层系。根据天然能量评价标准，阿克沙布拉克油田为强边水油藏（图 3-4）。

阿克沙布拉克油田原始地层压力 19MPa，饱和压力为 14.9MPa，地饱压差 4.1MPa。油田于 2002 年 11 月开始注水，油水井数比逐年上升，注水井位不足；年注采比自 2013 年以来下降较为明显，阶段注水量减小，累计注采比低（0.75）。2015 年地层压力保持在 15.1MPa 左右（地层压力保持水平 79%），接近于饱和压力（图 3-5）。

为防止地层压力继续下降而导致地层原油脱气，需要调整注采结构，补充地层能量，使地层压力保持水平恢复至 85% 左右。

综上所述，无论什么类型的油藏，采油速度与油藏压力保持水平关系密切，采油速度越高，对应的油藏压力保持水平也高，保障油井有足够大的生产压差，特别是高含水阶段，高压力保持水平对油田稳产极其重要。

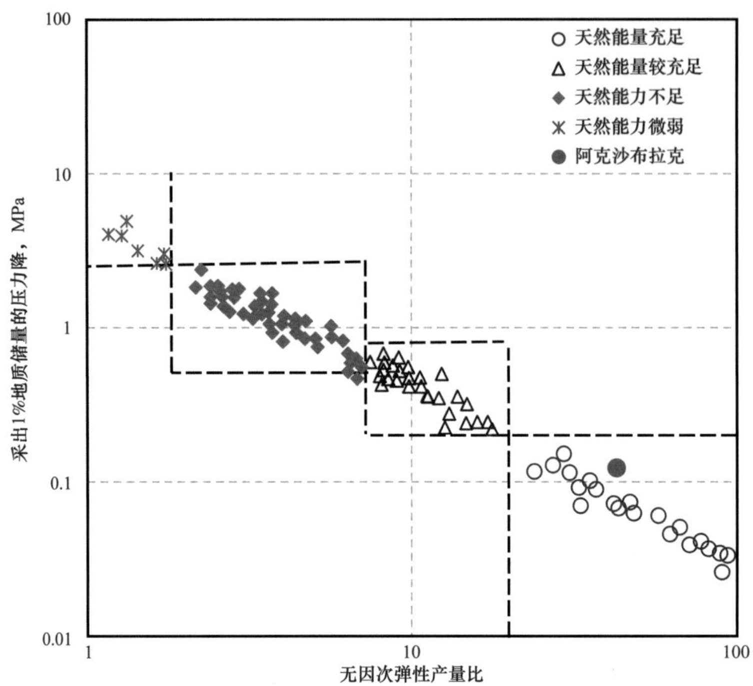

图 3-4　阿克沙布拉克油田天然能量评价图版

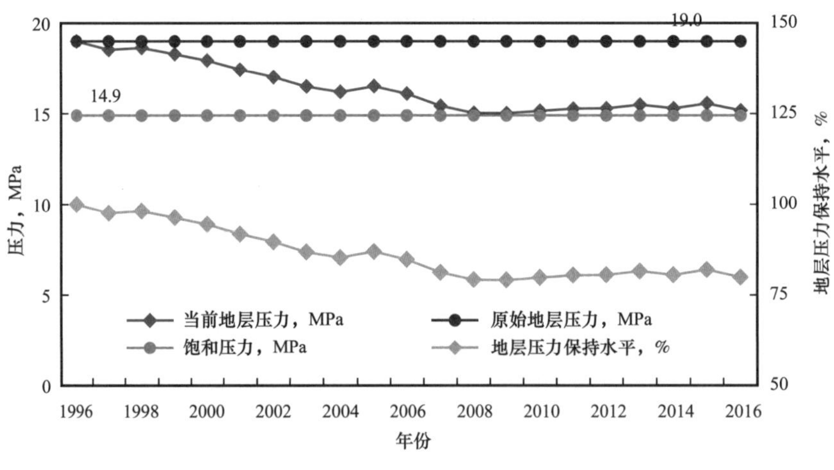

图 3-5　阿克沙布拉克油田地层压力、饱和压力及地层压力保持水平

三、弱边水层状油藏压力保持水平

弱边水层状油藏开发过程中，地层压力的高低代表地层能量的高低，必须有足够的能量将原油驱动到井底，才能保证一定的产量。为避免油层脱气，影响油井产能，地层压力应高于饱和压力。而地层压力保持水平下限受裂缝压缩变形和饱和压力的影响，主要是在压力下降过程中，裂缝会发生压裂变形（甚至闭合），压力下降越大，变形越多，对油井产能影响越大。

弱边水油藏库姆科尔北的三套开发层系 Object-1、Object-2、Object-3 分别自 2002 年

2 月、1996 年 11 月、1996 年 4 月开始注水开发，第四套开发层系 Object-4 在 1997 年 4 月一口井转注，2000 年 4 月又转注一口井，但注水时间短，仅 3 年，2002 年 2 月 2 口井均停注。根据历年所测的压力资料回归分析（图 3-6 至图 3-10），该油藏及不同层位油藏压力与采出程度关系均为多项式。即：

库姆科尔北油藏：

$$p_r=0.0002R^3-0.0071R^2-0.0258R+11.15 \quad (3-1)$$

Object-1：

$$p_r=-0.0001R^3+0.0122R^2-0.3125R+10.85 \quad (3-2)$$

Object-2：

$$p_r=0.0002R^3-0.0052R^2-0.0535R+11.08 \quad (3-3)$$

Object-3：

$$p_r=9E-05R^3-0.0067R^2+0.0819R+11.02 \quad (3-4)$$

Object-4：

$$p_r=0.0009R^3-0.0356R^2+0.2093R+11.66 \quad (3-5)$$

式中　p_r——油藏压力，MPa；

R——地质储量采出程度，%。

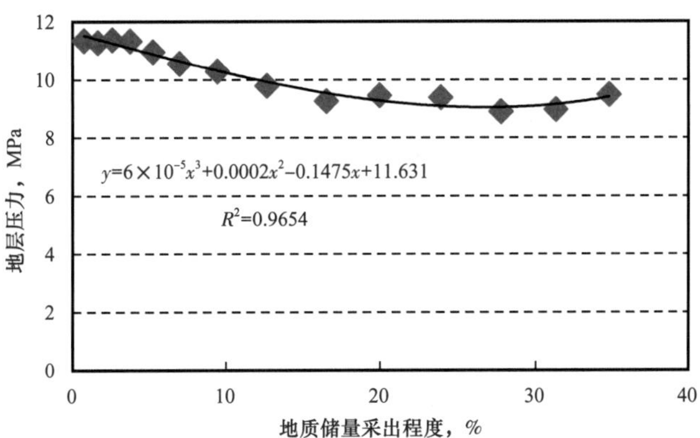

图 3-6　库姆科尔北油田压力与地质储量采出程度关系曲线图

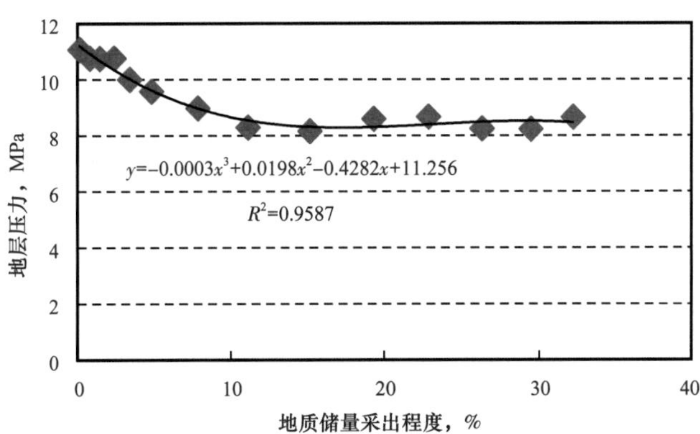

图 3-7　库姆科尔北油田 Object-1 压力与地质储量采出程度关系曲线图

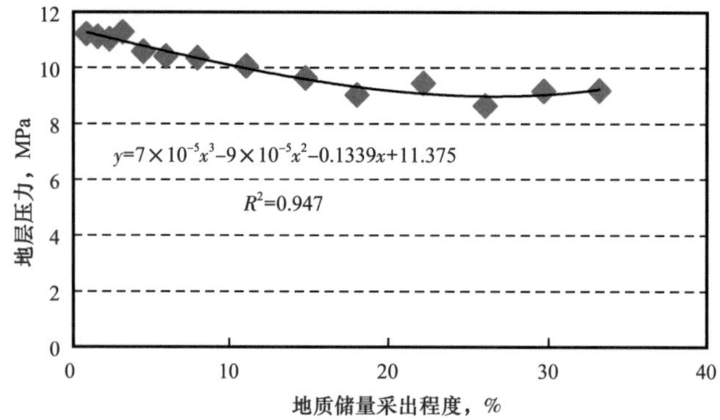

图 3-8 库姆科尔北油田 Object-2 压力与地质储量采出程度关系曲线图

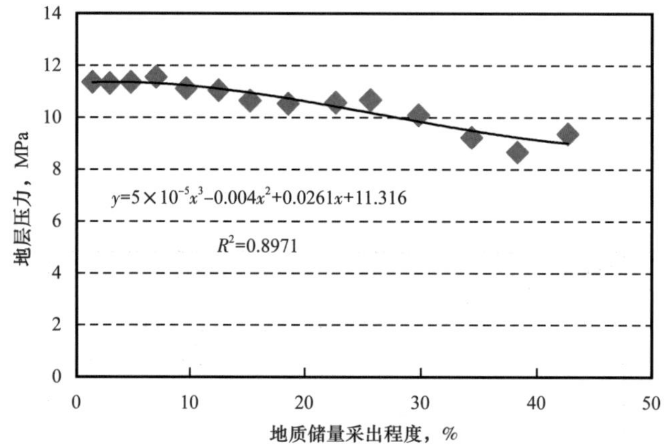

图 3-9 库姆科尔北油田 Object-3 压力与地质储量采出程度关系曲线图

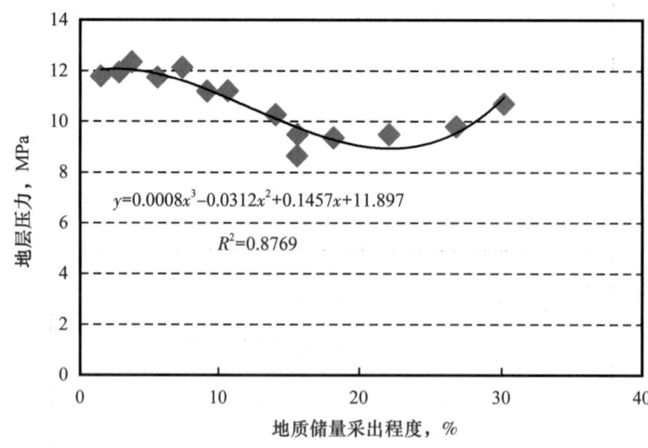

图 3-10 库姆科尔北油田 Object-4 压力与采出程度关系曲线图

可见，该油田及不同层系地层压力均随采出程度的增加呈下降趋势，说明注采比例不平衡，注采系统不完善，因此，目前三套开发层系应根据各层系实际情况，结合国内外开发经验，完善注采系统，扭转地层压力持续下降局势，确保该油田在开发后期继续以较高速度开发，降低油田递减速度。2015 年，库姆科尔北油田各层系地层压力保持水平在 55% 左右，低于合理压力 2～3MPa，并且依然呈下降趋势，油田递减居高不下，需要进一步完善注采结构，加强注水，恢复地层压力至 70% 以上。

第三节　开发井网井距

高速开发油田开发井网需要满足以下要求：

（1）保障油田达到一定的采油速度，有利于全油藏建成一定的生产规模和保持一定的稳产期。保证油井能受到良好的注水效果，在开采过程中能有效地保持油层压力；保证油井具有较高的生产能力，使绝大部分油层能得到较好的动用。选择的注采井网具有较高的水驱波及效率，以获得较高的采收率。

（2）开发井网必须满足中后期调整的需要。油藏的开发过程是一个不断认识油藏、分阶段调整开发对策的过程，随着油藏开发生产的进程和不同开发阶段油藏开发调整的要求，油藏的注采井网需要不断变化。因此，井网部署要有长远考虑，要求选用的注采井网要为开采过程中注采系统调整和井网加密留有余地。

确定合理井网井距的方法主要有：

（1）苏联学者谢尔卡乔夫提出的在水驱开发条件下井网密度与油田采收率的关系，影响因素有原油黏度、储层渗透率等，即井网密度与流度关系密切，流度越大，井距越大。

$$E_R = E_D \cdot e^{-\frac{a}{S}} \tag{3-6}$$

a 可由如下统计公式得出：

$$a=0.0893-0.0208\lg K/\mu_o \tag{3-7}$$

式中　K——油藏平均空气渗透率，mD；

μ_o——原油黏度，mPa · s；

E_R——采收率；

E_D——驱油效率；

S——井网密度，口 /km^2。

（2）李道品经济分析法。

主要考虑开发井投资、原油产量、内部收益等因数，即井网密度大小受经济指标限制。随着井网加密，油藏最终采收率也相应增加，即累计产量增加，总产出增加。但井数增加的同时，开发投资也在不断追加。当总产出减去总开发投资达到最大时，经济效益最好，这时对应的井网密度就是经济最佳井网密度。当总产出等于总投资，即不盈利时，所对应的井网密度为经济极限井网密度。

对于注水开发油田，还需要考虑注采对应关系。海外油田开发合理井网井距还与开发期限、合同条款等关系密切。

下面举例介绍不同类型油藏井网井距优化典型案例。

一、强底水块状油藏开发井网井距

强底水块状油藏在要求较高采油速度情况下，井网密度对开发指标，特别是含水率、采出程度、剩余油分布规律等之间的关系影响非常大。井距小，单井产量低，采油强度小，可以有效控制底水锥进速度，但为了达到较高的采油速度需要的开发井多，前期投资大；井距大，单井产量高，底水锥进速度快，低含水期采出程度低。以黑格里格油田数据为例，假设井距分别为200m、400m和600m，即每平方公里井网密度分别为25口、6.3口和2.8口三种情况，当含水率达到90%时，含油饱和度分布存在巨大差异（图3-11）：井距越小，水驱效果越好，反之越差。图3-12显示了不同井距下含水与采出程度的关系，当含水率达到90%时，井距为200m时，采出程度达到23%，400m时为18%，600m时为13%。

苏丹一二四区、六区的黑格里格和扶拉北等属于强底水油藏油田，稀油油藏初期井距一般为600～800m，单井产量达到290t以上，含水率上升非常快，因此，在开发过程，逐渐采取加密调整，使井距逐渐缩小到300m左右。

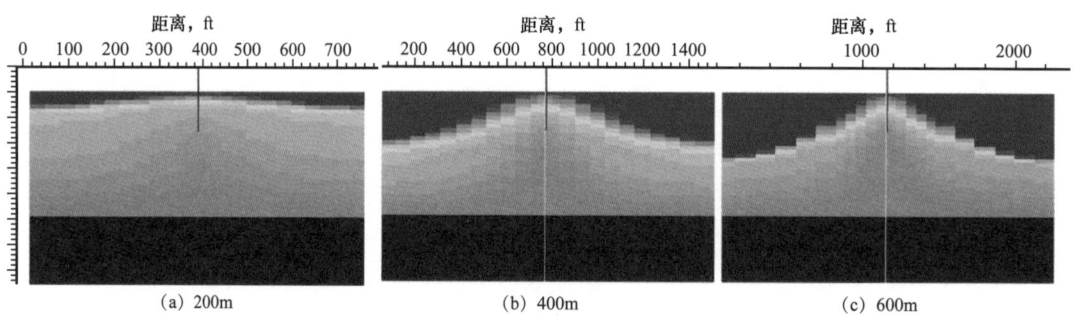

图3-11　强底水油藏井距与含油饱和度的关系（综合含水率90%时）

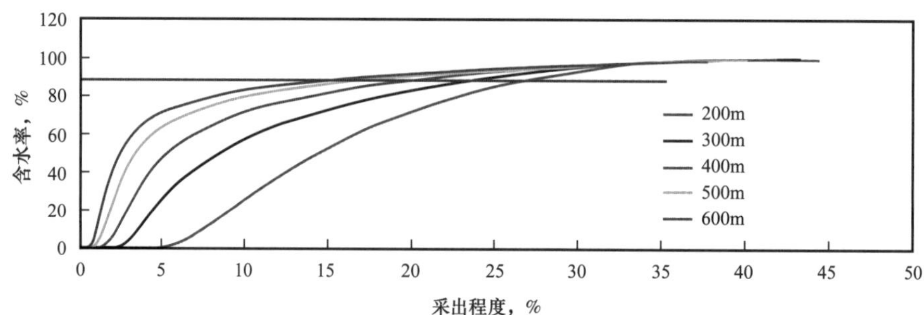

图3-12　强底水油藏井距与含水率、采出程度之间的关系

对于强底水油藏，在经济条件和油藏条件许可的情况下，尽量采用较小井距开发，特别是原油地下黏度较高的普通重油油藏。在油田采油速度许可范围内降低单井采油量，避免采油强度过高，底水锥进严重，天然水驱波及体积系数低的现象发生。如果油藏条件和配套技术适合的条件下，尽量采用水平井开发底水油藏，增加泄油面积，降低生产压差，提高单井产量，避免底水锥进，提高水驱波及体积和合同期内采出程度。

关于井网，因强底水油藏主要采用天然能量开发，因此，不用考虑注采对应关系，井网可以灵活部署。对于大型油藏，最好采用面积井网，顶部储层厚度大，井网密度较高；边部储层比较薄，可以采用水平井或较稀密度直井开发。

二、强边水层状油藏开发井网井距

多层状大型中高渗透率油藏大多采用面积注水方式，井距300～500m[9, 10]；重油疏松砂岩油藏采用较小井距（200～300m）的面积注水井网；复杂断块油藏，对含油面积较大、储量比较多的断块，采用比较完善的面积注采井网，对含油面积小、储量少的复杂断块，采用不均匀井网，采油井多布在油层多、厚度大的构造高部位[11]；低渗透砂岩油藏应采用较小井距（一般200～300m）的面积注水和点状注水的注采井网[12-14]，有利于提高低渗透非均质油藏的波及效率。

对于具有一定边底水能量的多层状油藏，早—中期采用天然能量开发，中—后期采用注水开发，注采井网应结合压力分布、剩余油分布规律，部署面积井网或不规则井网。

不同地质、流体特点的油藏，注水开发过程中油水运动的特点也不一样，这就需要有不同的注水方式与其相适应。

注水方式及井网选择的原则，除满足上述的各项技术条件外，更重要的还要满足经济效益的要求，投入产出比达到一定的目标，所选择的注水方式和井网达到经济上合理，能使油藏开发获得较好的经济效益，尽量减少早期投资，因此，多采用便于中后期逐步调整灵活的规则井网。

本节以哈萨克斯坦阿克沙布拉克油田高速开发生产实践为例，介绍强边水油藏开发过程中的井网井距优化。阿克沙布拉克油田为受断裂控制的层状边水背斜油藏，主要发育5套含油层系，自下而上为上侏罗统的J–Ⅲ、J–Ⅱ、J–Ⅰ、J–0和下白垩统的M–Ⅱ，其中J–Ⅲ为主力开发层系。

2011 年，根据阿克沙布拉克油田的地质油藏特征及生产现状，制订了油田的开发调整方案。根据生产层位厚度、油水界面位置、储层及其饱和流体的物理性质等因素的影响，方案将阿克沙布拉克油田划分为 3 个开发层系：

开发层系Ⅰ—M–Ⅱ，包括M–Ⅱ–1和M–Ⅱ–2层位；

开发层系Ⅱ—J–0–1，J–0–2、J–Ⅰ层位的河床地层；

开发层系Ⅲ—J–Ⅲ和J–Ⅲ a 层位。

2 个上返层系：

上返层系—J–0–1、J–0–2、J–I 层位的河床地层；

上返层系—J– Ⅱ层位；

上返层系——古生界 Pz（基底）。

（1）开发层系I井网井距：M–Ⅱ层分为南部和北部两个区域，其中北部区域采用800m × 800m正方形井网，南部区域采用600m × 600m正方形井网，单井控制面积为94.3ha/口（图3–14）。

（2）开发层系Ⅱ井网井距：J–0–1、J–0–2、J–Ⅰ层位的河床地层采用500～600m排状井网，其单井控制面积为35.9ha/口（图3–15）。

（3）开发层系Ⅲ井网井距：即J–Ⅲ和J–Ⅲ a 层位采用1000m × 1000m正方形井网，其单井控制面积为87.6ha/口（图3–16）。

三、弱边水层状油藏开发井网井距

油田开发实践表明，一个油田初期井网不一定是最佳井网，一般需要根据油藏的特性和开发特点，经过再次乃至多次调整才能达到合理。鉴于初期方案设计考虑到调整的灵活性，根据油田的储层特点，弱边水层状油藏库姆科尔北油田开发层系 Object–1、Object–2、Object–3 采用正方形 500m × 500m 反九点面积注水开发，Object–4 进行过短期注水后一直靠天然能量开发。Object–1、Object–2、Object–3 三套开发层系经过注水开发取得了一定的开发效果，但是目前部分井区已采用 250m 井距点状注水开发，而且大部分井区注采系统不完善、注采比例失调。为了保障注采井网调整顺利，运用多种方法对该油藏的合理井网井距进行了论证[15, 16]。

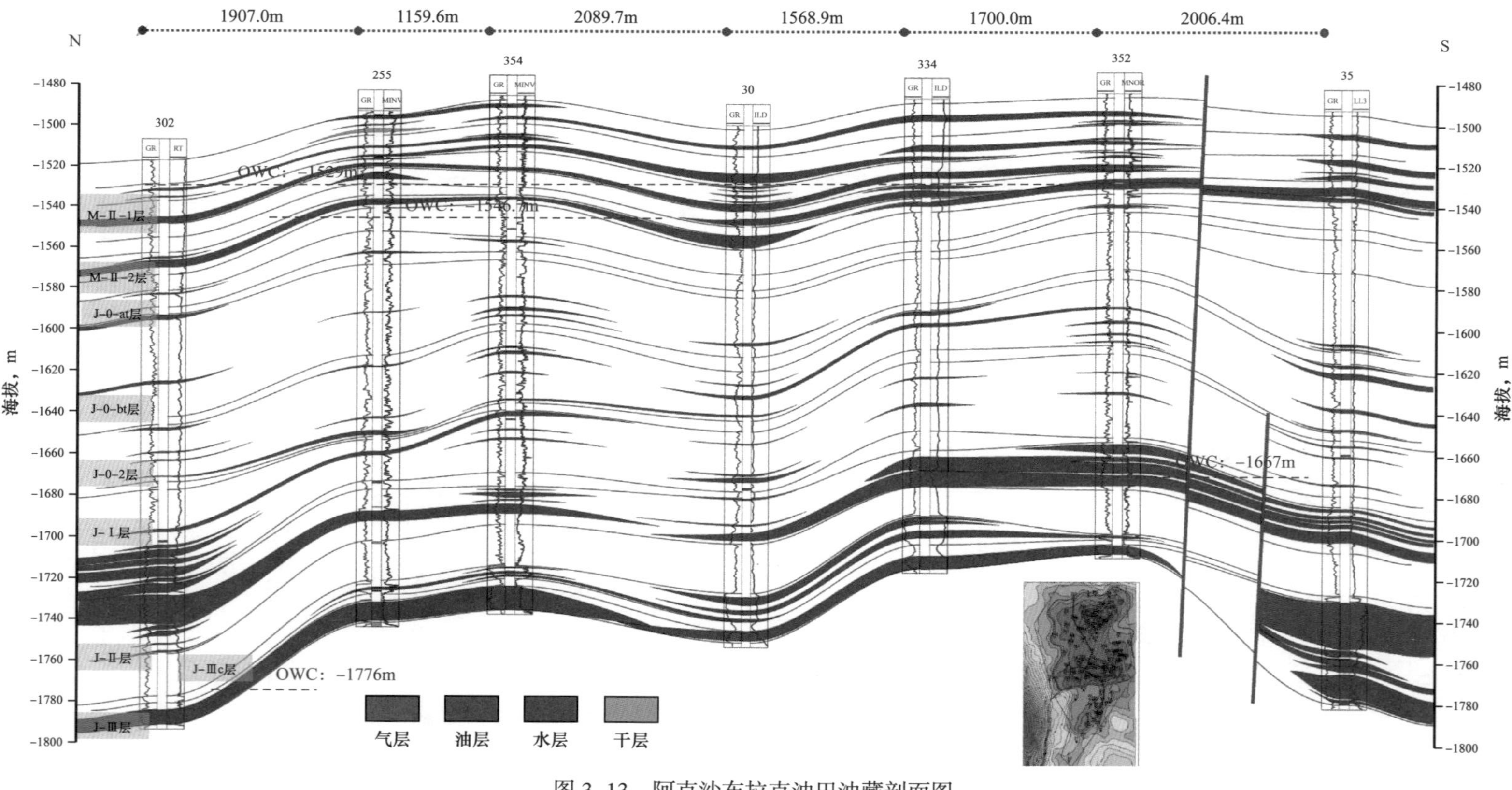

图 3-13　阿克沙布拉克油田油藏剖面图

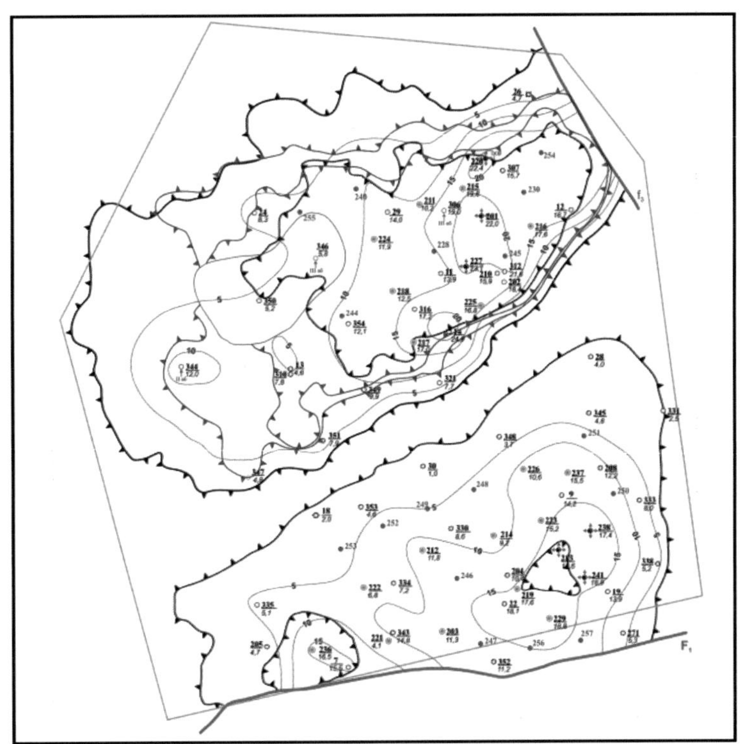

图 3-14　阿克沙布拉克油田开发层系Ⅰ井网图

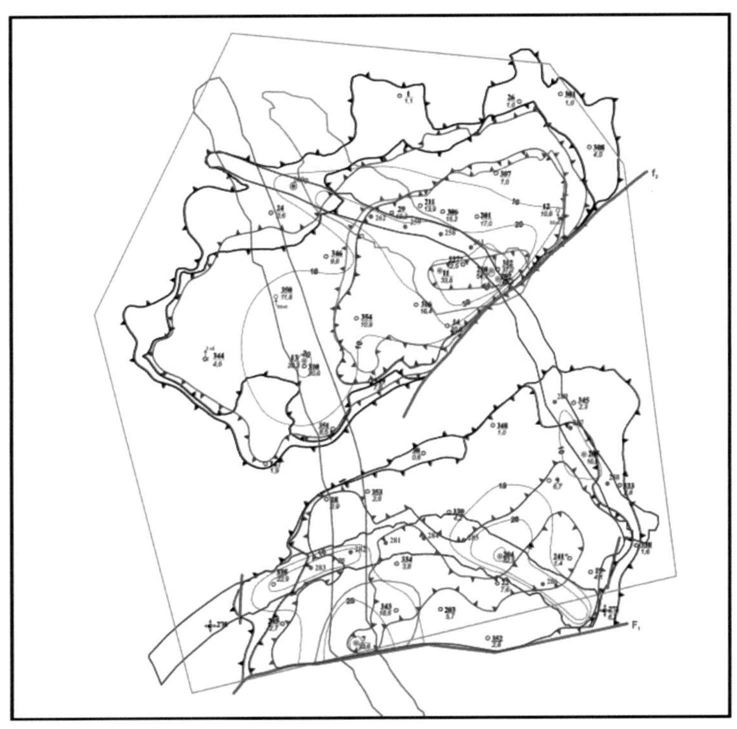

图 3-15　阿克沙布拉克油田开发层系Ⅱ井网图

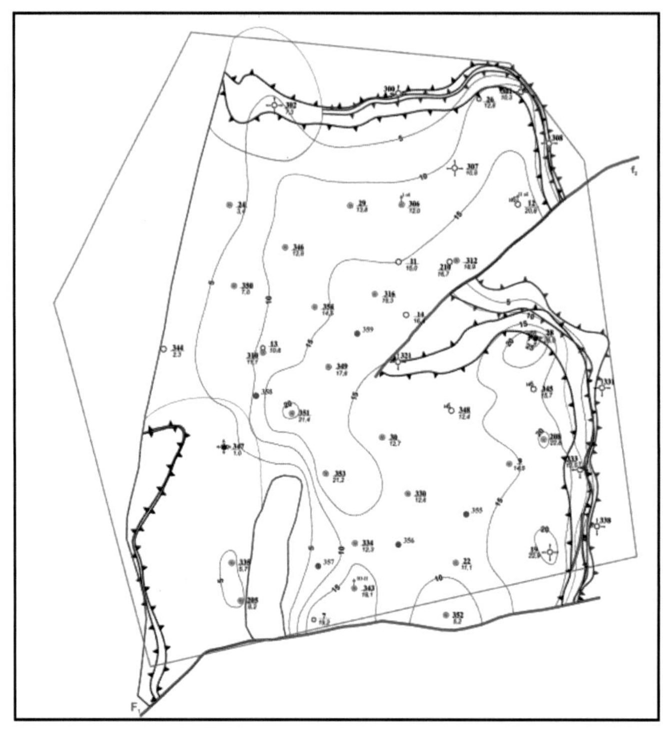

图3–16　阿克沙布拉克油田开发层系Ⅲ井网图

1. 利用井网密度与采收率关系

理论研究和实际认识表明，与采收率关系最为紧密的是井网密度高低。苏联学者谢尔卡乔夫根据油田数据统计结果提出的井网密度与采收率之间的关系模型，认为随着井网密度的增加，采收率是上升的。但是随着井网密度的增加，采收率增加的幅度越来越小。

2. 单井控制合理可采储量法

在一定的企业盈利率下，合理的井网密度应该使单井控制可采储量的产值等于单井总投资：

$$N_{RO}=\frac{m_1+T\cdot A}{B\cdot E_R(T)}(1+\beta) \tag{3-8}$$

$$f=\frac{N_R/N_{RO}}{A_o} \tag{3-9}$$

式中 N_{RO}——平均单井控制合理可采储量，10^4t/ 口；

A_o——含油面积，km^2；

f——井网密度，口 /km^2；

m_1——单井总投资，127 万元 / 口；

T——主要开发期，a；

A——单井平均年生产费用，万元 /（口 · 年）；

B——原油售价，2419.2 元 /t；

E_R（T）——在 T 年内可采储量的采收率，0.95；

N_R——可采储量，10^4t；

β——油田内部盈利率，0.12。

利用根据上述公式和参数（表3-13）计算，库姆科尔北油藏Object-1、Object-2、Object-3、Object-4平均单井控制合理储量分别为3.38×10^4t、2.81×10^4t、2.18×10^4t、1.34×10^4t，井网密度分别为12.8km²/口、9.2km²/口、14.7km²/口、19.6km²/口，折算井距分别为280m、330m、260m、225m。

表3-13　库姆科尔北油田各层利用单井控制合理可采储量法法计算井距参数及结果表

油田	开发层系	N_R 10^4t	N_{RO} 10^4t/口	T a	A 万元/（口·年）	A_o km²	f 口/km²	井距 m
库姆科尔北	Object-1	1641.2	3.88	10	783.8	33.09	12.8	280
	Object-2	1888.7	2.61	10	522.6	79	9.2	330
	Object-3	539.7	2.18	10	435.5	16.72	14.7	260
	Object-4	74.6	1.34	10	261.3	2.83	19.6	225

3. 注采平衡法

在一定的注采比条件下，根据井网密度的定义：

$$f=\frac{N\cdot V_o\cdot B_o\cdot R_i}{360q_i\cdot R_{wt}\left(1-f_w\right)\cdot A_o} \tag{3-10}$$

式中　N——总井数，口；

R_i——注采比；

A_o——含油面积，km²；

V_o——采油速度；

R_{wt}——注水井与总井数之比；

B_o——原油体积系数；

q_i——单井平均日注量，m³/d；

f_w——含水率。

利用上述公式计算的井距及井网密度见表3-14。

表3-14　库姆科尔北油田各层系利用注采平衡法计算井距参数及结果表

油田	开发层系	A_o km²	N 10^4m³	V_o	R_i	q_i m³/d	R_{wt}	B_o	f_w	f 口/km²	井距 m
库姆科尔北	Object-1	33.1	3372.1	0.03	1	861	0.30	1.044	0.89	2.7	603.9
	Object-2	79.0	5036.5	0.04	1	538	0.23	1.351	0.88	5.7	418.6
	Object-3	16.7	2129.6	0.04	1	713	0.25	1.351	0.84	7.4	368.5
	Object-4	2.8	77.4	0.03	1	300	0.25	1.493	0.86	3.6	525.7

4. 李道品经济分析法

合理井网密度计算公式：

$$aS=\ln\frac{N\cdot V_o\cdot T_o\cdot\eta_o\cdot a\cdot c\left(L-P\right)}{A\left[\left(I_D+I_B\right)\left(1+\frac{T+1}{2}r\right)\right]}+2\ln S \tag{3-11}$$

极限井网密度计算公式：

$$aS = \ln \frac{N \cdot V_o \cdot T \cdot \eta_o \cdot c(L-P)}{A\left[(I_D + I_B)(1+\frac{T+1}{2}r)\right]} + \ln S \tag{3-12}$$

式中 N—— 地质储量，t；

S—— 井网密度，口 /km^2；

A—— 含油面积，km^2；

η_o—— 驱油效率；

V_o—— 采油速度；

T—— 投资回收期，a。

利用李道品方法计算库姆科尔北合理及极限井网密度、井距参数及结果见表 3-15 和图 3-17 至图 3-20。库姆科尔北油藏 Object-1、Object-2、Object-3、Object-4 合理井网密度分别为 8.8 口 /km^2、9.7 口 /km^2、10.6 口 /km^2、8.1 口 /km^2，折算井距 337m、321.8m、307.6m、351.5m，极限井网密度分别为 42.7 口 /km^2、42.7 口 /km^2、42.7 口 /km^2、29.9 口 /km^2，折算井距分别为 153m、153m、153m、183m。

表 3-15　库姆科尔北李道品经济分析法计算井距参数及结果表

断块	Object-1	Object-2	Object-3	Object-4
面积 A，km^2	33.09	79	16.72	2.83
地质储量 N，t	27685000	41249000	17484000	627000
驱油效率 η_o	0.759	0.747	0.747	0.656
采油速度 V_o	0.015	0.02	0.01	0.035
投资回收期 T，a	6	6	6	6
商品率 c	0.97	0.97	0.97	0.97
油价 L，元 /t	2681.5	2681.5	2681.5	2681.5
原油操作成本费 P，元 /t	305.1	305.1	305.1	305.1
单井钻井投资 I_D，万元 / 口	128	128	128	128
单井地面建设投资 I_B，万元 / 口	50	50	50	50
I_D+I_B，元 / 口	1780000	1780000	1780000	1780000
贷款利率 r	0.072	0.072	0.072	0.072
空气渗透率 K_a，mD	751	314	172.9	216.5
原油黏度 μ_o，mPa · s	2.89	2.89	2.89	2.89
井网指数 a，km^2/ 口	0.000174	0.000251	0.000323	0.000294
极限井网密度 S，口 /km^2	42.7	42.7	42.7	29.9

续表

断块	Object-1	Object-2	Object-3	Object-4
极限井距，m	153.1	153.1	153.1	182.8
合理井网密度 S，口 /km^2	8.8	9.7	10.6	8.1
合理井距，m	337.0	321.8	307.6	351.5

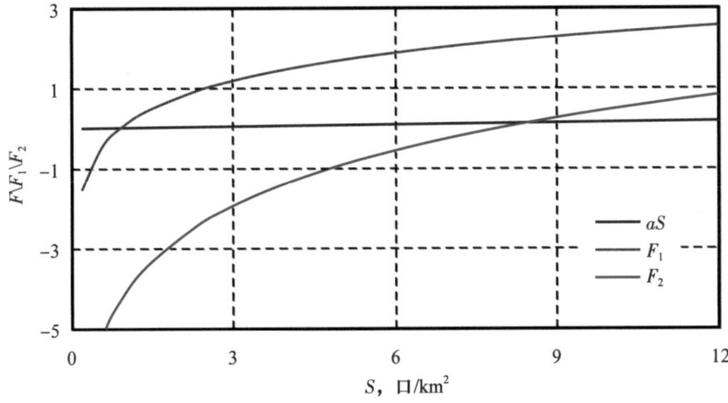

图 3-17　库姆科尔北油藏 Object-1 利用李道品经济分析法计算合理及极限井距图

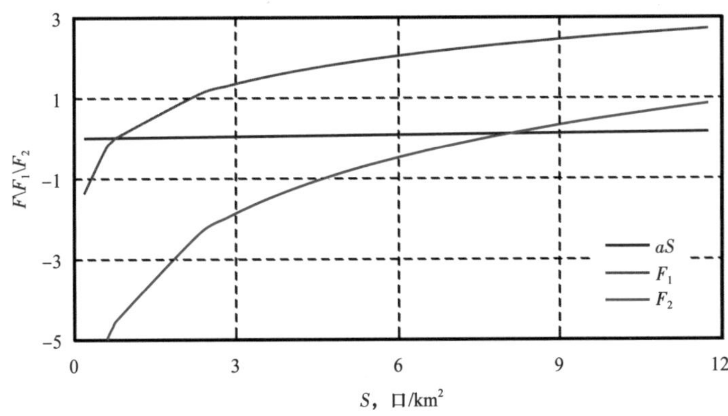

图 3-18　库姆科尔北油藏 Object-2 利用李道品经济分析法计算合理及极限井距图

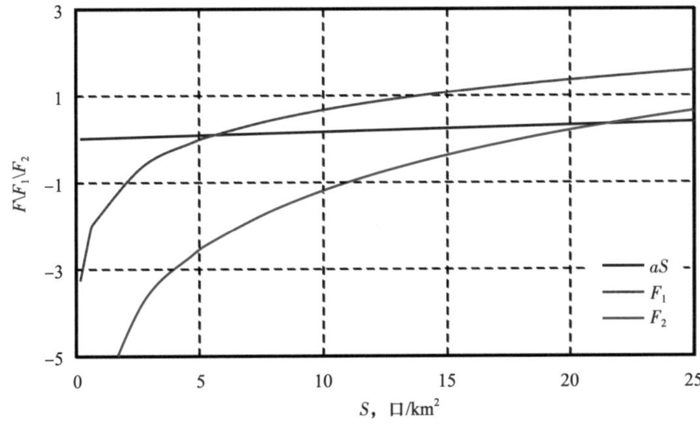

图 3-19　库姆科尔北油藏 Object-3 利用李道品经济分析法计算合理及极限井距图

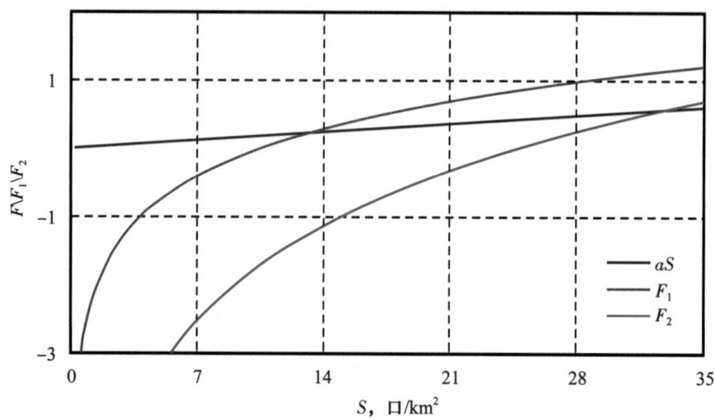

图 3-20　库姆科尔北油藏 Object-4 利用李道品经济分析法计算合理及极限井距图

利用不同方法所得合理井距见表 3-16。

表 3-16　库姆科尔北油田合理井距研究

油田	层系	方法	合理					极限
			方法 1	方法 2	方法 3	方法 4	平均	方法 4
库姆科尔北	Object-1	井网密度 口 /km^2	6.6	12.8	2.7	8.8	7.7	42.7
		折算井距 m	257.4	280	603.9	337.0	369.6	153
	Object-2	井网密度 口 /km^2	7.2	9.2	5.7	9.7	8.0	42.7
		折算井距 m	269.0	330	418.6	321.8	334.9	153
	Object-3	井网密度 口 /km^2	7.1	14.7	7.4	10.6	10.0	42.7
		折算井距 m	265.8	260	368.5	307.6	300.5	153
	Object-4	井网密度 口 /km^2	7.1	19.6	3.6	8.1	9.6	29.9
		折算井距 m	265.6	225	525.7	351.5	342.0	183

综上所述，井距越密，注采对应关系越好，水驱效率越高，一定期限内采出程度越高，因此，合理的开发井距必须受经济效益约束。

第四节　注水技术政策

中国石油海外合作区绝大多数油田适合水驱开发，在天然水体能量不足的情况下必须采用人工注水方式对油藏进行能量补充。注水油田开发关键技术指标除满足各项技术条件外，更重要的还要满足经济效益的要求，投入产出比达到一定的目标，所选择的注水时机、注采比及井网等技术政策必须满足经济合理，同时保障与油藏天然水体能量实现协同开发，使油藏开发获得较好的经济效益。

一、不同类型油藏注水时机

油藏能量是否充足是保证油田能否高效开发的关键，中国 90% 以上的油田需要注水开发来补充地层能量。油田合理的注水方式、注水时间和注采比是油田开发的基本问题之一。

合理注水时机的选择取决于油藏的具体地质条件、开发需求和经济效益，没有什么经验结论是放之四海而皆准的。一个新开发的油田要不要注水、何时注水、怎样注水、注多少水、注什么性质的水等，都应进行可行性研究，并经实际试采试注后确定才是科学的。Surendra P. Singh 在其注水设计（注水井网、注入量和注水时间）中提到注水最佳时机的问题：开始注水的最佳时间取决于很多因素，尽管在很多时候要求达到回收的最大贴现率等经济目标，但获得最大采收率是毫无疑问的。如果开始注水的目的是依据一些经济原则（如最大净现值），那么确定最佳注水时机的唯一方法是计算开始的几个确定的时间内的最终采收率、产量、投资和收入。通过对比结果，可以优选出最佳方案。

早期注水：早期注水指在油田开发初期就开始注水，地层压力始终保持在饱和压力之上，使油藏压力保持较高水平。其优点是使油井具有较高的产能，有利于长期的自喷开采，有利于保持较高的采油速度和实现较长时间的稳产；缺点是油田初期注水工程投资大，投资回收期长，风险高。适用于地饱压差小、黏度大、高速开发的油藏。

中期注水：投产初期依靠天然能量开采，当地层压力下降到饱和压力附近或油田产量递减明显时开始注水。优点是初期投资少，经济效益高，也可能保持较长的稳产期，并不影响油田最终采收率。适用于地饱压差较大，天然能量较充足的油田。

晚期注水：天然能量枯竭，即溶解气驱后开始注水称为晚期注水。其优点是初期生产投资少，吨油成本低；缺点是油田的自喷开采期短、稳产期短，且地层原油脱气以后原油黏度增大，流体流动渗流阻力增加，水驱开发效果变差。适用于天然能量充足、溶解气油比高且面积不大的中小油田。

总之，对于注水开发油藏，运用油藏工程、数值模拟研究结果并结合生产动态优选合理的注水时机、注水方式以及注水强度，有效提高水驱效率、补充地层能量、缓解产量递减，是实现油田高效开发的关键。

1. 边底水油藏天然能量与合理注水时机

合理的注水时机是实现天然能量与人工补充能量协同开发的关键。以典型多层状边底水法鲁奇油田帕尔块为研究对象，采用数值模拟方法优化不同水体倍数条件下油藏注水时机。该块纵向跨度 200m 左右，包括 6 个储层，储层为中高隙度、中高渗透率。设定油田开发期限为20年，高峰期采油速度2.5%，压力保持水平70%左右。对比不同水体倍数油藏依靠天然能量开发与注水开发产量剖面（图3-21）可知，水体倍数是影响油藏注水时机的重要因素，无水体、3倍、6倍、8倍、10倍、20倍、50倍、无限大水体条件下，合理注水时机分别为0.5年、1.0年、4.0年、4.5年、5.5年、6.0年、7.0年、8.0年（表3-17）。

表3-17　不同水体倍数油藏数值模拟注水时机优化结果

水体倍数	0	3	6	8	10	20	50	100
注水时机，a	0.5	1.0	4.0	4.5	5.5	6.0	7.0	8.0
压力保持水平，%	79.5	78.1	69.8	68.3	68.9	70.0	70.5	73.1
天然水驱阶段采出程度，%	0.6	1.4	7.2	8.5	11.0	12.2	13.4	17.0

综合国内外典型边底水油藏开发实践（表3-18）及数值模拟结果，总结不同水体倍数油藏合理注水时机（表3-19）：

（1）边底水能量较小的油藏（水体倍数小于5）投产后地层压力下降较快，天然水驱阶段采出程度低（<4%），需要在1年内尽快实现注水。

（2）水体倍数5～20倍的边底水油藏可充分利用天然能量进行开发，天然水驱阶段采出程度6%～12%；一般投产3～6年后注水，注水时地层压力整体保持水平65%～75%，但油藏内存在低压区，压力保持水平低至30%～50%，因此，应根据实际情况差异化进行水驱结构调整，分块、分层、分区优化注水时机。

（3）实际油藏开发过程中，由于受断层遮挡、储层连续性、储层及流体非均质性等因素的影响，超过一定水体倍数的油藏其天然水驱阶段开发效果受水体倍数的影响已较小，而更加受制于油藏的能量传导能力。当水体倍数大于50时，开发一定年限后油藏存在明显低压层、低压区，需注水补充能量。

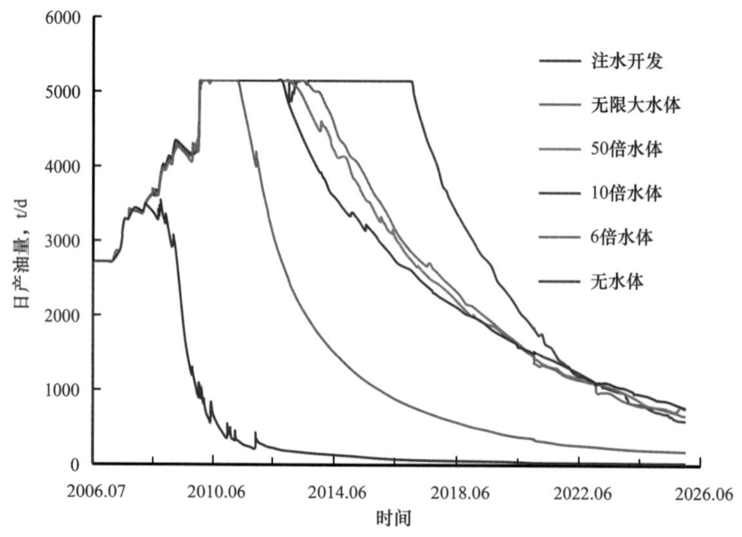

图3-21　不同水体倍数油藏依靠天然能量开发与注水开发产量剖面对比

表 3-18　国内外典型边底水油藏注水时机

油藏名称	法尔 -1	帕尔 -1	阿塞尔	彩南油田三工河组彩 2 区块	彩南油田三工河组彩 9 区块	彩南油田三工河组彩 10 区块	红南油田 2 块白垩系油藏
水体倍数	5～8	10	15～20	25	38	58	80
注水时机，a	5	6	8～10	6	4	＞10	～16

表 3-19　不同水体倍数油藏注水时机及阶段采出程度

水体倍数	＜5	5	10	20	50
注水时机，a	0～1	3～4	5～6	8～10	10～12
天然水驱阶段采出程度，%	4	6	11	12	14

调研国内外 17 个油田开发实例表明（表 3-20），天然能量较为充足、地饱压差较大的油田，先采用天然能量开发，再适时注水，可以实现油田高效开发。注水前平均采出程度 10.9%，与法鲁奇油田的 9.6% 相近；注水后平均水驱采出程度达到 28.5%，天然能量 + 水驱采出程度达到 39.4%。油田开发实例表明，大多数油田注水时油藏压力高于饱和压力；注采井网比较灵活。

表 3-20　国内外油田天然能量及水驱阶段采出程度

序号	油田	天然能量开发阶段		水驱阶段		总采出程度 %
		采油速度 %	采出程度 %	阶段采油速度 %	阶段采出程度 %	
1	East Texas	3.1	22.1	2.6	35	57.1
2	Prudhoe Bay	2.2	11	2.5	23	34
3	Little Creek Field	2.8	24.5	3.5	19.8	44.2
4	Susseex	1.8	5.3	2.3	16.5	21.8
5	Wesson	1.7	17.6	2.8	29.4	47
6	Unity	2.1	5.8	1.9	15.9	21.7
7	Apalauckoe	2	1	2.1	35.3	36.3
8	巴夫雷油田	1.6	12.9	1.2	51.9	64.8
9	PouawkaHcko	0.2	0.8	0.9	48	48.8
10	Uzen	0.2	0.5	1.1	13	13.5
11	Widle	1.5	9		21	30
12	曼恰洛夫	0.7	2.6	1.9	28.4	31
13	Minas	0.9	15.2	1.8	42.9	58.1

续表

序号	油田	天然能量开发阶段		水驱阶段		总采出程度 %
		采油速度 %	采出程度 %	阶段采油速度 %	阶段采出程度 %	
14	Torchlight	1.9	18.6	2.8	22.4	43
15	北索赫 VIII	2.6	18.3	4.5	22.6	40.9
16	Paloch	1.9	9.6			
最小值		0.2	0.5	0.9	13	13.5
最大值		3.1	24.5	4.5	51.9	76.4
平均		1.6	10.9	2.3	28.5	39.4

2. 弱边水油藏注水时机

库姆科尔南油田开发层系 Object-2 油藏原始地层压力为 13.5MPa，饱和压力为 13.0MPa，地饱压差只有 0.5MPa，地饱压差小。为研究其油藏合理注水时机，以 KS-2053 井组为研究对象（图 3-22），进行注水开发技术政策研究。

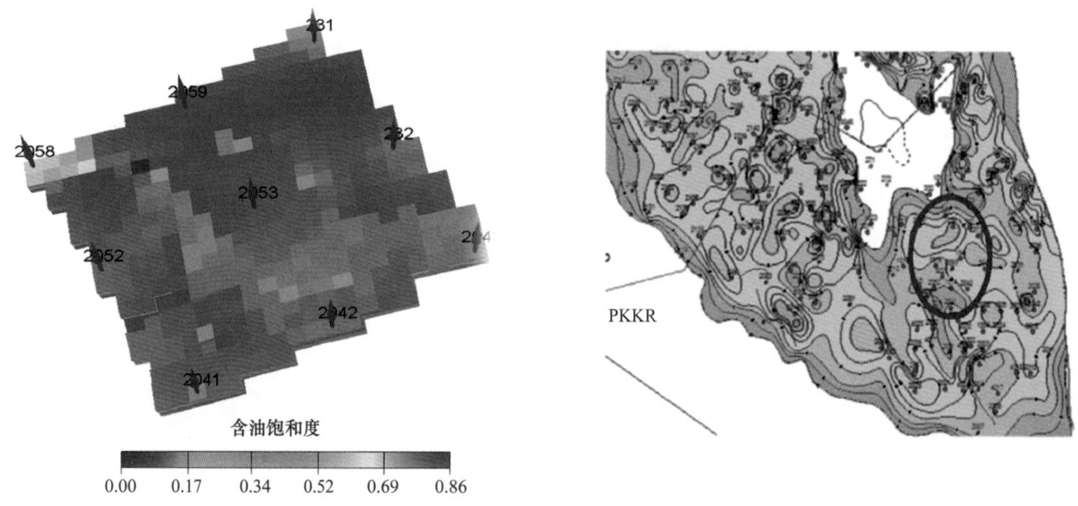

图 3-22　库姆科尔南油田 Object-2 层 2053 井组模型及位置图

首先，井组按照天然能量开发和反九点注水开发两种开发方式模拟计算，计算结果表明（图 3-23），衰竭式开发时，压力下降速度快，油藏压力迅速降低至饱和压力之下，气油比上升速度快，采油速度逐年迅速下降，开发 12 年后油藏压力降至废弃压力，采出程度仅 19%，而注水开发采出程度可达到 54%。

同时设计三套 500m 井距反九点注水方案（图 3-24）：方案 1：地层压力保持水平 100% 时开始注水；方案 2：地层压力保持水平 90% 时开始注水；方案 3：地层压力保持水平 70% 时开始注水。数模计算结果显示（图 3-25），方案 1、方案 2、方案 3 采出程度分别为 57.5%、56%、51%。综合分析认为，地层压力下降至原始地层压力 90% 时进行注水补充地层能量是合理的。

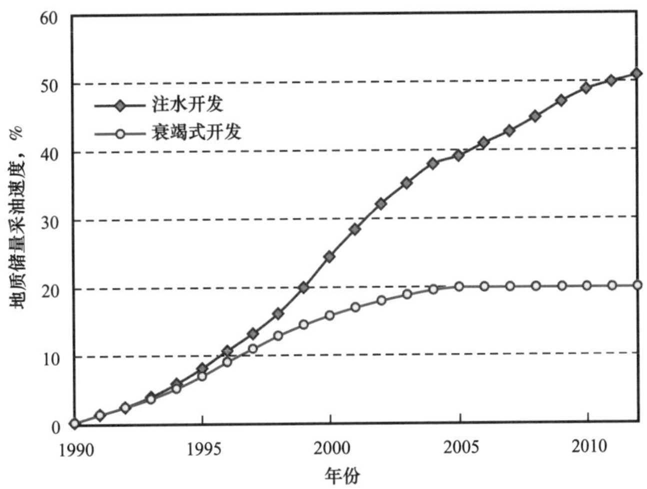

图 3-23　库姆科尔南油田 Object-2 层 2053 井组不同方式开发指标对比

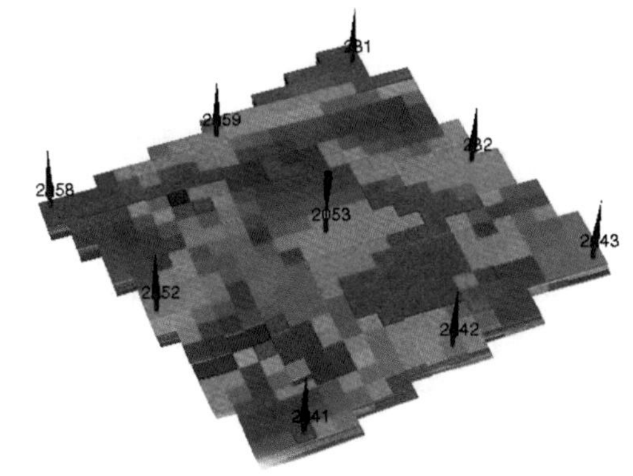

图 3-24　库姆科尔南油田 Object-2 层 2053 井组反九点 500m 井距注采图

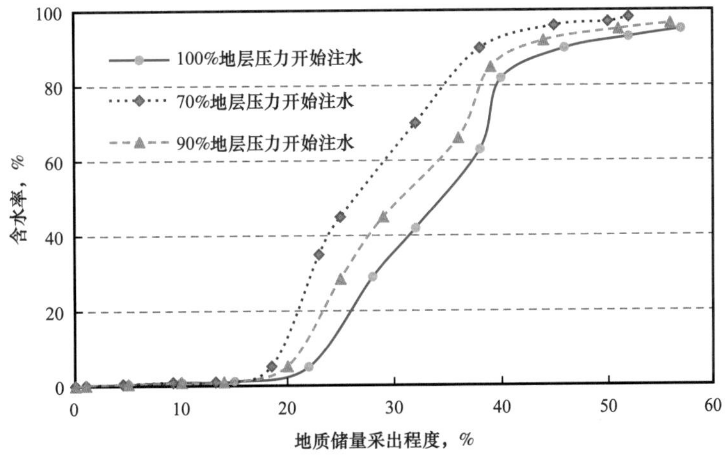

图 3-25　库姆科尔南油田 Object-2 层 2053 井组不同注水时机开发指标对比

二、不同开发阶段注水方式

所谓注水方式，就是注水井在油藏中所处的部位和注水井与生产井之间的排列关系。几种常见的注水方式有边外注水、边缘注水、行列注水、面积注水、点状注水等。

1. 强边底水油藏协同注水方式

对于具有一定边底水能量的油藏，早—中期采用天然能量开发，跟踪评价油藏压力保持水平、不同区域压力分布特征、剩余油分布规律等，充分利用天然能量，选择天然能量与人工注水协同方式补充地层能量，即采用协同注水开发方式使中—后期油田持续高速开发。

块状底水油藏一般采用底部注水，通过优化注采指标等手段，尽量保证底水均匀向上托进；多层状高渗透率油藏大多采用面积 + 不规则井网注水。

例如，帕尔 -1 块边缘注水与反九点面积注水开发效果及剩余油分布规律（图 3-26）表明，反九点面积注水更适合天然边底水油藏的开发，而边缘注水不利于构造高部位地层能量的补充及剩余油的驱替，导致稳产期短、采出程度低。因此，帕尔 -1 块优选的注水开发方式为反九点面积注采井网（表 3-21，图 3-27 至图 3-29）。

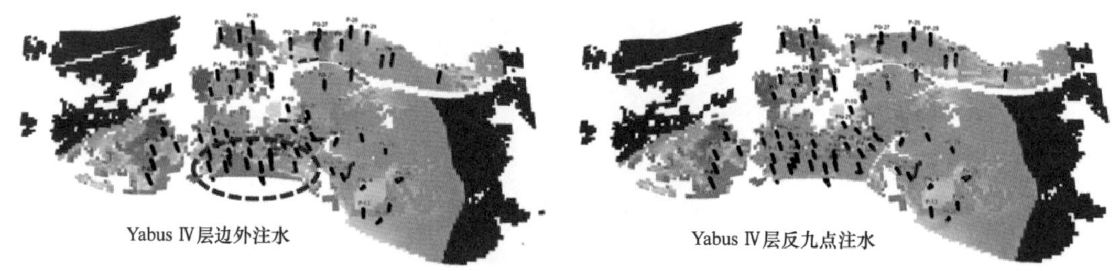

图 3-26　帕尔 -1 块边缘注水与不规则面积井网剩余油分布对比

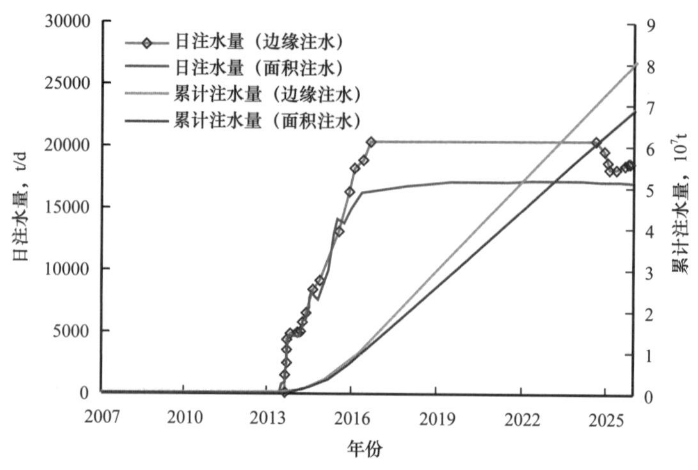

图 3-27　帕尔 -1 块边缘注水与面积井网注水量对比（2006—2025 年）

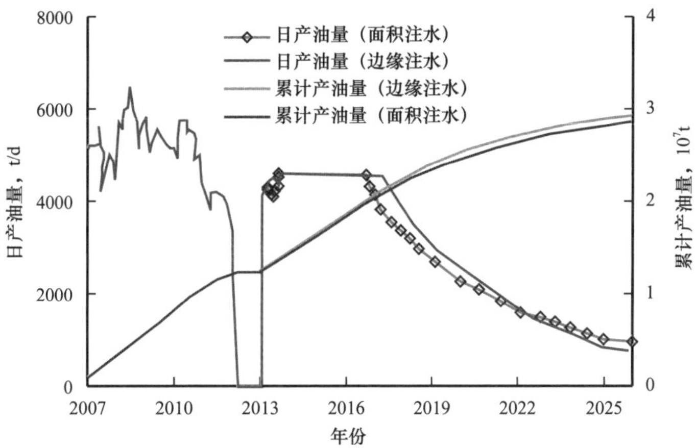

图 3-28　帕尔 -1 块边缘注水与面积井网生产动态预测

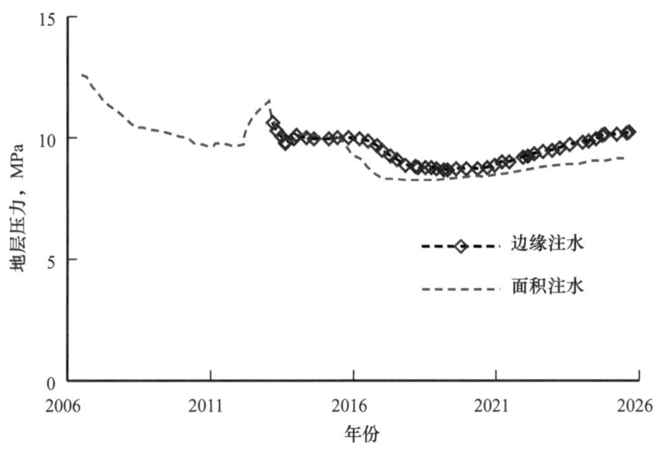

图 3-29　帕尔 -1 块边缘注水与面积井网地层压力预测

表 3-21　帕尔 -1 块边缘注水与面积井网井数及预测累计产油量对比（2006—2025 年）

井网类型	井数，口			累计产油量，10^8t
	注入井	生产井	总数	
边外注水	11	85	96	0.230
反九点 + 不规则	19	77	96	0.234

2. 弱边水油藏不同开发阶段注水方式

以库姆科尔南油田 Object-2 油藏为例，根据油藏实际动态生产数据，并利用数值模拟方法对 2035 井组含水率、采油速度、采出程度等开发指标进行数模拟合，其拟合结果吻合比较好（图 3-30），因此，利用该模型进行系列技术政策研究。

500m 井距下反九点注采井网开发曲线表明（图 3-31、图 3-32），油藏开发初期地层能量充足，早期注水能较好的维持地层能量，采油速度高，井组按 2.8% 的采油速度可以稳产 9 年左右，采出程度达 25.2%，综合含水率为 24%。

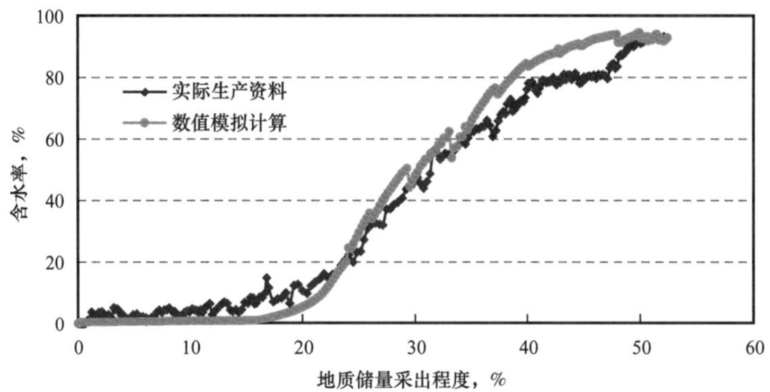

图 3-30　2053 井组拟合采出程度及含水与油藏实际对比图

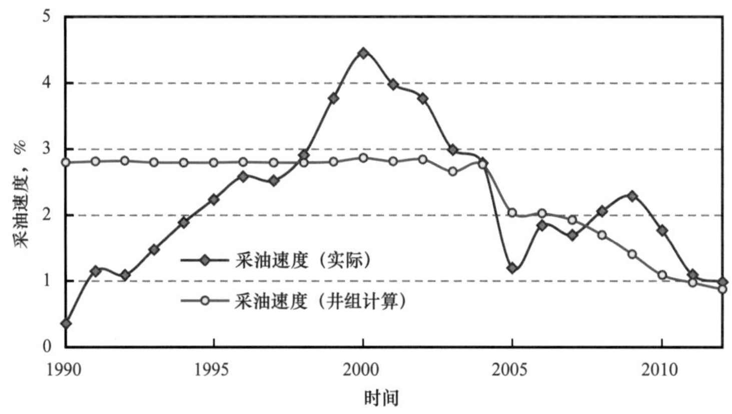

图 3-31　2053 井组拟合采油速度与油藏实际对比图

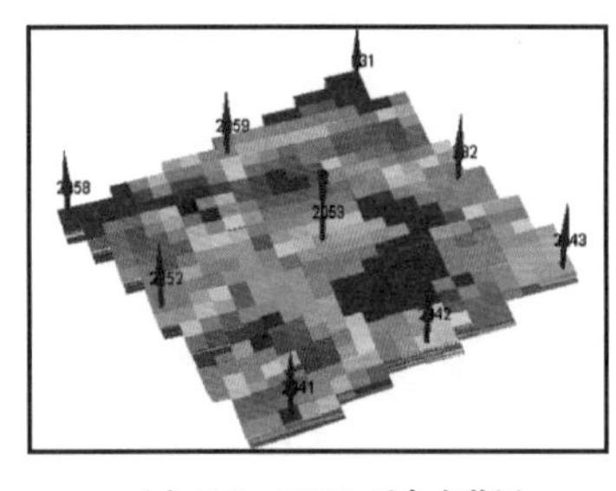

(a) 500m×500m反九点井网

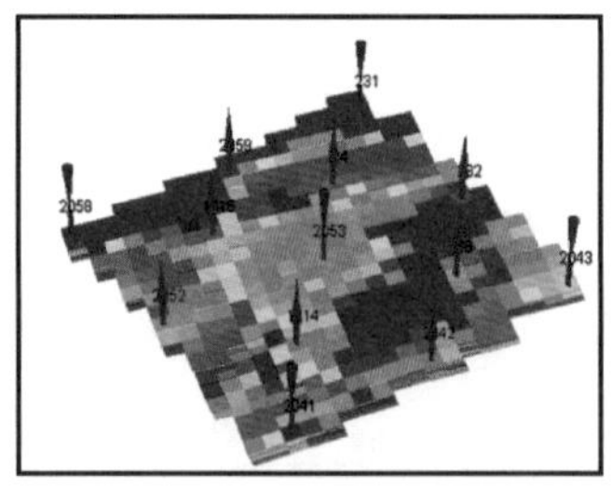

(b) 350m×350m反九点井网

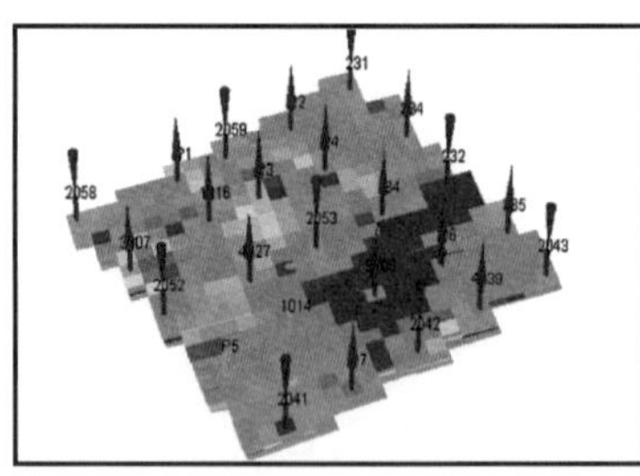

(c) 250m×250m反九点井网

图 3-32　库姆科尔南油田 Object-2 层 2053 井组不同注采井距图

同时，为提高注水波及范围，将井网调整为 350m 反九点，以保持井组的高速开发（图 3-31），至 2012 年井组含水率为 92.4%，采出程度达 50.9%，注采比为 0.95，地层压力保持水平为 62%。为继续维持高含水条件下较高的采油速度，井组继续加密调整为 250m 反九点注采井网，并实施提液稳油，至合同期末，采出程度为 57.5%。

井组数值模拟开发技术政策结果表明，对于低黏度、低地饱压差、弱边水油藏，选用反九点 500m 井距部署井网，同时投产早（初）期注水保持地层能量，在达到一定的采出程度和含水后，要维持较高的采油速度需要加密调整为 350m 反九点井距；井网调整后能维持一段时间的高采油速度，但含水持续上升导致采油速度降低，此时可在剩余油富集区域继续调整井网形成 250m 反九点井网，同时整体提液稳油，使得合同期内采出程度最大化。

开发实践中，库姆科尔南油田 Object-2 层 1990 年投入开发，布井次序为东南向西北方向，初期受产能建设速度影响，采油速度低。1992 年开始人工注水补充地层能量，初期采用 500m 反九点井网开发（图 3-33），同时由于新井的大规模投产，采油速度高达 4%。

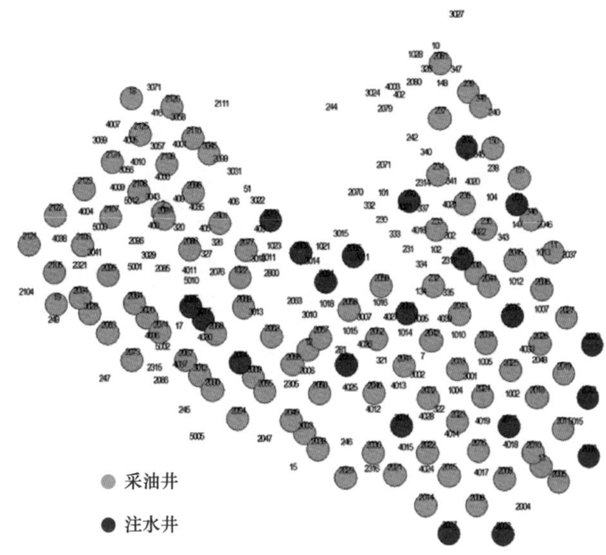

图 3-33　库姆科尔南油田 Object-2 层反九点注采井网图（1995 年）

油藏按照 500m 井距部署新井后，注采井网逐渐由 500m 反九点转化为屏障注水加面积注水注采井网（图 3-34），同时采用大泵提液的采油方式使得油藏保持较高的采油速度 3%，采液速度 9%。

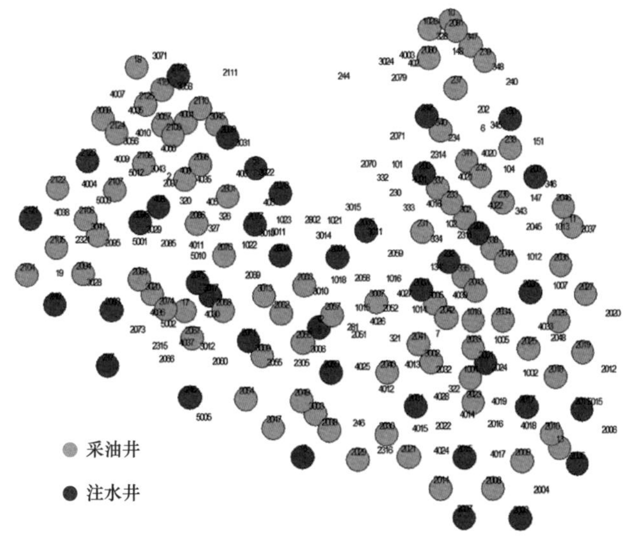

图 3-34　库姆科尔南油田 Object-2 层屏障 + 面积注水注采井网图（2005 年）

2006 年中方接管后，加强低黏度油藏剩余油分布规律研究，针对三角洲砂体构型复杂，剩余油分布不均的特点，提出以局部加密结合水动力调整的开发调整策略，挖掘剩余油潜力。局部地区加密新井为 250m 井距，同时调整注采关系，以剩余油富集区为重点形成不规则面积注水的开发井网（图 3-35）。

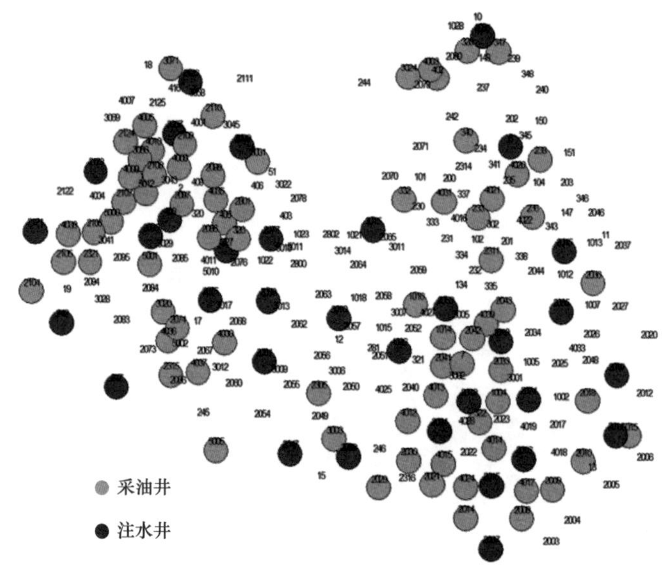

图 3-35　库姆科尔南油田 Object-2 层不规则面积注水注采井网图（2015 年）

三、不同开发阶段注采比

1. 边底水油藏协同注水阶段合理注采比

合理注采比是注水阶段实现能量协同互补的重要指标。注采比是表征油田注水开发过程中注采平衡状况，反映产液量、注水量与地层压力之间联系的一个综合性指标，是规划和设计油田注水量的重要依据。合理注采比可以保持合理的地层压力，从而保障油田具有旺盛的产液、产油能力，降低无效能耗，并取得较高采收率。根据油田实际地质特点与开发状况，有的放矢地调节注采比，对地层压力水平进行能动地控制，是实现整个开发注采系统最优化的一个重要方面。

主要有两种方法计算具有一定边底水能量油藏注水阶段合理注采比[15, 16]。

1）物质平衡方法

首先建立水侵油藏物质平衡方程式，在一定的地层压力下设定采油速度，然后在地层压力保持水平或按一定的规律上升或按一定的规律下降的基础上，预测水侵量，最后利用水驱特征曲线找出含水率的上升规律，预测出未来各阶段的注水量，从而优选出合理的注采比。

对于未饱和油藏而言：

$$N_pB_o=NB_{oi}C_t\Delta p+\left[W_e+\left(W_i-W_p\right)B_w\right] \tag{3-13}$$

其中：

$$\begin{aligned}B_o&=B_{oi}\left[1+C_u\left(P_i-P\right)\right]\\B_o-B_{oi}&=B_{oi}C_u\left(P_i-P\right)\end{aligned} \tag{3-14}$$

代入 B_o 和 B_{oi} 的关系后，物质平衡方程式可改写为：

$$N_p B_{oi}\left[1+C_e(p_i-p)\right]+W_p B_w = NC_e B_{oi}(p_i-p)+W_i B_w+W_e \tag{3-15}$$

设 n–1 时刻的物质平衡方程式为：

$$N_{p(n-1)}B_{oi}\left[1+C_e(p_i-p_{(n-1)})\right]+W_{p(n-1)}B_w = NC_e B_{oi}(p_1-p_{(n-1)})+W_{i(n-1)}B_w+B\sum^{n-1}\Delta P_e Q(t_D) \tag{3-16}$$

从 n–1 时刻到 n 时刻的阶段产油量为 ΔN_{pn}，n 时刻的物质平衡方程式为：

$$(N_{p(n-1)}+\Delta N_{pn})B_{oi}\left[1+C_e(p_i-p_n)\right]+W_{pn}B_w = NC_e B_{oi}(p_i-p_n)+(W_{t(n-1)}+\Delta W_{in})B_w+B\sum_{n}^{n}\Delta p_e Q(t_D) \tag{3-17}$$

式中　N——原油的原始地质储量，m^3；

N_p——累计产油量，m^3；

W_p——累计产水量，m^3；

W_i——累计注水量，m^3；

W_e——累计水侵量，m^3；

Δp——总压降，MPa；

B_o——压力为 p 时地层油的体积系数；

B_{oi}——原始条件下的地层油的体积系数；

B_w——水的体积系数；

C_e——综合压缩系数，1/MPa；

C_o——原油压缩系数，1/MPa；

C_w——地层水压缩系数，1/MPa。

假定地层压力按一定的规律变化，从而计算出累计水侵量 W_e 的值。同时，借助于水驱油藏的水驱特征曲线方程可预测出未来不同时刻对应的累计产水量 W_p。把预测的累计水侵量 W_e 和累计注水量的值 W_i 代入方程得到阶段注水量 ΔW_i。根据阶段注采比的定义，可以求取阶段注采比。

通过调整注水量，得到所期望的地层压力水平，从而得到边底水油藏注水阶段合理的注采比。

2）Gompert 模型预测法

Gompert 模型可以用于预测油田产量、累计产量、含水率和水油比。基于该模型，推导适用水驱开发油田不同含水时期合理注水量关系式，绘制合理注水量图版，确定油田的合理注采比。

目前用于经济增长和油气资源增长预测的 Gompert 模型表达式如下：

$$Y = e^{mn^t+c} \tag{3-18}$$

其中，Y 为增长信息函数；t 为时间变量；m，n，c 为参数。

Gompert 模型有 2 个典型特点：

特点 1：当 $m<0$，$0<n<1$ 时，表示一个体系从兴起到最后极限 Y–ec 的过程；

特点 2：当 $m>0$，$n>1$ 时，表示一个体系从最大值 ec 趋于 0 的过程。

对水驱油田来说，油田的含水率随开发时间逐步由 0 到 1 的过程，因此可选用 Gompert 模型的特点 2 来描述油田含水率的变化过程。

累计耗水量是评价油田开发经济效果的重要指标，表示采出 1t 油所需要消耗的注水量：

$$H_{cum}=\frac{W_i}{N_p} \tag{3-19}$$

累计水油比表示每采出 1t 油的产水量，用下式表示：

$$WOR_{cum}=\frac{W_p}{N_p} \tag{3-20}$$

对水驱油田来说，随着开发时间增加，累计耗水量和累计水油比增加，综合含水率上升，且 $\lim\limits_{t\to\infty} f_w = f_{w\lim}$。基于 Gompert 预测模型，建立综合含水率与累计耗水量、综合含水与累计水油比的关系，其数学模型用下式表示：

$$\begin{cases} f_w = f_{w\,lin} \cdot e^{-c_1 e^{-a_1 \frac{W_p}{N_p}}} \\ f_w = f_{wlim} \cdot e^{-c_2 e^{-a_2 \frac{W_i}{N_p}}} \end{cases} \tag{3-21}$$

式中 f_w——油田或区块综合含水,小数；

f_{wlim}——油田或区块极限含水，一般取值为 0.98；

W_i，W_p——油田或区块的累计注水量和累计产水量，10^4m^3；

N_p——油田或区块的累计产油量，10^4m^3；

H_{cum}，WOR_{cum}——油田或区块的累计耗水量、累计水油比，t/t；

a_1，c_1，a_2，c_2——拟合系数。

结合 $Q_w=Q_o \cdot f_w/(1-f_w)$，可求出不同含水时期年产油量与年注水量间的定量关系式：

$$Q_i=\frac{Q_o\dfrac{\alpha_2 f_w}{(1-f_w)}-Q_o\ln\dfrac{c_2}{c_1}}{\alpha_1} \tag{3-22}$$

式中 t——时间, a 或 mon；

Q_i，Q_w——单元或区块的年（月）注水量、年（月）产水量，10^4m^3；

Q_o——单元或区块的年（月）产油量，10^4t。

油田开发过程中所需的注采比是有规律变化的，可以定量地求出不同含水时期的合理注采比（IPR）：

$$IPR=\frac{Q_i}{Q_oB_o+Q_w} \tag{3-23}$$

将 $Q_w=Q_o f_w/(1-f_w)$ 和（3-22）式代入（3-23）式，则

$$IPR=\frac{\alpha_2 f_w-(1-f_w)\ln\dfrac{c_2}{c_1}}{\alpha_1\left[B_o(1-f_w)+f_w\right]} \tag{3-24}$$

以南苏丹法鲁奇油田注水试验井组为例进行计算，应用上述公式可得到不同含水时期所需合理累计注采比的关系曲线（图3–36），它近似为一条直线。可以看出，随着油田综合含水率上升，累计注采比增加。南苏丹法鲁奇油田注水试验井组在目前综合含水率为85%左右的情况下，合理累计注采比应保持在1.44左右为最佳。

应用上述方法要满足以下两个条件：油田或区块全面注水开发，并处于中高含水开采阶段后；油田或区块未做重大调整，例如注入流体性质、注入方式未发生改变。实际油田开发过程中，合理累计注采比与天然能量强度关系密切。

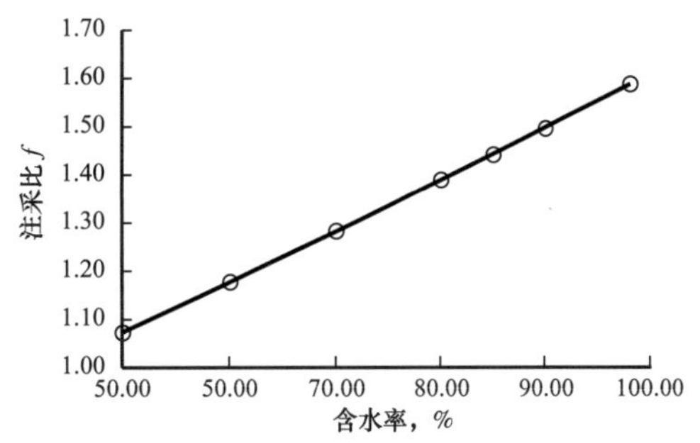

图3–36　理论计算的累计注采比IPR与f_w关系曲线

3）最优化方法

在综合考虑和描述注采系统、生产过程的基础上，以合理利用天然能量为依据，以充分开发油田潜力为主要目标，建立以区块产油量最大的目标函数。同时，根据最优化理论，把水侵量最大、注水量最小、地层压力保持程度最高、含水上升率最低、注水波及程度最大等约束条件相结合。根据目标函数和约束条件，可建立合理注采比优化数学模型。

$$N_p = \max\sum_{i=1}^{m} Q_{oi} \qquad \text{s.t}\begin{cases} f_{wi} = f'_{wi} \\ p_i \geqslant p_{\min} \geqslant p_b \\ p_I < 0.9p_F \\ q_{iwi} \leqslant q_{iwi\max} \\ \sum\limits_{i=1}^{n} q_{iwi} = Q_{iwi} \\ \Delta W_{ie} = W_{ie} - W_{(i-1)e} \\ \Delta p_i = p_i - p_{i-1} \end{cases} \tag{3-25}$$

式中　N_p——累计产油量，m^3；

Q_{oi}——阶段产油量，m^3；

ΔW_{ie}——第i月的水侵量；

W_{ie}——第i月的累计水侵量，m^3；

$W_{(i-1)e}$——第i–1月的累计水侵量，m^3；

f_{wi}——用于下月配注计算的油井含水率；

f'_{wi}——油井预测的含水率；

Δp_i——注水井下月地层压力变化；

p_i——注水井下月地层压力；

p_{i-1}——注水井本月地层压力；

p_b——饱和压力，MPa；

$p_{\min}$——最小地层压力保持值，MPa；

p_I——注水井流动压力，MPa；

p_F——岩层破裂压力，MPa；

q_{iwi}——单井配注量，m^3；

q_{iwimax}——单井最大配注量，m^3；

Q_{iwf}——阶段配注量，m^3。

2. 弱边水油藏不同开发阶段注采比

利用库姆科尔南油田 Object-2 弱边水油藏的井组模型分别预测不同开发井网下不同注采比情况下至合同期下剩余油分布和开发指标。

反九点法井网开发时（图 3-37），按照 500m、350m、250m 井距下分别计算其合同期末采出程度（表 3-22），认为其不同井距下合理注采比分别为 1.1～1.2、1～1.1、1.0。250m 井距合同期末采出程度最高，为 66.3%，开发效果优于 500m 和 300m 井距开发，分别提高采出程度 4.42%、2.4%。

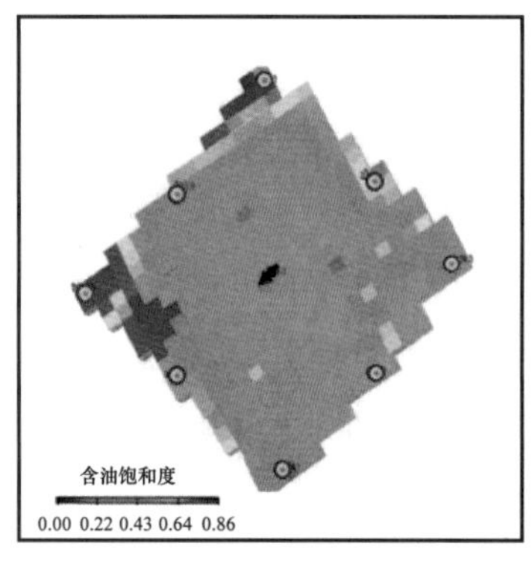

(a) 500m×500m

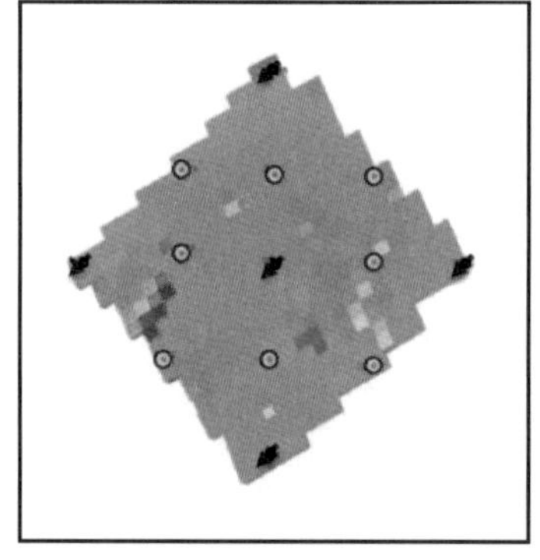

(b) 350m×350m

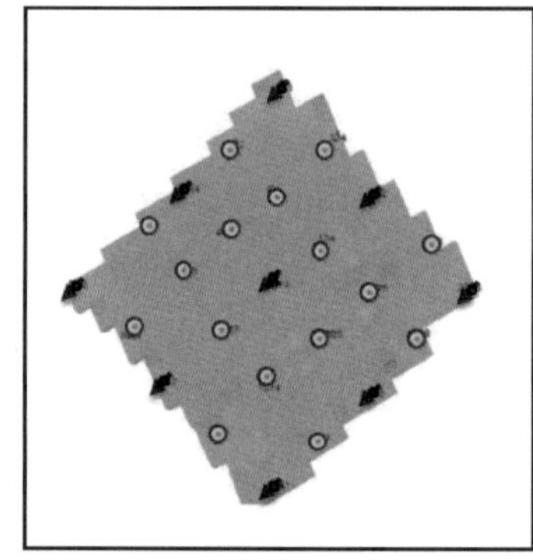

(c) 250m×250m

图 3-37　2053 井组反九点井网不同井距合同期末剩余油分布对比图

表 3-22　反九点井网不同井距下不同注采比情况下对比

井网	井距，m	注采比	合同期末采出程度，%
反九点法	500	0.8	61.5
		0.9	61.8
		1	62.1
		1.1	61.8
	350	0.8	63.2
		0.9	63.3
		1	63.90
		1.1	63.88
	250	0.8	65.8
		0.9	66.1
		1	66.3
		1.1	65.9

五点法井网开发时（如图 3–38），按照 500m、350m、250m 井距下分别计算其合同期末采出程度（表 3–23），认为其不同井距下合理注采比为 1.0。250m 井距合同期末采出程度最高，为 66.7%，开发效果优于 500m 和 300m 井距开发，分别提高采出程度 4.6%、3.53%。

综合分析认为，对于储层物性好、原油黏度较低的 Object–2 油藏五点井网 250m 井距，合理注采比为 1.0 时开发效果最好（表 3–23），但对于目前注采井网状况以及考虑投资效益，宜局部完善为反九点井网 250m 井距开发。

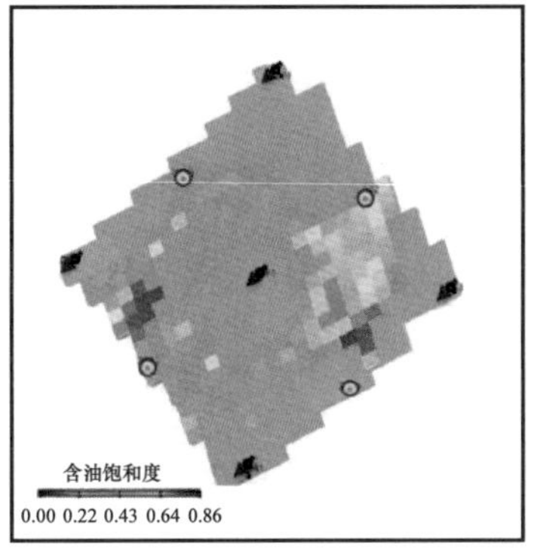

(a) 500m×500m

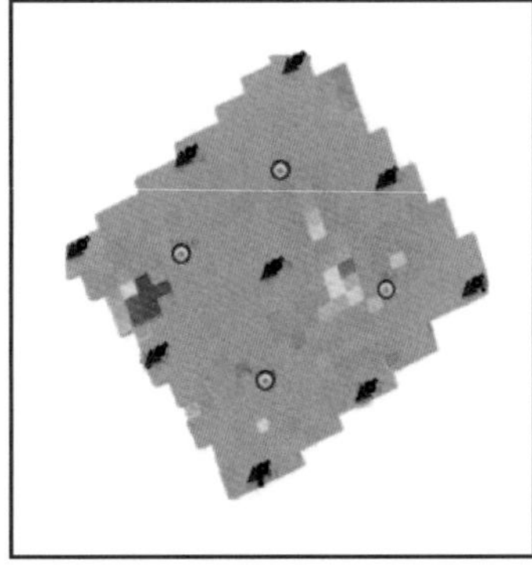

(b) 350m×350m

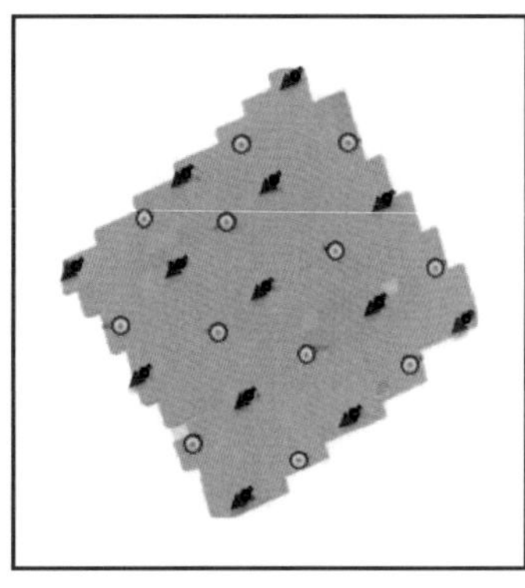

(c) 250m×250m

图 3–38　2053 井组五点井网不同井距合同期末剩余油分布对比图

表 3–23　五点井网不同井距下不同注采比情况下对比

井网	井距，m	注采比	合同期末采出程度，%
五点法	500	0.8	62.0
		0.9	62.1
		1	62.2
		1.1	62.1
	350	0.8	63.94
		0.9	64.01
		1	64.19
		1.1	64.10
	250	0.8	66.52
		0.9	66.72
		1	66.8
		1.1	66.57

参考文献

[1]王基铭．国外大石油石化公司经营发展战略研究［M］．北京：中国石化出版社，2007.

[2]童晓光，窦立荣，田作基，等．21世纪初中国跨国油气勘探开发战略研究［M］．北京：石油工业出版社，2003.

[3]卢耀忠，詹清荣．论中国能源企业提升海外油气投资效益的策略要点［J］．国际化经营，2015（2）：75–80.

[4]王乃举．中国油藏开发模式总论［M］．北京：石油工业出版社，1999.

[5]韩大匡，等．多层砂岩油藏开发模式［M］．北京：石油工业出版社，1999.

[6]刘丁曾，等．大庆萨葡油层多层砂岩油藏［M］．北京：石油工业出版社，1999.

[7]穆龙新，等．高凝油油藏开发理论与技术［M］．北京：石油工业出版社，2015.

[8]金毓荪，等．陆相油藏分层开发理论与实践［M］．北京：石油工业出版社，2016.

[9]王树新，等．老君庙L层多层砂岩油藏［M］．北京：石油工业出版社，1999.

[10] 谢鸿才，等．王场油田潜三段多层砂岩油藏［M］．北京：石油工业出版社，1999.

[11] 余守德，等．复杂断块砂岩油藏开发模式［M］．北京：石油工业出版社，1999.

[12] 钟显彪，等．红岗萨尔图层低渗透砂岩油藏［M］．北京：石油工业出版社，1999.

[13] 朱义吾，等．马岭层状低渗透砂岩油藏［M］．北京：石油工业出版社，1999.

[14] 邱光东，等．老君庙M层低渗透砂岩油藏［M］．北京：石油工业出版社，1999.

[15] 姜汉桥，姚军，姜瑞忠．油藏工程原理与方法［M］．东营：中国石油大学出版社，2006.

[16] 李传亮．油藏工程原理［M］．北京：石油工业出版社，2005.

第四章 砂岩油田高速开发特征及剩余油挖潜技术

油田的开发特征除了受油田自身性质影响之外，开发模式也对油田开发特征产生重要的影响。前期高速开发的策略导致油井产能特征、含水上升规律等开发特征都不同于中低采油速度开发特征，这也必然导致剩余油分布有所不同。在跨国经营模式下，后期的剩余油挖潜对策同样会明显不同于本土模式的中低速开发。

第一节 高速开发生产特征

一、强底水块状油藏生产特征

海外强底水块状油藏开发最为典型的是苏丹一二四区黑格里格油田，该油田 1999 年投入开发。为尽快回收投资，规避资源国政局不稳带来的风险，实施“有油快流、快速回收”的开发策略，初期采用稀井（井距 800～1000m）高产方针，快速实现上产，高速开发超过 8 年，高速开发阶段地质储量采出程度达到 20%，具有以下开发特征。

1. 单井产量高，快速达到高峰产量

黑格里格油田于 1999 年 6 月投产，29 口采油井生产 6 个月，年产量达到 104×10^4t；2001 年，油田利用 37 口井采油井，年产量达到 287×10^4t，实现强底水油田高效开发（图 4–1）。

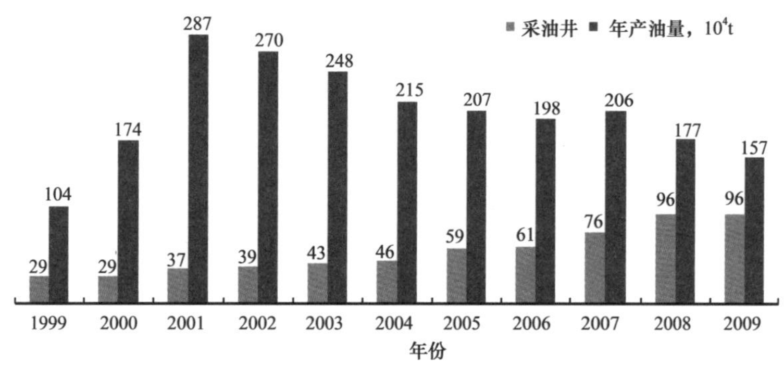

图 4–1 黑格里格油田年产量 t 与开发时间的关系

投产当年平均单井日产油 102t，采用螺杆泵生产，显示出动液面高，油井生产能力未得到发挥，后采用电潜泵采油，单井日产液量大幅度提升，到 2004 年达到高峰日产 836t（图 4–2）。充分发挥了强底水油藏天然能量充足、油藏连通性好、大井距下单井泄油面积大等特点。

根据 72 口井统计，黑格里格油田平均单井初产 326t，其中 Bentiu1 和 Bentiu3 分别为 318t 和 332t，采油强度 2～44t/（d · m），Bentiu1 的平均采油指数为 11t/（MPa · m），Bentiu3 为 16t/（MPa · m）。因各断块岩石物性、水体能量、开发井网及储层有效厚度等存在差异，每个断块油井的初产不同，HE-22 块单井初产最高，平均为 481t，El-Full 块最低，为 248t。由于储层物性好，供液充足，油井生产连续，平均开井时率达到 95% 以上，平均生产时效也较高，达到 90%，所以单井累计产油量也较高。截止到 2007 年底，黑格里格油田共有生产井 84 口，累计生产原油 2030×10^4t，平均单井累计产油 24×10^4t。单井累计采油最多的井是 HE-17 井，已累计生产原油 71×10^4t。

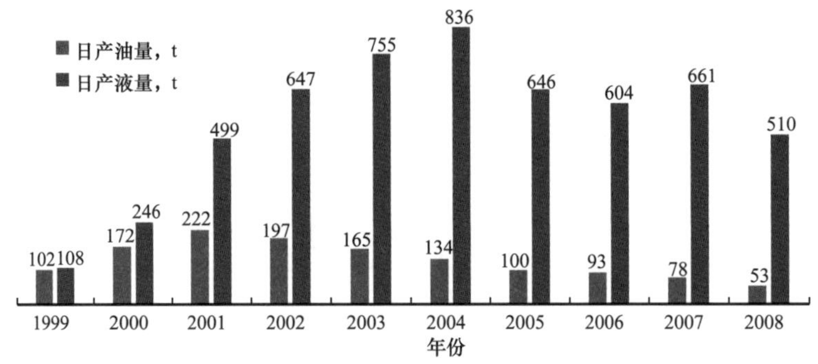

图 4-2　黑格里格油田单井平均日产油量、日产液量与开发时间的关系

2. 采油速度高，阶段采出程度高，稳产时间较长

图 4-3 显示，黑格里格油田投产第二年地质储量采油速度达到 1.9%，第三年达到最高 3.1%，之后 1.5% 以上稳产 8 年，到 2009 年降低到 1.3%，阶段采出程度为 22.3%，开发 10 年，平均年采油速度为 2.2%，油田采油速度达到特高级别。

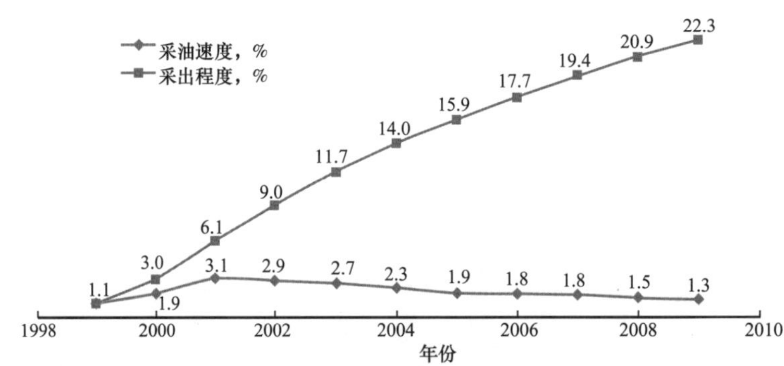

图 4-3　黑格里格油田采油速度、采出程度与时间的关系曲线

3. 含水上升快，油田无无水采油期

图 4-4 显示，投产当年，油田只生产半年，采出程度只有 1.1%，而综合含水率已经达到 6.8%，油田基本无无水采油期，中低含水期采出程度只有 5% 左右，开发 2 年后油田即进入高含水期，绝大部分原油在高含水期采出。

底水驱油藏的底水有两种基本的驱动方式：托进与锥进。托进是指水驱前沿（油水界面）在油藏中缓慢、均匀、大面积向上移动；锥进则是指由于井筒周围压力下降，在油层下部形成了近似垂直向上的压力梯度，使得水带向上运动，油水界面发生变形呈锥形上升。托进式驱动主要发生在油层与底水间存在遮挡夹层的底水油藏，托进有利于水均匀驱油，驱油效率较高，无水生产期较长，最终采出程度较高。而锥进主要发生在井底附近，锥进使油井很快见水，无水生产期缩短，导致最终采收率降低。

苏丹一二四区块状强底水油藏的底水非常发育，分布广泛，Bentiu1、Bentiu2 与 Bentiu3 的油层边底部均与底水接触。

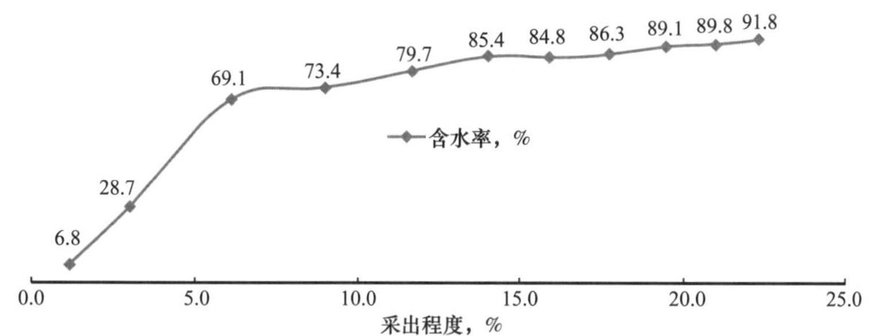

图 4-4　黑格里格油田综合含水率与采出程度关系曲线

黑格里格、班布等油田由于构造平缓、射孔底界距离油水界面近，底水驱动以锥进式为主，油井见水早，主力油藏无水采油期短，无水期采出程度低。据统计，黑格里格油田大部分油井投产见水，少部分油井无水采油期 1～2 个月；班布油田投产井当月见水。

此类强底水油藏见水后，含水上升快，低含水期采出程度不到 2%，中含水期采出程度不到 10%。进入高含水开采期后，随着井网的逐步加密和加大老井卡堵水作业措施力度，综合含水率上升幅度变小，含水上升率低于 3%。大部分可采储量将在高含水时期采出（图 4-5）。

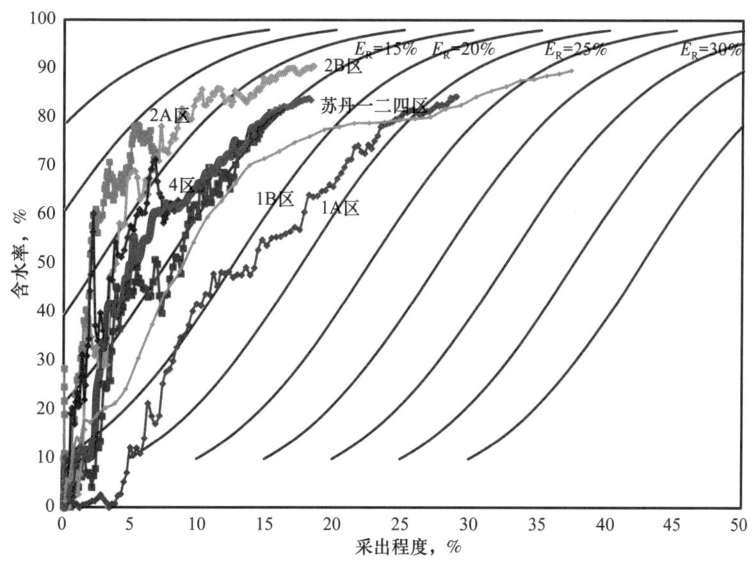

图 4-5　苏丹一二四区块状边底水油藏含水率与采出程度关系曲线

油井见水的早晚和上升速度与多种因素有关。通过分析单井低含水期的长短和含水高低的差异，可以归纳出砂岩底水油藏含水上升规律与下列因素有关：

（1）隔层和夹层的发育程度。它是影响油井见水早晚和含水上升速度的主要因素。隔夹层发育则阻挡底水的锥进，推迟油井见水时间或减缓含水上升速度。

（2）射孔底界距油水界面的距离。距离近则见水早，含水上升快，远则见水晚，含水上升慢。

（3）油层的射开程度。射开程度高则见水早，低则见水晚。若射孔底界下面的未射孔层与水层相接则含水高（水锥高度大）。

（4）采油速度（采液强度）。单井采液强度太大，底水锥进快，见水早，含水上升快，同时容易引起井间干扰，形成高含水井区。

（5）储层非均质性。油层非均质性越强，油井含水上升越快。

（6）原油黏度。原油黏度高，油水黏度比大，底水容易形成指进，含水上升快，造成开采效果较差。

4. 底水供给能力强，油藏压力保持水平较高

苏丹一二四区大部分油藏具有十分活跃的边底水能量。这些由断鼻、断块、断背斜构造油藏组成的具有块状油藏特征的砂岩油田，主力储层分布广泛、稳定，且与广阔水体相连，有活跃而充足的水体能量补给，足以支持油田的高速开发。

根据测压资料统计，开发6～8年后苏丹一二四区主力油藏地层压力仍然保持在初始压力的50%以上，每采出1%地质储量压力下降值不到0.34MPa，除重油油藏外，边底水稀油油藏的采出程度已经超过17%，见表4–1。

表4–1 苏丹一二四区块状边底水砂岩油藏地层压力保持状况

油田	断块	油藏	2007年6月地质储量采出程度，%	油藏压力水平，%	测压时间
黑格里格	主黑格里格	Bentiu1	17.0	78	2007.04
伊拉土	伊拉土	Bentiu1	20.0	54	2007.05
伊拉拉	伊拉拉	Bentiu1	41.1	62	2007.03
托马南	托马南	Bentiu1	36.4	74	2007.05
伊拉哈	伊拉哈	Bentiu1	30.0	52	2007.04
梦噶	主梦噶	Bentiu1	18.8	72	2007.01
	南梦噶	Bentiu1	6.0	85	2006.10
班布	班布西	Bentiu1	11.2	77	2006.06
	主班布	Bentiu1	1.7	98	2006.04

5. 单井及油田产量递减快

黑格里格油田2001—2010年油田产量综合递减曲线（前10年措施工作量小，综合递减率与自然递减率接近）表明，油田生产5年后，综合递减达到28.4%，2007年达到高峰35.9%。

黑格里格油田单井日产油量递减曲线表明，生产8年，单井平均日产油量从高峰日产222t下降到53t，平均年递减率达到20%（图4–8）。

底水油藏流体流动系数高，天然能量充足，所以油井的初期产能很高。在“有油快流”的指导思想下，采用ESP泵（电潜泵）放大生产压差提液，使油井的产能得到了充分的释放。同时也造成底水快速锥进，引起油井产量和油田产量自然递减大。下面进行简单分类分析。

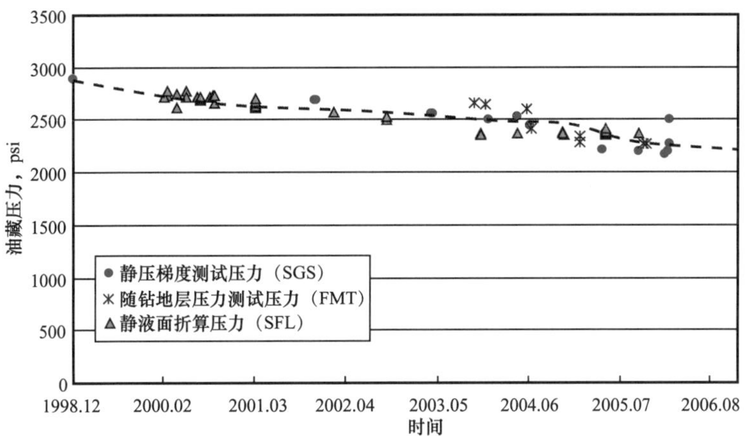

图 4-6 托马南油田 Bentiu1 油藏压力变化趋势

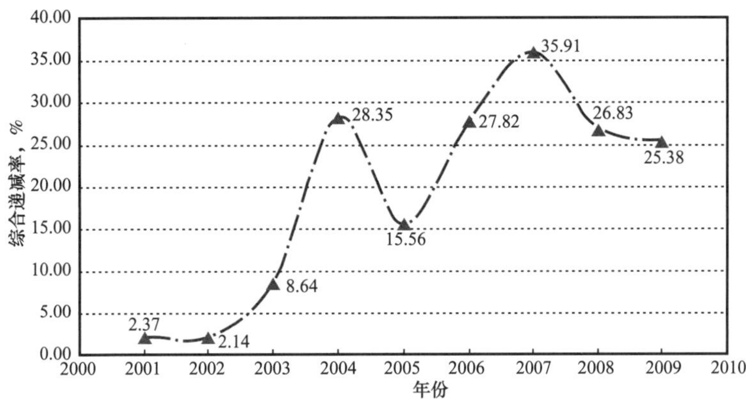

图 4-7 黑格里格油田递减曲线

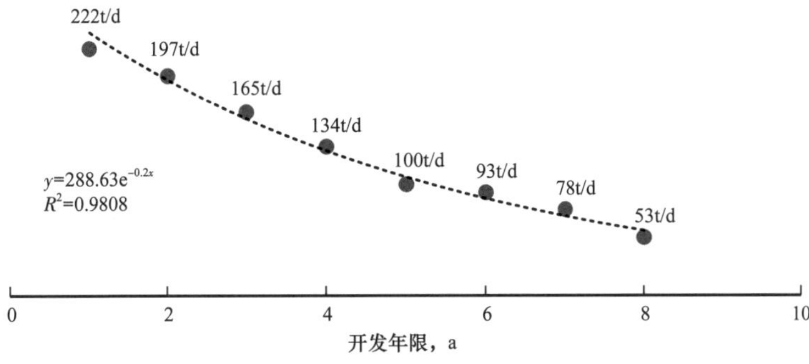

图 4-8 黑格里格油田单井平均日产油递减曲线

1）自喷井产量递减规律

托马南油田自喷投产一年后，油井陆续下泵转抽。将 9 口油井自喷阶段的日产量按时间拉齐，可得到平均单井日产油代表曲线，如图 4-9 所示。用平均单井日产油代表曲线进行产量递减分析，可见，随着油田实施不同的开发制度，油井产能反映出不同的递减规律：

阶段一：该阶段所有井都以自喷方式开采，生产稳定，指数递减，月递减率为 2.2%（年递减 23.2%），该递减率符合大多数单井自喷阶段的单井递减规律；

阶段二：4 口自喷井下泵转抽，其余 5 口井仍然以自喷方式开采，但由于受下泵井强采液措施的影响，自喷井产量递减有所加大，月递减率为 2.7%，折算年递减率为 27.9%。

阶段三：只有 TS-6 井继续维持自喷开采，但明显受整个油田采液强度的影响，产量递减明显加剧，月递减率增加为 12.3%（年递减 79.4%）。6 个月后，TS-6 转为泵抽。

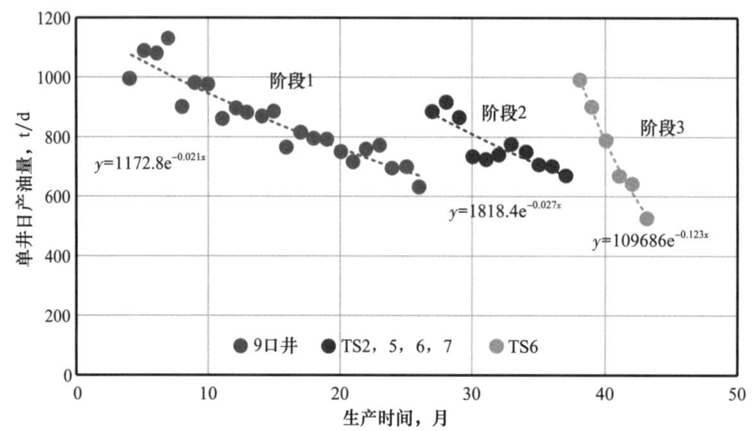

图 4-9　托马南油田自喷阶段单井产量递减分析曲线

2）人工举升井产量递减规律

黑格里格油田有 18 口井未采取换层、卡堵水、补孔等措施，统计这些油井的历史数据，发现进入中含水开采期后，油井产量出现明显的递减。图 4-10 显示，油井初期产能高，递减快，符合指数递减规律，月递减率达到 2.28%，相当于年递减 27.36%，递减幅度较大。

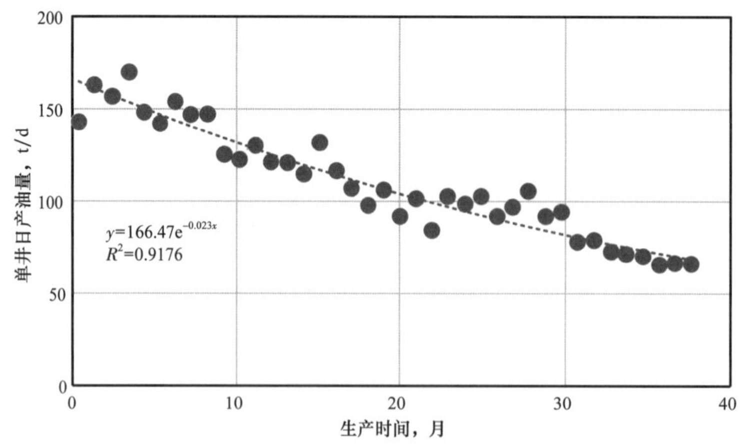

图 4-10　黑格里格油田未采取措施井产量递减曲线

3）加密井产量递减规律

为了弥补老井自然递减的产能，从 2003 年下半年开始，苏丹一二四区块状强底水砂岩油藏实施加密调整。到 2007 年底，钻投新井 109 口，井距从 1000m 逐步缩小到

400～500m。随着单井泄油半径减小，加密井的初产能力逐年下降，从2004年平均初产435t/d下降到2007年平均初产167t/d，并且初期含水率达到26.1%。加密井当年递减率较老井大，月综合递减率由2003年的2.4%增大到2006年的10.1%（图4-11）。

经过多年高速开采，以及加密调整，块状强底水油藏的单井泄油半径减小，平均单井日产油量逐年降低，从2000年12月的高峰值352t/d降低至2007年12月的93t/d，年递减10.3%～29.0%，平均年递减10.5%。

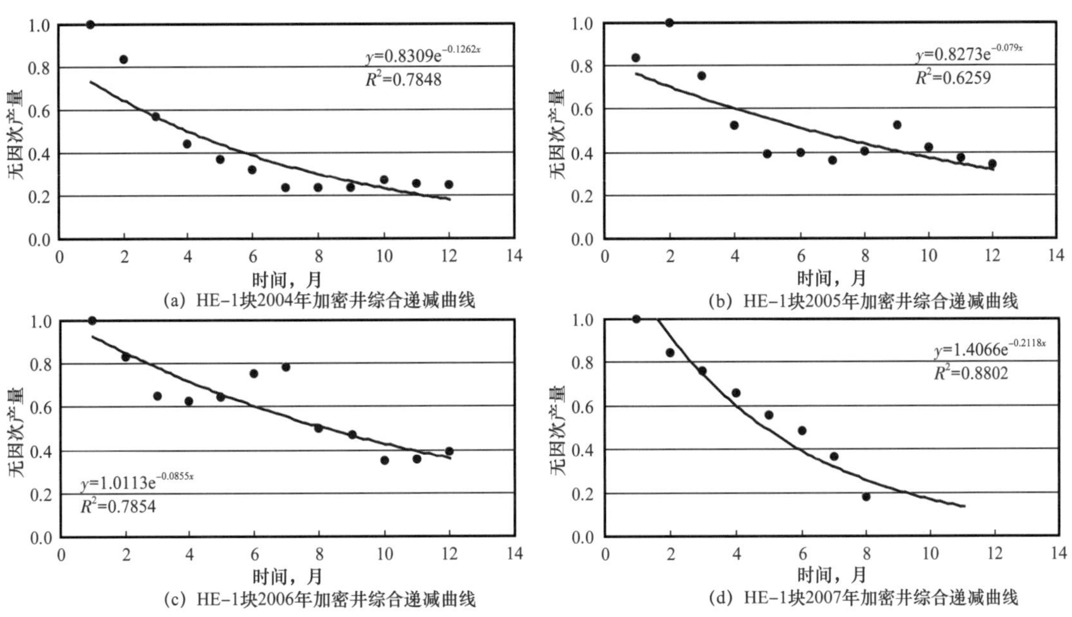

(a) HE-1块2004年加密井综合递减曲线

(b) HE-1块2005年加密井综合递减曲线

(c) HE-1块2006年加密井综合递减曲线

(d) HE-1块2007年加密井综合递减曲线

图4-11　黑格里格油田HE-1块加密井产量递减情况

6. *单井开发指标与隔夹层发育程度关系密切*

苏丹一二四区块状强底水油藏的流体具有低饱和压力、低气油比的特性，所以在一次采油过程中，油藏的主要驱动能量来自底水。底水的上升速度直接影响油井的产能。而决定底水上升速度的关键是隔夹层的发育情况。隔夹层太发育，油藏与底水之间的能量传导太差，底水作用不能很好发挥，油藏缺乏驱动能量，导致油井低产。隔夹层不发育，底水又上升太快，油井同样因高含水低产。

根据地质研究和生产动态分析，苏丹地区Bentiu巨厚块状底水砂岩油藏，夹层比较发育，厚度1～3m的夹层对油井含水影响非常大，一般平面上分布范围200～400m。以黑格里格油田为原型，建立一个单井径向模型，井距900m，储层厚度30m，有效厚度20m，纵向上网格尺寸1m，强底水驱条件研究夹层在储层纵向上分布位置、夹层在平面上分布范围等与油井含水、采出程度等关系。

1）夹层存在可以延迟油井见水时间

考虑夹层范围为200m，分布在油藏中部。油井只射开储层顶部30%，对比图4-12在不同生产时间下，有无夹层含油饱和度分布存在较大的差异。如果无夹层，油井生产3个月底水锥进到油井，而有夹层井1年之后油井才见水。油藏内部有一定规模的夹层可以延长油井见水时间，增加底水驱波及范围，相同含水条件下无水期及低含水期累计产油多。

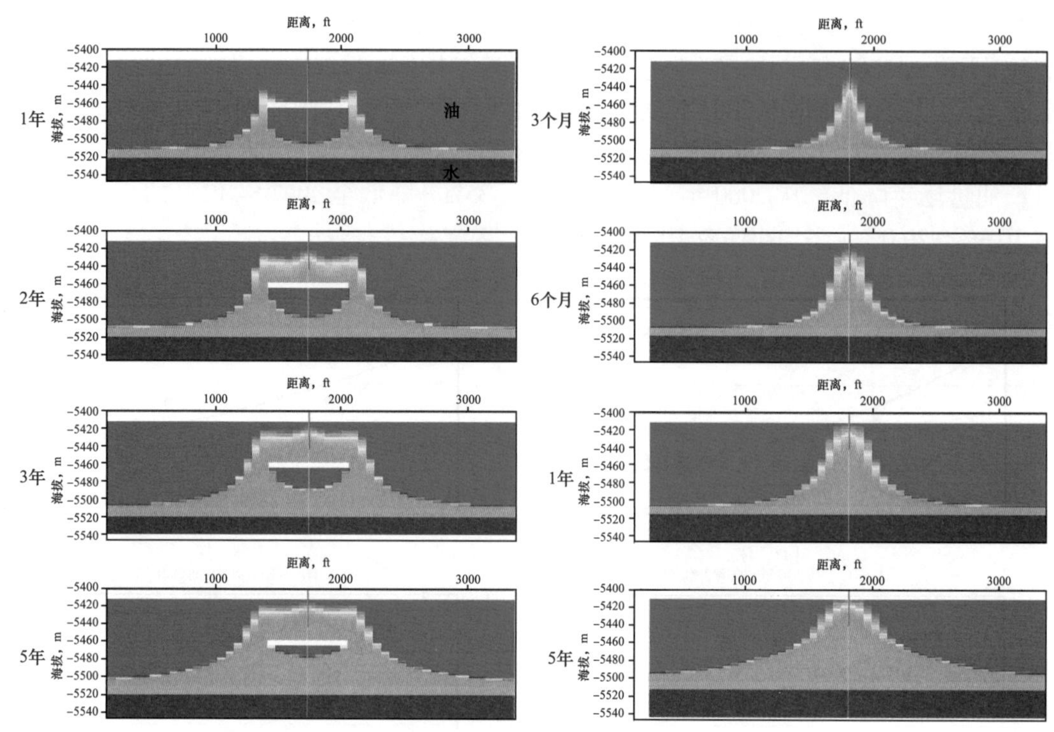

图 4-12　夹层与生产时间及含油饱和度分布的关系

2）夹层平面分布范围越大，油井见水时间越晚

夹层平面上分布范围越大，无水期采出程度越高，夹层分布范围对底水锥进有显著的抑制作用（图 4-13、图 4-14）。

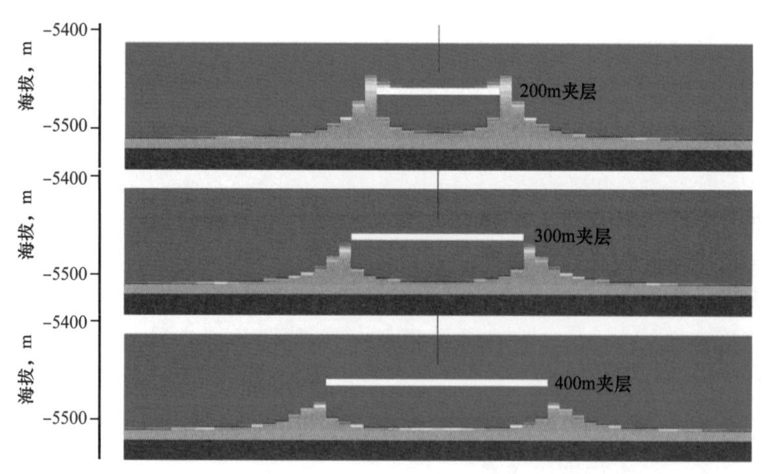

图 4-13　生产 1 年后不同展布范围夹层含油饱和度对比

生产动态分析也表明，隔夹层的发育程度极大地影响了油井的生产动态。统计黑格里格油田 Bentiu1 油藏的 10 口生产井，5 口井（HE-1、HE-6、HE-12、HE-15、HE-23）的射孔段与油水界面之间隔夹层比较发育，5 口井（HE-5、HE-9、HE-13、HE-16、HE-24）的射孔段与油水界面之间隔夹层不发育。在含水 90% 时，隔夹层发育的井平均累计采

油 49 × 10⁴t，平均有效厚度 23.2m，相当于平均每米累计采油 2 × 10⁴t。而隔夹层不发育的井平均累计产油 14 × 10⁴t，平均有效厚度 17.4m，相当于平均每米累计采油 0.8 × 10⁴t。前者是后者的 2.5 倍（表 4–2 和图 4–15）。

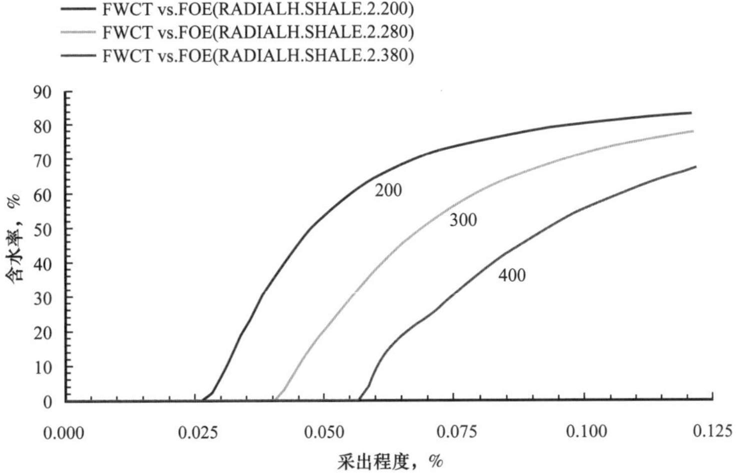

图 4–14　不同展布范围夹层油井含水与采出程度的关系

表 4–2　隔夹层对单井累计采油的影响

含水率，%	平均单井每米累计采油，10^4t		
	隔夹层发育	隔夹层不发育	倍数
40	0.6	0.5	1.16
70	0.9	0.6	1.60
80	0.9	0.6	1.53
90	2.1	0.8	2.66

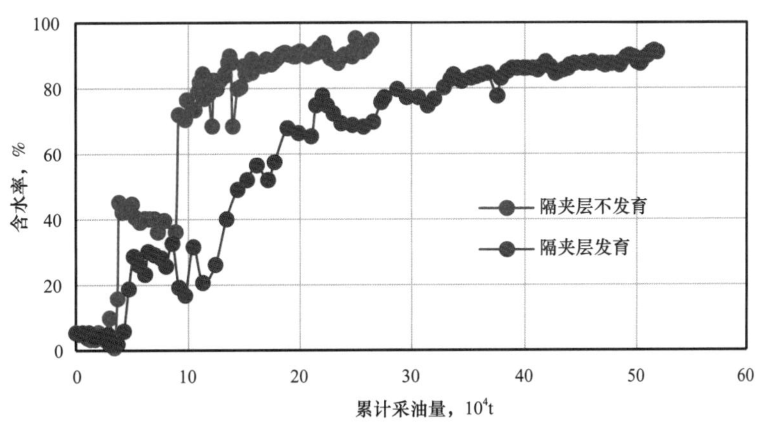

图 4–15　隔夹层发育程度对油井累计采油量的影响

二、强边水层状油藏合层开发生产特征

以南苏丹三七区法鲁奇油田高速开发生产实践为例，介绍具有较强边水能量的层状砂岩油藏多层合采生产特征。法鲁奇油田利用天然边底水能量开发，实施“稀井高产、大段合采、电泵提液”等开发技术政策，油田快速上产，2007 年年产油达到高峰产量，并稳产 5 年，取得较好的开发效果。

1. 油井产量高、油田采油速度高

2006 年投产的 93 口井，井距 1000m 左右，储层平均有效厚度 39m，平均单井初产高达 334t/d（表 4–3）。主力区块法尔 –1 块投产井 39 口，储层平均有效厚度 81.7m，平均单井初产 506t/d；帕尔 –1 块投产井 18 口，储层平均有效厚度 49.2m，平均单井初产 450t/d。93 口井仅有 4 口井为螺杆泵采油，其余均为电潜泵采油，单井日产液量均高于临界析蜡条件，生产井筒未发生析蜡现象。

2012 年 1 月，法鲁奇油田生产井增加至 297 口，其中电潜泵井 275 口，平均日产液 211t/d，平均含水率 51.4%，平均单井日产油量依然保持在 60t/d 以上。

表 4–3　2006 年法鲁奇油田投产井信息表

区块	井数，口	平均单井初产，t/d
法尔 –1	39	506
法尔 –3	7	302
芬提	4	278
帕尔	18	450
安巴	3	407
帕尔 S	5	239
阿塞尔	12	257
泰马	5	228
合计 / 平均	93	334

法鲁奇油田各断块利用天然能量开发，地质储量和剩余可采储量采油速度高。各区块采油速度 0.9%～4.2%（图 4–16），平均采油速度达 2%，天然能量充足的小断块地质储量高峰采油速度高达 4%，大部分断块 2% 左右。2008—2011 年期间油田各断块剩余可采储量采油速度 10% 左右（图 4–17）。

2. 水平井开发边部薄 / 高黏储层效果好

水平井钻遇率高，泄油面积大，可提高油田产量，是开发油气田、提高采收率的一项重要技术。2008 年初，法鲁奇油田开始在油藏边部和原油黏度相对较高的油藏或区域实施水平井，取得较好的效果。提高了油田采油速度，抑制含水上升，为油田保持高产稳产起了重要作用。

至 2012 年 1 月，法鲁奇油田在各断块实施水平井 67 口，占总生产井数的 23%。水平

井井段平均射开有效厚度 221.6m，平均初产 178t/d，平均初始含水率 8.1%（表 4-4）。从法鲁奇油田水平井与直井历年初产对比图（图 4-18）可知，水平井平均初产约是同期直井初产的 1.5～2.0 倍。

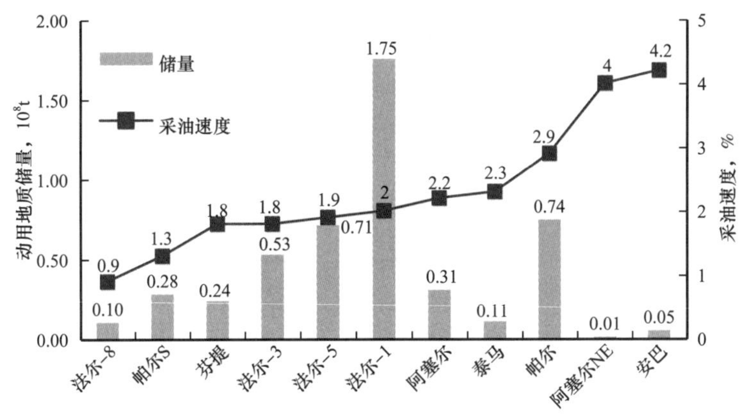

图 4-16　法鲁奇油田各断块储量及高峰采油速度

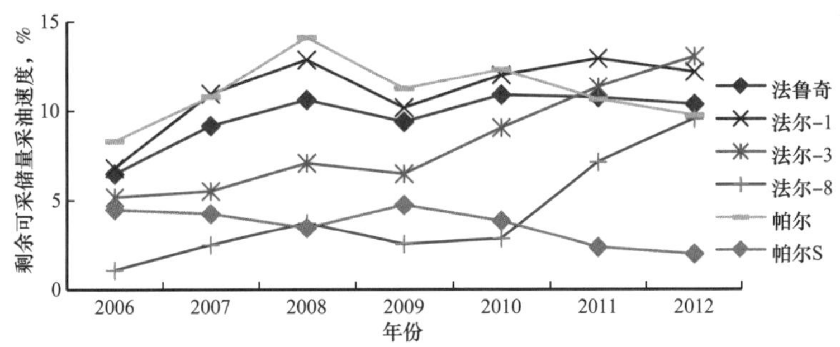

图 4-17　法鲁奇油田主力块剩余可采储量采油速度

表 4-4　法鲁奇油田各块水平井应用效果统计表

区块	主要生产层位	水平井数，口	平均射开有效厚度，m	平均初产，t/d	平均初始含水率，%
帕尔	YⅥ	12	249.0	287	0.8
法尔 -3	YⅥ	12	214.3	103	12.2
阿塞尔	YⅤ	2	189.6	252	1.0
芬提	YⅤ—Ⅵ	6	222.8	102	13.1
法尔 -8	YⅤ—Ⅵ	1	266.0	39	15.2
法尔 -5	YⅤ—Ⅶ	10	214.0	123	4.8
法尔 -1	YⅤ—Ⅷ Samaa	24	214.3	203	5.2
平均		67	221.6	178	8.1

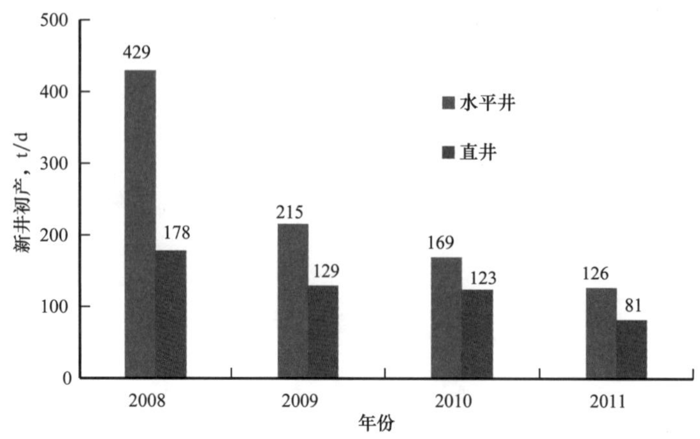

图 4-18　法鲁奇油田水平井与直井历年初产对比图

帕尔 -1 块于 2006 年 8 月投入开发，生产井 18 口，全部为直井，日产油达 7400t/d。边水突进快，含水率快速上升，2007 年 11 月含水率上升至 45%，60% 以上的油井含水率超过 50%。2008 年初，部分油井实施堵水措施后，含水率降至 31%。但由于该断块属于强边底水油藏，堵水措施后造成下部油层不能有效动用。2008 年 2 月开始实施水平井，采用直井与水平井结合开发，至 2012 年 1 月已加密水平井 12 口，平均初产 287t/d，平均初始含水率 0.8%。加密水平井后区块含水上升明显减缓，有效挖潜了下部油层剩余油，日产油 5700t/d 左右，稳产 2 年以上（图 4-19）。

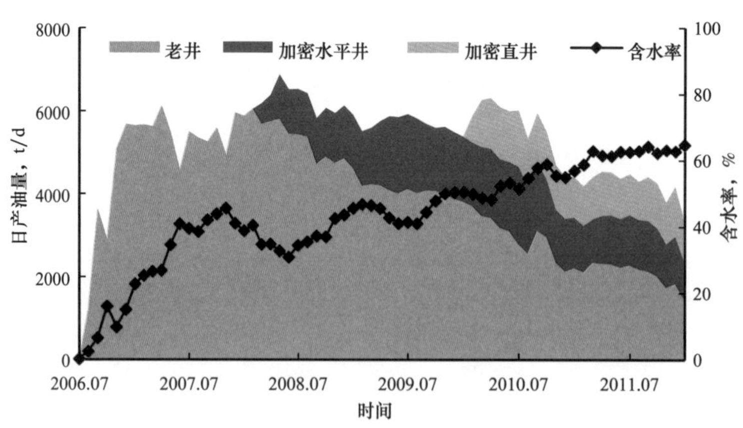

图 4-19　帕尔断块不同井型产量构成图

PM-24H 井位于帕尔 -1 块，2008 年 2 月投产，是法鲁奇油田投产最早、效果最好的水平井。该井目的层为 YⅥ层，射开有效厚度 323m，距离边水约 1500m，无水产油期长达 1 年，高峰日产油 685t/d，至 2012 年 1 月累计产油 52×10^4t（图 4-20）。

3. 油田含水率上升快，自然递减大，开发形势严峻

法鲁奇油田几乎没有无水期，投产后含水率很快突破，2007 年 12 月含水率上升至 28.8%，含水上升率高达 8.7%。2008 年 12 月，含水率上升至 36.3%，含水上升率为 3.7%（图 4-21）。2009 年初实施调整方案后，开发效果得以改善，2010 年，含水上升率降至

1.4%，但是从 2011 年开始，由于边底水大量侵入，含水率又快速上升，含水上升率升高到 8.4%。2012 年 2 月初，因南苏丹和苏丹战争的影响油田全面停产，直至 2013 年 5 月才成功复产。复产后含水上升速度仍然较快，2014 年 3 月，含水率上升至 70.0%，含水上升率高达 10.0%。

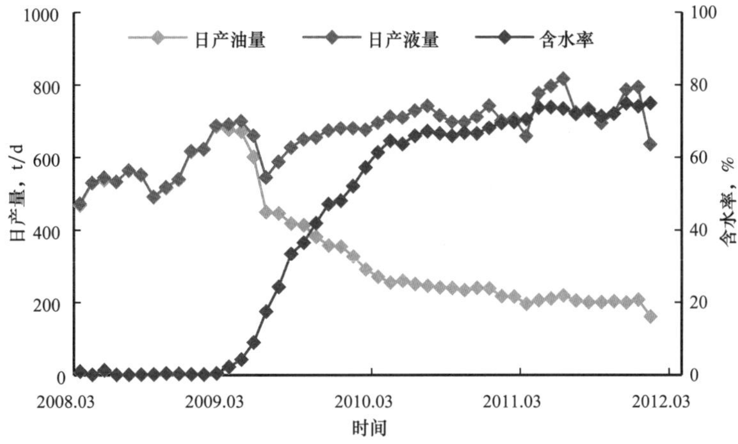

图 4-20　PM-24H 井生产动态曲线

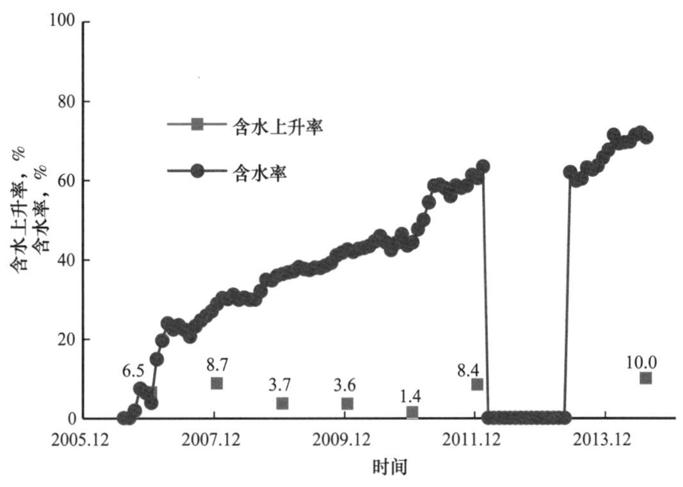

图 4-21　法鲁奇油田含水率与含水上升率曲线

法鲁奇油田老井产量递减快，月自然递减率在 2%～3% 之间（年递减 22%～31%）。2010—2011 年因主力区块上部层系天然能量不足，边部断块油井高含水等原因，月自然递减率在 2.5% 以上（年递减 26.2%）（图 4-22）。

法鲁奇油田及主力块含水率与采出程度关系显示出“三低一高”特点：无水期采出程度低（＜0.5%）、低含水期采出程度低（1%～3%）、天然水驱效率低、含水上升率高（图 4-23），油田开发形势严峻，需尽快进行开发调整。

4. 天然能量分布不均，主力块上部层位压力保持水平低

法鲁奇油田由 10 个断块组成，油水系统复杂，不同断块不同层系油水界面不同。边

部断块安巴、阿塞尔、帕尔 -S、泰马为层状强边水油藏，含油面积小，边水范围大，天然能量充足。主力块法尔 -1、法尔 -5、法尔 -3、帕尔 -1 块上部层位 YⅣ—Ⅶ为层状边水油藏，含油面积大，边水范围小，构造高部位距离边水远，天然能量不充足，下部层 YⅧ—Samaa 为块状底水油藏，天然能量相对较充足。

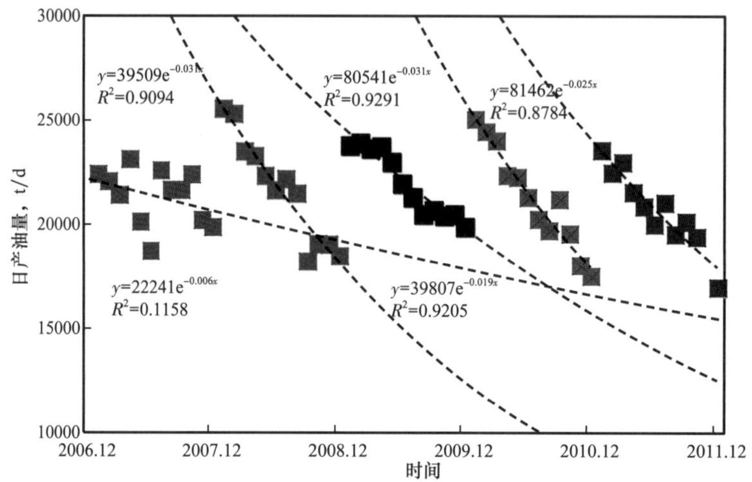

图 4-22　法鲁奇油田历年自然递减曲线

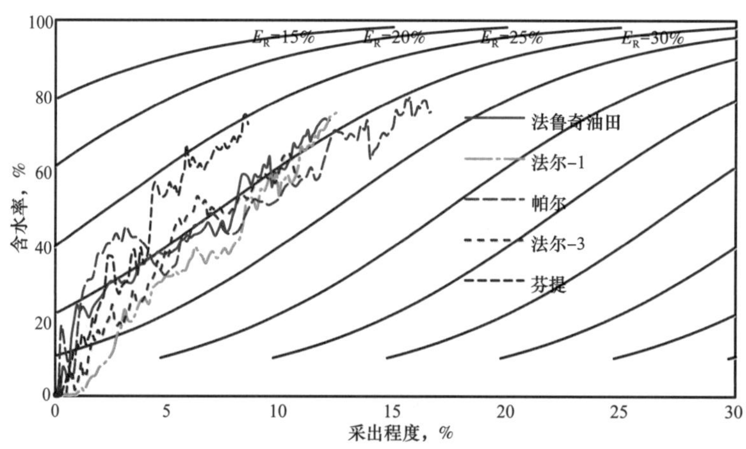

图 4-23　法鲁奇油田及主力区块含水与采出程度关系曲线

法鲁奇油田压力测试资料以 RFT（Repeat Formation Test）为主。根据 98 口井 RFT 资料分析结果可知，主力块法尔 -1、法尔 -3、帕尔块层间压力保持水平差异较大，上部层系 YⅣ、YⅤ地层压力保持水平较低（图 4-24），其中低压区压降 5.2～6.5MPa，地层压力保持水平为原始地层压力的 50%～55%（表 4-5）。其中主力块法尔 -1、法尔 -5 块主力层 YⅣ—Ⅵ压力下降最大，约 5.9MPa，压力保持水平仅 51.1%；帕尔 -1 块 YⅣ层地层压力下降 5.5MPa，压力保持水平 54.9%；法尔 -3 块 YⅣ—Ⅴ层地层压力下降约 5.2MPa，压力保持水平 56.9%；边部断块安巴、阿塞尔、泰马压力保持水平仍在 90% 左右。

表 4-5　法鲁奇油田各块各层压力降与压力保持水平表

区块	地层	原始压力，MPa	压力降，MPa	压力保持水平，%
帕尔	YⅣ	12.2	5.5	54.9
	YⅤ	12.5	3.1	75.1
	YⅥ	12.8	1.4	89.2
法尔 -1、法尔 -5	YⅣ—Ⅵ	12.0	5.9	51.1
	YⅦ—Ⅷ	12.8	5.2	59.7
	Samaa	13.4	1.0	92.3
法尔 -3	YⅣ—Ⅴ	12.0	5.2	56.9
	YⅥ	12.8	3.1	75.7
芬提	YⅣ—Ⅴ	12.6	3.1	75.4
阿塞尔	YⅣ—Ⅴ	11.0	1.4	87.5
泰马	YⅣ—Ⅶ	12.0	0.7	94.2
安巴	YⅤ—Ⅵ	14.7	1.0	93.0
帕尔 -S	YⅠ—Ⅳ	12.8	3.4	73.1
	YⅤ	13.3	0.7	94.8

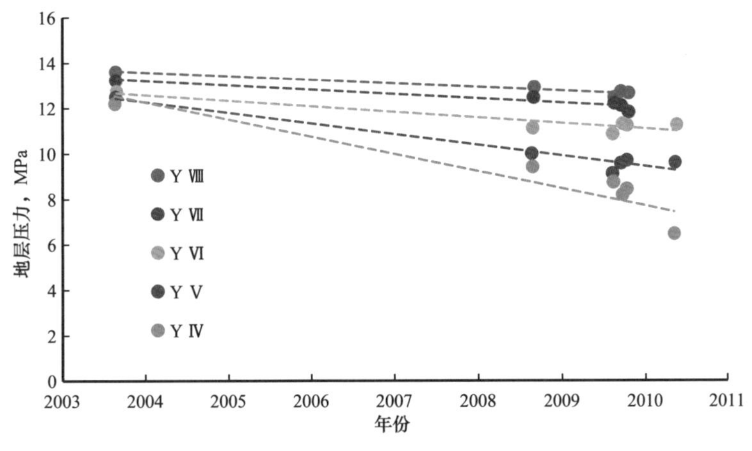

图 4-24　典型断块帕尔 -1 块 RFT 测试结果

经过 6 年的天然水驱后，油藏层间及平面矛盾日益突出，天然水驱末期地层压力纵向、平面分布不均匀，构造高部位及断层遮挡处压力保持水平低。例如，主块利用天然边底水能量开发后平面、纵向地层压力保持水平差异大，整体上近边底水区域压力保持水平高，边底水能量难以到达的构造较高部位、断层遮挡处及储层不连续处，压力保持水平低（图 4-25）。其中区域 2 由于储层连续性差，边底水能量传导困难，YIV 层已降至地层压力的 35% 左右（表 4-6）。

各区块各层系压力保持状况说明，部分储层和区域地层压力保持水平低，导致产量递减快，应尽快开展人工注水补充地层能量。

图 4-25　主块压力分布（2012 年 1 月）

表 4-6　分区域压力保持水平

储层	YⅣ	YⅤ	YⅥ	YⅦ
区域 1	80.6%	92.0%	94.7%	97.5%
区域 2	34.8%	41.2%	42.6%	54.9%
区域 3	48.8%	50.9%	53.3%	56.1%
区域 4	53.5%	57.1%	70.1%	96.8%
区域 5	55.1%	52.9%	59.6%	68.7%
区域 6	78.8%	82.9%	59.6%	96.6%

5. 注水试验井组取得明显效果，为规模注水奠定基础

法鲁奇油田储层及流体非均质性严重，为研究注水的可行性及注采井网的适应性，在主力块法尔 -1 块中部构造较高部位部署一口注水井 FI-25，与周围油井 FI-23、FJ-24、FK-25、FJ-26、FI-27、FH-26、法尔 -1、FH-24 形成反九点注水先导性试验井组（图 4-26）。通过试验井组收集动静态资料，分析砂体连通性、周围油井见水时间和动态响应特征，为法鲁奇油田实施规模注水奠定基础。

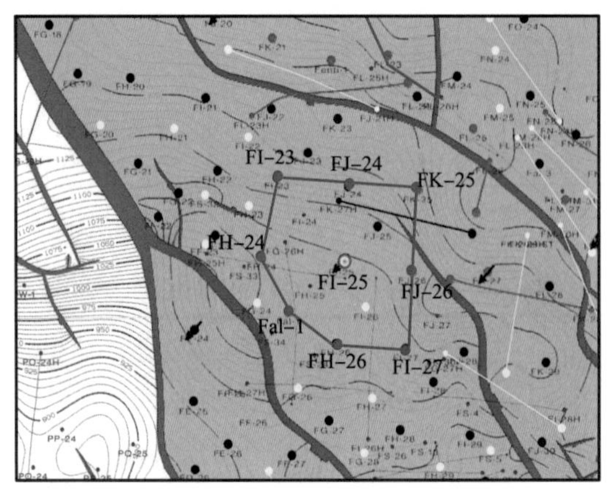

图 4-26　注水试验井组位置图

1）注水试验井组实施效果分析

自 2007 年 7 月开始，FI–25 井日注水能力维持在 1600～2100m^3/d，井口压力保持在 2.7～6.2MPa，注入水温度 65℃左右，注水试验井组范围内注采比约为 1.8。注水后试验井组液量保持稳定，平均流压回升。2 年后，即 2009 年 5 月，周围 8 口油井平均产液量从 292t/d 上升到 352t/d，8 口生产井的平均井底流压由 5.7MPa 上升至 7.0MPa（表 4–7）。2009 年 5 月 22 日，FI–25 井因泵坏停注，随之井组液量、流压均出现下降趋势。2012 年 3 月，FI–25 井恢复注水后，井组液量、流压又明显回升（图 4–27）。由此说明注水效果明显，注水开发可行。

表 4–7　FI–25 周围生产井注水前后动态比较

类型	井号	射孔层位	2007 年 5 月			2009 年 5 月		
			日产液量 t/d	含水率 %	流压 MPa	日产液量 t/d	含水率 %	流压 MPa
边井	FJ–24	YⅣ—Ⅵ	303	0.0		151	52.4	7.2
	FH–24	YⅣ—Ⅶ	203	0.9	5.9	195	21.3	6.1
	FJ–26	YⅣ—Ⅵ	330	0.0		472	0.1	7.5
	FH–26	YⅣ—Ⅶ	328	0.0	4.6	449	59.3	5.9
角井	FI–27	YⅡ—Ⅶ	355	0.0	4.4	524	83.1	5.6
	法尔 -1	YⅡ—Ⅶ	347	0.0	5.5	510	48.9	9.0
	FI–23	YⅣ—Ⅵ	231	0.6	6.4	274	53.8	7.1
	FK–25	YⅣ—Ⅴ	241	0.5	7.4	238	75.6	7.5
平均			292	0.2	5.7	352	5.7	7.0

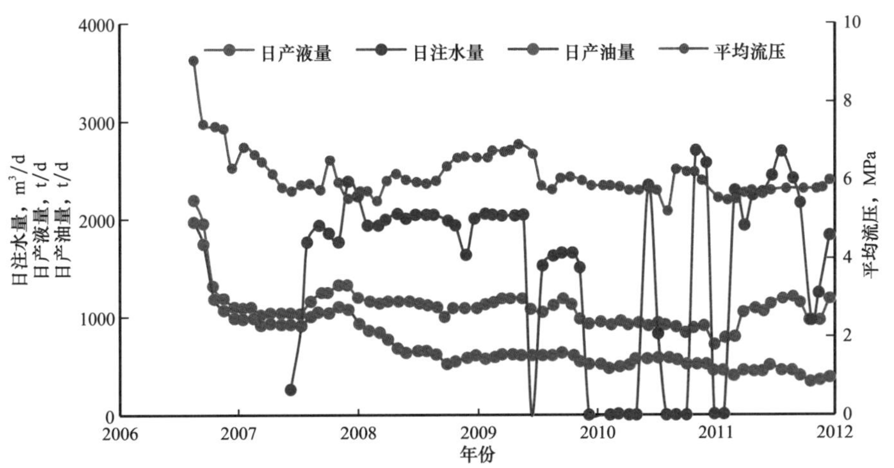

图 4–27　注水试验井组动态曲线

分析新钻井 RFT（Repeat Formation Test）测试资料表明，注水井组内新井地层压力明显高于外围新井。FI-26 井 2011 年 7 月测试 YⅣ、YⅤ、YⅥ地层压力分别为 7.58MPa、7.61MPa、7.27MPa，而 FI-28 井 2010 年 3 月测试 YⅤ、YⅥ层的压力分别为 6.22MPa、6.82MPa；FJ-25 井 2011 年 6 月测试 YⅣ、YⅤ、YⅥ地层压力分别为 7.27MPa、7.72MPa、8.71MPa，而 FS-32 井 2010 年 4 月测试 YⅣ、YⅤ、YⅥ层的压力分别为 6.23MPa、6.48MPa、7.23MPa（图 4-28 和表 4-8）。进一步说明注水井组内能量得以补充，地层压力恢复，反九点法注采井网可达到注采平衡，适合法鲁奇油田注水开发。

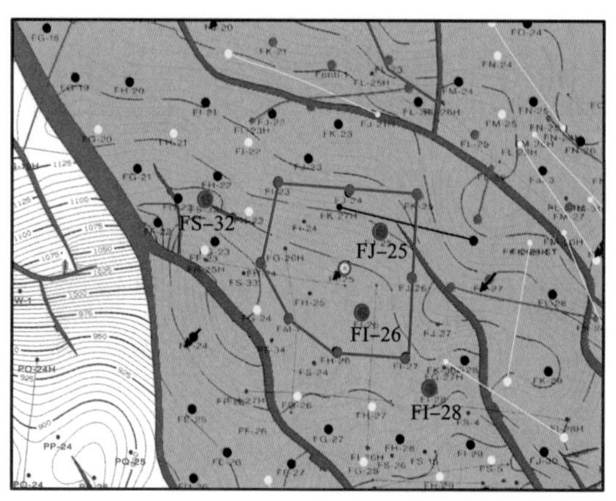

图 4-28　RFT 测试井井位图

表 4-8　油井 RFT 地层压力测试统计表

井名	FI-26	FI-28	FJ-25	FS-32
测试日期	2011.07.18	2010.03.20	2011.06.02	2010.04.18
地层压力（YⅣ），MPa	7.6	—	7.3	6.2
地层压力（YⅤ），MPa	7.6	6.4	7.7	6.5
地层压力（YⅥ），MPa	7.3	6.8	8.7	7.2

2）注水井地层吸水特征分析

法鲁奇油田地层非均质性严重，吸水剖面测试表明，FI-25 各层吸水严重不均。油井平面受效差异大，个别油井见效快，含水上升快。2007 年 7 月、2008 年 3 月、2009 年 3 月对 FI-25 井进行了 3 次 PLT 测试。测试结果（图 4-29）表明，吸水剖面严重不均，不同层位的吸水能力相差较大，甚至在同一层位不同射孔段的吸水能力也各不相同。主力吸水层位为 YⅥ-2，其次是 YⅤ-3 层，YⅧ层基本不吸水。

注入水沿高渗透层突进快，造成生产井能量补充不均匀，层间矛盾大。角井 FI-27 井构造位置较高，比注水井 FI-25 高 19m，距 FI-25 约 810m。FI-27 井受效较快，注水后流压回升，产液量、产油量均提高。注水 10 个月后见水，含水率快速上升，呈现暴性水淹模式。2009 年 5 月至 2009 年 7 月，FI-25 井因泵问题断续停注，FI-27 井含水率随之波动。2009 年 11 月至 2011 年 3 月，FI-25 井停注期间，FI-27 井含水率保持较低水平。2011 年 3 月 FI-25 井重新开井注水后，FI-27 井含水率又急剧上升（图 4-30）。

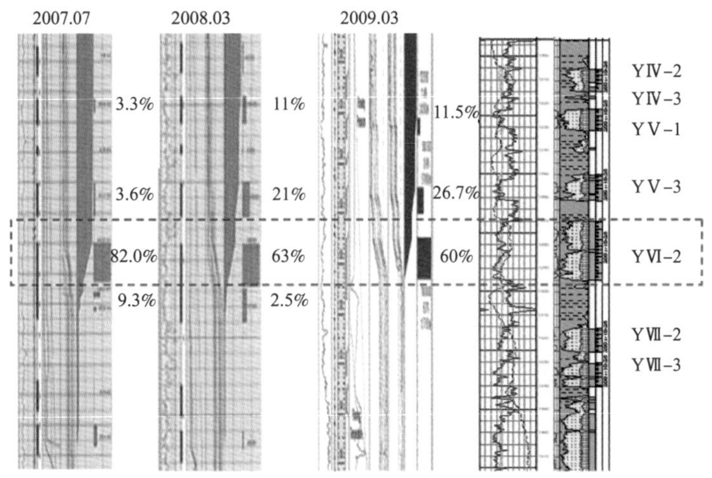

图 4-29　FI-25 井吸水剖面图

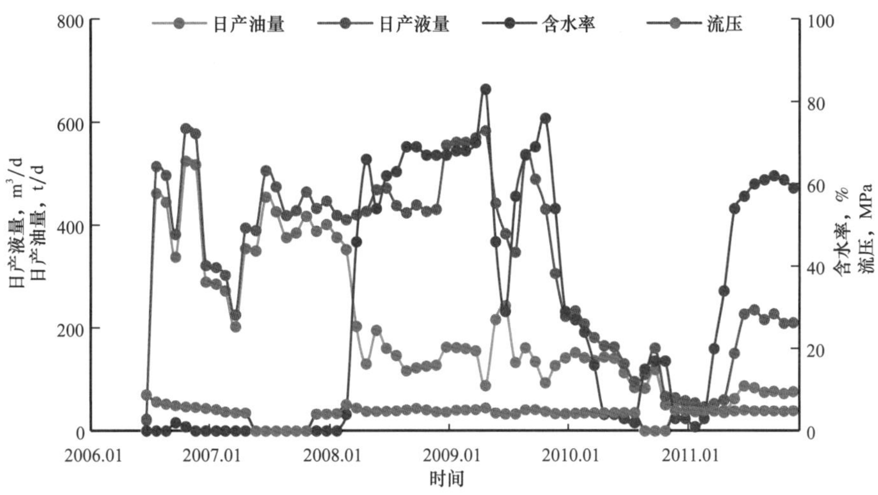

图 4-30　FI-27 井生产曲线

2009 年 8 月进行的 PLT 测试表明，FI-27 井在关井状态下出现窜流现象，产液段为 1251.7～1254.5m，吸液段为 1230.0～1232.2m 和 1283.1～1286.5m。开井生产时主要出液段也是 1251.7～1254.5m，占总液量的 70%（图 4-31）。FI-27 井的主力出液段 1251.7～1254.5m 与注水井 FI-25 井的主力吸水段 1250.1～1261.2m 砂体连通好、储层物性好，因此，注入水沿 1251.7～1254.5m 段突进快，该段地层压力和井底流压明显回升，成为高压层和主力出液层。因而层间矛盾加剧，各油层压力和含水率相差悬殊，在同一流动压力条件下，生产压差不同，差油层出油状况越来越差，致使关井时出现上下窜流现象。

注水试验井组实施效果表明，反九点井网适合油田开发，为规模注水奠定基础。但法鲁奇油田储层与油品性质非均质性强，笼统注水导致地层吸水不均，注入水沿高渗透层突进快，造成生产井能量补充不均匀，层间矛盾大。以此为鉴，规模注水时应考虑分段注水或者分层注水。

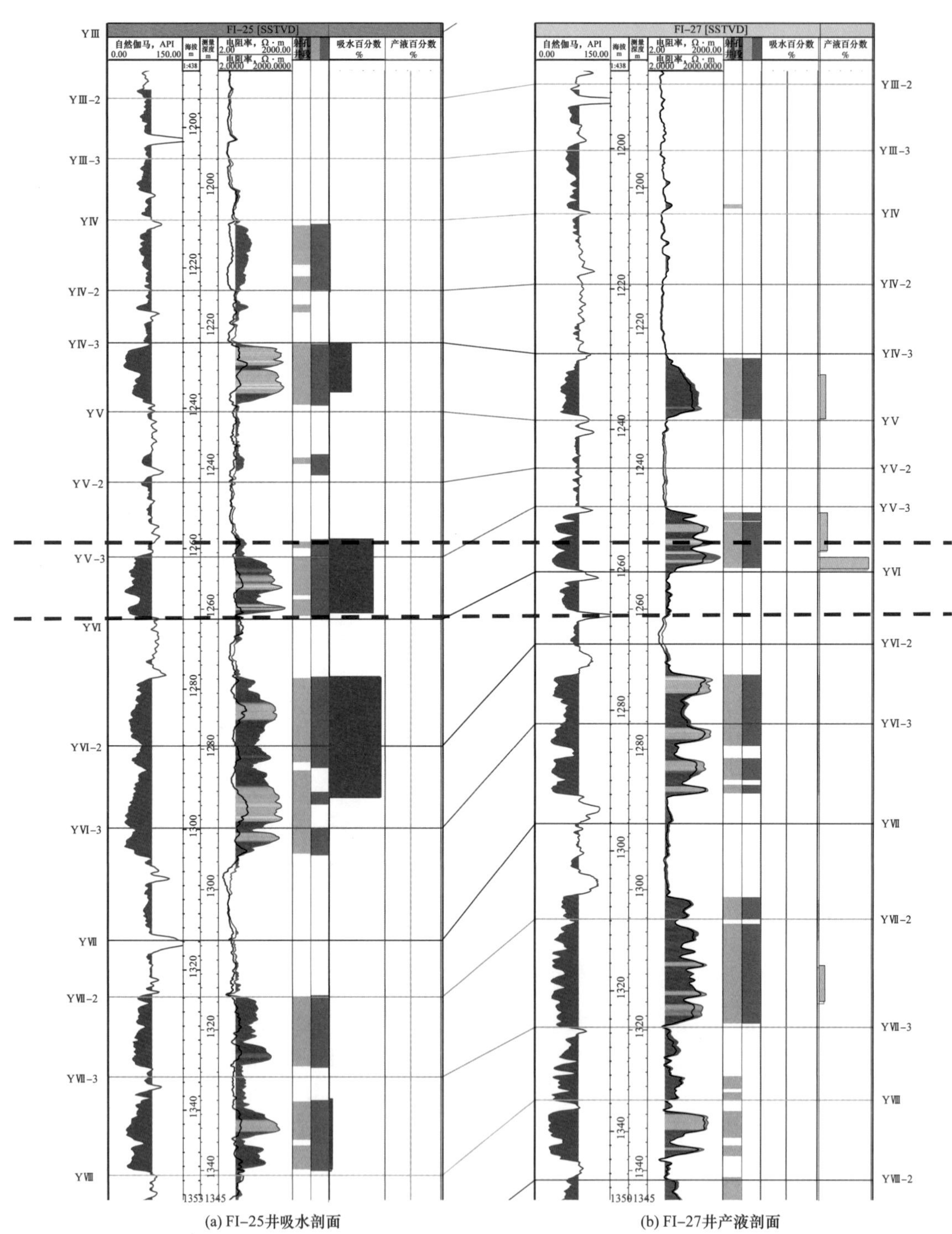

(a) FI-25井吸水剖面

(b) FI-27井产液剖面

图 4-31　FI-25 和 FI-27 井产吸剖面对比图

6. 主力块层间矛盾突出，急需调整

法鲁奇油田主力块法尔 -1 块纵向上发育多个储层，主要有 YⅣ、YⅤ、YⅥ、YⅦ、YⅧ 和 Samaa 6 套储层，储层厚度 8～60m，平均 19.3m；含油井段 50～160m；Yabus 为层状边水油藏，Samaa 为块状底水油藏；储量丰度高达 8800×10^4t/km^2，具备分层开发的基础。

法尔 -1 块油品性质复杂，层间物性差异大，具有上轻下重的特点，API 度由上而下逐渐减小，黏度自上而下逐渐增大，凝固点自上而下逐渐降低（表 4-9）。因此，分层开发可减缓层间矛盾，有利于各类油层发挥作用。

表 4-9 法尔 -1 块各层油品性质表

油藏	层位	API 度，°API	地层原油黏度，mPa · s	凝固点，℃	含蜡量，%
Yabus	YIV	20.7	36.6	41.0	21.3
	YV	23.0	36.6	42.2	21.3
	YVI	23.0	36.6	42.0	20.5
	YⅦ	20.8	41.0	39.0	27.7
	YⅧ	19.2	100.0	27.0	4.8
Samaa	Samaa Ⅰ	14.5	362.0	15.0	14.9
	Samaa Ⅱ	14.5	362.0	15.0	14.9

法尔 -1 块开发初期采用 800m 井网，大段合采，快速上产，2007 年 9 月日产量达到高峰值 16000t/d。随后层间矛盾显现，储量动用不均，上部层段压力下降快，产量开始递减，2009 年 3 月下降至 12500t/d。

FI-27 井位于法尔 -1 块中心部位，2009 年 8 月进行产液剖面测试。结果表明，该井在关井状态下出现窜流现象，产液层为 YⅤ层，出液量为 169.9t/d；吸液层为 YⅣ层，吸液量为 124.4t/d；YⅥ层吸液量为 45.8t/d。开井生产时主要出液层也是 YⅤ层，出液量 337.1t/d，占总液量的 70%，其余多个射孔段出液量仅占 30%（表 4-10、表 4-11 和图 4-32）。由此可证实层间矛盾确实存在且较为严重。

表 4-10 FI-27 井关井状态下各层产液量表

储层	射孔段，m	产液量，t/d	占总液量比例，%
YⅡ	1146.0～1155.5	0.0	0.0
YⅣ	1224.0～1229.8	0.0	0.0
	1230.0～1232.2	–124.4（吸）	–36.6
YⅤ	1246.0～1251.5	0.0	0.0
	1251.7～1254.5	169.9	50.0
YⅥ	1269.5～1280.0	0.0	0.0
	1281.1～1282.9	0.0	0.0
	1283.1～1286.5	–45.8（吸）	–13.5
YⅦ	1301.0～1319.0	0.0	0.0

表 4-11　FI-27 井生产状态下各层产液量表

储层	射孔段，m	产液量，t/d	占总液量的比例，%
YⅡ	1146.0～1155.5	0.0	0.0
YⅣ	1226.8～1233.0	21.2	4.5
YⅤ	1246.4～1251.9	64.5	13.8
	1252.7～1254.5	337.1	71.8
YⅥ	1269.5～1286.5	0.0	0.0
YⅦ	1301.6～1307.2	0.0	0.0
	1311.1～1316.3	46.7	9.9

注：生产状态：泵频 51Hz，1 油嘴 28/64in。

2008 年开始对法尔 -1 块进行加密调整。根据储层特征和储量基础将法尔 -1 储层划分为 4 套层系，即 YⅣ—Ⅴ、YⅥ、YⅦ—Ⅷ和 Samaa。YⅣ—Ⅴ和 YⅥ两套层系采用反九点注采井网，YⅦ—Ⅷ和 Samaa 两套层系采用天然能量、水平井与直井结合开发。

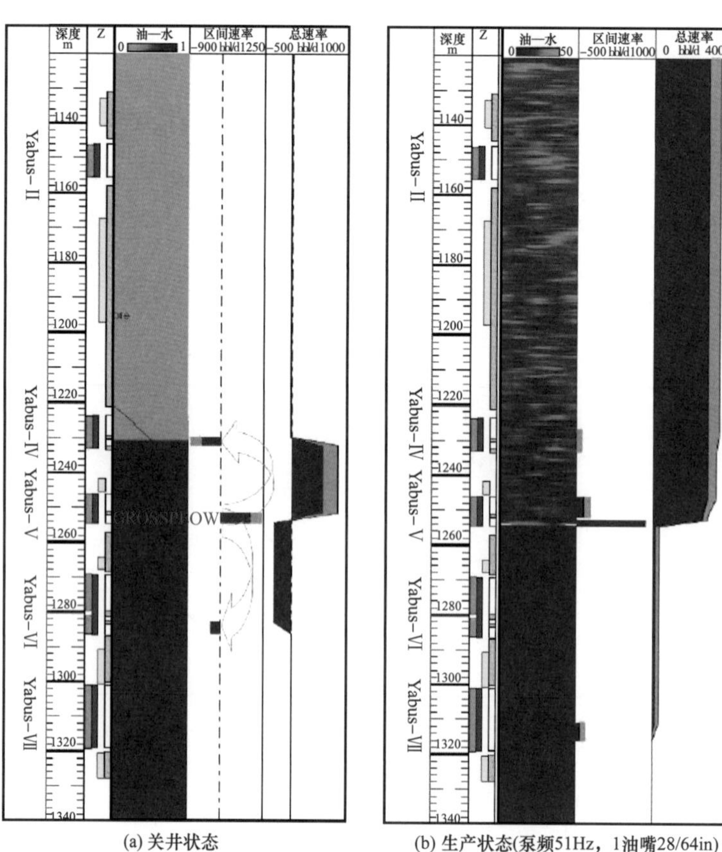

(a) 关井状态　　(b) 生产状态(泵频51Hz，1油嘴28/64in)

图 4-32　FI-27 井生产测井图

2009年开始分层系实施加密，至2012年油田停产前YⅣ—Ⅴ层加密油井9口，YⅥ层加密油井29口，YⅦ—Ⅷ层加密直井18口，水平井12口；Samaa层加密水平井8口。2009年5月，日产油量上升至14000t/d，并一直稳产至2010年底。含水上升率从2007年的4.65%下降到2010年的1.69%。

2011年初，区块产量再次开始递减，主要原因是上部层系YⅣ—Ⅴ地层压力下降约5.86MPa，高部位压力保持水平低只有50%，而因南苏丹和苏丹分裂冲突不断，油田现场安保形势严峻，未及时注水补充地层能量，因此层间矛盾进一步加重，造成含水上升加快，产量递减大的严重后果。2011年12月，含水率上升至56.7%，含水上升率高达6.75%，产量下降至12500t/d（图4-33和图4-34）。

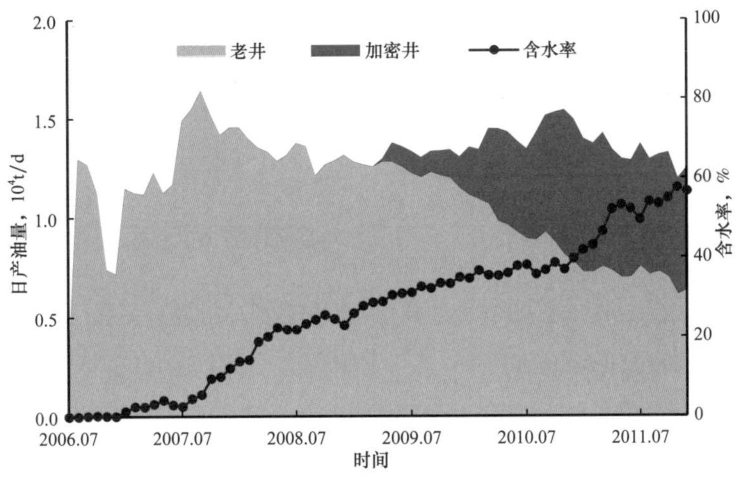

图4-33 法尔-1块产量构成

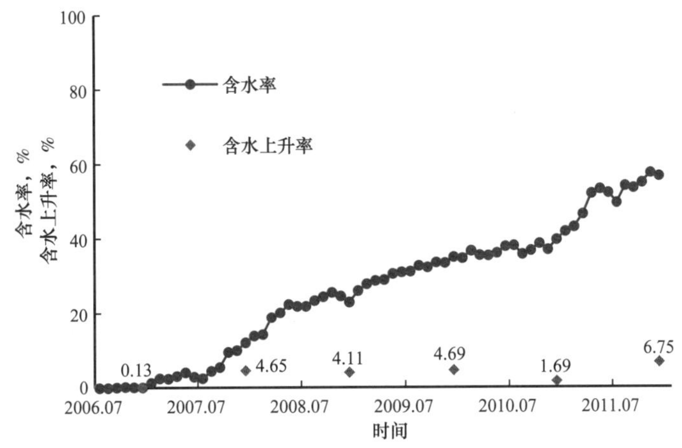

图4-34 法尔-1块含水、含水上升率与时间的关系曲线

三、强边水单油层油藏开发生产特征

以哈萨克斯坦阿克沙布拉克油田J-Ⅲ层高速开发生产实践为例，介绍强边水单油层油藏的生产特征。阿克沙布拉克油田1996年10月投入开发，2002年11月开始注水，目

前油田主要的生产特征有以下5点。

1. 在高采出程度下持续保持高速开发

自2006年以来，J-Ⅲ层地质储量采油速度始终保持在3%以上，高峰采油速度一度达到4.53%。截至2016年底，主力层J-Ⅲ层目前的地质储量采出程度达到51.8%，可采储量采出程度为74.6%。而其目前的地质储量采油速度为3.2%，剩余可采储量采油速度为15.9%（图4-35）。与国内外其他油田相比，J-Ⅲ层在高采出程度的情况下，依然能保持着3%的采油速度进行高速开发。

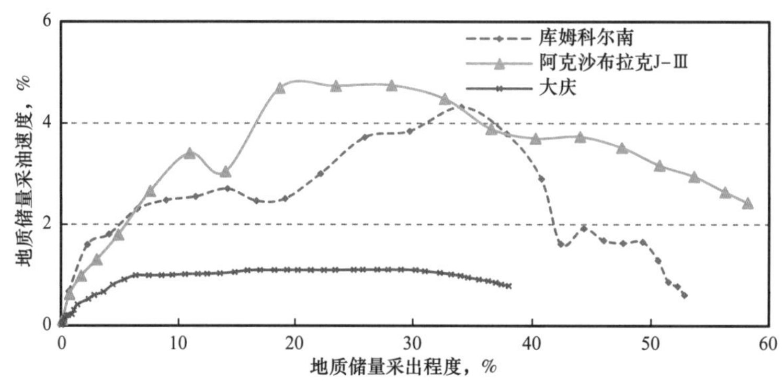

图4-35　阿克沙布拉克J-Ⅲ层采油速度与采出程度关系

2. 单井产量高，综合含水率低

2016年，J-Ⅲ层的单井平均日产油量高达125t/d，其中日产油量大于100t/d的油井占总井数的53.3%，6口井的日产油量大于200t/d。J-Ⅲ层的综合含水率仅为18%，其中含水率低于20%的井占总井数的57.7%，有4口井不产水（图4-36）。

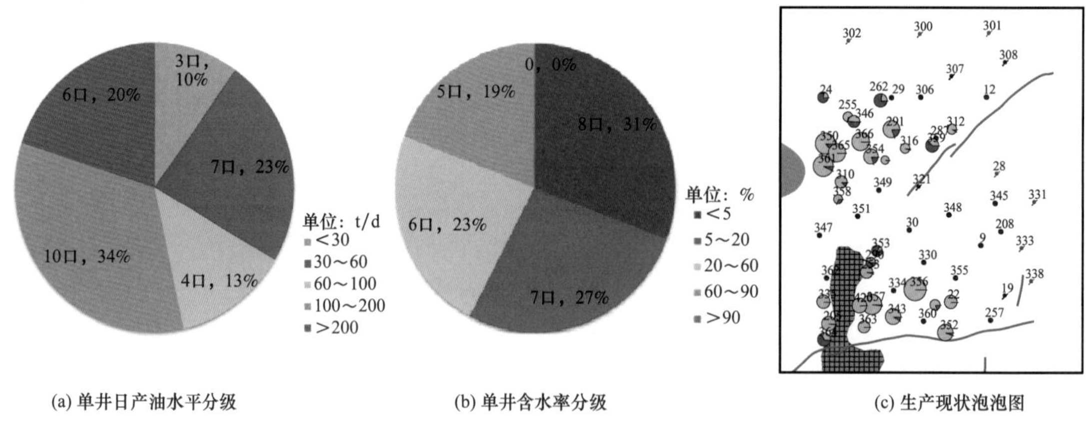

图4-36　阿克沙布拉克J-Ⅲ层单井日产现状（2016年12月）

3. 边水能量强，结合边外注水补充能量，地层压力下降缓慢，注水驱动作用日益增强

J-Ⅲ层边水能量强，其水体倍数高达30PV，为充分利用天然水体能量，油藏采用边外注水开发方式。J-Ⅲ层于2002年11月开始注水，目前共有注水井11口（开井8口）。注水开发后地层压力下降减缓，目前保持在15.1MPa左右，接近于饱和压力（14.9MPa），地层压力保持水平为79%（图4-37）。随着油藏年注采比的不断增加，天然水侵驱动指

数逐渐减小，溶解气 + 弹性驱驱动指数也逐渐减小，而人工注水驱动作用日益增强（图 4–38）。由此看来，边外人工注水的实施在一定程度上抑制了天然边水的入侵。2016 年，J–Ⅲ层累计水侵量为 $1211\times10^4m^3$，天然水侵驱动指数为 0.21，而人工注水驱动指数为 0.72。

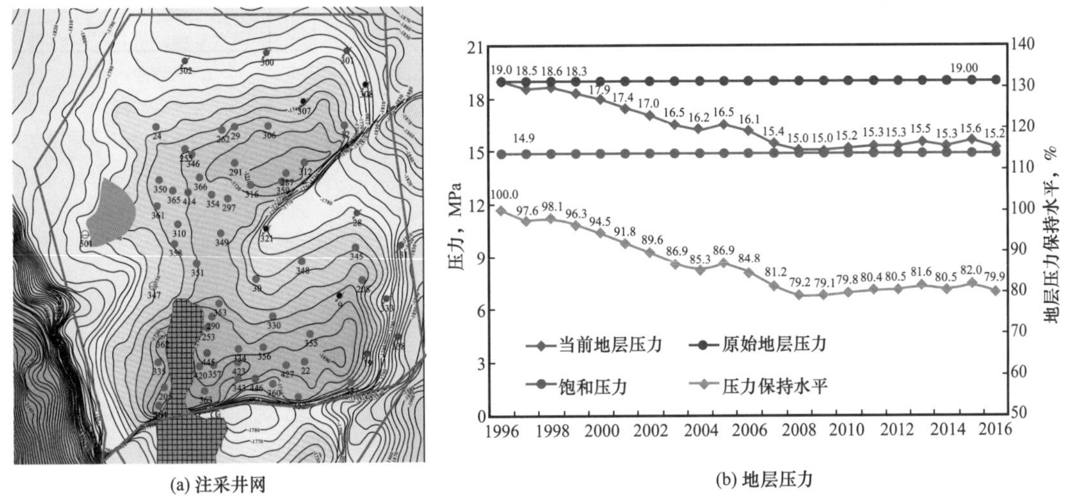

(a) 注采井网　　(b) 地层压力

图 4–37　阿克沙布拉克 J–Ⅲ层注采井网及地层压力

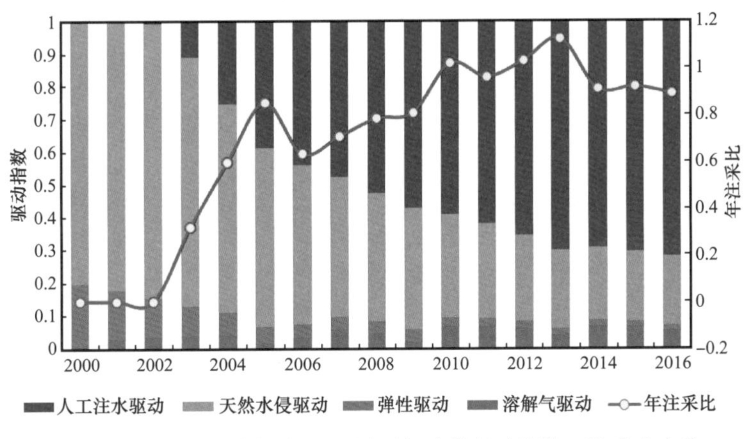

图 4–38　阿克沙布拉克 J–Ⅲ层历年油藏驱动指数、注采比变化

4. 厚层状单油层，内部夹层不发育，油井见水后，含水率快速上升

J–Ⅲ层主要砂体类型为水下分流河道砂、河口坝砂和滩坝砂。垂向上，水下分流河道砂具有典型的箱型特征，沉积均匀，厚度大，以粗砂岩和含砾粗砂岩沉积为主，由于沉积时水动力强且沉积迅速，水下分流河道垂向下切作用强，单砂体内泥质夹层不发育，测井曲线光滑平直；河口坝砂具反韵律特征，顶部为粗砂岩沉积，底部为细砂岩沉积；滩坝砂为薄层砂，为细砂岩沉积，测井曲线表现为指状特征（图 4–39）。

由于 J–Ⅲ层为高孔隙度、高渗透储层且内部夹层不发育，油井见水后，含水率快速上升。J–Ⅲ层目前有 11 口井因含水率迅速上升而关井，从开始见水到关井，多数井都不到半年时间，油井含水期平均阶段累计产油量仅 1.3×10^4t。其中 287 井与 362 井自开井投产至高含水关井仅仅过了 8 个月、5 个月，累计产油量仅 0.84×10^4t、0.02×10^4t（表 4–12）。

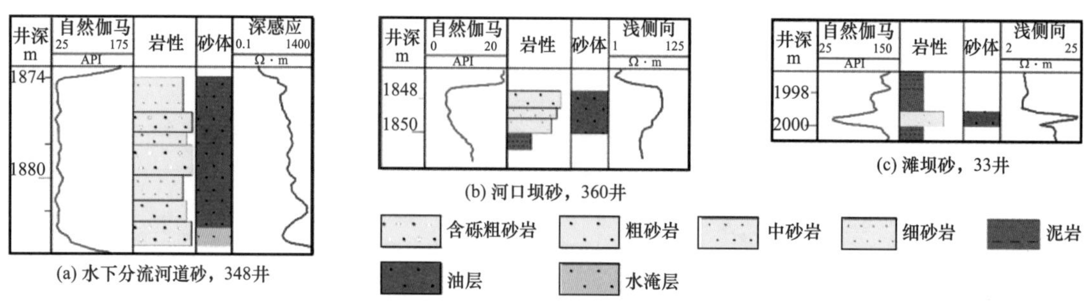

图 4–39　阿克沙布拉克 J–Ⅲ层砂体类型及垂向特征

表 4–12　阿克沙布拉克 J–Ⅲ层因含水高关井情况

井号	见水时间	关井时间	自见水至关井时间 mon	含水期累计产油量 10^4t	含水率 %	备注
Aksh9	2012.05.01	2012.11.01	7	0.8	69.8	上返至 J–0
Aksh12	2006.01.01	2006.05.01	5	0.4	41.6	上返至 J–0
Aksh19	2005.05.01	2006.01.01	9	1.1	36.2	后转注
Aksh28	2005.11.01	2006.03.01	5	0.8	60.9	后转注
Aksh29	2010.03.01	2010.09.01	7	1.7	56.1	上返至 J–0
Aksh287	2013.09.01	2014.04.01	8	0.8	60.0	上返至 J–I
Aksh306	2009.04.01	2010.02.01	11	2.1	68.9	上返至 M–Ⅱ
Aksh307	2006.08.01	2007.05.01	10	5.5	76.3	后转注
Aksh360	2014.04.01	2015.04.01	13	0.6	99.0	上返至 J–Ⅱ
Aksh362	2014.08.01	2014.12.01	5	0.0	46.5	idle
Aksh257	2016.05.01	2016.11.01	7	0.5	87.2	上返至 J–0
平均值			8	1.3		

5. 前期油田递减小，后期逐年增大

2009 年至 2013 年期间，J–Ⅲ层的综合递减率和自然递减率基本上维持在一个较低水平，2013 年综合递减率为 3.7%，自然递减率仅为 9.9%。但 2014 年后因含水上升率加大的影响，油田递减率逐年增大，2016 年的自然递减率更是达到了 20.3%，油田稳产形势严峻（图 4–40）。

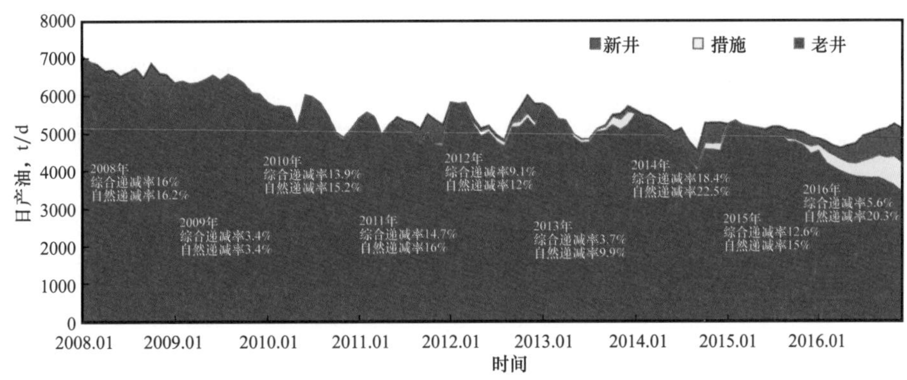

图 4-40　阿克沙布拉克 J-Ⅲ层历年油藏递减率变化情况

四、弱边水层状油藏开发生产特征

库姆科尔南油田为弱边水带气顶油藏，原油黏度低。以 Object-2 油藏高速开发生产实践为例，介绍具有弱边水能量的砂岩油藏生产特征。

1. 高速开发时间长，峰值采油速度高，后期采油速度下降快

库姆科尔南油田 Object-2 油藏于 1990 年 5 月投入开发（图 4-41），早期采用弱天然边水能量开发，1992 年开始实施点状注水，初期以 1% 左右采油速度生产，低速上产阶段采出程度仅为 5.9%，1994 年开始实施反九点面积注水，有效地补充了地层能量，并以采油速度大于 2% 高速开发 10 年，峰值采油速度 4.5%，高速开发稳产阶段采出程度达到 32%。

针对高速开发后由于高含水等原因导致采油速度急剧降低的问题，在剩余油富集地区采用局部加密新井、剩余油挖潜及优化注水等方式，并在此基础上有效实施大泵提液稳油技术，在调整阶段将油藏采油速度恢复到 2% 左右并稳产 3 年，实现了该油藏持续高速开发，阶段采出程度 9.6%，油藏地质储量采出程度达到 48.9%，高速开发取得了良好的开发效果。

油藏开发后期采油速度下降较快，目前采油速度仅为 0.5%。

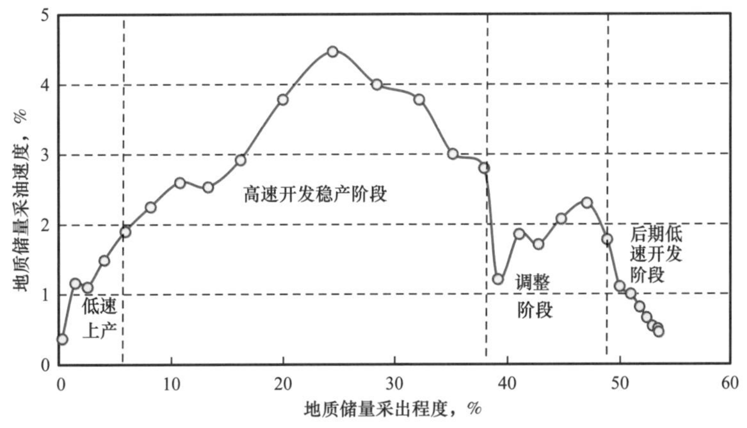

图 4-41　库姆科尔南油田 Object-2 采油速度变化曲线

2. 前期含水率上升慢，低含水期采出程度高

库姆科尔南油田 Object-2 油藏开发初期含水率上升慢，低含水期含水上升率最高仅为 2.1%（图 4-42、图 4-43），但采出程度高达 25%；中含水期含水率上升快，含水上升率最高为 4.9%，平均 3.2%，阶段采出程度 16.6%；高含水期和特高含水期含水率上升减缓，含水上升率最高为 2%，平均 1.6%，阶段采出程度低，仅为 12.4%。

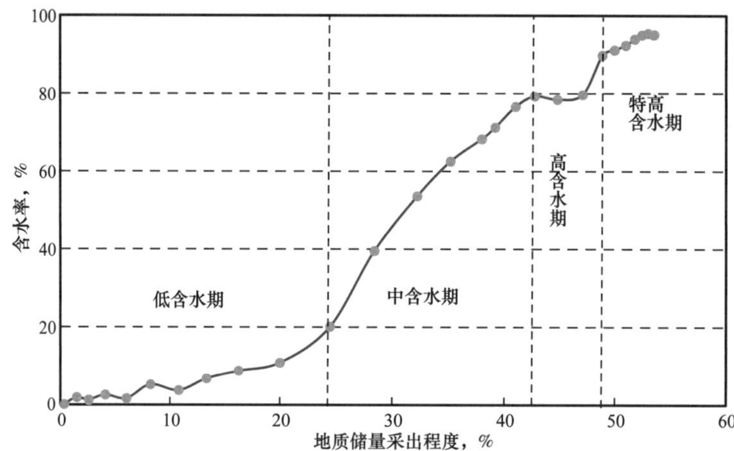

图 4-42　库姆科尔南油田 Object-2 油藏含水率与采出程度关系图

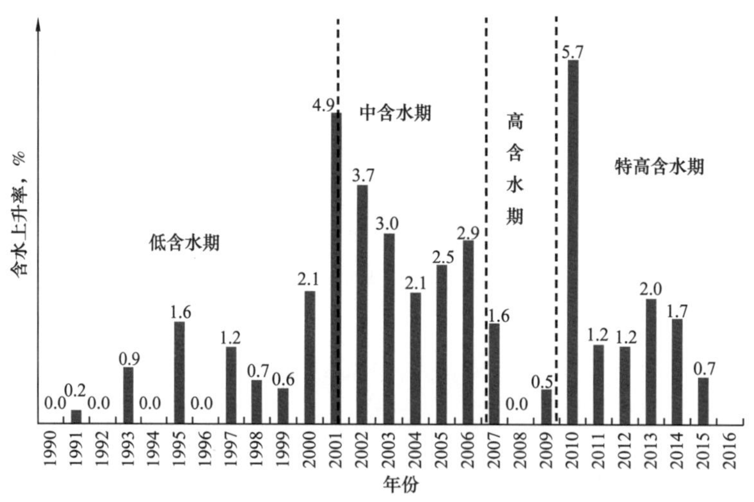

图 4-43　库姆科尔南油田 Object-2 油藏含水上升率变化图

3. 开发初期新井初产高，初期递减快

库姆科尔南油田 Object-2 油藏 1990—1994 年投产新井 74 口，初期新井产量 15～104t/d，平均为 42t/d，但由于油藏衰竭式开发，地层能量不能得到及时补充，导致多数新井递减快，最高年递减率超过 90%（图 4-44）。

4. 后期新井产能差异大，含水差异大，新井部署风险高

高速开发后期，油田处于高采出程度（>40%）特高含水（>90%）开发阶段，剩余油分布极其复杂，加密新井产量、含水率差异大，2010—2014 年共计投产新井 19 口，新井初产 0.1～35.3t/d，含水率 0～97%（图 4-45）。

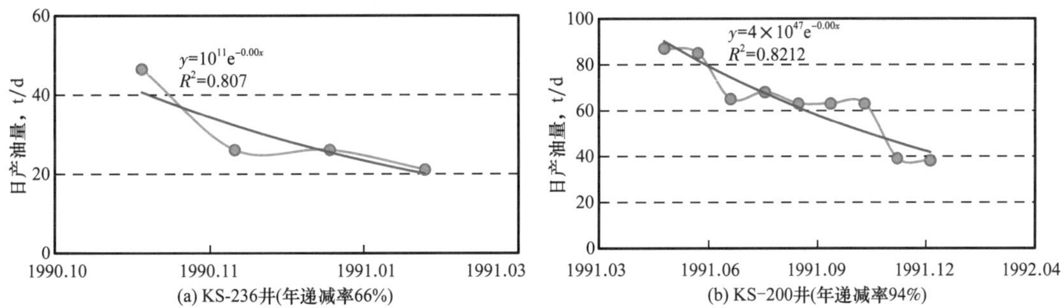

图 4-44　库姆科尔南油田 Object-2 油藏开发初期新井产油递减曲线

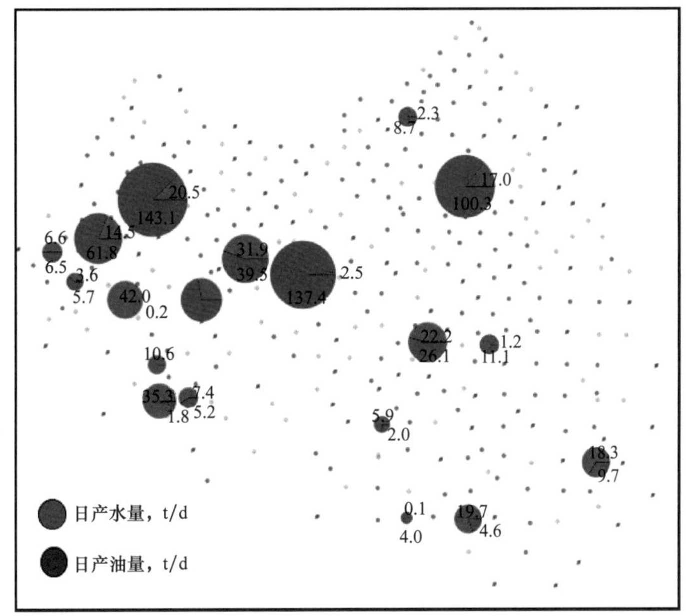

图 4-45　库姆科尔南油田 Object-2 油藏 2010—2014 年新井投产情况

5. 前期油田产量自然递减大，加强注水后递减逐年减缓

由于库姆科尔南油田 Object-2 油藏初期依靠天然能量衰竭开发，1992 年开始点状注水，但不能及时恢复地层能量，导致早期自然递减率大（34%）。

1994 年开始完善注采井网，采用 500m 井距反九点面积注水，同时边部低产油井转注，注采井数比为 1∶4.7，年注采比为 0.94，注水加强后地层能量得到及时补充，缓解了油田的自然递减（图 4-46 至图 4-49）。

同时根据开发需要，该油藏不断调整注水方式，2002 年开始实施屏障注水，形成了反九点面积注水、屏障注水和边缘注水相结合的开发方式，注采井数比为 1∶2.1，年注采比为 1.12，累计注采比 0.72，年平均自然递减率为 22%。

2015 年，油田采用不规则面积注水结合边缘注水的方式进行注水开发，注采井数比为 1∶2.4，注采比为 1.12，累计注采比 0.93，年自然递减率 11%。

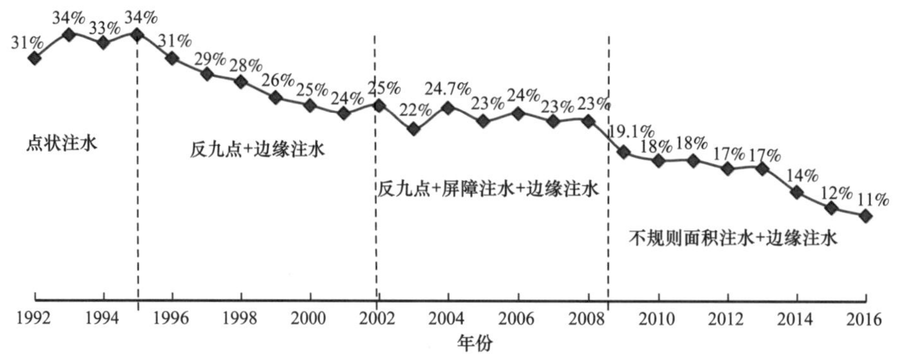

图 4-46　库姆科尔南油田 Object-2 油藏自然递减率变化图

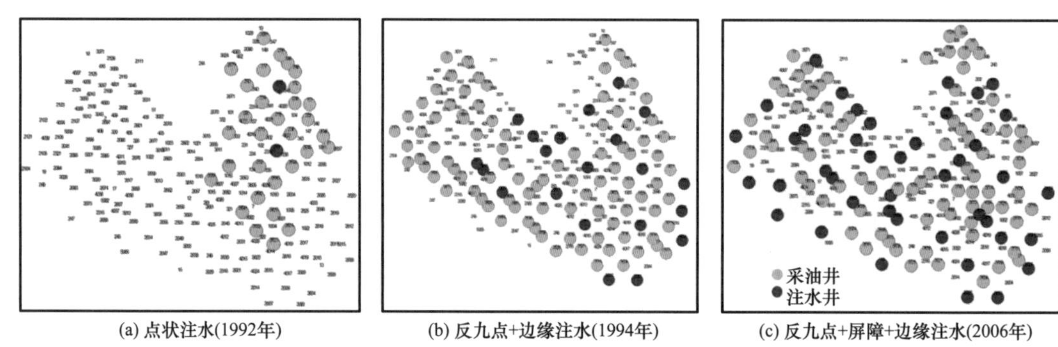

图 4-47　库姆科尔南油田 Object-2 油藏注采变化图

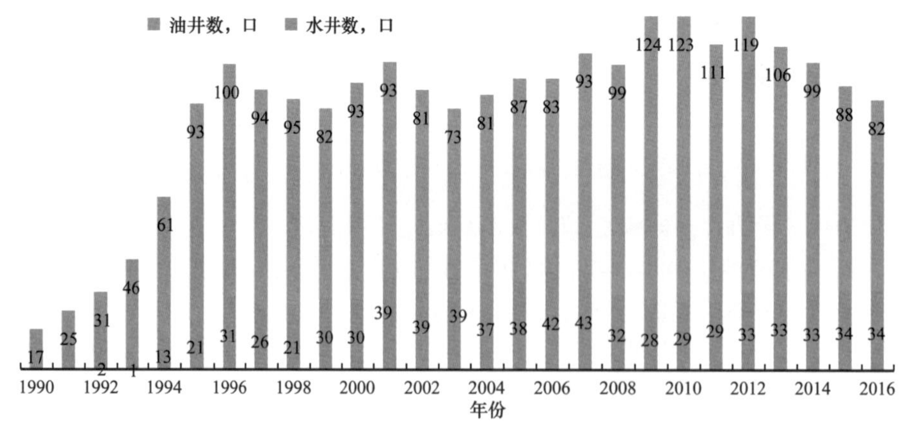

图 4-48　库姆科尔南油田 Object-2 油藏注采井数变化图

6. 边缘结合面积注水，水驱储量控制程度低，地层压力保持水平低

目前 Object-2 油藏油水井数比为 2.4：1，累计注采比为 0.93，但注水存在点强面弱的特点，局部注采井网不完善，注采井组水驱储量控制程度为 69.2%（表 4-13、图 4-50、图 4-51）；层内压力分布差异大；Object-2 油藏压力保持水平仅为 53%。

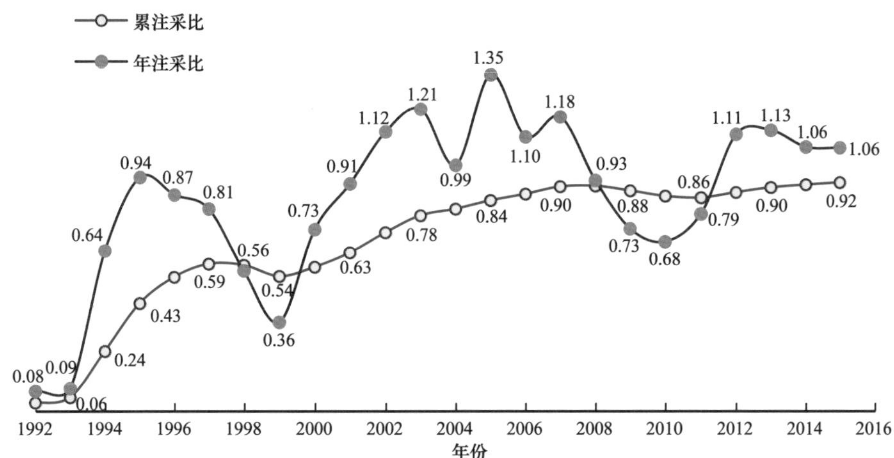

图 4-49　库姆科尔南油田 Object-2 油藏注采比变化图

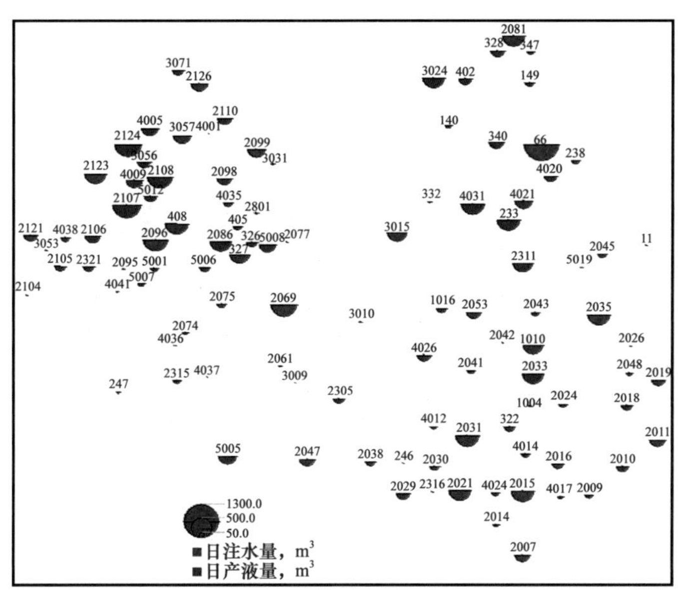

图 4-50　库姆科尔南油田 Object-2 油藏注采现状图

表 4-13　库姆科尔南油田 Object-2 油藏注水统计

总注水		边外注水		内部注水		水侵量 10^4m^3	平面水驱控制程度 %	注采井组水驱储量控制程度 %	压力保持水平 %
井数 口	累计注水量 10^4m^3	注水井数 口	累计注水量 10^4m^3	注水井数 口	累计注水量 10^4m^3				
70	7646	9	1002	61	6645	751	56.3	69.2	53

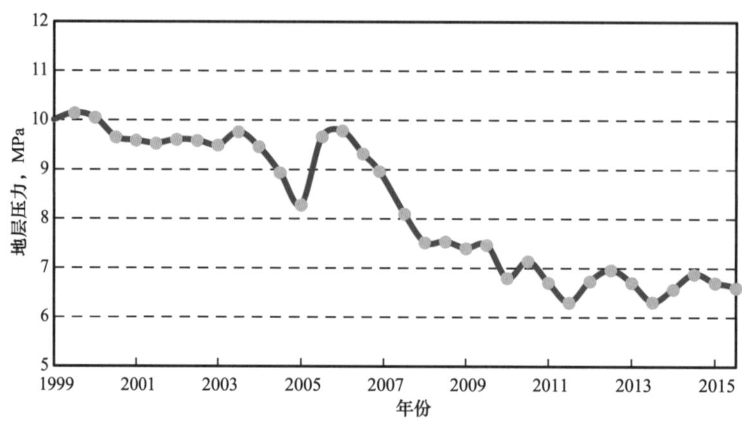

图 4–51　库姆科尔南油田 Object–2 油藏压力变化图

7. 逐步改变举升方式，优化工作制度，不断提高采液速度

Object–2 油藏从 1997 年开始逐渐增加电潜泵和螺杆泵采油，实施提液增油，有效地维持了油藏的高速开发（图 4–52，图 4–53）。

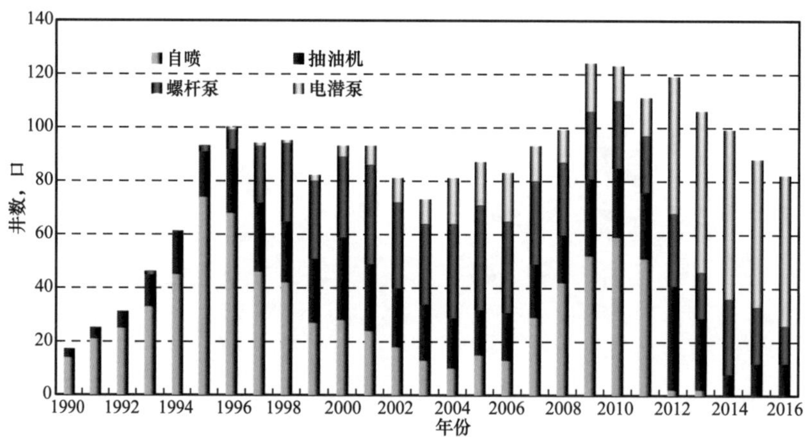

图 4–52　库姆科尔南油田 Object–2 油藏采油方式变化图

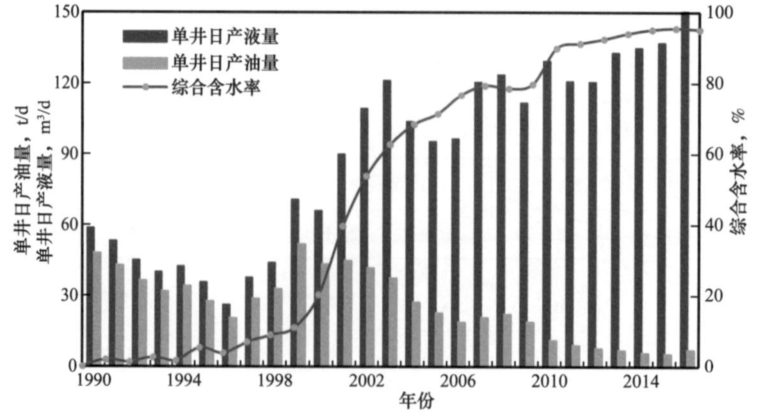

图 4–53　库姆科尔南油田 Object–2 油藏日产油量与日产液量关系

高速开发后期，在局部区域完善注采井网补充地层能量，在满足提液需求的基础上，适时换大泵提液稳油，水驱效果有一定改善。

2006—2017 年，Object-2 油藏 18 口井转注，转注井多数为不规则点状注水补充地层能量，以满足提液稳油需求。

以 KS-327 井组为例，KS-327 井 2011 年转注后，有效地补充了地层能量，井组含水上升平稳；后期大泵提液增油效果明显（表 4-14、图 4-54）。

表 4-14　库姆科尔南油田 Object-2 油藏近年转注井统计

井号	层位	转注时间	注水方式
54	Object-2	2009.03	点状
151	Object-2	2010.11	边缘
327	Object-2	2011.12	反九点
1010	Object-2	2011.11	点状
2016	Object-2	2015.07	反九点
2019	Object-2	2013.02	边缘
2021	Object-2	2016.01	点状
2024	Object-2	2006.10	点状
2032	Object-2	2010.09	点状
2038	Object-2	2012.06	点状
2045	Object-2	2010.05	点状
2047	Object-2	2015.11	点状
2069	Object-2	2012.08	点状
2081	Object-2	2007.05	点状
3006	Object-2	2006.05	点状
3010	Object-2	2011.08	点状
3057	Object-2	2012.02	点状
4026	Object-2	2011.12	点状

8. 注入水突进严重，油层纵向动用程度低

笼统注水造成砂体小层间吸水差异大，注入水沿高渗透层突进，水窜严重，内部水淹不均；产吸测试显示，Object-2 水驱动用程度为 27.8%（表 4-15、图 4-55）。

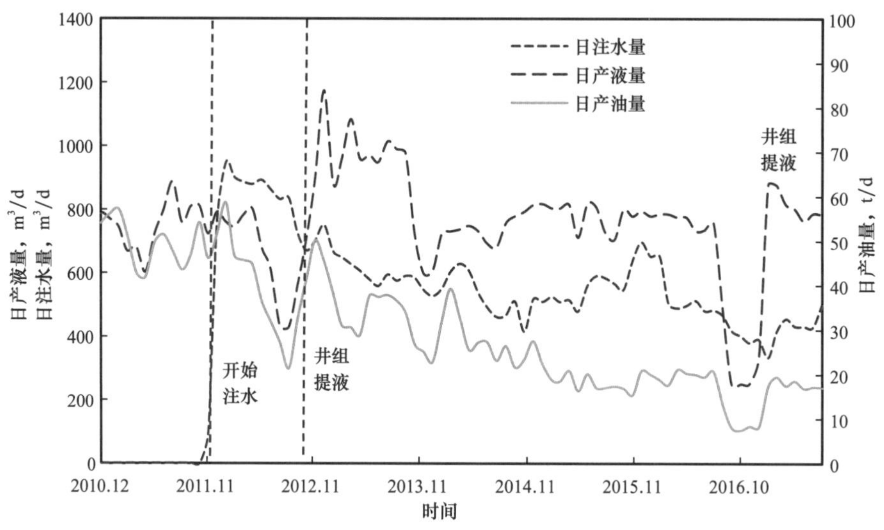

图 4-54 库姆科尔南油田 KS327 井组开采曲线

表 4-15 库姆科尔南油田 Object-2 油藏近年产吸剖面统计

产液剖面				吸水剖面			
井次	射开厚度 m	产液厚度 m	产液厚度 比例，%	井次	射开厚度 m	吸水厚度 m	吸水厚度 比例，%
23	271.2	75.3	27.8	34	553.4	186.5	33.7

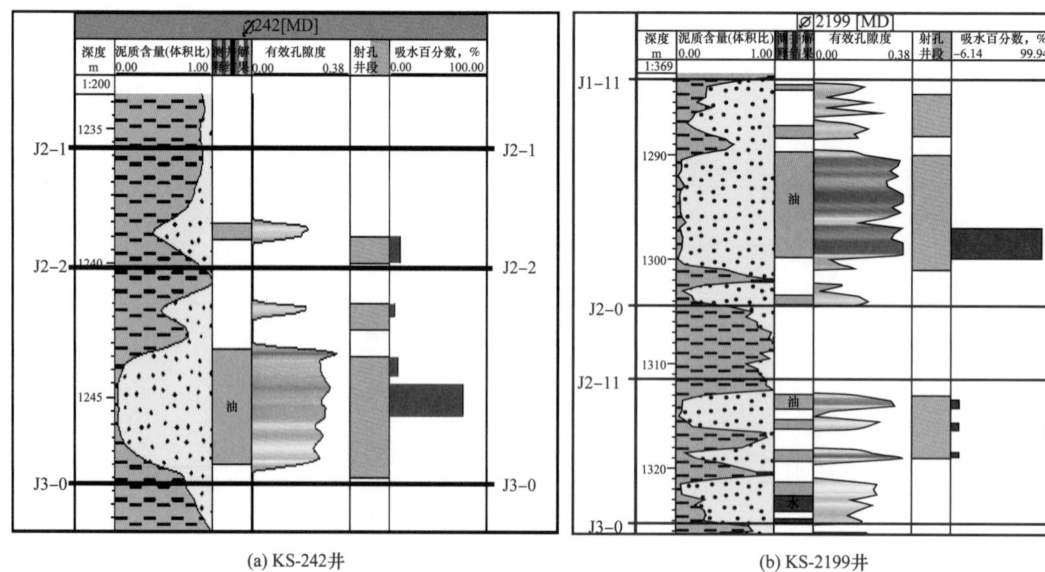

图 4-55 库姆科尔南油田典型井吸水剖面

总体而言，弱边水油藏高速开发时，开发早期（采出程度 5.8%）就进行注水补充能量，低含水期含水率上升较慢，气油比保持稳定，采出程度高。开发中期，大泵提液稳油保持高采液速度的同时也加剧了注入水的不均匀推进，导致含水率上升速度急剧增加；开发后期的注水调整结合大泵提液稳油、剩余油挖潜保证了该油藏持续高速开发。

第二节 高速开发后剩余油分布规律

砂岩油田在注水开发中，不论是低速开发还是高速开发，注入水对油层的作用结果是油层受到不同程度的水淹，最终决定了剩余油的分布。相比低速开发，高速开发条件下，注入水对油层的冲刷作用更强，因此，砂岩油田高速开发后，剩余油分布具有不同于低速开发后的典型特征。以 PK 项目低黏度油藏库姆科尔油田高速开发为例，基于 367 口井的水淹层解释结果数据，以单砂体为单元，定性及定量评价不同类型砂体水淹特征，分析砂体构型、水体能量和原油黏度对剩余油分布的影响。

一、不同类型砂体水淹特征

1. 曲流河砂体

曲流河砂体中由于侧积层的存在，点坝砂被若干个倾斜的泥质侧积层分割成底部连通、上部不连通或者弱连通的侧积体，单砂体呈正韵律，砂体底部渗透率较高[1-6]。由于在砂体顶部受到侧积层的遮挡作用，注入水难以波及或者波及范围小，主要沿下部高渗段波及，从而造成底部强水淹，而上部多为弱水淹或者未水淹［图 4–56（a）］，顶部动用程度低。溢岸砂为细—粉砂岩构成的薄层砂，单砂体物性差，与河漫滩泥互层发育，砂体平面延伸较窄，横向变化快，连通性差，注入水波及程度受不同砂体之间的连通性影响大，水淹程度低［图 4–56（b）］，整体动用程度低[7]。

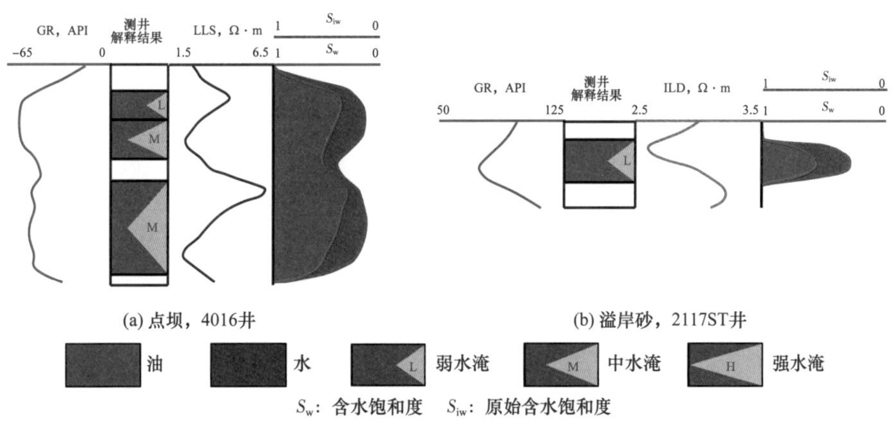

图 4–56 曲流河单砂体水淹特征

各单砂体不同级别水淹层含水特征分析结果表明（表 4–16），由于溢岸砂物性差，非均质性较强，ΔS_w（目前含水饱和度与原始含水饱和度之差）均值较小，而点坝砂的非均值性相对较弱，ΔS_w 值较大。

表 4-16　曲流河单砂体不同级别水淹层含水特征

饱和度	点坝砂				溢岸砂			
	未水淹	弱水淹	中水淹	强水淹	未水淹	弱水淹	中水淹	强水淹
含水饱和度 S_w	0.44	0.53	0.56	0.62	0.47	0.55	0.62	0.64
初始含水饱和度 S_{iw}	0.43	0.36	0.27	0.25	0.45	0.35	0.35	0.32
ΔS_w（S_w−S_{iw}）	0.01	0.17	0.29	0.37	0.02	0.20	0.27	0.32

曲流河单砂体不同水淹级别油层的厚度统计结果表明，点坝砂未水淹层和弱水淹层的厚度比例为 39.6%，强水淹层占 40.6%，由于点坝砂分布面积广，有很大的潜力；溢岸砂未水淹层和弱水淹层的厚度比例高达 56.9%，强水淹层仅占 20.8%，动用程度低，但是该砂体仅在点坝靠近河漫滩边部小范围发育，地质储量所占比例低，开发潜力小（图 4-57）。

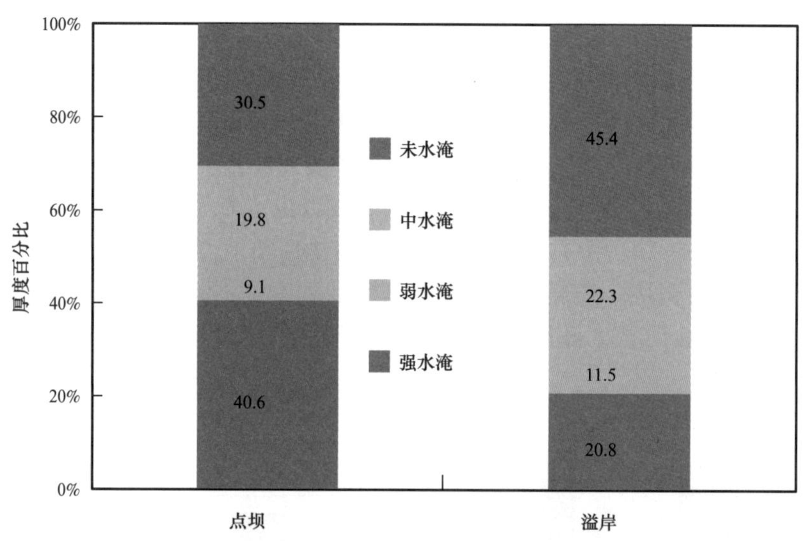

图 4-57　曲流河单砂体水淹厚度比例统计图

2. 辫状河砂体

由于砂体内部发育近水平的落淤层，辫状河砂体表现为层状的构型特征，并且不同砂体间的不渗透或者低渗透遮挡层不发育，砂岩内部非均质较弱[8, 9]。由于近水平落淤层的存在，减缓了注水推进过程中由于受重力影响造成的底部突进现象，注入水波及范围大，水淹均匀，一旦水体渗入，就形成了高渗通道，水驱动用程度高（图 4-58）[10]。

辫状河单砂体不同水淹级别油层的厚度统计结果表明，辫状河道强水淹层厚度比例为 81.7%，心滩由于非均质性相对较强，底部突进现象明显些，强水淹层厚度比例为 51.8%（图 4-59）。

3. 三角洲前缘砂体

三角洲砂体叠置结构与构型特征相对比较复杂，一方面，不同砂体间相互叠置，存在非渗透或者低渗透边界。另一方面，在分流河道及河口坝砂体内部发育泥质夹层。因此，注入水在推进过程中同时受这两方面的影响，注入水主要沿某些优势界面或者通道推进，整体波及范围小，强水淹层厚度比例相对较小[11-14]。水下分流河道砂体具有正韵律沉积特征，一般中下部强水淹或中水淹，上部弱水淹或未水淹，但由于单砂体内部泥质夹层的存在，也见中下部未水淹或弱水淹［图 4-60（a）］；河口坝由于物性特征呈现反韵律，底部水淹相对较弱［图 4-60（b）］；席状砂多为薄层、横向变化快，水淹波及程度低，以弱水淹为主［图 4-60（c）］[10]。

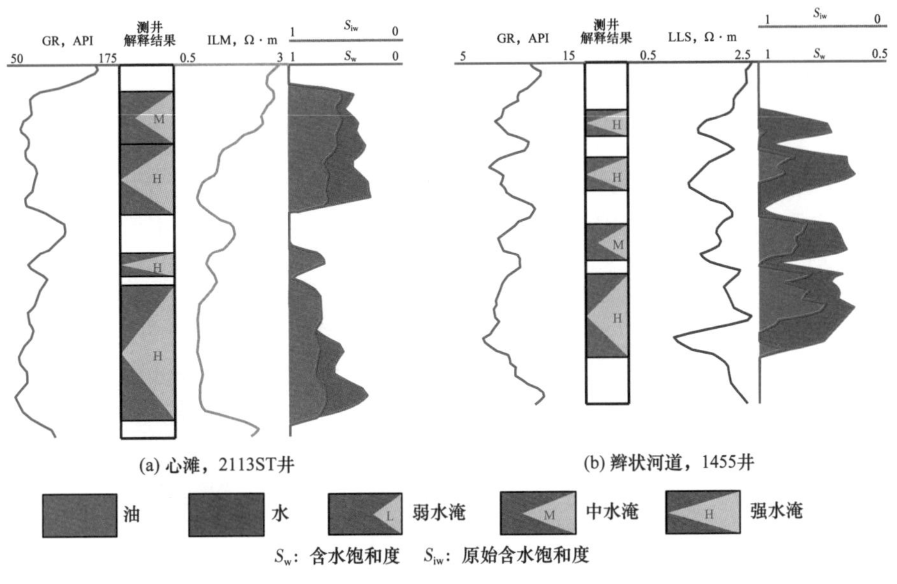

图 4-58　辫状河单砂体水淹特征

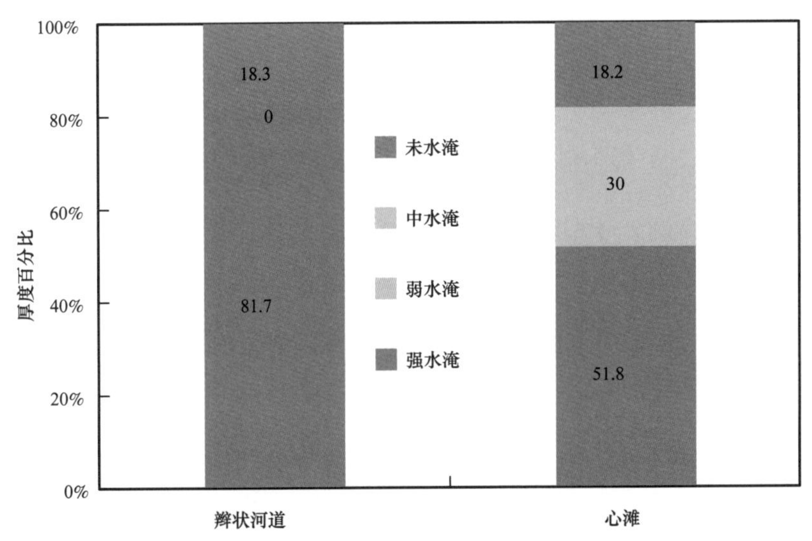

图 4-59　辫状河单砂体水淹厚度比例统计图

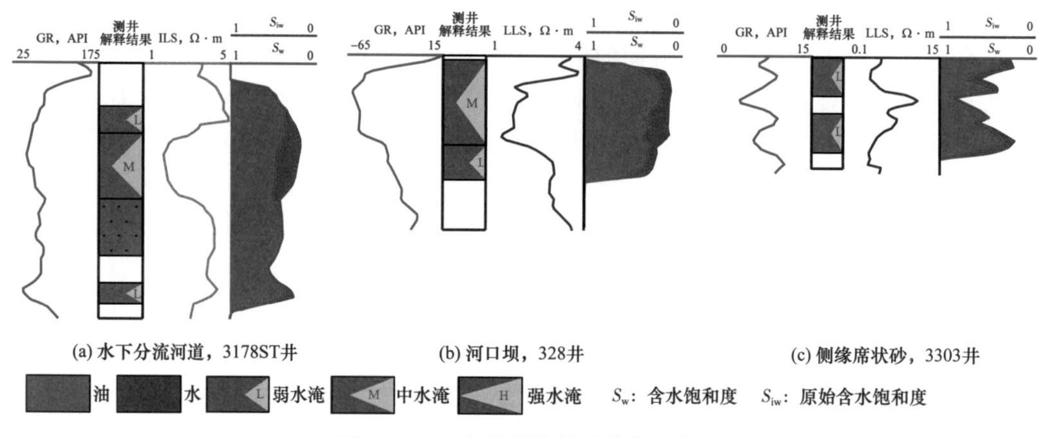

图 4-60　三角洲前缘单砂体水淹特征

三角洲前缘单砂体不同水淹级别油层的厚度统计结果表明，水下分流河道未水淹油层厚度比例为 47.4%，河口坝未水淹油层厚度比例为 64.7%，席状砂未水淹油层厚度比例为 62.8%（图 4-61）。

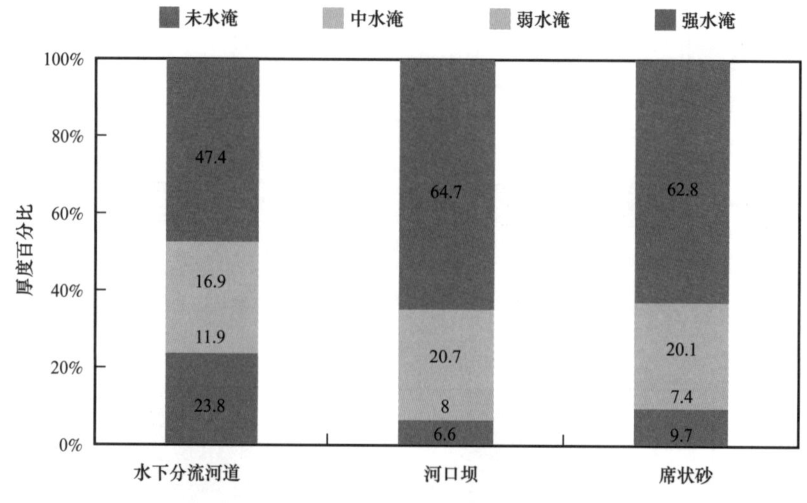

图 4-61　三角洲前缘单砂体水淹厚度统计图

二、砂体构型特征对剩余油分布的影响

1. 曲流河砂体

单砂体内部非均质特征表明，点坝砂被若干个倾斜的泥质侧积层分割成底部连通，顶部弱连通或不连通的侧积体，底部砂体物性好，一旦见水就强烈水淹，形成明显的优势通道，而顶部由于侧积层的遮挡，注入水较难波及，是剩余油的富集区域；废弃（末期）河道下部为点坝砂，内部为细粒泥质沉积，阻挡注入水的推进，而下部点坝砂在靠近废弃河道泥质充填区物性变差，水淹作用弱；溢岸砂为细—粉砂岩构成的薄层砂，单砂体物性差，与河漫滩泥互层发育，砂体平面延伸较窄，横向变化快，连通性差，注入水波及程度受不同砂体之间的连通性影响大，水淹程度低（图 4-62）。空间上，曲流河砂体以点坝砂

为主，溢岸砂只分布在河道的边部，而废弃河道砂发育面积最小。整体上，曲流河砂体在点坝内侧积层、废弃河道细粒泥质沉积物、河漫滩泥岩发育的情况下，形成了以点坝砂水淹为主，溢岸砂弱水淹的水淹模式[15, 16]。

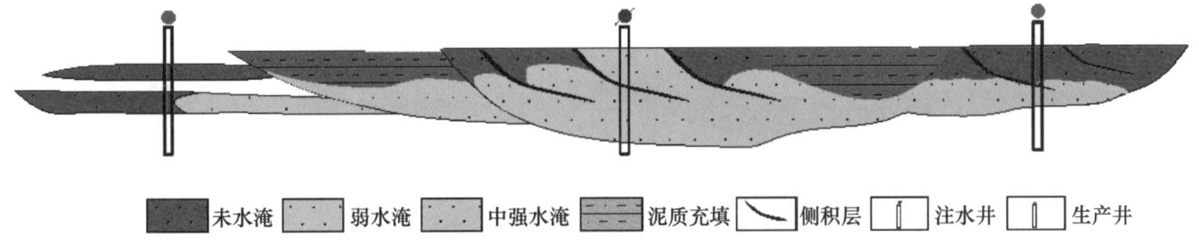

图 4–62 曲流河砂体水淹模式图

侧钻井砂体水淹层解释结果较好地验证了砂体内部构型特征对水淹特征的控制作用。油田 2117 井 M–I–1 层和 M–I–2 层的两套砂体分别为点坝砂和溢岸砂，2000 年为原始油层。2009 年，在距离 2117 井 18m 处侧钻了 2117ST 井，M–I–1 层点坝砂中下部为强水淹层，顶部有 2m 厚的中水淹油层。但从测井曲线特征来看，该点坝砂具有反韵律特征，顶部砂体的物性好于下部，之所以出现下部强水淹、上部中水淹的原因是在中水淹油层的底部发育 0.2m 的泥质侧积层，遮挡了水体的流动。M–I–2 层溢岸砂为弱水淹层，反映了其物性较差的构型特征（图 4–63）。

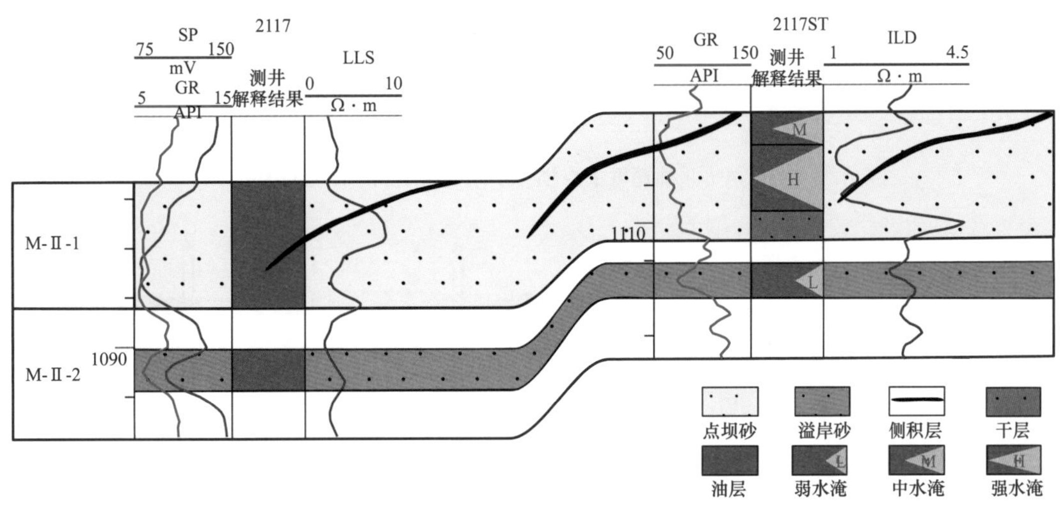

图 4–63 曲流河砂体老井和侧钻井水淹状况对比

高速开采条件下，砂体构型特征同样决定着砂体内注入水的流动和剩余油的分布。点坝单砂体内发育倾斜的侧积层，导致注入水在点坝砂体底部形成优势通道，底部水淹严重，剩余油集中分布在砂体顶部（图 4–64）。

2. 辫状河砂体

辫状河砂体构型简单，仅在心滩砂体内发育落淤层。心滩单砂体和辫状河道单砂体物性较好，内部非均质性弱，单砂体之间连通性好[17]。当注入水进入时，波及迅速，砂体会强烈水淹，仅在心滩砂体内被落淤层遮挡的层段或者辫状河道上部有弱水淹区或未水淹区，整体上潜力很小（图 4–65）。

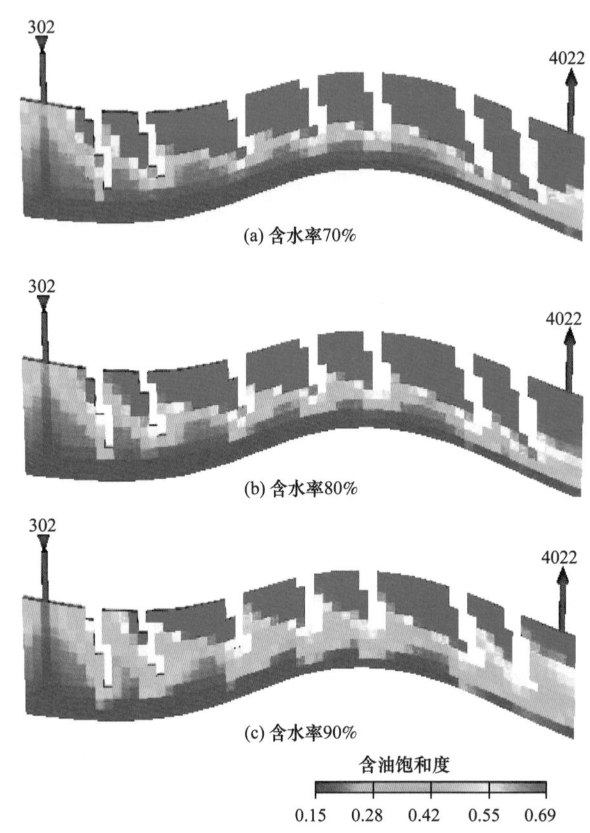

图 4-64　4% 采油速度下点坝砂不同含水期剩余油分布模式

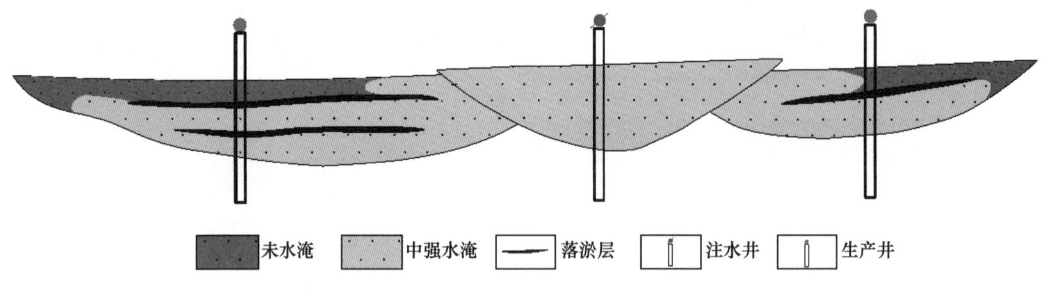

图 4-65　辫状河砂体水淹模式图

侧钻井砂体水淹层解释结果较好地验证了砂体内部构型特征对水淹特征的控制作用。油田 2113 井 M-Ⅱ-2 发育心滩砂，1997 年为原始油层。2009 年，侧钻了 2113ST 井，M-Ⅱ-2 层心滩砂中下部为强水淹层，顶部有 2m 厚的中水淹油层；从心滩砂体的内部构型来看，当水体进入后，会均匀推进，大部分层段会被强水淹，而之所以出现顶部有水淹程度相对较弱的油层，一方面是因为受重力作用和沉积韵律特征影响，水体优先流向底部优势段；另一方面是由于心滩单砂体内发育落淤层，将砂体分割成了几个相对独立的单元（图 4-66），并且占主导因素。

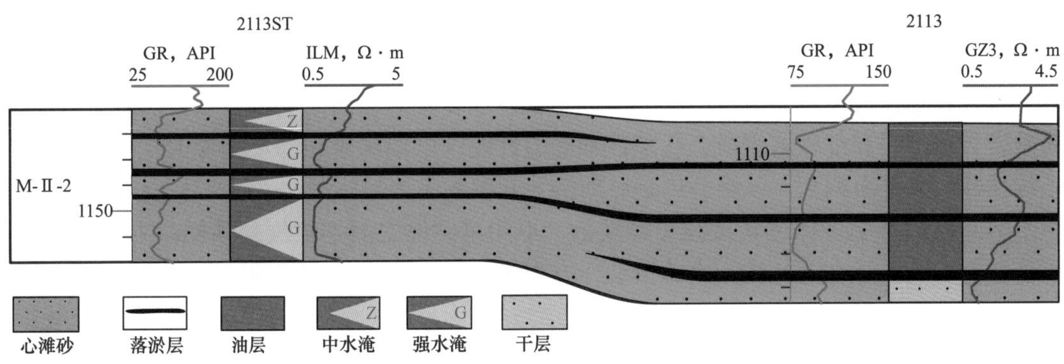

图 4-66　辫状河砂体老井和侧钻井水淹状况对比

高速开采条件下，砂体构型特征同样决定着砂体内注入水的流动和剩余油的分布。辫状河砂体构型简单，心滩砂体内部发育近水平落淤层，有利于减缓注水受重力影响造成的底部突进，注水纵向波及范围大；剩余油分布在砂体顶部及落淤层遮挡层段（图 4-67）。

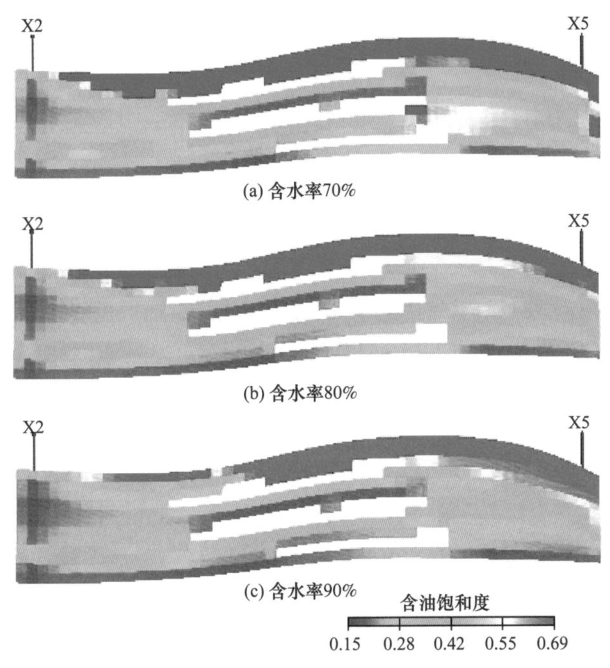

图 4-67　4% 采油速度下心滩砂不同含水期剩余油分布模式

3. 三角洲前缘砂体

相对于曲流河砂体和辫状河砂体，三角洲前缘砂体构型特征复杂，这种复杂性不仅体现在单砂体内部，也体现在各单砂体之间。水下分流河道砂体与河口坝砂体内部均发育泥质夹层，夹层的产状跟砂体一致。水体进入后，会先沿着高渗区波及。由于泥质夹层的遮挡作用，有些高渗透层段反而无法被有效地波及，因此，在水下分流河道砂体和河口坝砂体中泥质夹层的上部或下部有局部剩余油的富集。从砂体的沉积特征方面来分析，水下分流河道砂为正韵律沉积储层，底部物性好，注入水优先波及底部层段，在上部形成弱水淹或未水淹层段，砂体顶部是剩余油的富集区域；河口坝砂体为反韵律沉积储层，顶部物性好，注入水优先波及底部层段，在下部形成弱水淹或未水淹层段，下部差物性段是剩余油的富集区域。侧缘席状砂是薄层砂，内部不发育构型界面，砂体的构型特征主要是由砂体岩石组分和物性来体现。侧缘席状砂形成于水体能量相对较弱的沉积环境中，主要由泥质粉砂岩、粉砂岩和细砂岩组成，孔隙性和渗透性差，以弱水淹和未水淹为主。由于平面上连续性好，发育面积大，该类砂体是后期精细开发的主要目标。

空间上，各单砂体之间接触关系复杂，不同单砂体之间连通程度多样，主要呈连通、弱连通或未连通等方式。注入水的流动一方面受各类砂体之间的接触边界影响，另一方面受单砂体之间泥岩隔层的影响，水淹情况复杂[18, 19]，潜力较大（图 4–68）。

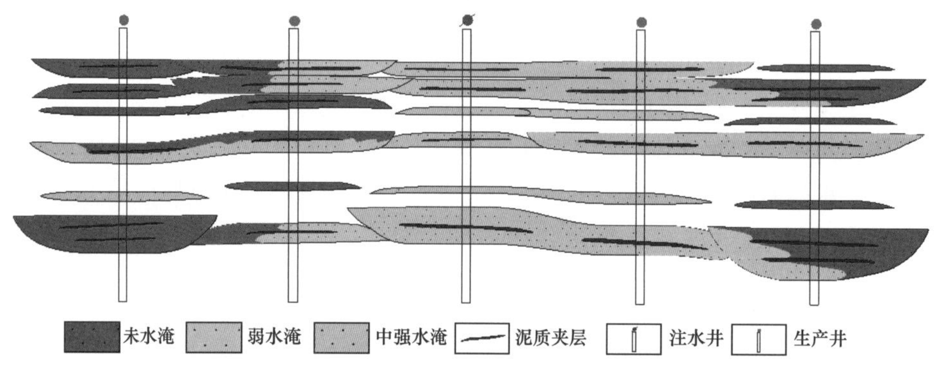

图 4–68　三角洲前缘砂体水淹模式图

侧钻井砂体水淹层解释结果较好地验证了砂体内部构型特征对水淹特征的控制作用。油田 3178 井 J–Ⅲ–1 和 J–Ⅲ–2 层发育河道砂，2004 年为原始油层。2009 年，侧钻了 3178ST 井，J–Ⅲ–1 层河道砂从顶部依次发育弱水淹层、中水淹层、未水淹层和弱水淹层，J–Ⅲ–1 层河道砂从顶部依次发育干层、强水淹层、中水淹层和干层，充分说明河道砂体内泥质夹层对水体的遮挡作用（图 4–69）。

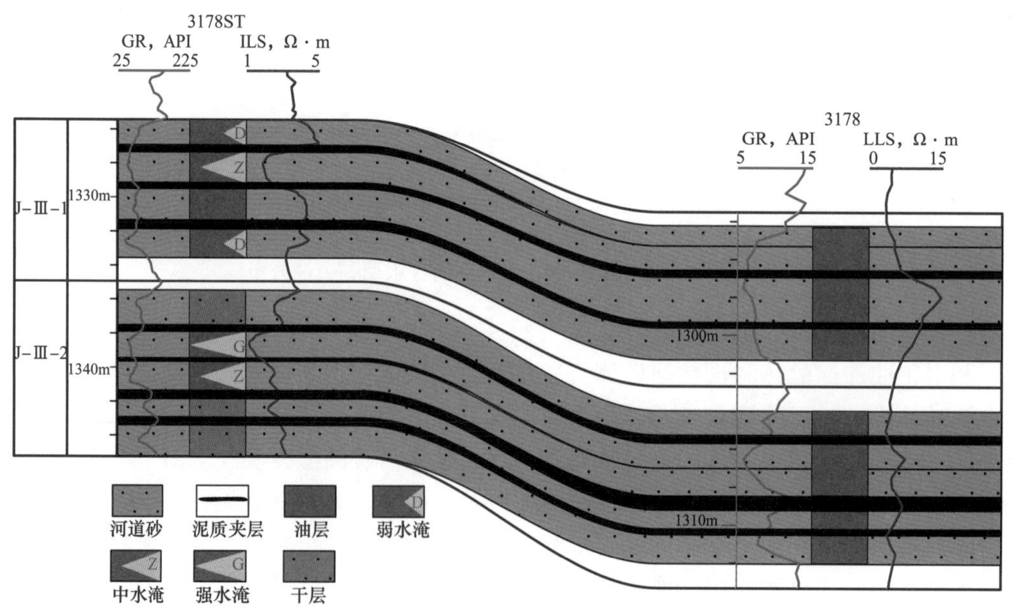

图 4–69　三角洲前缘砂体老井和侧钻井水淹状况对比

高速开采条件下，砂体构型特征同样决定着砂体内注入水的流动和剩余油的分布。三角洲前缘砂体构型复杂，不同类型砂体间发育低渗透边界，河道及河口坝内部发育泥质夹层，影响注水波及；河道内部注水纵向波及范围大，水驱效率高；剩余油主要分布在砂体中上部及泥质夹层遮挡层段（图 4–70）。

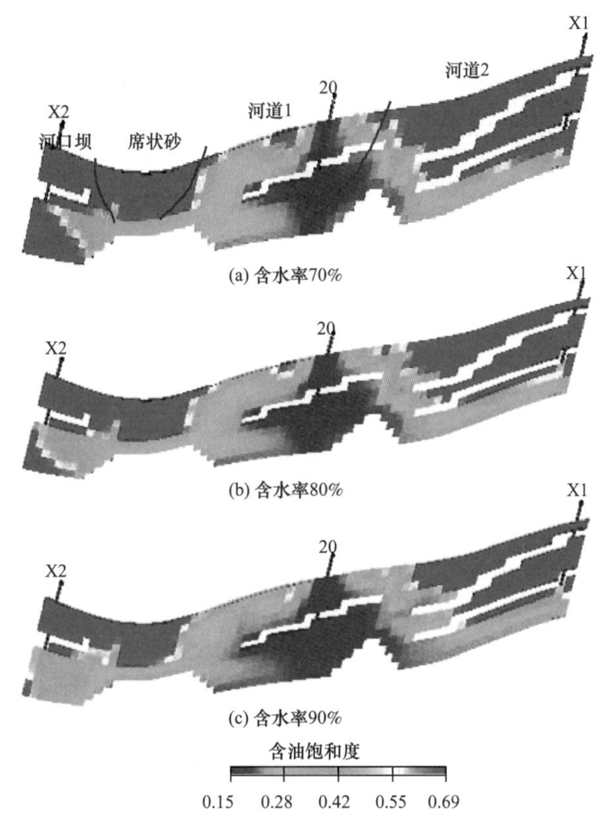

图 4–70　4% 采油速度下三角洲前缘砂不同含水期剩余油分布模式

三、水体能量大小对剩余油分布的影响

一般情况下，天然能量较充足的油藏采用边底水驱，天然能量不足的油藏采用注水开发。两者剩余油分布特征都受断层封堵性、储层非均质性、隔夹层、垂向韵律及平面相变等地质因素及井网、层系、采油速度等开发因素的影响，但主控因素、形成原因、分布形态、分类构成有所不同。前者主要受制于边底水能量向油藏内部传导的能力，剩余油以“远离边底水”型为主；后者主要受制于井网部署、层系划分、注采对应关系、注采强度等技术政策的合理性，剩余油以“层系井网不完善”型为主。本节重点讨论天然水驱下剩余油分布特征与分类构成，并与注水开发剩余油分布特征进行对比[20, 21]。

1. 边水油藏天然水侵模式及剩余油富集规律

影响剩余油分布的因素很多而且也很复杂，但主要有地质因素和开发因素两种类型，前者是内因，后者是外因，它们的综合作用形成了各种类型的剩余油分布。随着油藏含水率的不断升高，地层原油水关系不断演变，剩余油分布也趋于复杂。

为了节约前期投资，一般采用稀井高产，因此，有一定天然能量的油藏开发早—中期层系划分较粗，油层存在边水入侵、高渗透层突进、断层导水等水淹模式（图 4–71）。剩余油主控因素包括边水入侵强度、断层封堵性、储层非均质性、隔夹层、垂向韵律及平面相变等地质因素，以及井网、层系、采油速度等开发因素。

剩余油分布受边水能量因素影响显著，低压区剩余油较丰富，整体上剩余油呈连片分布，主要集中在水驱能量较弱的储层、构造高部位（图 4–72）、储层连续性较差及断层遮挡处。

以南苏丹法鲁奇油田帕尔 –1、法尔 –1 块天然水驱后剩余油分布为例（图 4–73），纵

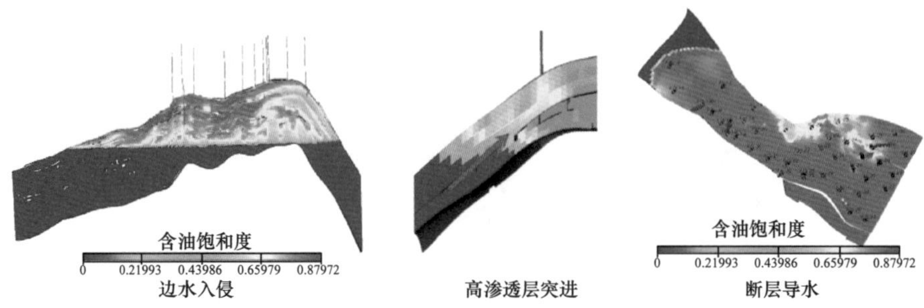

图 4–71　天然水驱阶段主要水淹模式

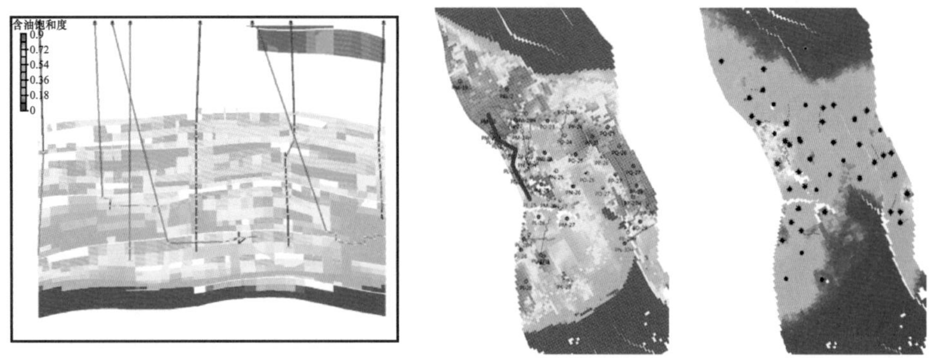

图 4–72　构造高部位剩余油剖面、平面含油饱和度分布及剩余油丰度图

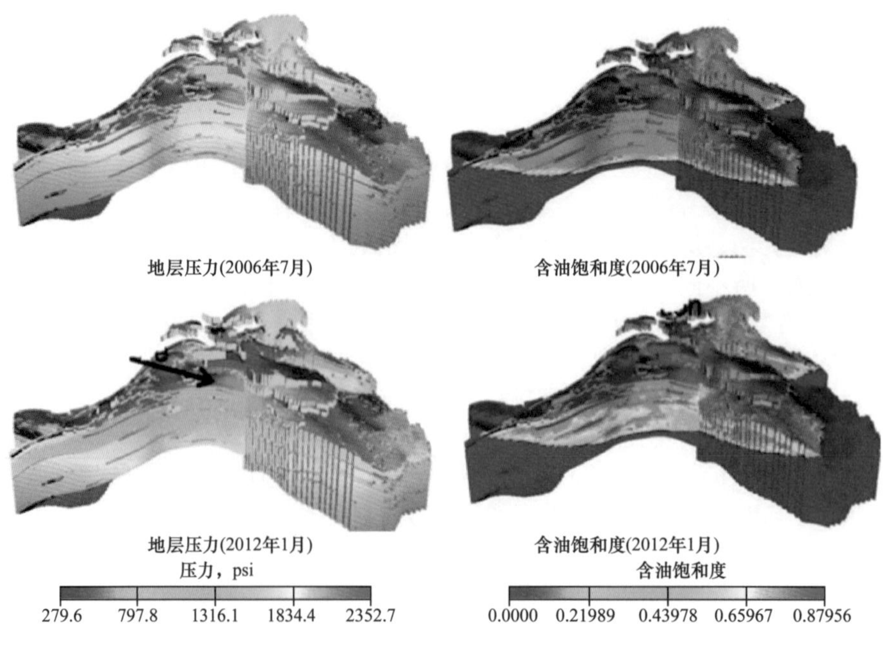

图 4–73　帕尔块天然水驱前后地层压力及油水关系对比

向上 YⅥ及 YⅤ底部水侵程度较高；YⅣ及 YⅤ高部位能量不足，边水波及程度低（图 4-74、图 4-75）。

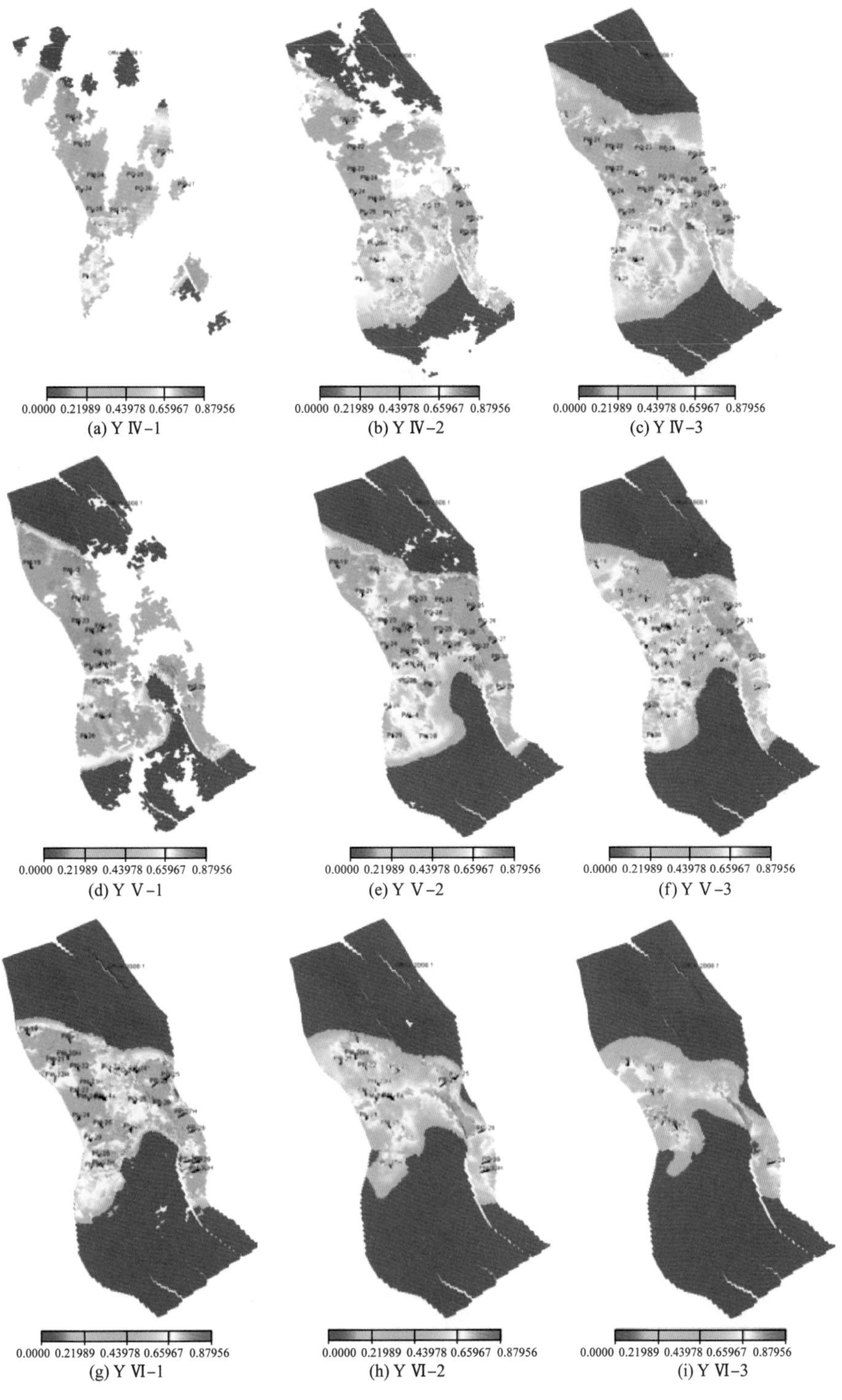

图 4-74　帕尔块各小层剩余油分布

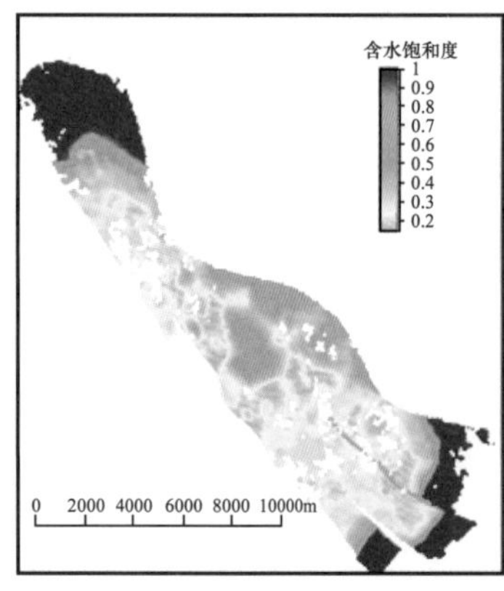

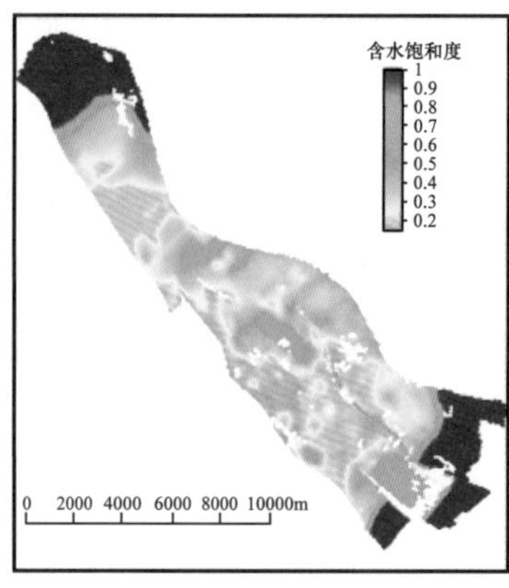

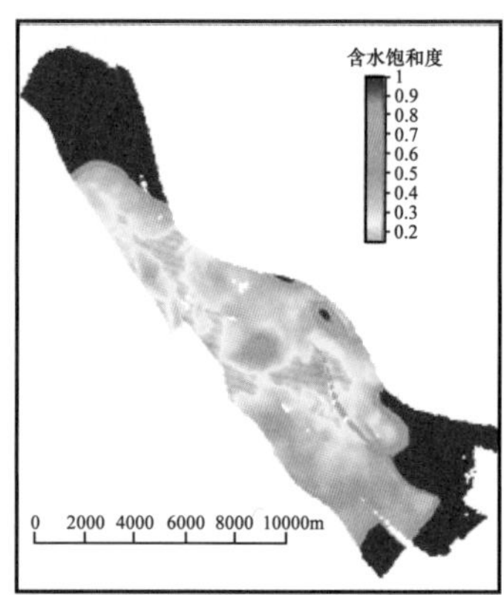

图 4–75 法尔 –1 块各小层剩余油分布

天然水驱高速开发后油藏水淹特征与面积注水水淹特征存在较大差异（表 4–17、图 4–76）：油藏达到高含水期，强水淹储量小于 1%，而面积注水油藏达到 12.2%；前者弱水淹储量占 80%，后者占 58%。天然水驱不均衡，相比面积注水低水淹程度储量分布更为集中，主要位于远离天然水体的构造高部位、井网稀疏及断层遮挡处。

表 4–17 天然水驱末与面积注水（含水 60%）剩余油分布对比

水淹级别	剩余油饱和度，%	
	面积注水（海外典型油田）	天然水驱末（法尔 –1，法尔 –5，帕尔等）
未水淹（f_w<10%）	0.0	0.0
弱水淹（f_w=10%～40%）	57.7	80.3
中水淹（f_w=40%～60%）	17.7	18.2
较强水淹（f_w=60%～80%）	12.4	1.1
强水淹（f_w>80%）	12.2	0.4

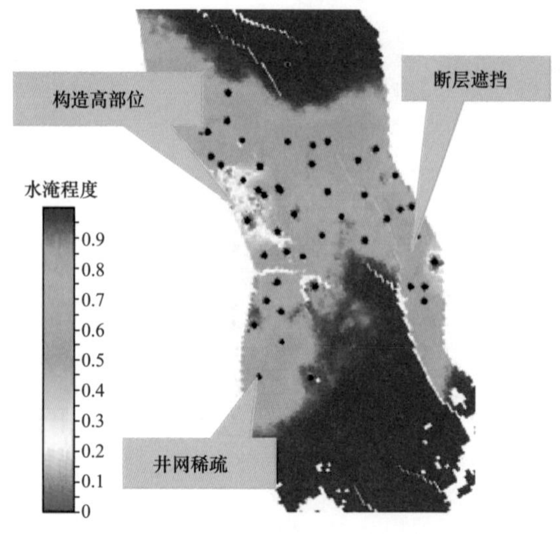

图 4–76 帕尔块水淹程度储量分布图

2. 底水油藏天然水侵模式及剩余油富集规律

一般情况下，强底水油藏在高含水阶段仍分布有大量剩余油，因此，研究剩余油分布规律是加密调整的关键。底水油藏剩余油分布研究一般流程如图 4-77 所示。

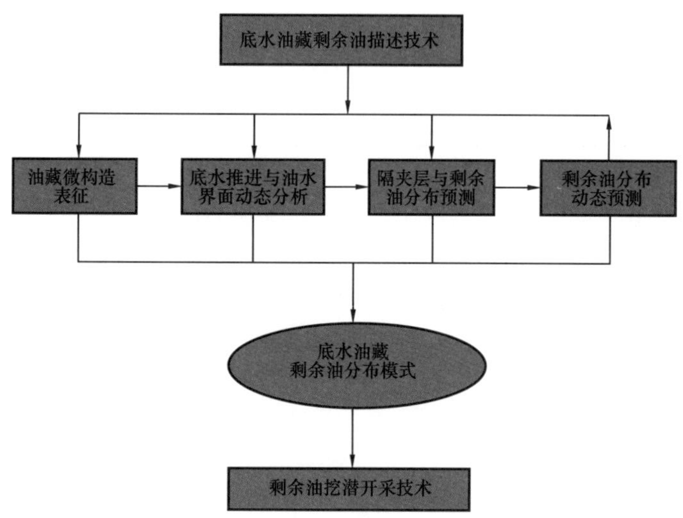

图 4-77　底水油藏剩余油分布研究基本流程

机理研究表明，底水驱油藏剩余油分布与储层物性关系密切。相同含水情况下，正韵律油藏剩余油富集的井间及储层顶层，是高含水及特高含水阶段主要潜力（图 4-78）。

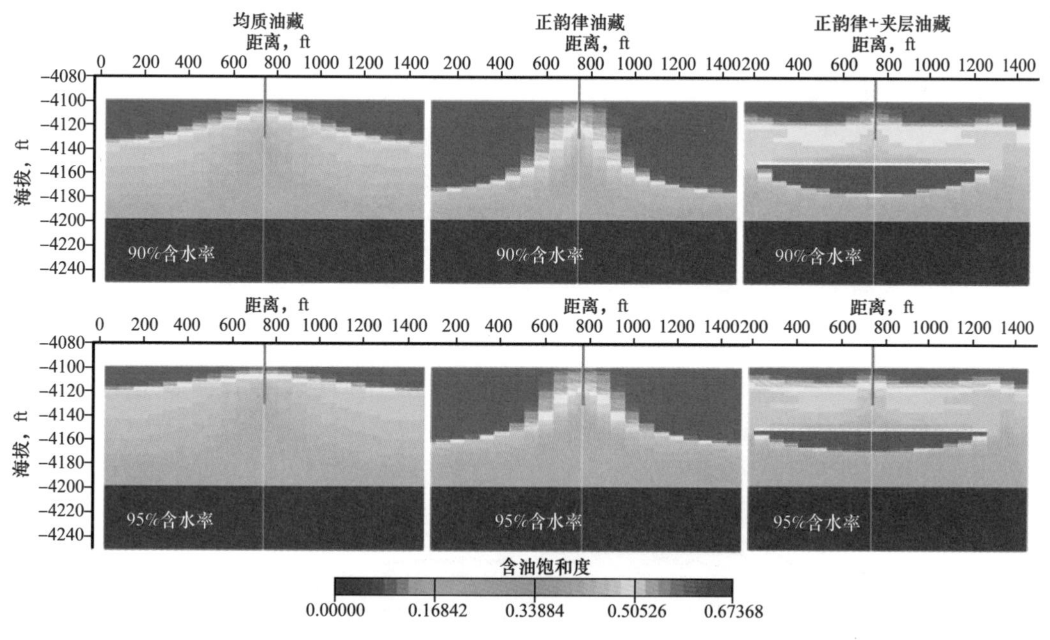

图 4-78　残余油饱和度分布图

对于块状底水油藏，一旦投入开发，底水向上部的油藏内部运动，储层的非均质性以及不同油井的生产制度导致水线推进较为复杂，有必要从平面和纵向上分析块状底水油藏的水线推进规律，指导剩余油挖潜。

将加密钻井结果与油藏数值模拟相结合，分析底水油藏剩余油分布特征，存在 5 种剩余油分布类型：

（1）井间剩余油分布模式：剩余油主要分布于井与井之间泄油半径未达到的区域（图 4–79）。

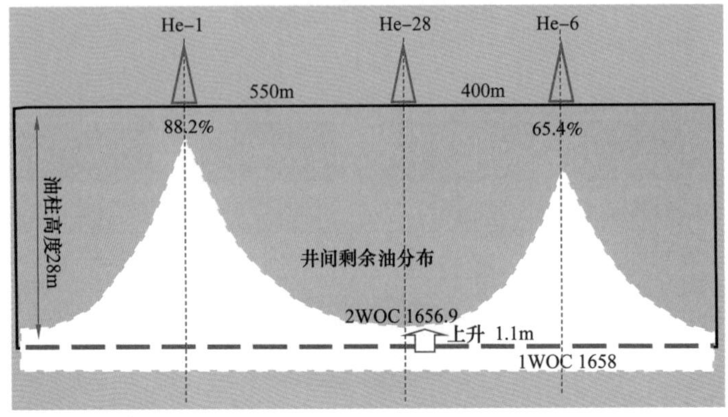

图 4–79　井间剩余油分布模式

（2）油藏边部剩余油分布模式：油藏边部井网有待于完善或者有进一步滚动扩边的潜力（见图 4–80）。

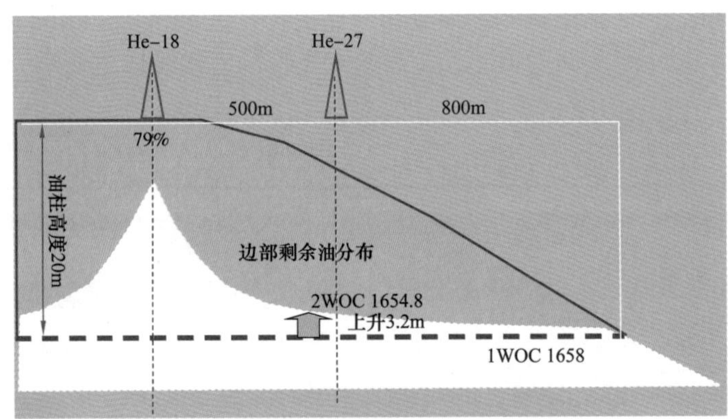

图 4–80　油藏边部剩余油分布模式

（3）隔夹层遮挡的剩余油分布模式：由于层内有厚度不同且不连续的泥岩隔夹层，对含水率的上升具有一定的隔挡作用（图 4–81）。

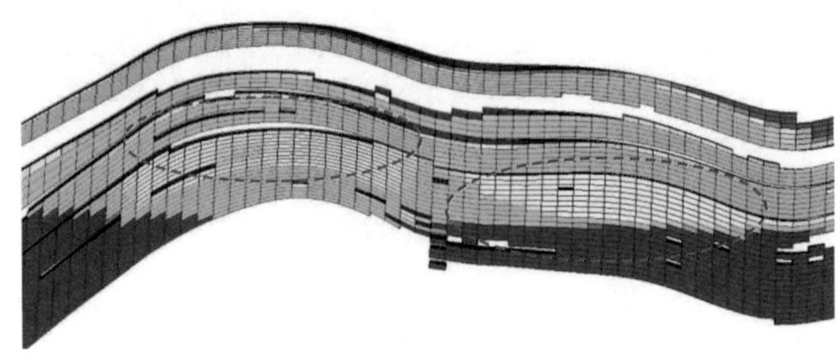

图 4–81　隔夹层遮挡的剩余油分布模式

开发中前期，油藏底部大段夹层发育，两侧底水主要以边水突进形式进入油藏内部，形成次生边底水；开发中后期，纵向上以次生底水向上托进为主。

不同位置油水界面上升受夹层和构造影响较大（图 4–82），截止到 2015 年油水界面平均上升 10～20m。

由于夹层的影响，底水不能有效波及未射孔夹层顶部和底部，造成夹层局部剩余油富集。

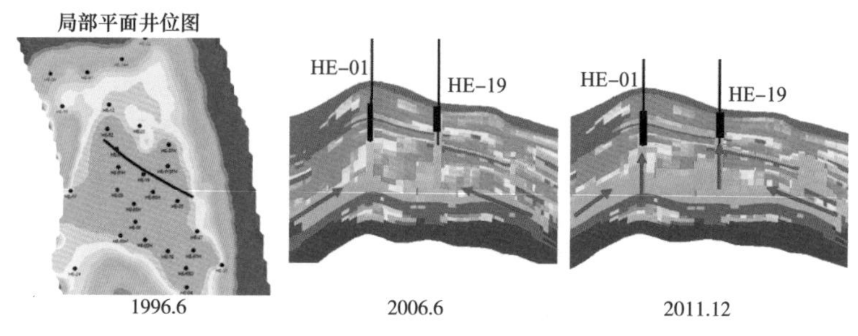

图 4–82　夹层影响下的水线推进规律

（4）微构造高部位剩余油分布模式：断层及油藏边界附近，微构造的高点以及厚砂层的顶部区域为剩余油富集区（图 4–83）。

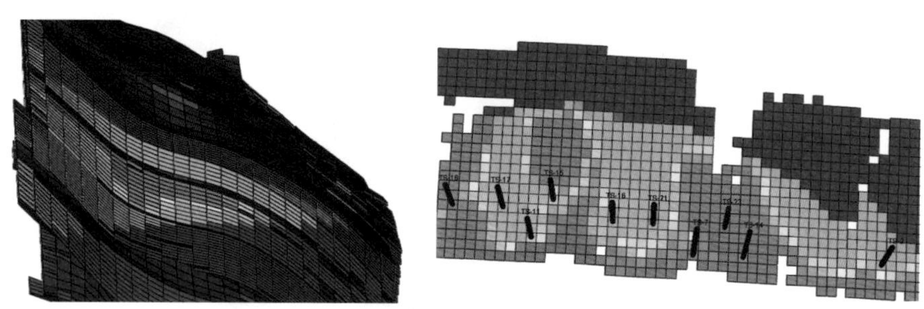

图 4–83　微构造高部位剩余油分布模式

（5）“优势通道”外剩余油分布模式：层状特征的块状底水油藏，各小层平面非均质性造成在“优势通道”区域内，储层水洗较强，在“优势通道”以外的区域形成剩余油的相对富集区域，即边水沿小层呈“指状”推进（图 4–84）。

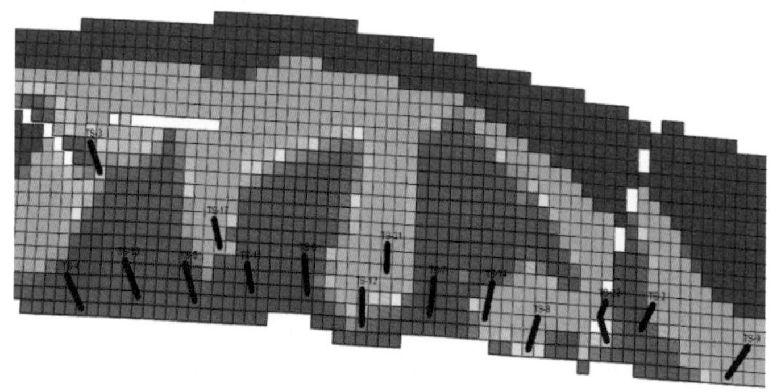

图 4–84　“优势通道”外剩余油分布模式——边水“指状”推进

黑格里格底水油藏平面水线推进规律：从平面上分析底水的水线推进规律，由于Bentiu1A 层处于油藏最上部，含油饱和度变化不明显。因此，选取 Bentiu1 油藏中部的Bentiu1B 进行平面水线推进的研究。对比 Bentiu1B–1、Bentiu1B–2、Bentiu1B–3 不同开发时间含油饱和度场变化得知，相同小层开发时间越长，总体含油饱和度越低；相同时间同一小层平面含油饱和度存在很大差异，构造低部位水淹严重，剩余油主要集中在厚度较大、井网密度较少区域（图 4–85）。

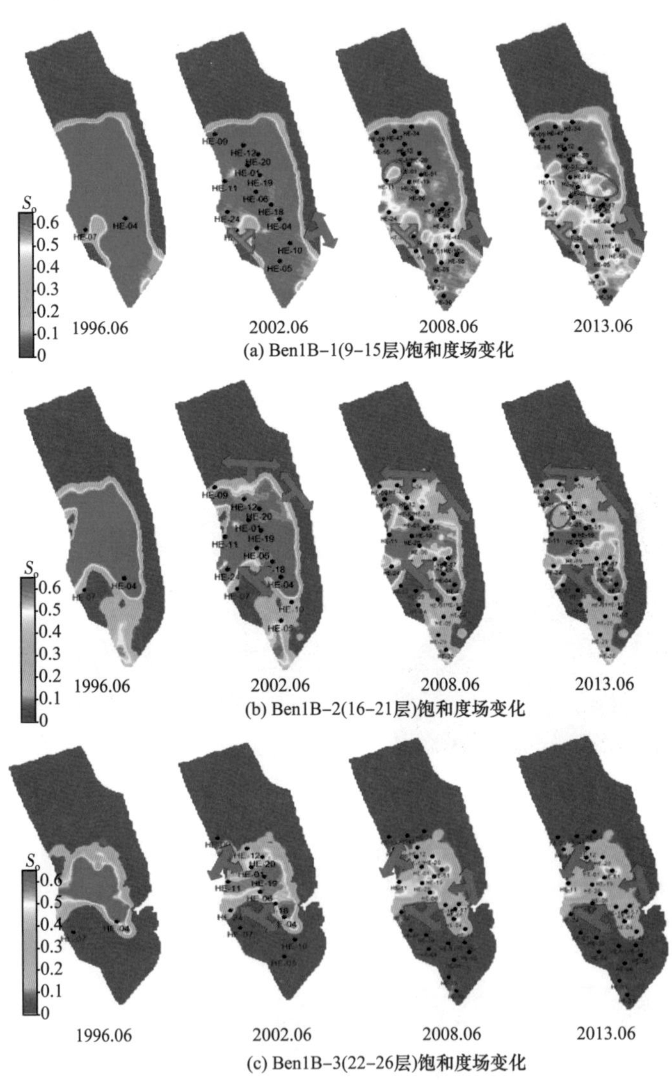

(a) Ben1B–1(9–15层)饱和度场变化

(b) Ben1B–2(16–21层)饱和度场变化

(c) Ben1B–3(22–26层)饱和度场变化

图 4–85　Bentiu1B–1～B–3 层水线推进情况

黑格里格底水油藏纵向上推进规律：从 Bentiu1B 各小层的油水运动规律来看，位于下部的 Bentiu1B–3 层整体上水淹最严重，其次是下部的 Bentiu1B–2 层，上部的Bentiu1B–1 层只有局部水淹。Bentiu1B–1 主要存在 2 种水淹模式：左下部底水运动较快形成较大区域的水淹区及局部区域底水锥进造成的点状水淹区域，大部分区域含油饱和度仍然较高，剩余油普遍连片存在；Bentiu1B–2 层水线从四周向中间推进，中间构造高部位含油饱和度高，剩余油主要以块状和朵状形式存在；Bentiu1B–3 层靠近下部底水，水线从四周迅速向中间突破，剩余油零星分布。Bentiu 油藏纵向水线推进如图 4–86 所示。

纵向上，通过在块状底水油藏不同部位进行切割，研究底水水线在油藏内部不同时间的水线运动规律。从切割方向研究结果得出：

（1）在油藏中间构造高部位，底水主要以锥进形式向油藏上部运移。

（2）受底水锥进影响，不同位置油水界面上升幅度差异较大。

（3）底水驱替不均匀，并且由于构造的影响，构造顶部的屋脊油和夹层下部的屋檐油为主要剩余油类型。

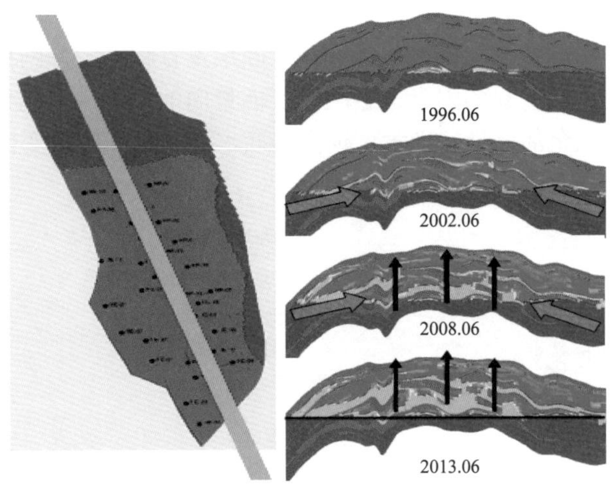

图 4–86　Bentiu 油藏纵向水线推进

从底水油藏两个腰部的切割状况来看（图 4–87）：油藏两个侧翼，油水界面向上推进相对均匀，以底水上托为主；不同位置断层附近油水关系不同，虽然存在底水锥进，但剩余油富集。

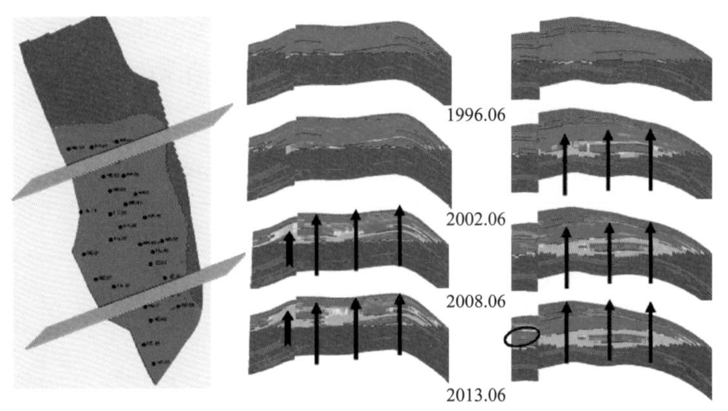

图 4–87　Bentiu 油藏纵向水线推进

综合研究表明，强底水油藏存在 6 类主控因素影响剩余油分布规律：

（1）构造及韵律特征：微构造高部位、正韵律储层顶部剩余油富集。

（2）隔夹层对流体渗流起到遮挡作用，其上部和下部往往富集剩余油。

（3）多层合采储层剩余油分布与纵向上储层非均质性、距离、流体性质等关系密切。

（4）井型对剩余油分布影响很大：平面上，水平井开发后易形成条带状剩余油采空区，直井则形成点状采空区；纵向上，水平井形成水脊，直井形成水锥。

（5）断层边缘井少，动用不充分，剩余油富集。

（6）井网密度低，井间剩余油越富集。

因此，根据高含水剩余油分布特点，采用直井、水平井、侧钻井等挖潜措施，可进一步提高油田采收率。

3. 天然水驱后剩余油分类定量分布特征

天然水驱后油藏剩余油可分为远离边底水剩余油、层系井网不完善剩余油、断层遮挡剩余油。剩余油分类构成特点与天然水体大小、断层发育程度、井网控制程度等因素密切相关，其中水体大小是最主要的因素，它决定了能量向油藏传递的能力。由图 4–88 可知，天然水体大小不同，剩余油储量差别大，远离边底水型剩余油储量变化尤为明显。

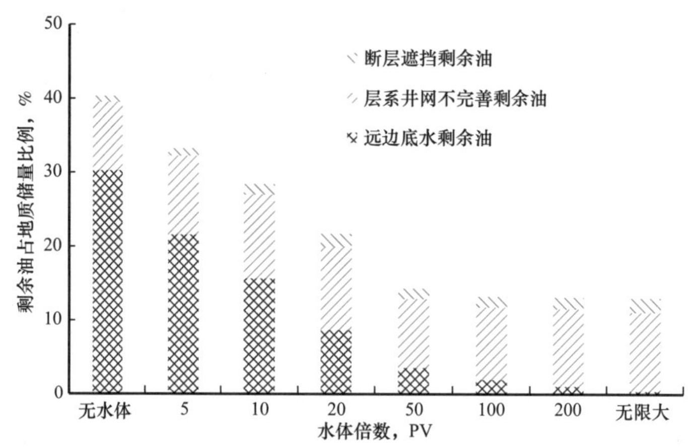

图 4–88　不同水体倍数油藏天然水驱后剩余油分类构成

剩余油定量分类为各类剩余油挖潜潜力提供了依据，如南苏丹法鲁奇油田（表 4–18）主块水体倍数 5～10PV，剩余油主要位于远离天然能量的油藏内部及构造高部位，通过挖潜这部分剩余油，预计可提高采出程度 10%～15%。

表 4–18　法鲁奇油田天然水驱后主力区块剩余油分类构成及挖潜潜力

剩余油类型	形成机制	占剩余油总量比例	提高采出程度	挖潜策略
远边底水剩余油	边底水能量不足以传导至构造高部位、油藏内部	40%～60%	10%～15%	部署规模注水，补充人工能量，提高地层压力保持水平
层系井网不完善剩余油	井网不完善、储层非均质性强、笼统开发	30%～45%	5%～12%	分层系加密井网，保障各层系井网控制程度
断层遮挡剩余油	断层发育，断层封堵	3%～8%	1%～2%	不规则加密井网，形成 1 对 1 或 1 对 2 有效注采关系

4. 天然水驱与注水开发剩余油分布规律对比

对比天然水驱油藏法尔 –3、法尔 –5（图 4–89）与典型规模注水油藏 K1（图 4–90）达到同样含水率水平时（60%）的剩余油分布特征可知：

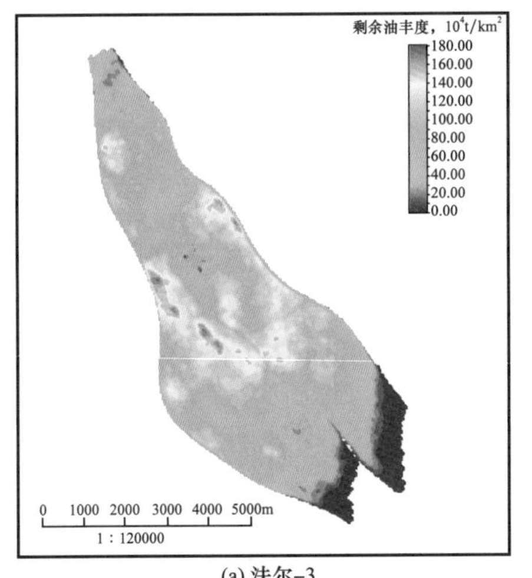

(a) 法尔–3

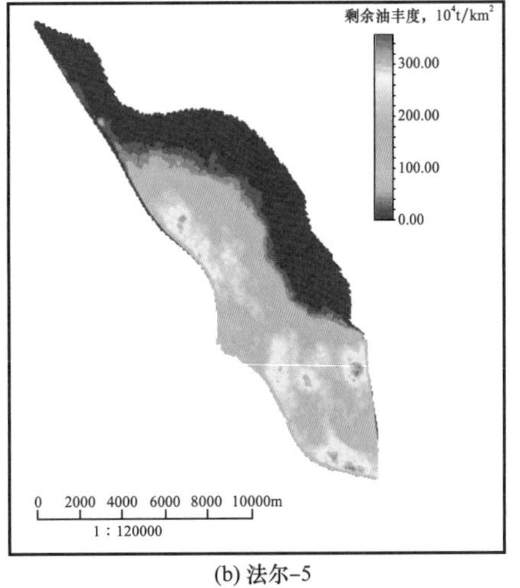

(b) 法尔–5

图 4–89 天然水驱油藏法尔 –3、法尔 –5 剩余油丰度分布（含水率 60%）

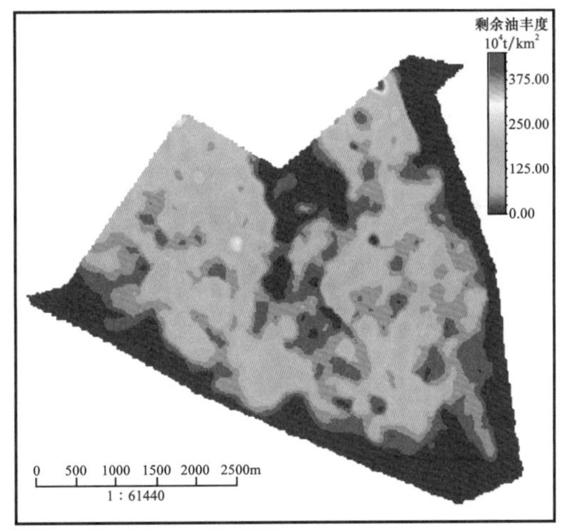

图 4–90 K1 油藏面积注水后剩余油丰度分布（含水率 60%）

（1）从水侵特点来看，规模注水油藏平面波及均匀程度受井网控制程度、注采井数比、井距、注水参数影响大，低含水阶段采出 3.0%～15.0%，中含水阶段采出 4.0%～10.0%；天然水驱油藏水侵方向相对单一，以边水入侵为主，油水界面整体向高部位推进，同时存在高渗层突进、断层面导水等，低含水阶段采出 1.0%～3.5%，中含水阶段采出 4.0%～7.5%。

（2）从分布形态上看，规模注水后剩余油饱和度高的地区分布面积小，多呈点状或窄条状；剩余油饱和度低（水淹区）的地区多为带状或大面积连片，个别地区呈舌状。

（3）从注采关系上看，注采关系不完善或离注水井较远地区导致剩余油饱和度较高，如有注无采、有采无注、无注无采的部位；注采井网相对完善，生产井多向受效，主力油层水淹，剩余油主要分布于岩性变化剧烈、物性较差部位及断层边角地带；在注采井网完善地区，水沿主河道突进，主力相带大面积水淹，从而造成分流河道砂的相带边缘或薄层砂附近剩余油的相对富集，此外，封闭性断层以及井间分流线等井网难以控制的部位也存在一定数量的剩余油。

（4）纵向上各小层水淹状况存在一定的差异：主力段油层底部水淹较重，剩余油饱和度低，具有正韵律特征的储层尤其如此，顶部水淹较弱。

结合上述注水开发剩余油分布特征，对比天然水驱、面积注水剩余油分布规律（表4–19）可知：

（1）剩余油分布特征：天然水驱油藏剩余油连片分布，主要集中在水驱能量较弱的储层、构造高部位、储层连续性较差及断层遮挡处，主要以"远边底水剩余油"型为主；规模注水油藏剩余油分散、局部集中，主要以井间剩余油形式存在，类型主要为"层系井网不完善剩余油"型。

（2）剩余油分布主控因素：天然水驱剩余油主控因素包括边底水入侵强度、断层封堵性、储层非均质性、隔夹层、垂向韵律、平面相变等地质因素，以及井网、层系、采油速度等开发因素；规模注水剩余油主控因素包括井网部署、层系组合、注采对应、注采强度等因素，同时受地质因素及水动力因素的影响。

（3）剩余油类型：规模注水油藏以井间剩余油为主（70%以上），天然水驱油藏以远边底水剩余油为主，占剩余油总量比例达40%～60%。

表4–19　规模注水与天然水驱剩余油对比表

模式	规模注水开发	天然边底水能量开发
举例	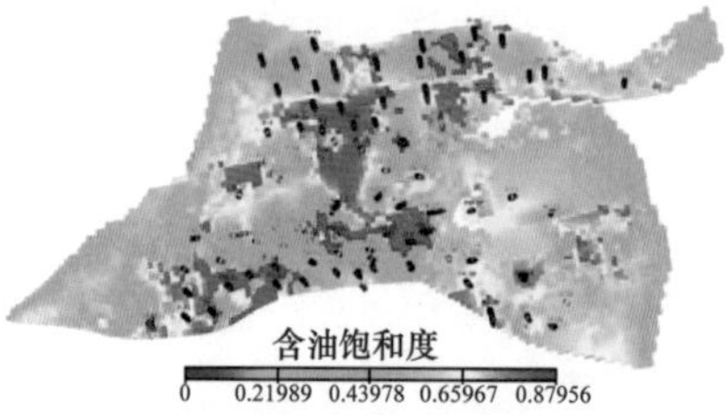 含油饱和度 0　0.21989　0.43978　0.65967　0.87956	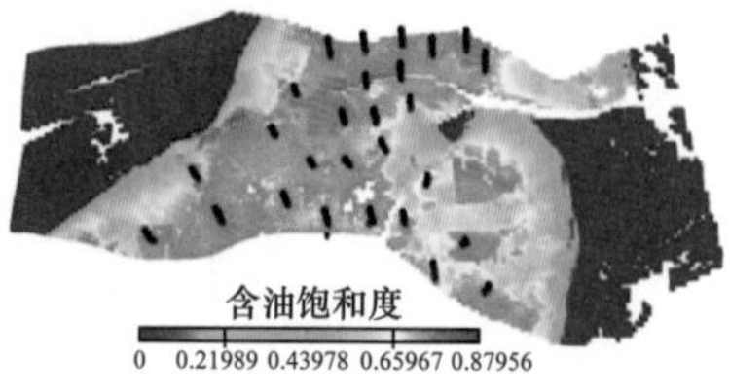 含油饱和度 0　0.21989　0.43978　0.65967　0.87956
剩余油分布特征	油藏范围内剩余油分散分布、局部集中，主要以井间剩余油形式存在	剩余油连片分布，主要集中在水驱能量较弱的YⅣ层、构造高部位、储层连续性较差及断层遮挡处
剩余油主控因素	（1）井网部署、层系组合、注采对应、注采强度等因素为控制剩余油分布的主导因素；（2）同时受地质因素及水动力因素的影响	（1）边底水入侵强度；（2）断层封堵性、储层非均质性、隔夹层、垂向韵律及平面相变等地质因素；（3）井网、层系、采油速度等

四、原油黏度对剩余油分布特征的影响

不同黏度原油在不同驱替速度下的驱替规律是不同的，原油黏度、驱替速度既影响水驱平面和纵向波及特征，同时也影响含水上升规律。

原油黏度是影响水驱波及特征的主要因素，低黏度原油油水黏度比相当，均质油藏水驱油过程为活塞驱油，驱油效率相对较高，波及比较均匀，波及范围内水驱效果好，

剩余油饱和度低。高黏度原油油水黏度比高，水驱油指进现象明显，水驱前缘推进速度快，在波及范围内波及不完全，剩余油饱和度高。因此，高黏度原油油藏注水波及范围明显低于低黏度油藏，并且含水上升更快，无水采出程度明显低于低黏度原油油藏（图4-91）[22]。

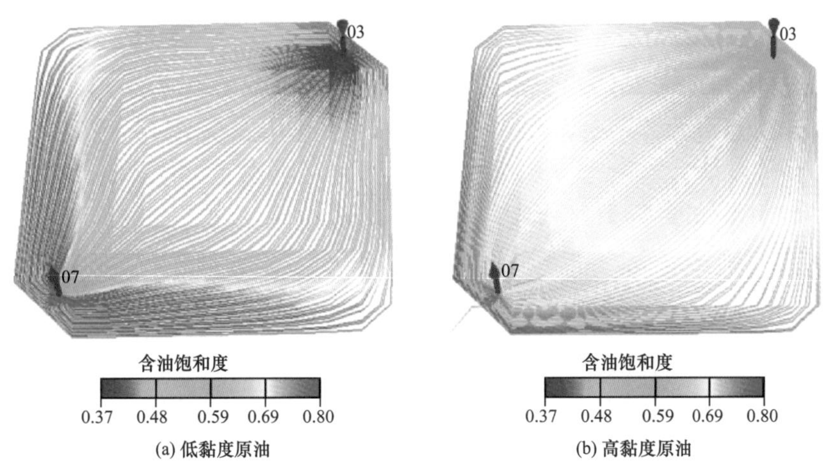

图4-91　不同黏度原油平面水驱波及特征

其次，不同黏度原油在不同驱替速度下波及特征和含水上升规律变化也有所不同。低黏度原油在一定范围内随驱替速度的增加，水驱波及前缘受重力的影响相对变小，纵向上水驱波及更均匀，在相同注水量情况下，注水波及范围更大，在采出程度与含水关系上表现为含水上升更慢，无水采出程度高［图4-92（a）、图4-92（b）］；高黏度原油油藏随驱替速度的增加，由于高油水黏度比造成的注入水指进现象更明显，注入水突进更快，油井含水上升更快，无水采出程度反而变低［图4-92（c）、图4-92（d）］。

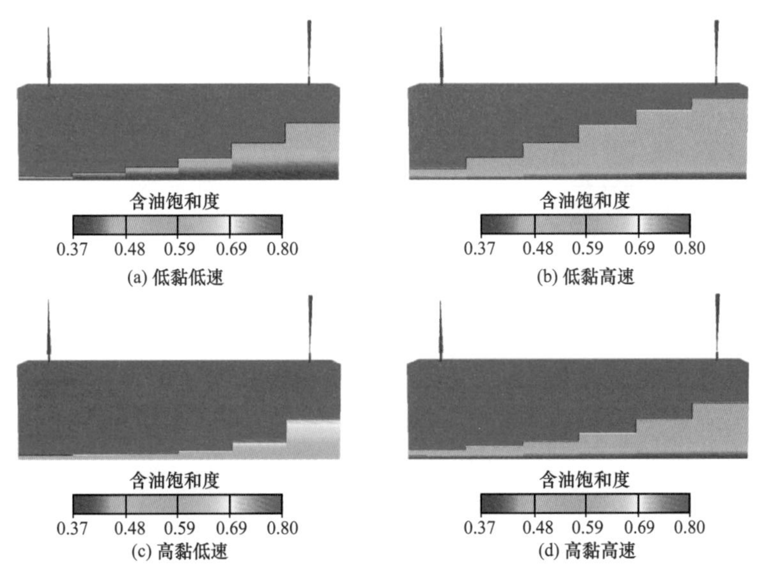

图4-92　不同黏度原油均质油藏不同驱替速度下纵向波及特征

非均质油藏受多孔介质的微观非均质性和油水黏度差的影响，在水驱油过程中油层内同时存在 3 个区域，即纯水区、油水混合区和纯油区。根据巴克利—莱弗里特水驱油理论可以得出油井见水前水驱前缘计算公式：

$$x_{\mathrm{f}} - x_0 = \frac{f_{\mathrm{w}}{}'(S_{\mathrm{wf}})}{\phi A}\int_0^T Q\mathrm{d}t \tag{4-1}$$

其中，x_{f} 表示水驱前缘位置；x_0 表示供给边缘，本书中 x_0=0；$f_{\mathrm{w}}{}'(S_{\mathrm{wf}})$ 表示水驱前缘含水饱和度 S_{wf} 时对应的含水率导数，$\int_0^T Q\mathrm{d}t$ 表示两相区形成后 T 时间内的水的总注水量（总采液量）。

水驱前缘含水饱和度 S_{wf} 计算公式：

$$f_{\mathrm{w}}{}'(S_{\mathrm{wf}}) = \frac{f_{\mathrm{w}}(S_{\mathrm{wf}})}{S_{\mathrm{wf}} - S_{\mathrm{wr}}} \tag{4-2}$$

选取储层物性相近的低黏度油藏（原油黏度 0.5mPa · s）、中高黏度油藏（原油黏度 10mPa · s），利用其实际相渗资料（图 4-93），对比其水驱前缘位置和剩余油分布模式。

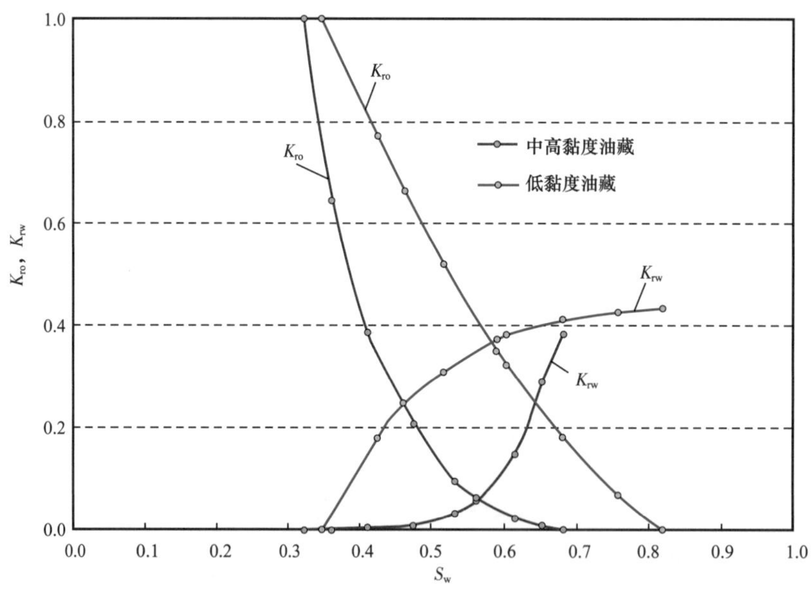

图 4-93　不同类型油藏相渗曲线

其中，利用图解法计算得出：

$$f_{\mathrm{w}}{}'_{(\text{中高黏})}(S_{\mathrm{wf}}) = \frac{f_{\mathrm{w}(\text{中高黏})}(S_{\mathrm{wf}})}{S_{\mathrm{wf}(\text{中高黏})} - S_{\mathrm{wr}(\text{中高黏})}} = 4.31 \tag{4-3}$$

$$f_{\mathrm{w}}{}'_{(\text{低黏})}(S_{\mathrm{wf}(\text{低黏})}) = \frac{f_{\mathrm{w}(\text{低黏})}(S_{\mathrm{wf}})}{S_{\mathrm{wf}(\text{低黏})} - S_{\mathrm{wr}(\text{低黏})}} = 2.25 \tag{4-4}$$

假设相同的时间内注入水量相同，即 $\int_0^T Q_{\text{中高黏}}\mathrm{d}t=\int_0^T Q_{\text{低黏}}\mathrm{d}t$，由式（4-3）、式（4-4）得出油藏两相渗流区宽度（见水时刻水驱前缘位置）比值如下：

$$\frac{x_{f（中高黏）}}{x_{f（低黏）}}=\frac{f_w'{}_{（中高黏）}（S_{wf}）}{f_w'{}_{（低黏）}（S_{wf}）}=\frac{4.31}{2.15}\approx 2 \tag{4-5}$$

根据油田相渗曲线及公式（4–5）计算结果可以得到不同原油黏度油藏两相渗流区宽度对比（图 4–94），即在相同注水量的前提下，中高黏度原油油藏油井见水时刻水驱前缘距离是低黏度原油油藏的 2 倍，可认为其中高黏原油油藏两相渗流区宽度为低黏原油油藏的 2 倍。

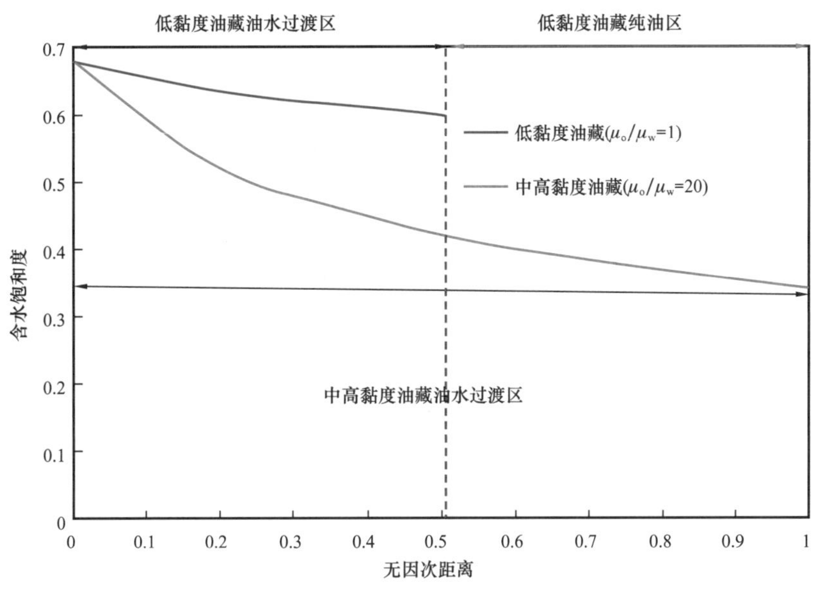

图 4–94 不同油水黏度比油藏两相渗流区对比图

采用数值模拟方法研究两类油藏水驱油时水驱前缘变化规律，利用角点网格法建立了一维模型和二维模型，流体参数分别选用油田实际数据。同时根据物质平衡原理计算出油田两相渗流区域的平均含油饱和度为定值，计算如下：

$$\overline{S}_{o（中高黏）}=1-\frac{1}{f_w'（S_{wf}）}-S_{wr（中高黏）}=0.43 \tag{4-6}$$

$$\overline{S}_{o（低黏）}=1-\frac{1}{f_w'（S_{wf}）}-S_{wr（低黏）}=0.23 \tag{4-7}$$

在相同储层条件下，中高黏度原油油水黏度比大，油井见水前两相渗流区（水驱前缘）宽，水驱波及范围内，含水饱和度小，剩余油饱和度较大（图 4–95），剩余油在波及范围内广泛分布。低黏度原油油水黏度比低，在相同的水驱时间内，其油水两相渗流区窄，水驱波及范围内，驱油效率高，含水饱和度高，剩余油饱和度低。剩余油主要分布在注水末波及区域。

同时，通过对比不同黏度油藏剩余油分布特点也可发现（图 4–96），与中高黏度油藏对比，低黏度油藏平面上剩余油整体分散，但局部更为富集。不同的剩余油分布模式决定了其后期的开发调整模式。

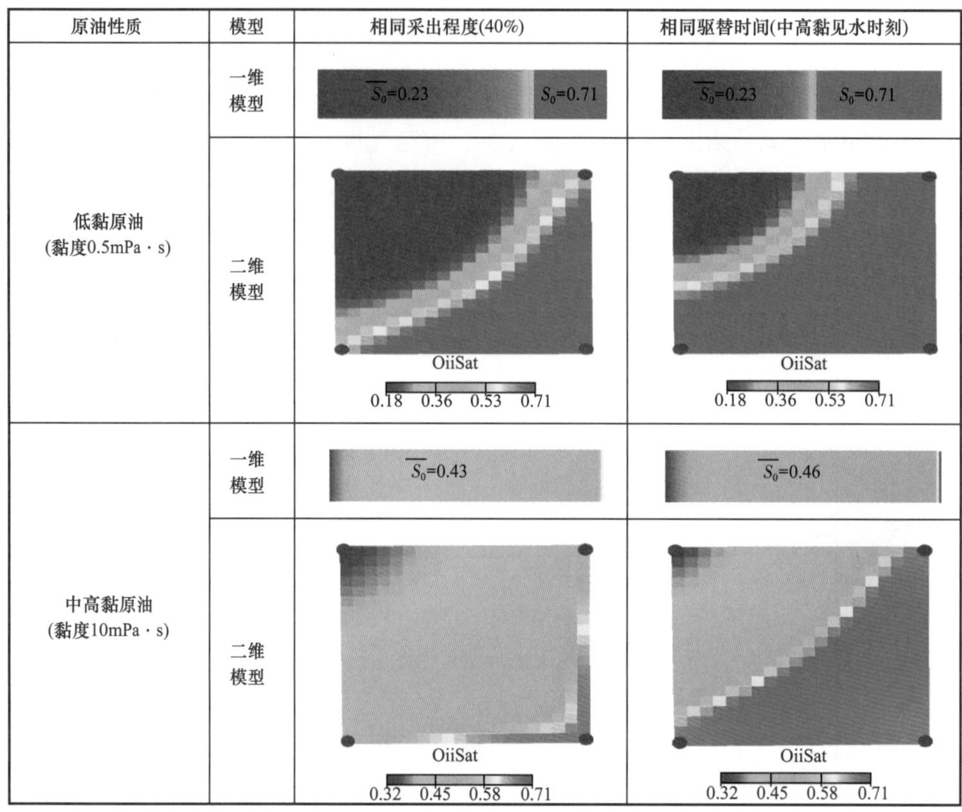

图 4-95　不同黏度原油剩余油分布理论模式

原油性质	剩余油分布特征	开发调整模式
低黏原油（黏度0.5mPa · s）	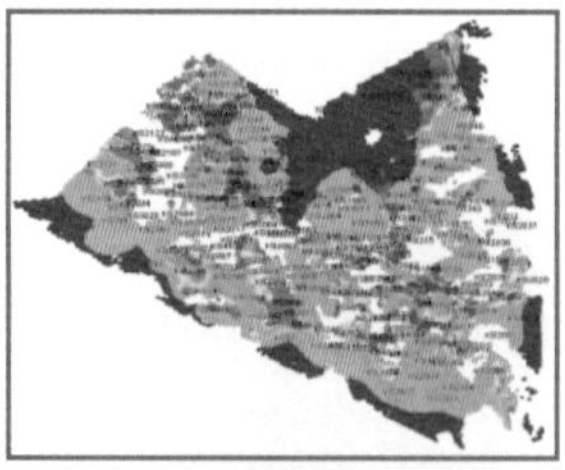	开发早中期一次井网，后期以剩余油富集区和富集层为重点，以局部加密结合水动力调整为主要手段
中高黏原油（黏度10mPa · s）	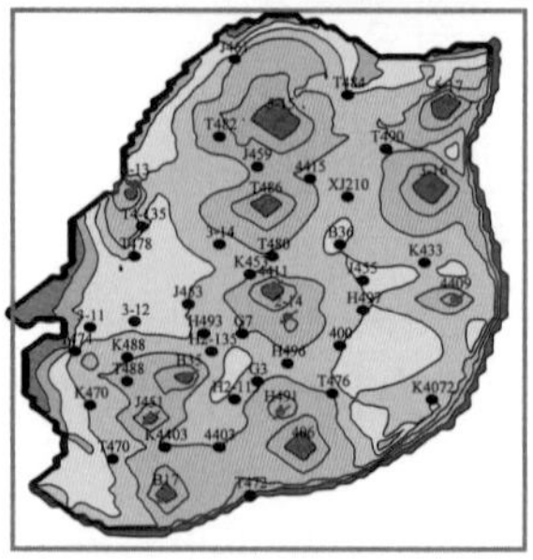	井网系统由粗到细、由稀到密，注采系统由弱到强、开发对象由好至差的多次布井多次调整的逐步井网加密

图 4-96　不同原油黏度油藏剩余油分布特征

第三节　高速开发后剩余油挖潜技术

一、强底水块状油藏剩余油挖潜技术

以苏丹一二四区 Bentiu 层强底水块状油藏为例，其剩余油挖潜的主要思路是充分动用现有储量资源，解决好油藏开采过程中的层间矛盾、平面矛盾，挖掘潜力，提高可采储量。

1. 块状强底水砂岩油藏精细描述技术

苏丹一二四区在块状强底水砂岩油藏的开发调整过程中形成了隔夹层类型及其电测响应表征，沉积机制与成因、夹层分布预测，大规模角点网格技术下的相控整体建模等特色静态描述技术。

1）隔夹层类型及其电测响应特征

由于沉积、成岩等地质作用不同，相应地形成不同的隔夹层。不同隔夹层的成因、特点和分布有较大差异，它们对油水运动控制也不同。

苏丹一二四区 Bentiu 储层为辫状河沉积的巨厚砂体，是块状底水油藏的主体，主要发育岩性夹层和物性夹层。具体来说，一类是泥质夹层，主要指泥质、细粉砂质岩类，测井响应上表现为自然电位曲线接近于泥岩基线，电阻率曲线呈相对低值。另一类是物性夹层，主要是成岩过程中产生的各种钙质、硅质胶结条带，厚度薄、分布连续性差，在微球曲线上可见明显的尖峰；自然电位曲线接近于基线；声波时差为低值。

2）夹层的沉积机制与成因分析

根据高分辨率层序地层学对比研究和地质统计学分析，苏丹一二四区 Bentiu 储层砂体内部发育的夹层，可分为层间隔层、小层间隔 / 夹层和小层内夹层三种。

（1）层间隔层。

此类隔层岩性一般为纯泥岩，部分地区 Bentiu 顶部存在少量钙质致密层；沉积成因上属于河流沉积中相对稳定的长期泛滥相沉积。沉积厚度范围为 10～30m，平面上区域规模大、分布稳定，对油藏起隔挡作用或盖层作用。

（2）小层间的隔 / 夹层。

此类隔夹层岩性一般为泥岩，有时可能从泥岩过渡到粉砂质泥岩或泥质粉砂岩，成因上属于相对短暂的泛滥相沉积。沉积厚度 3～10m，平面上具有一定规模和稳定性，在局部区域分布连续，分布范围可达 1～3 个井距甚至更广。较大范围的此类隔夹层对油藏可以起到局部隔层的作用，相对小规模的夹层对边底水的突进或锥进可以起到抑制作用。

（3）小层内夹层。

此类夹层为小层砂体内部发育的不连续非渗透层或极低渗透层，一般分布 1～3 个夹层，成因上属于废弃辫状水道充填或心滩顶部落淤层，其规模大小与水道宽度和心滩规模有关，同时受后期冲刷改造影响。沉积厚度 0.5～3m，平面上规模较小、分布不稳定，对油藏不起隔挡作用，并且会造成层内纵向上的非均质性，从而改变砂体内部的流体运动规律，影响底水锥进。

苏丹一二四区 Bentiu 组砂岩从上至下分成 3～4 个砂层组，每个砂组厚 70～100m，由多套辫状河沉积砂体叠加组成，砂层组间发育横向分布稳定的相对较厚泥岩隔层。每个砂层组由 2～4 个小层组成，小层间发育局部稳定的泥岩隔 / 夹层，每个小层厚 6～30m。每个小层内部由 1～4 个单砂体叠置组成，单砂体横向延伸 500～1000m，宽厚比 80～100；小层砂体内部发育不连续的薄层泥粉质夹层（图 4-97）。

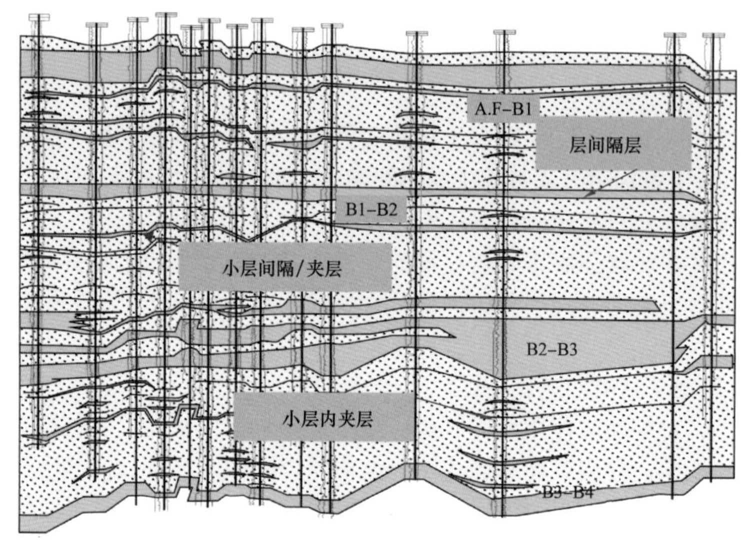

图 4-97　黑格里格油田隔夹层纵向分布剖面图

3）表征储层夹层分布的预测方法

隔 / 夹层的预测主要采用了以下 5 种方法：

（1）沉积机制与成因的夹层预测方法预测层间隔层和小层间隔 / 夹层；

（2）利用三维地震反演方法描述预测小层间隔 / 夹层；

（3）根据井资料和生产动态，分析预测小层间隔 / 夹层；

（4）根据井资料，采用地质统计方法预测小层内部的小夹层；

（5）建立夹层分布模型，利用生产动态和数值模拟方法进行夹层预测和描述。

通过综合分析各类方法的优缺点及特点，针对苏丹一二四区 Bentiu 强底水砂岩，选择不同的表征方法，对不同级次规模的隔夹层进行了预测和描述，并最终体现在数值地质模型和油藏模型中。图 4-98 为黑格里格油田主块体现隔 / 夹层分布特征的地质模型。

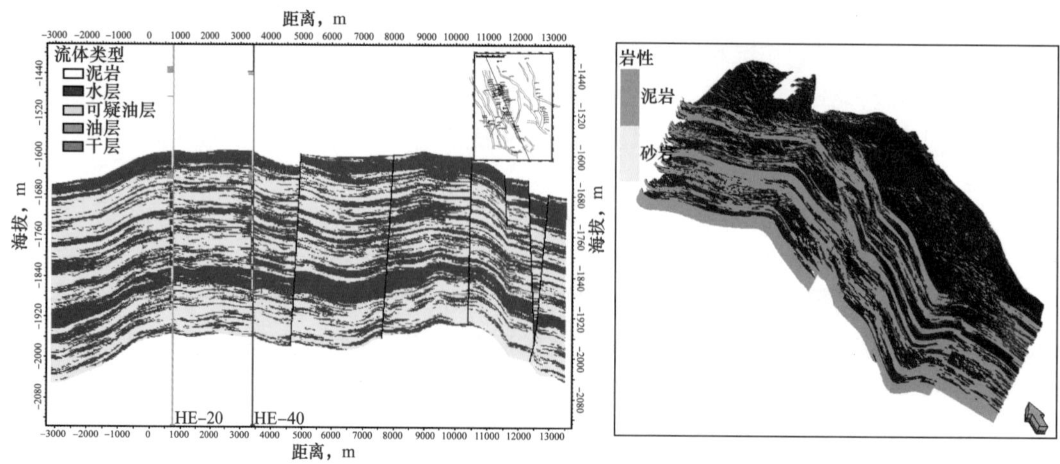

图 4-98　黑格里格油田主块隔 / 夹层地质模型

4）低矿化度储层测井精细解释与评价

苏丹一二四区油田储层岩性复杂，地层水矿化度低，常规的测井解释技术难以识别油水层和致密干层；有些高产储层岩石疏松，取样岩心代表性有限；隔/夹层分布复杂，其分布特征对强底水油藏底水锥进、多层状油藏边水突进乃至油田开发效果有着极其重大的影响。对块状强边底水油藏主力黑格里格进行了二次测井解释与分析后通过研究，有如下认识：

（1）利用新取心井的岩心分析结果对储层参数的解释模型进行了检验，使所建立的模型更加适用于目标油田的储层参数研究，尤其是利用J函数和岩心分析的含油饱和度对饱和度模型进行了标定。通过验证，测井解释的孔隙度、渗透率和含水饱和度分别与岩心分析结果非常接近。

（2）通过岩心资料、录井资料、测井资料以及试油资料分析，建立了油、水和干层的标准（表4–20），以及储层的物性下限，即泥质含量小于40%，孔隙度大于12.5%。

（3）在建立渗透率模型时，利用动态资料对岩心资料进行约束，使利用所建的渗透率模型计算的渗透率能反映储层的动态情况。

（4）在Aradeiba储层中新解释一定数量的油层，单井有效厚度为2.1～30.5m，平均单井有效厚度为7.5m，这些油层可作为今后挖潜的对象。

表4–20　黑格里格油田油、水、干层划分标准

类型	含油饱和度，%	渗透率，mD	孔隙度，%	电阻率，Ω·m
油层	＞35	＞10	＞12.5	＞30
水层	＜35	＞10	＞12.5	＜30
干层	＜35	＜10	＜12.5	＞30

5）大规模角点网格技术下的相控整体建模

苏丹一二四区油田三维地质建模主要采用随机预测建模技术，即应用测井解释提供的单井物性资料及细分层对比提供的夹层资料，在相控条件下建立尽可能准确的三维储层模型，为精细油藏数值模拟提供属性参数场（图4–99）。

相比于普通的地质建模，本项工作主要有两个特点：一是建模地质体是块状底水油藏；二是建模服务的对象是大节点的精细数模。这两个特点决定了建模思想上必须体现如下两点：

（1）考虑到建模地质体是背斜、断背斜、断鼻和断块构造油藏，非均质性主要集中在垂向上。为此需要充分合理地应用前期地质研究提供的细分层对比及微相划分，特别是有关夹层的研究成果。因此，地质模型在垂向上尽可能细分层，对比出的每个夹层均作为一个独立层对待。

（2）考虑到精细数模计算起来耗时较长，为了减少盲目性及提高效率，数模工作分两步走，即先进行几万网格的常规数模，分析研究油藏，积累历史拟合及调参的经验，在此基础上进行精细数模。

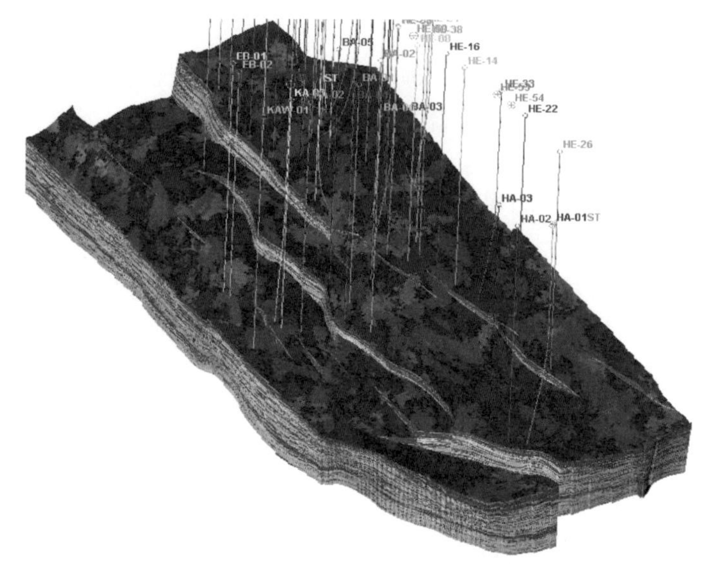

图 4-99　黑格里格油田地质模型

2. 剩余油挖潜方法

1）采用水平井挖潜剩余油

中国胜利油田临盘采油厂临二块的馆二段和馆三段利用水平井挖掘高含水油田剩余油潜力，取得很好效果。

该油田为强底水油藏，埋深 1387～1650m，砂厚 15～30m，地质储量 719×10^4t，地下原油黏度 14～52mPa · s。高孔隙度、高渗透率，孔隙度 30.5%～34.7%，渗透率平均 1500mD，属河流相砂岩底水油藏。

1972 年投入开发，有油井 30 口，平均单井日产量 4.5t，含水率 92.4%，采出程度 33.65%，标定采收率 43.36%。

1996 年开始推广采用水平井挖掘剩余油技术，水平井部署原则：与老井距离 150～200m，水平段长度 150～300m，距油顶 0.5～1m。共部署 15 口加密水平井，平均单井初期日产量达到 32t，是老井的 7 倍，含水率 35.8%，累计增加可采储量 55×10^4t，采收率由 43.36% 提高到 52.6%。使开发了 24 年的老油田在 1996 年至 2002 年产油稳中有升（图 4-100）。

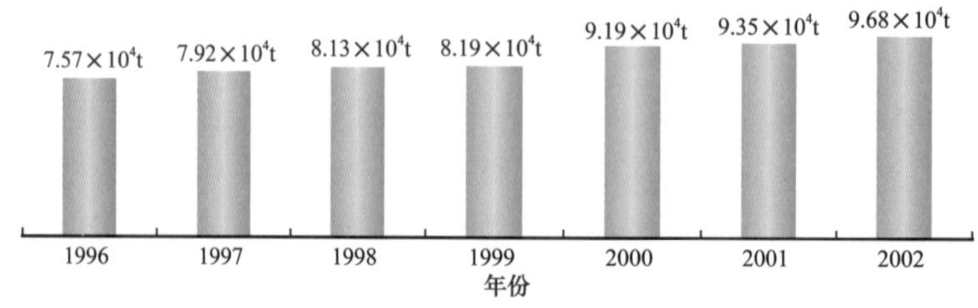

图 4-100　胜利油田临盘采油厂临二块的馆二段和馆三段年产油量

苏丹一二四区 2004 年开始实施水平井，至 2007 年 12 月，苏丹一二四区已完钻水平井 24 口，投产 23 口。其中块状强底水砂岩油藏完钻水平井 21 口，投产 20 口，平均初产 197t/d，为老井同期产能的 1.86 倍；平均含水率 25.7%，只有老井的 1/3。

黑格里格油田强底水 Bentiu 油藏 6 口水平井投产初期日产油 188t/d，含水率 42.5%，周围老井日产油 105t/d，含水率 83.3%。目前累计采油 40×10^4t，平均单井采油 7×10^4t，2007 年 12 月平均日产油 64t/d，含水率 79.8%。HE-31 井是苏丹一二四项目的第一口水平井，主要目的是改善 Bentiu1 油组顶部物性较差的薄油层开发效果，水平段长度 213m，钻遇油层段 75.5m，2004 年 3 月投产，日产油量达到 86t/d，低含水采油期达 21 个月，产量一直稳定在 71t/d 以上，目前日产油 34t/d，含水率 64.9%，比区块综合含水值低 25%，已经累计产油 9×10^4t（图 4-101），反映出利用水平井技术开采薄油层含水上升慢、产量递减小、稳产期长。根据计算，利用直井开采，日产油量只有目前该水平井产量的 1/3～1/2，说明水平井增产显著，是开发 Bentiu1 顶部和 Aradeiba 组薄油层的有效方法。

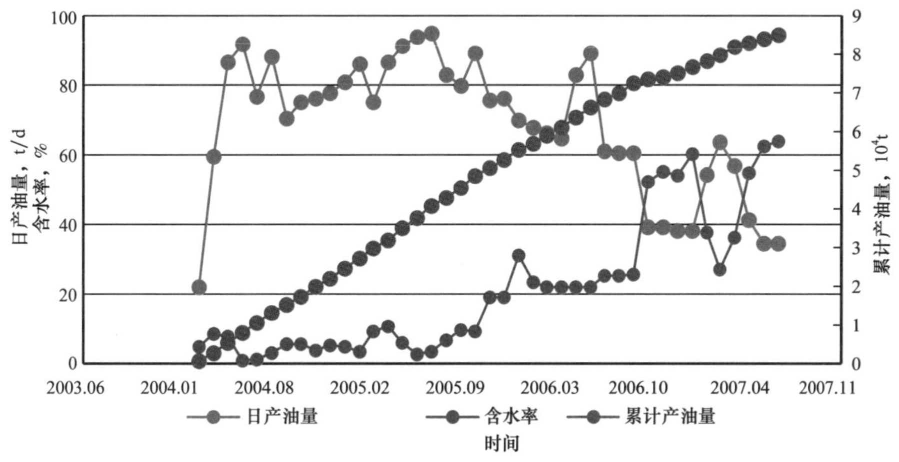

图 4-101　黑格里格油田 HE-31 水平井生产情况

利用水平井开采底水薄油层、低产油层具有明显的优势。对于底水油藏来说，一方面由于水平井钻穿油层的长度长，井筒与产层之间的接触面积大，提高了平面波及系数；另一方面由于水平井轨迹可横穿油层顶部，提高了单井控制储量且增大了底水上升波及体积。在相同生产压差下，水平井产量高于直井，水平井开采底水薄油藏有利于延长无水采油期和提高原油采收率。

2）井网加密

苏丹一二四项目块状强底水油藏投入开发以来经历了完善基础井网（1999 年 6 月至 2003 年 12 月）和一次加密调整（2004 年 1 月至 2007 年 12 月）两个阶段，井距从初期的 1000m 加密到 400～500m，平均单井初期日产油能力 379t/d，新井初期产能是老井产能的 1.2～2 倍。其中，2007 投产新井 50 口，平均单井初期日产油能力 151t/d，日产液 208t/d，含水率 27.5%（表 4-21）。

2004—2007 年加密井产油量占当年油田产油量的 5%～15%，加密井的投产有效地弥补了产量递减，为油田稳产做出了很大贡献。2004 年，苏丹一二四区块状强底水油藏产量达到 1028×10^4t，加密井的产量占 14.4%；2005 年，块状强底水油藏产量达到高峰值 1053×10^4t，加密井的产量占 12.0%；2006 年，加密井产量占全年产量的 4.8%，平均单井初产 183t/d，是老井产能的 1.3 倍；2007 年，加密井产量占主要块状底水油藏的 14.0%，平均单井初产 151t/d，是老井产能的 1.8 倍，有效地控制了产量的递减幅度。

表 4-21　苏丹一二四区块状强底水油田加密井生产情况

年份	加密井井数 口	当年产油量 10^4t	平均单井产油量 10^4t	单井初期日产液能力 t/d	单井初期日产油能力 t/d	初期含水率 %
2004	23	154	6.7	479	379	20.8
2005	38	132	3.4	420	334	20.3
2006	20	46	2.3	289	183	36.6
2007	50	135	2.7	208	151	27.5

2004—2007 年，黑格里格、托马南和班布等 3 个主力油田通过加密调整，增加可采储量 1617×10^4t，相当于提高合同期内原油采收率 6.7%。其中 2006—2007 年，黑格里格、托马南和班布等 3 个主力油田通过加密调整，增加可采储量 958×10^4t。

3）细分层系开采

苏丹一二四区各油田纵向上大多分布 2～3 个底水油藏，开发早—中期进行合采，高含水期剩余油富集，采用分层开发挖潜剩余油可以大幅度提高合同期内采出程度。

从 2005 年开始，新投产的油井主要采用分层开采方式。如黑格里格油田和托马南油田 Bentiu 组储层为强底水油藏，分三套层系开发 Bentiu1、Bentiu2、Bentiu3 底水油藏。表 4-22 是 2007 年底黑格里格油田和托马南油田的分层开发数据。

表 4-22　苏丹一二四区分层开发数据表（2007 年 12 月）

油田	油组	生产井 口	采油速度 %	采出程度 %	综合含水率，%	开采 1% 地质储量含水上升率，%	油藏类型
黑格里格	Aradeiba	27	1.9	5.1	30.9	6.0	层状油藏
	Bentiu1	74	2.2	23.3	90.2	3.9	底水油藏
	Bentiu2	1	0.2	1.8	93.2	51.6	底水油藏
	Bentiu3	11	0.5	14.5	95.6	6.6	底水油藏
托马南	Aradeiba	4	6.5	8.3	48.8	5.9	层状油藏
	Bentiu1	21	3.8	39.5	78.5	2.0	边底水油藏
	Bentiu2	1	0.4	2.5	94.2	37.3	底水油藏

4）优化射孔

Bentiu 组储层为块状强底水油藏，油层厚度大、物性好、油层产能高，每米厚度采油指数为 11～16t（MPa · m）。通过试采和换层开采，进一步了解层间差异和油水运动规律，丰富和完善底水油藏射孔政策：（1）无夹层情况下，保障单井达到较高产量，留有一定的避射高度，储层射孔程度 30%～50%，避射高度原则上大于 10m；（2）如果储层夹层发育，一般只射开夹层以上储层。在力求均衡各生产层间采油速度、压降速度、含水上升速度的基础上，强化主力油层的开采，为中后期“自下而上”的卡堵水、补孔创造条件。

苏丹一二四区块状强底水砂岩油藏从2003年6月进入高含水开采期，此时地质储量采出程度仅7.3%。为了弥补因含水上升而出现的产量递减，保持各层的高速高效开发，一方面进行加密调整或者钻水平井，完善主力层井网，增加出油井点；另一方面采用补孔的方法增加各层生产井点或互换生产层位。这样既有利于提高储量动用程度，又开采了老井之间的剩余油，并因新井投产而弥补老井递减的产量。加密井射孔政策为“自下而上，先好后差”，补孔政策为“自下而上，适当避射”。实施这样的政策，各主力层的生产井点几乎都增加了1～2倍。

5）提液、卡堵水

（1）利用电潜泵提液增产。

苏丹一二四区油藏类型丰富，以底水油藏和边水油藏为主，地质储量占68%。这些油藏储层条件好，属高孔隙度、高渗透率层；油源充足，油井泄油半径大（井距700～1000m）；天然能量充足，1996—2000年投产的大部分井自喷生产。这些有利条件为油井下电潜泵提液高速开采提供了保证。

从2000年下半年开始，大部分老井陆续转为电潜泵生产，新井则直接下电潜泵投产。电潜泵提液措施大大提高了主力油田的产能，弥补了因含水上升而递减的产量。如黑格里格油田，提液前19口油井的日产量为0.34×10^4t，提液后变成0.8×10^4t，增加了0.46×10^4t，提液后的产量为提液前的2.4倍，而含水率变化非常小，从45.2%上升到49.2%。

2000—2007年，苏丹一二四区实施下电潜泵措施91井次，占统计井次的27.4%，有效率95%以上。2000—2003年，油田措施以下电潜泵提液为主，占全区作业措施的52.3%，2003年后下电潜泵措施大幅度减少，仅占全区作业措施的10.1%。到2007年底，苏丹一二四区电潜泵井井数已达317口，占总井数的76.6%，见表4–23。

表4–23　苏丹一二四区提液措施效果统计

年份	措施内容	作业井次	有效井次	有效率 %	日产油能力 t/d		含水率 %		平均单井初增油 t/d	当年有效期 d	当年增油量 10^4t	平均有效期 d	累计增油量 10^4t
					措施前	措施后	措施前	措施后					
2000	PCP to ESP	21	21	100	206	477	12.1	10.1	272	100	3.3	544	14.0
2001	自喷转抽	5	5	100	389	885	0	0.1	496	211	3.2	849	12.3
	PCP to ESP	17	17	100	232	515	20.7	36.3	283	178	4.0	606	15.1

续表

年份	措施内容	作业井次	有效井次	有效率 %	日产油能力 t/d		含水率 %		平均单井初增油 t/d	当年有效期 d	当年增油量 10^4t	平均有效期 d	累计增油量 10^4t
					措施前	措施后	措施前	措施后					
2002	自喷转抽	1	1	100	216	295	40	73.2	79	84	0.1	316	0.4
	PCP to ESP	22	21	95	255	360	29.1	32.5	105	114	5.4	679	25.3
2003	自喷转抽	12	11	92	171	345	37.1	45.1	175	230	2.9	421	4.7
2004	自喷转抽	6	5	83	411	578	2.8	10.7	167	68	0.7	152	2.0
	PCP to ESP	5	5	100	136	320	35.4	39.2	183	159	0.7	189	0.9
2005	自喷转抽	1	1	100	654	1043	0.1	0.1	389	353	1.3	443	1.4
2006	自喷转抽	1	1	100	96	121	3.3	50	25	23	0.01	23	0.0
合计	下电潜泵	77	75	97	216	423			207	145	0.2	540	0.7
	自喷转抽	14	13	93	382	675			293	143	5.3	445	16.3

（2）卡堵水与补孔换层。

利用强边底水能量高速开采，生产井含水率上升快，一般采用经济有效的水泥挤封和机械方式卡堵高含水层位，稳油控水。据历年统计（表 4–24），卡堵水措施 166 井次，占措施井次的 48.4%，有效率 74%，平均有效期 135d，平均单井初增油 62t/d，平均含水率下降 21.4%，有效地降低了无效产液量，进一步改善了经济效益。

为了提高油层储量动用程度，底水油藏实施选择性油层合采，即通过补孔、上返换层开采等增加开采井点。至 2007 年底，共补孔 70 井次，增加初产能力 6200t/d，占总措施产能的 19.1%。如黑格里格油田开采 Bentiu3 的 5 口油井在含水率接近 90% 时上返开采 Bentiu1，开采 Bentiu1 的 4 口油井补开 Bentiu3 进行合采，部分区域平均井距从 700m 变为 500m，有效地降低了含水上升速度和实现了采油最大化，到 2007 年底 9 口井增加采油量 291×10^4t，提高采出程度 3.9%。

表 4-24　苏丹一二四区补孔换层措施效果统计

年份	作业井次	有效井次	有效率%	措施前生产情况			措施后生产情况			平均单井初增油 t/d	措施效果统计	
				日产油能力 t/d	日产液能力 t/d	含水率 %	日产油能力 t/d	日产液能力 t/d	含水率 %		当年有效期 d	当年增油量 10^4t
2001	4	4	100	238	258	7.5	470	491	4.4	231	159	14.7
2002	15	8	53.3	141	343	58.9	361	520	30.5	220	129	22.6
2003	11	8	72.7	109	641	83	238	456	47.8	129	129	13.3
2004	11	9	81.8	114	427	73.4	224	414	45.9	110	163	16.0
2005	8	7	87.5	117	346	66.3	220	368	40.2	103	160	11.6
2006	5	3	60	55	211	73.7	99	201	50.6	44	180	2.3
2007	11	9	81.8	40	146	72.6	110	323	66	70	201	15.4
合计	65	48	67.8	133	428	68.9	288	489	41.2	155	191	95.9

6）老井侧钻

为了挖掘剩余油潜力，采用低效井侧钻大斜度井技术，取得了较好的增产效果。例如黑格里格油田薄层高渗透的 Kanga 块高部位侧钻了一口斜井，初期日产油增加 410t/d，使采油速度从 0.8% 上升到 4.2%；厚层低渗透的 Hamra 块往高部位侧钻了一口斜井，日产油增加 114t/d，使采油速度从 1% 上升到 1.4%。

二、强边水层状油藏合层开发剩余油挖潜技术

由于层状边水油藏水驱能量非均质性、储层物性及流体性质非均质性，油田形成其特殊的剩余油分布特征：整体上剩余油在边底水能量不活跃的区域较富集，平面上储层连续性好的区域剩余油呈连片分布，局部受平面相变、韵律特征、断层遮挡、井网控制程度等因素影响。纵向上层间储层动用差异大，同一储层其上部动用程度低，剩余油相对富集。

1. 层系井网差异化调整

以法鲁奇油田为例，该油田剩余油挖潜一般以天然能量跟踪评价、剩余油分布规律为基础，实施分块、分层、分区差异化调整部署（表 4-25）：

（1）分块差异化部署：天然能量充足的小断块继续利用天然能量开发，优化层系井网及射开程度、采液速度等参数；主块细分层系，低压层采用注水或注水辅助天然能量开发。对于主力块部分储层天然能量不足的情况，需要实施注水、细分层系、措施等综合调整。其他断块能量较充足，实施加密、细分层系、措施等综合调整。

（2）分层差异化部署：上部储层（YⅡ、YⅢ）充分掌握平面相变规律，剩余油局部富集区域加密新井形成有效注采关系、加强井网控制程度，同时充分利用老井补孔上返挖潜剩余油；中部层位（YⅣ—Ⅵ）根据剩余油物质基础及压力保持水平部署分层系开发，面积井网与不规则井网相结合部署注水井、加密生产井；下部层位继续利用天然能量开

发，根据油品性质特点加强水平井应用。

（3）分区差异化部署：储层连通性分析与天然水驱规律相结合，摸清天然水驱未水淹、弱水淹储量分布；近边底水区域着重控水稳油、控制水窜及舌进现象；中部区域判断天然水驱方向及强度，补充部署注水井，采油井天然水驱、人工水驱双受效；远边底水区域部署面积注水井网，提高注水控制程度。

表 4–25　各主力层层系井网调整潜力及调整建议

层位	砂体形态	微相砂体主体规模	调整前井距，m	合层开发井数比例，%	调整建议及调整潜力
YⅡ—Ⅲ	带状	边滩：长 500～1200m、宽 150～400m、厚 2～4m；河道：宽 60～100m、厚 0.5～3.0m	1000～1200	100%	砂体分布局限，钻遇井上返开发
YⅣ—Ⅴ	交织带状	长 800～1800m、宽 300～800m、厚 3～9m	600～800	64%	一套层系，避免辫状河储层干扰，注采井网考虑水流方向，古水流方向井距 300～400m，垂直于古水流方向 150～250m
YⅥ	席状	长 1300～2300m、宽 550～1150m、厚 8～15m	400～600	78%	单独层系开发，相对独立心滩动用程度低，部署加密井
YⅦ—Ⅷ	席状	长 1300～2500m、宽 500～1300m、厚 7～14m	400～600	63%	一套层系开发，构造高部位加密至 200～400m

总之，能量是否充足是对油田进行差异化调整部署的主要依据。对于天然能量充足的块、层、区域，继续利用天然能量开发，综合调整重点为优化开发层系、部署加密调整井提高储量动用程度和水驱控制程度，对高含水井实施堵水、换层等措施；对于天然能量不足的块、层、区域，应实施天然水驱与人工注水协同开发，调整重点为层系井网调整、水驱结构调整、能量补充方式调整。

法鲁奇油田自 2006 年 7 月投产以来利用天然边底水能量高速开发，稳产 5 年后，逐渐进入高含水期，含水率上升快，产量递减加快，层间、平面矛盾日益突出，构造高部位及断层遮挡区已形成明显的低压区，部分区域压力保持水平仅为原始地层压力的 30%～40%，部分井甚至已经出现倒灌现象，急需注水补充能量。剩余油研究表明，油田层间采出程度差异大，主力层 YⅣ—Ⅴ及 YⅥ上部仍有较大潜力，为下一步综合调整提供了物质基础。法鲁奇油田各主力层层系井网调整潜力见表 4–25。基于各层系砂体特征、早期井网井距参数、剩余油分布特征，差异化制定层系井网调整策略：

YⅡ—Ⅲ层砂体形态呈带状，边滩长 500～1200m、宽 150～400m、厚 2～4m，河道宽 60～100m、厚 0.5～3.0m，天然水驱阶段井距 1000～1200m，由于砂体分布局限，不单独划分层系开发，实施钻遇井适时上返补孔开发。

YⅥ—Ⅴ层为曲流河沉积，砂体形态呈交织带状，砂体长 800～1800m、宽 300～800m、厚 3～9m，天然水驱阶段井距 600～800m，64% 的生产井与其他层组合层开发。开发调整中划分为单独一套层系，避免辫状河储层干扰，注采井网考虑水流方向，古水流方向井距300～400m，垂直于古水流方向150～250m。

YⅥ层为辫状河沉积，砂体形态呈席状，砂体长1300～2300m、宽550～1150m、厚8～15m，天然水驱阶段井距400～600m，78%的生产井与其他层组合层开发。该层水淹情况复杂，应加强现场吸水剖面测试、产液剖面测试，进一步提高堵水上返补孔措施增油效果。开发调整中该层划分为单独一套层系开发，相对独立心滩动用程度低，部署加密井。

YⅦ—Ⅷ层为辫状河沉积，砂体形态呈席状，砂体长1300～2500m、宽500～1300m、厚7～14m，天然水驱阶段井距400～600m，63%的生产井与其他层组合层开发。开发调整中划分为单独一套层系开发，构造高部位加密至200～400m。

2. 水平井挖潜

法鲁奇油田开发早中期通过大规模应用水平井（表4–26，图4–102），实现各块各层储量均匀动用，降低层状边水油藏含水率，提高块状底水稠油油藏动用程度，使油田保持高产稳产。

表4–26 法鲁奇油田水平井效果统计

区块	主要生产层位	水平井数，口	射开平均有效厚度，m	平均初产，t/d	平均含水率，%
帕尔	YⅥ	12	249	287	10.3
法尔-3	YⅥ	13	214	101	10.6
阿塞尔	YⅤ	2	190	252	1.0
芬提	YⅤ—Ⅵ	7	232	102	13.1
法尔-8	YⅤ—Ⅵ	1	266	39	2.0
法尔-5	YⅤ—Ⅵ	10	214	123	4.8
法尔-1	YⅤ—Ⅷ、S	25	214	198	8.0
平均		70	219	157	9.5

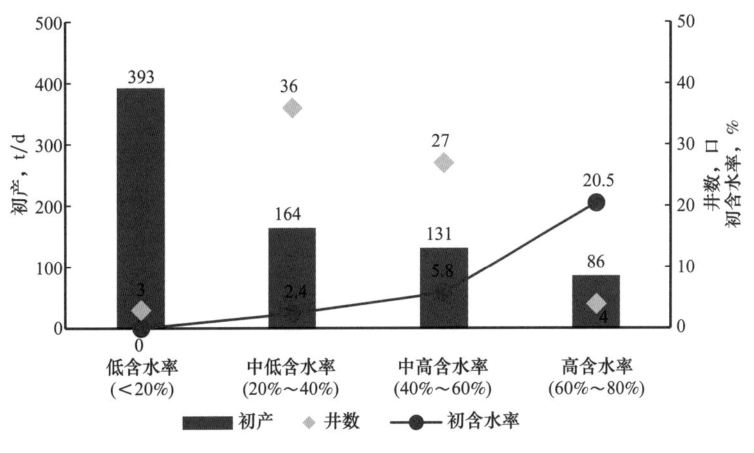

图4–102 法鲁奇油田各含水率阶段投产水平井对比

含水率上升问题为限制水平井开发效果的主要因素，水平井初产高，中低含水期投产水平井初产高、含水低、稳产时间长，开发效果较好；中低含水期相比直井有明显的产量优势，但见水后产量递减快，递减速度是直井的2～3倍。随着油田含水上升，新投水平井效果逐渐变差。因此，高含水期新投水平井需加强井位优选及水淹规律研究，尽量延长其无水采油期及低含水期，使水平井产量优势能够最大限度地发挥。

3. 协同注水开发

科学评价天然水驱油藏开发效果可指导油藏天然水驱阶段、水驱结构调整阶段、规模注水阶段开发技术政策的制定，为实现天然能量与人工注水协同奠定基础。天然水驱油藏开发效果评价方法包括：（1）生产气油比变化规律；（2）单位压降采出程度；（3）采出程度与压力保持水平；（4）油藏不同部位压力保持水平；（5）油藏及单井递减规律；（6）水驱特征曲线出现直线段时间；（7）累计油水比与综合含水率、采出程度的关系；（8）水侵速度与采油速度[23, 24]。

应用天然水驱油藏开发效果评价系统评价法鲁奇油田不同水体体积油藏天然水驱采油速度及注水时机（表4-27），研究表明：

（1）法尔-1、法尔-3、法尔-5块YⅣ—Ⅵ层水体倍数5～10PV，合理采油速度1.5%～2.0%，天然水驱阶段采出程度6.0%～11.2%，合理注水时机为产量进入递减期后扩大注水规模。油藏实际采油速度（1.8%～2.0%）、注水时机（投产后8年）合理。

（2）帕尔块YⅣ层水体倍数10～20PV，合理采油速度2.0%～3.0%，天然水驱阶段采出程度6.0%～11.2%，合理注水时机为达到稳产期后立即开始注水补充地层能量。油藏实际天然水驱阶段高峰采油速度2.9%，较为合理，天然水驱后构造高部位压力保持水平较低，工作量允许条件下建议注水。

（3）帕尔块YⅥ—Ⅶ、法尔块YⅦ—Ⅷ层及安巴、泰马块等水体体积大于20PV，合理采油速度为3.0%～4.0%，由于天然能量充足，可持续利用天然边底水能量开发。油藏实际利用天然能量高速开发，技术政策合理。

表4-27 不同水体体积油藏天然水驱采油速度及协同注水时机

水体体积	合理采油速度（稳产3～4年）	注水时机	天然水驱阶段采出程度	举例	协同注水时机
<5PV	1.0%～1.2%	立足早期注水	0.6%～7.0%	无（乍得Ronier4、BaobabN块）	（未及时注水造成脱气及产量迅速递减）
5～10PV	1.5%～2.0%	达到稳产期后立即开始注水补充底层能量	6.0%～11.2%	法尔块YⅣ—Ⅵ层	法尔-1、法尔-3、法尔-5块产量进入递减期后扩大注水规模，注水时机合理
10～20PV	2.0%～3.0%	分层、分区跟踪油藏压力水平，适时注水	10.0%～14.5%	帕尔块YⅤ—Ⅵ层	帕尔块YIV构造高部位压力保持水平较低，工作量允许条件下建议注水
>20PV	3.0%～4.0%	利用天然边底水能量开发	>13%	帕尔块YⅥ—Ⅶ、法尔块YⅦ—Ⅷ层；安巴，泰马	利用天然能量高速开发，2015年，地质储量采出程度10%～26.4%

综上所述，强边水油藏剩余油分布多样，针对不同类剩余油挖潜汇总见表 4–28，法鲁奇油田天然水驱后主要剩余油类型为远边底水型剩余油，其形成机制为边底水能量不足以传导至构造高部位、油藏内部，导致剩余油富集、地层压力保持水平较低（40%～60%），占总剩余油储量的 40%～60%。通过细分层系、水平井及协同注水等方法挖潜剩余油，合同期内可提高采出程度 10%～15%。

表 4–28 法鲁奇油田天然水驱后主力区块剩余油分类构成及挖潜潜力

剩余油类型	形成机制	占剩余油总量比例	提高采出程度	挖潜策略
远边底水剩余油	边底水能量不足以传导至构造高部位、油藏内部	40%～60%	10%～15%	部署规模注水，补充人工能量，提高地层压力保持水平
层系井网不完善剩余油	井网不完善、储层非均质性强、笼统开发	30%～45%	5%～12%	分层系加密井网，保障各层系井网控制程度
断层遮挡剩余油	断层发育，断层封堵	3%～8%	1%～2%	不规则加密井网，形成 1 对 1 或 1 对 2 有效注采关系

以帕尔块为例，天然水驱油藏不同区域油藏压力保持水平差异大，低压区为剩余油富集区，采用强注强采的面积井网，边部采用点状注水方式适当补充能量；控制压力保持水平，中心区域应略低于边部区域，使边水有效侵入油区。以充分利用天然能量挖潜剩余油为原则，兼顾考虑单井控制储量及经济极限指标，优化加密井数、井位、井型及射孔层位；优化后注水方案加密 35 口生产井、9 口注水井，转注 8 口老井，YⅣ—Ⅴ层形成 17 口井注水规模。预测至 2025 年（合同期 +5 年），油藏采出程度达到 31.1%，增加可采储量 390×10^4t。

三、强边水层状油藏单层开发剩余油挖潜技术

以哈萨克斯坦阿克沙布拉克油田高速开发生产实践为例，介绍强边水单油层油藏的剩余油挖潜技术。

1. 优化南北井组配注量，实现边外注水水线均匀推进

通过分析南北井组地层亏空及水驱前缘的分布特征（图 4–103）可以看出，各个井组的注水量不均衡是造成水线推进不均匀的主控因素。通过数值模拟方法，优化配置单井注水量，以达到水线均匀推进，提高采收率的效果。在现有注水井注水量不变基础上，对单个注水井的配注量进行敏感性分析，具体方案见表 4–29。通过单井配注量敏感性分析可以看出，Aksh308 井日注水量减少 $400m^3/d$，累计产油量最高；而 Aksh300、Aksh301、Aksh302 井注水量保持不变时，累计产油量最高，这说明北部井组能量充足，可以适当减少部分井的注水量（图 4–104）。

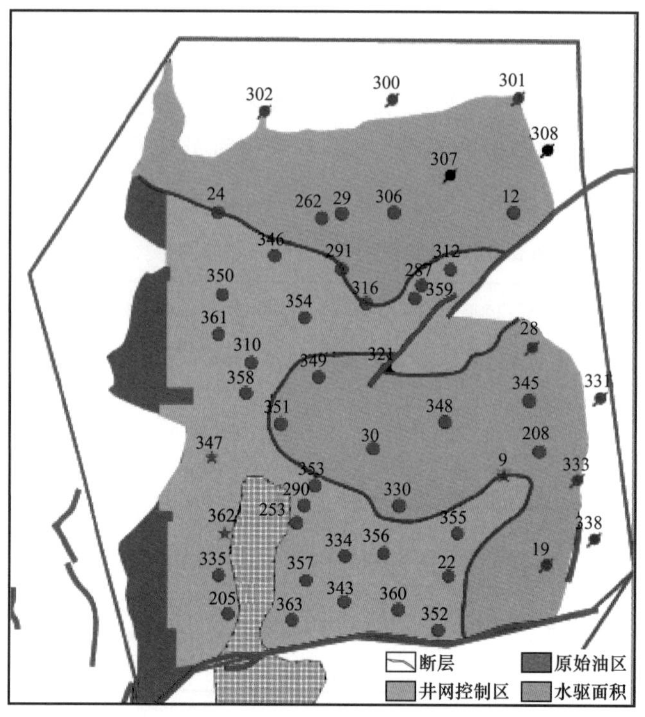

图 4-103 阿克沙布拉克油田中 J-Ⅲ层中部水驱控制程度图

表 4-29 北部注水井组单井敏感分析方案具体描述

方案	方案 1	方案 2	方案 3	方案 4	方案 5
描述	停注	降低 $400m^3/d$	目前配注量	增加 $400m^3/d$	增加 $800m^3/d$

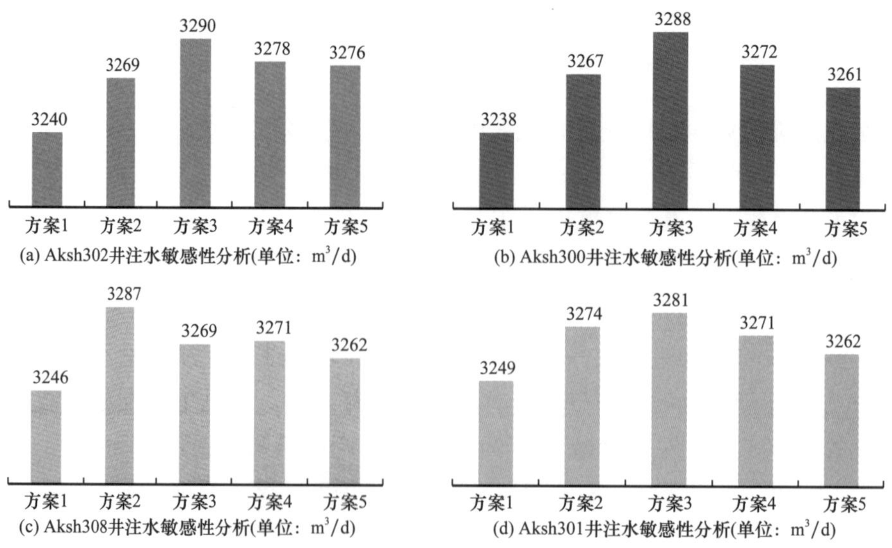

图 4-104 北部注水井组单井敏感分析

结合单井进行敏感性分析结果，对北部井组 4 口注水井整体优化配注量，具体配注情况见表 4–30。多次优化后，方案 4，即靠近东部的 Aksh308 井注水量降 100m³/d、其他井注水量保持不变，水线保持稳定，累计采油量最高（图 4–105）。

表 4–30 北部井组整体优化配注表

	方案设计
方案 1	目前注水量不变
方案 2	Aksh308 降 300m³/d，其他关井
方案 3	Aksh308 降 300m³/d，其他注水量保持不变
方案 4	Aksh308 降 100m³/d，其他注水量保持不变
方案 5	Aksh308 降 100m³/d，其他注水量各增 100m³/d
方案 6	Aksh308 降 100m³/d，其他注水量各增 300m³/d

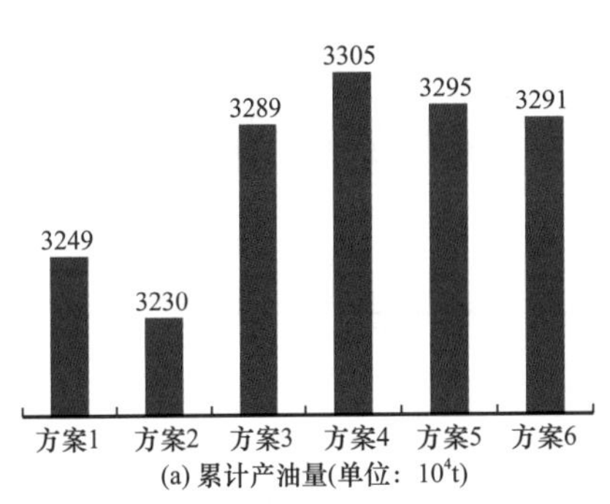

(a) 累计产油量(单位：10⁴t)

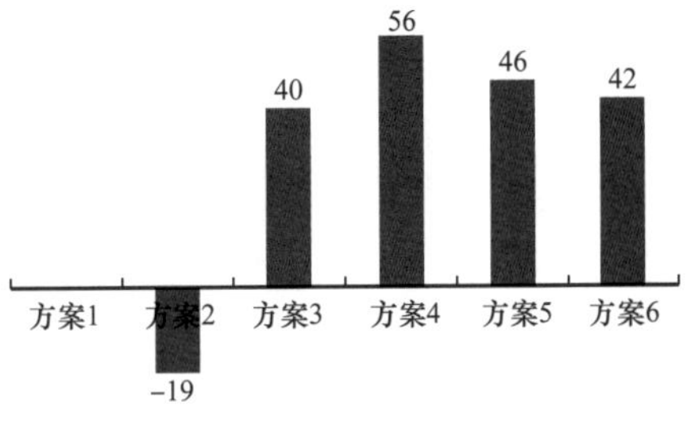

(b) 与现有井网配注量相比累计产油量增幅(单位：10⁴t)

图 4–105 北部井组不同配注量方案下的累计产油量对比

采用同样的方法，即根据水驱前缘分布特征，结合来水方向分析，运用数值模拟方法优化南部井组配注量。在现有注水井注水量不变的基础上，对单个注水井的配注量进行敏感性分析，具体分析方案见表 4–31，各个方案预测的结果是 Aksh28、Aksh331、Aksh333 井在日注水量降低 400m³/d 的情况下，累计产油量较高；而 Aksha321、Aksh338 井则是增加日注水量整个油藏的累计产油量最高；Aksh19 井距离 Aksh338 井较近，从边水推进的进程方面考虑，两口井相当于 1 口井的注水量，Aksh19 井维持 2015 年日注水量的情况下，累计产油量最高（图 4–106）。因而可以看出南部井组能量分布不均，需分别调整单井的配注量。

表 4–31 南部井组单井敏感分析方案具体描述

方案	方案 1	方案 2	方案 3	方案 4	方案 5
方案描述	停住	降低 400m³/d	目前配注量	增加 400m³/d	增加 800m³/d

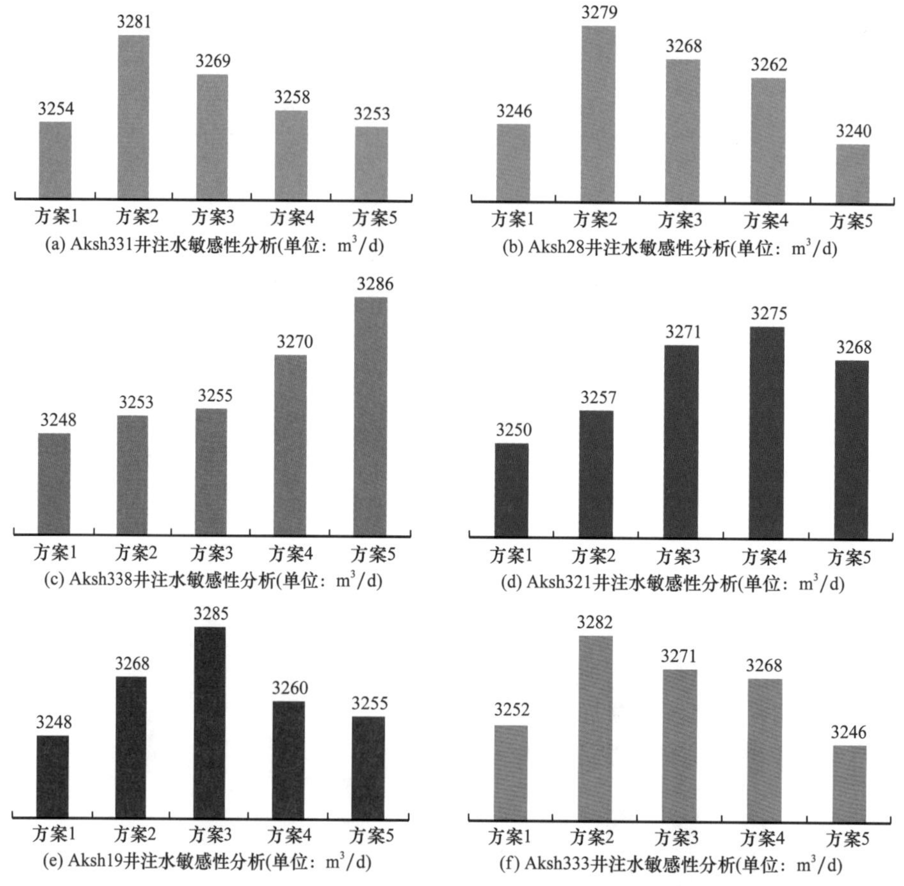

图 4-106 南部注水井组单井敏感分析

结合南部井组单井配注量敏感性分析的结果，对 6 口注水井配注量进行整体优化，具体配注情况见表 4-32。多次优化后，Aksh19 井配注量不变的情况下，方案 5，即 Aksh333 与 Aksh338 井各增加 300m^3/d、其他注水井各降 300m^3/d 时，油藏的累计采油量最大（图 4-107）。

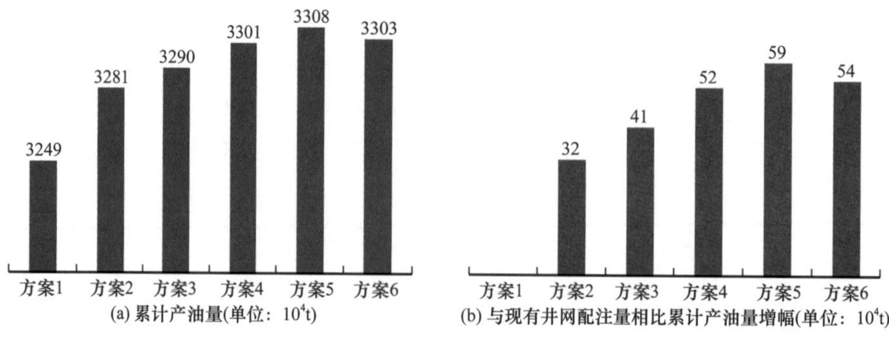

图 4-107 南部井组不同配注量方案下的累计产油量对比

表 4-32　南部井组不同配注方案设计描述

方案	方案设计
方案 1	目前注水量不变
方案 2	Aksh19、Aksh28 保持不变，Aksh321、Aksh331 关井，Aksh338 增 1000m^3/d，Aksh333 减 500m^3/d
方案 3	Aksh19 不变，Aksh321 停注，Aksh338 增加 500m^3/d，其他井各降 800m^3/d
方案 4	Aksh19、Aksh28 保持不变，Aksh338 增加 300m^3/d，其他井各降 600m^3/d
方案 5	Aksh19 不变，Aksh333、Aksh338 增加 300m^3/d，其他井各降 300m^3/d
方案 6	Aksh19 不变，Aksh321 降 200m^3/d，Aksh28 降 500m^3/d，其他井各增加 600m^3/d

2. 明确合理开采参数，提高合同期内采出程度

阿克沙布拉克油田中 J-Ⅲ层一直保持较高采油速度开发，目前面临的主要问题是部分井区边水突进快，油井见水后迅速关井，若采用低采油速度开发，是否能得到更高的采收率？分别论证了 1%、2%、2.5%、3%、4% 采油速度下中 J-Ⅲ油藏的开发效果，并预测其采收率。

通过论证得到结果，若采用 1%、2%、2.5%、3% 和 4% 的采油速度开发，油藏采收率基本相似，都可以达到 71.5%。但是合同期内采出程度不同，4% 采油速度与 1% 采油速度相比，合同期内采出程度增加 5.8%（图 4-108）。对比不同采油速度下的剩余油饱和度分布图可以看出，4% 采油速度下开发，剩余油饱和度明显变少（图 4-109）。

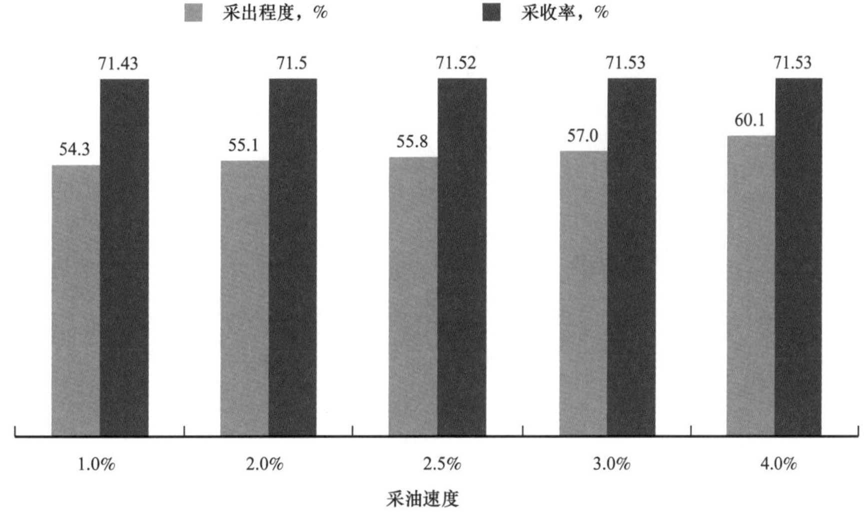

图 4-108　不同采油速度合同期末采收率及采出程度对比

四、弱边水层状油藏剩余油挖潜技术

1. 液流转向技术

完善注采井网，补充地层能量，改变液流方向，提高注水波及，鉴于库姆科尔南油田 Object-2 层部分区域注采不完善（图 4-110），地层能量亏空大，应充分利用低产油井、

停关井转注水，有效补充地层能量；同时内部井网调整后，应合理调整外部注水，强化剩余油富集方向注水、弱化强水淹方向注水，提高水驱储量控制程度。

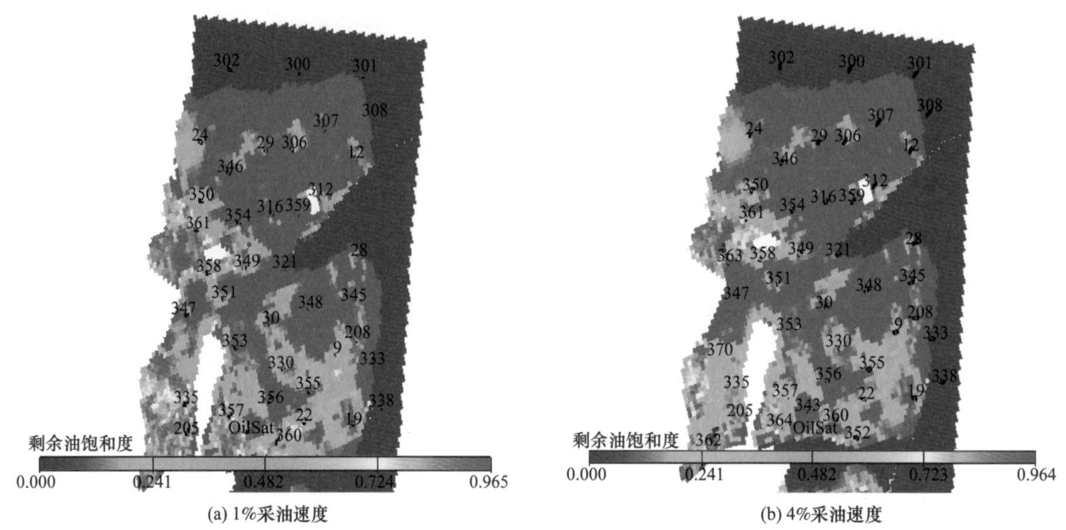

(a) 1%采油速度　　(b) 4%采油速度

图4-109　不同采油速度合同期末剩余油分布图

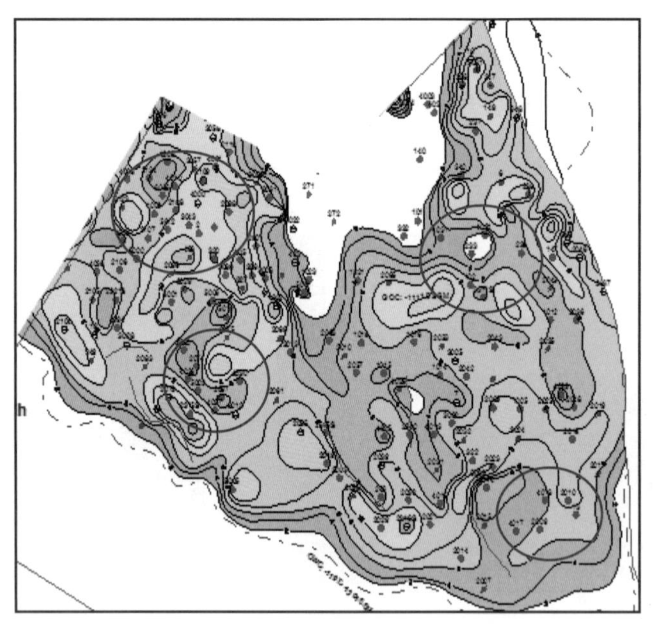

图4-110　库姆科尔南油田 Object-2 层系井网不完善区域示意图

以库姆科尔南油田 Object-2 层 327 井组为例（图 4-111），该井组初期无注水井，2011 年 11 月转注 KS-327 井，改变井组液流方向，相邻井增油效果明显，其中 KS-326 井日产油量由 14.5t/d 提高到 20.5t/d，含水率由 95% 降至 93%（图 4-112）。

2011 年年底至 2016 年，库姆科尔南油田 Object-2 层共实施低产油井转注水 11 井次，多为边内转注局部完善面积注水，有效缓解了油田自然递减下降趋势（图 4-113）。

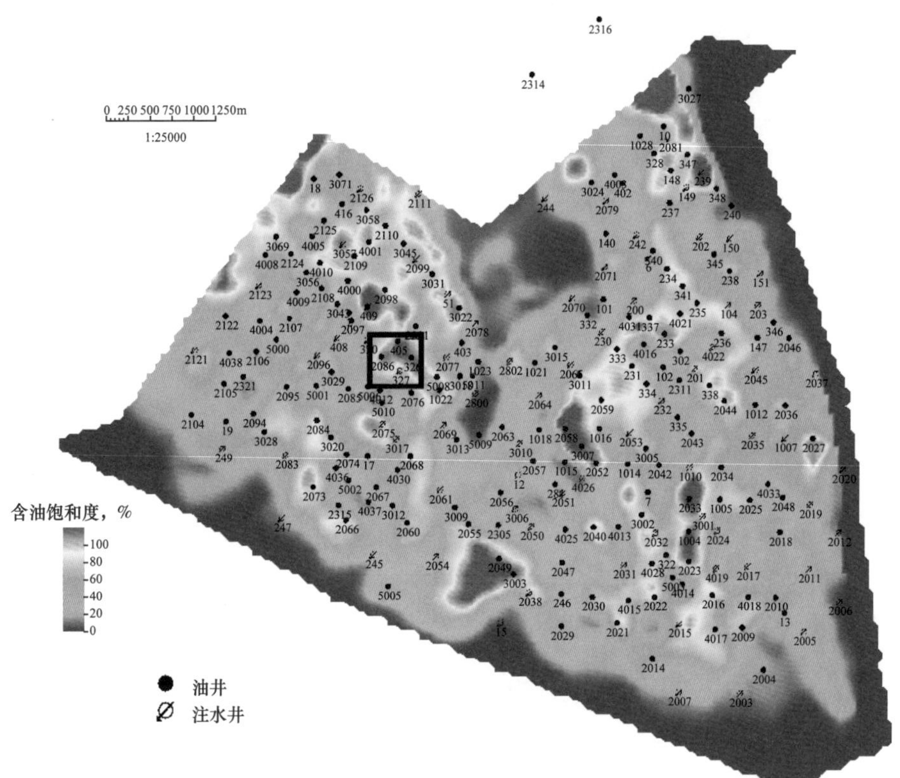

图 4-111　库姆科尔南油田 Object-2 层系剩余油分布及 327 井组位置图

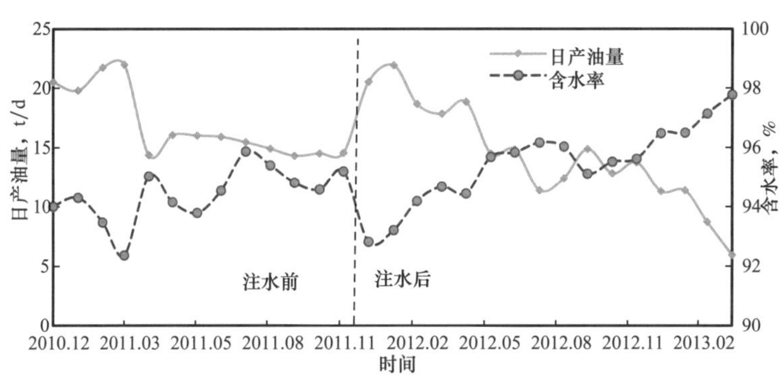

图 4-112　KS-326 井生产曲线图

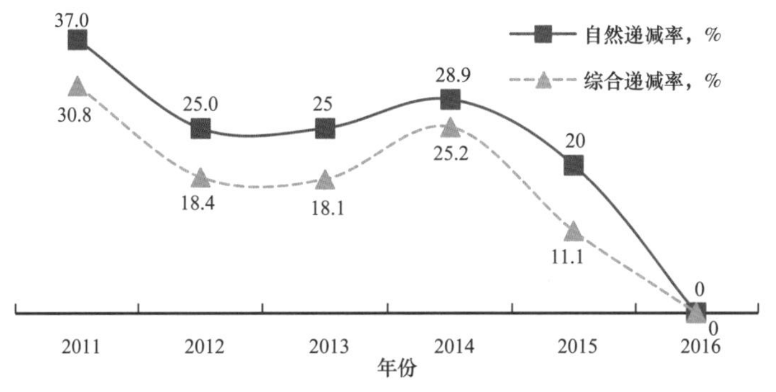

图 4-113　库姆科尔南油田递减图

2. 细分层注水技术

细分层注水，调整层间矛盾，提高水驱储量动用程度，油田 2015 年注水均采用笼统多层注水（图 4–114），受储层物性差异、隔夹层影响，各小层注水分配不均，注水在低渗透油层注入较少，沿高渗透油层突进较快，油井见水早，含水率上升快，造成油藏整体水驱储量动用程度低（图 4–115）；故应根据各层的吸水能力，实施细分层注水，合理分配注水量，提高注水质量。

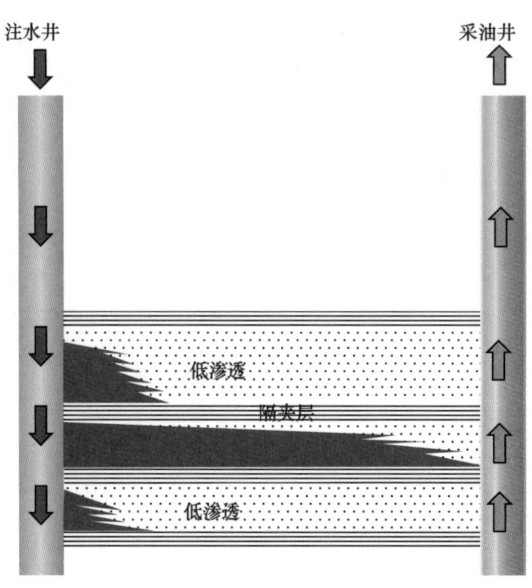

图 4–114　多层非均质油藏笼统注水示意图

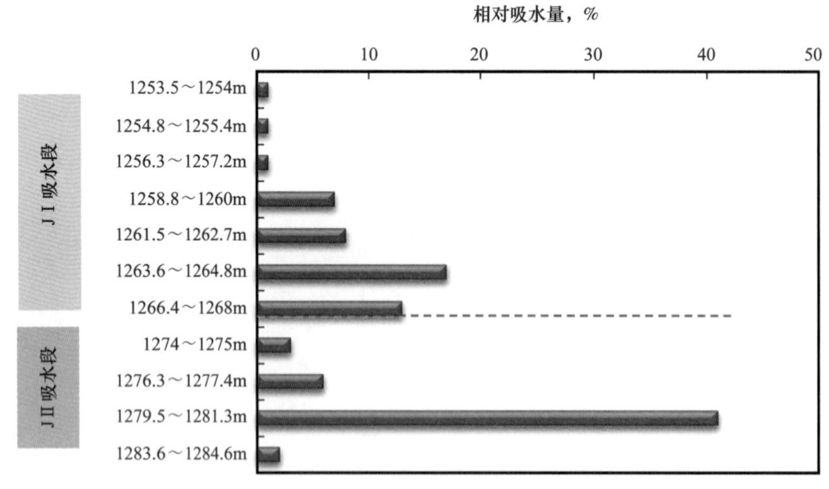

图 4–115　KS–2031 井吸水剖面

阿克沙布拉克油田的 M–Ⅱ层为中孔隙度、中渗透砂岩油藏，边水能量较弱。油藏于 1998 年 5 月开始衰竭式开发，地层亏空逐渐加大，2011 年 9 月进入递减阶段。M–Ⅱ层于 2015 年 9 月开始实施分层注水，其中北区 2 口分注井，对应油井 6 口，4 口注水已见效，平均单井增油 11.4t/d；2 口井待观察；南区 3 口分注井，对应油井 9 口，5 口注水已见效，平均单井增油 12.2t/d；5 口井待观察（图 4–116、表 4–33）。

自实施分层注水以来，M–Ⅱ层 2016 年地层压力有所回升，北区和南区地层压力分别上升 0.3MPa、0.5MPa（图 4–118）；水驱控制程度大幅度提升，由分注前的 3.4% 上升到目前的 40.7%；分注后北区、南区水驱控制程度分别为 42.1%、39.2%。油藏综合递减率由 19.5% 下降至 7.4%，老井开发效果明显改善；5 个分层注水井组实现累计增油 2.94×10^4t，分注增油效果显著（图 4–119）。

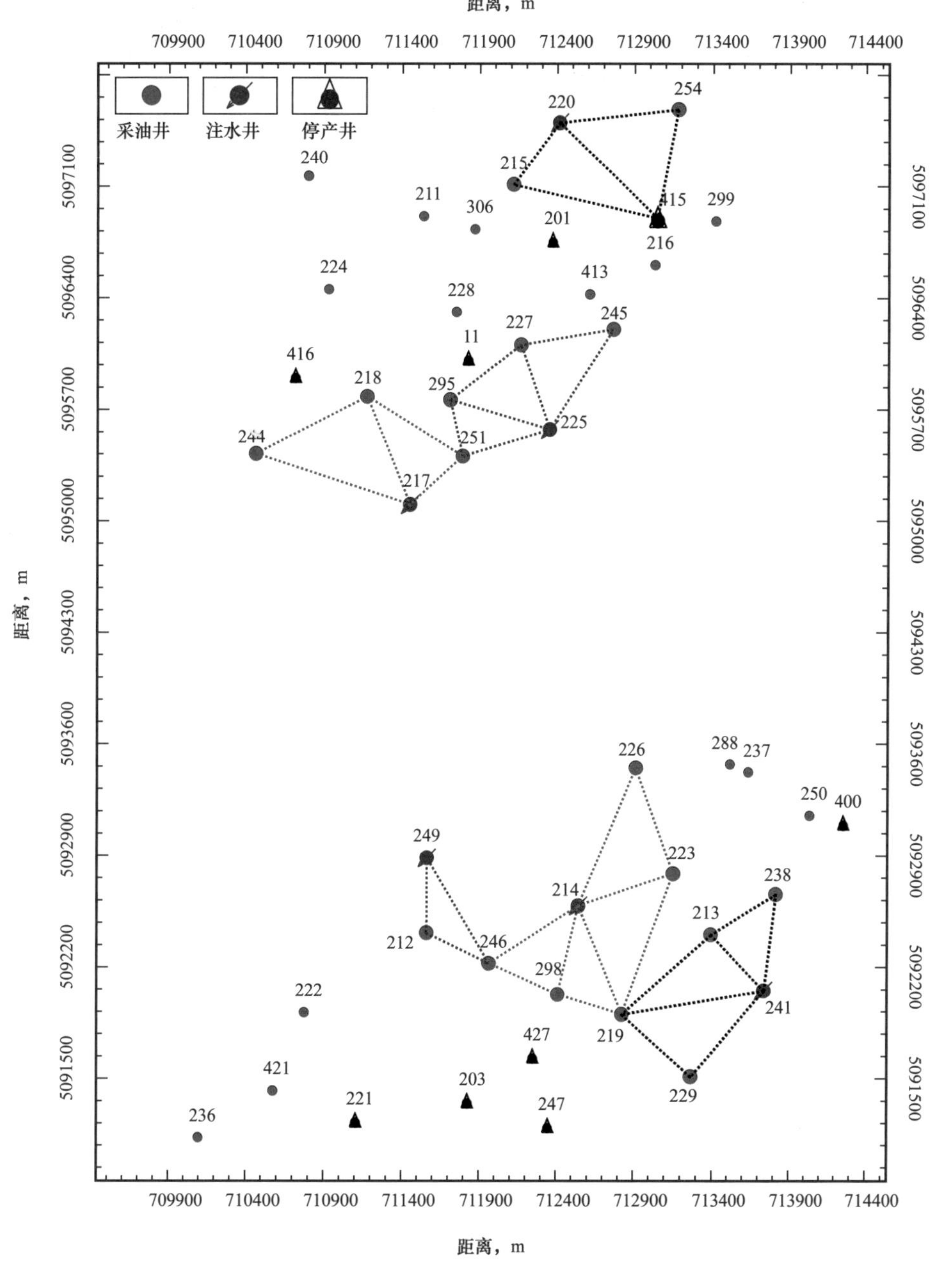

图 4–116　M–Ⅱ层分层注水井位置图

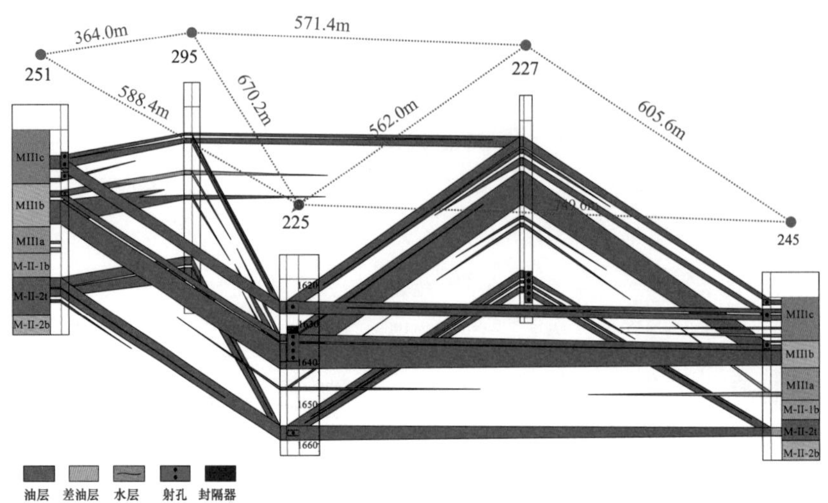

图 4-117　225 井组砂体连通图

表 4-33　阿克沙布拉克油田 M-Ⅱ层注水井组见效情况

分区	序号	井号	注水时间	封隔器位置	分层井段	周围油井	见效情况
北区	1	220	2015.09.09	未下封隔器	笼统注水	215	待观察
						254	见效
						415	关井
	2	225	2015.09.12	1630.4～1632.2m	1624.1～1627.1m，1632.4～1637.0m	251	见效
						227	见效
						245	见效
						295	待观察
	3	217	2016.01.07	1624.5～1626m，1639～1640.5m	1617.5～1638.4m，1641.6～1643.5 m	251	见效
						218	待观察
						244	见效
南区	4	241	2016.01.15	1614.0～1615.5m，1633.0～1634.5m	1611.0～1613.8m，1624.6～1632.8m，1634.6～1640.5m	213	待观察
						238	见效
						219	见效
						229	见效
	5	214	2015.12.18	1628.0～1629.5m，1639.0～1640.5m	1618.6～1626.9m，1635.5～1637.0m，1641.9～1642.9m	226	见效
						219	见效
						246	待观察
						212	待观察
						298	待观察
						223	见效
	6	249	2015.12.09	1631.0～1633.0m	1627.8～1630.1m，1642.1～1649.0m	212	待观察
						246	待观察

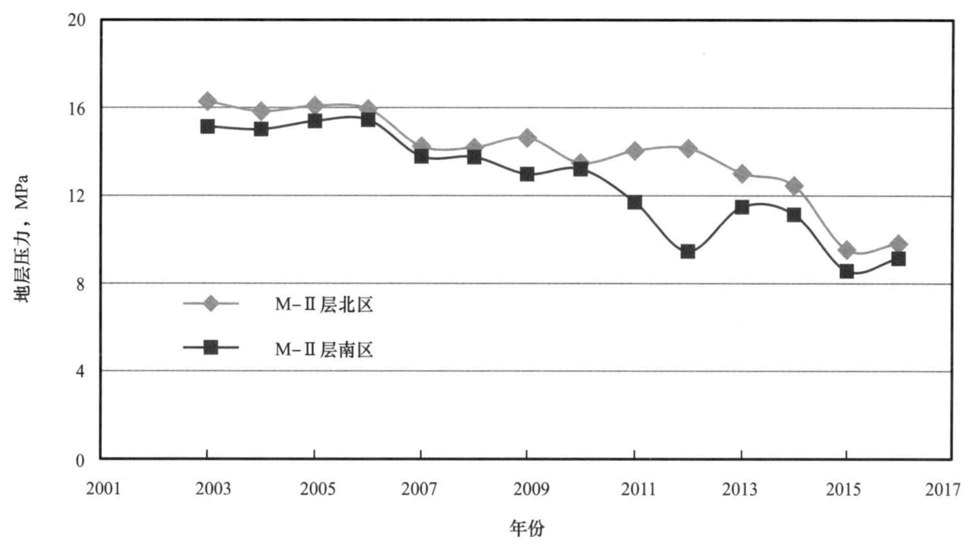

图 4-118　M-Ⅱ层地层压力变化

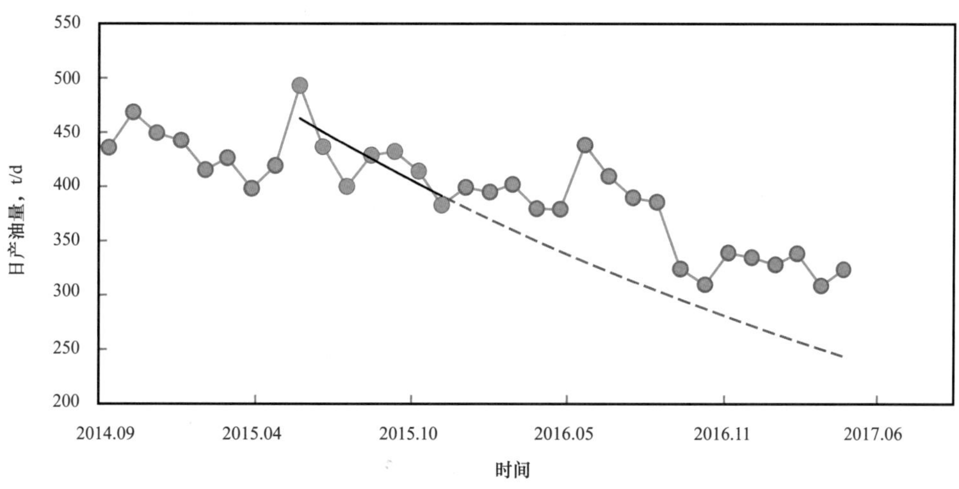

图 4-119　M-Ⅱ层分层注水井组增油效果图

3. 局部加密调整，井网转换技术

由井组数模可知，五点法开发效果优于反九点；但鉴于 Kumlol 油田目前井网不完善现状，宜局部完善为反九点井网开发，数值模拟分析得出注采比为 1.0 时（图 4-120），合同期末采出程度最高（66.3%），压力保持水平较好（53.1%），建议合理的注采比为 1.0。

根据库姆科尔南油田 Object-2 油藏目前剩余油分布情况，选取剩余油较为富集且注采井网不完善的 KS-4030-4000-1030 井组作为井网转换试验区域（图 4-121 和图 4-122）。

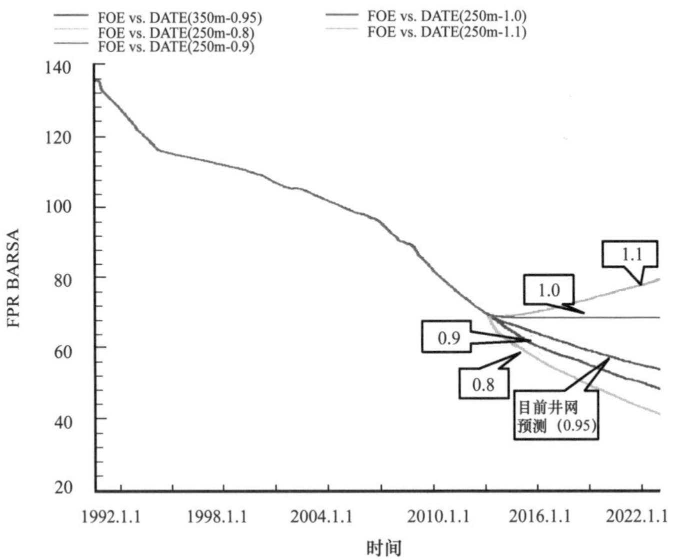

图 4-120　反九点井网不同注采比下压力保持水平图（软件截图）

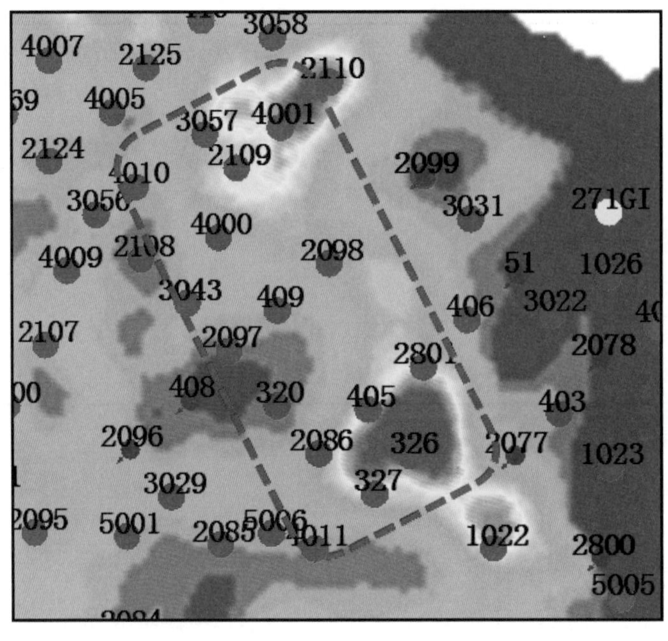

图 4-121　调整试验井区剩余油丰度图（Objcect-2）

以库姆科尔南油田为例，中方接管时油田采出程度为 42%，含水率为 80.2%，处于高采出程度高含水后期；根据低黏度油藏局部剩余油富集的研究结果，在剩余油富集区局部加密新共 58 口，新井平均初产 22t/d，其中 20 口井初产低于 10t/d，20 口井初产高于 20t/d，新井最高日产达到 84.2t/d（图 4-123）。

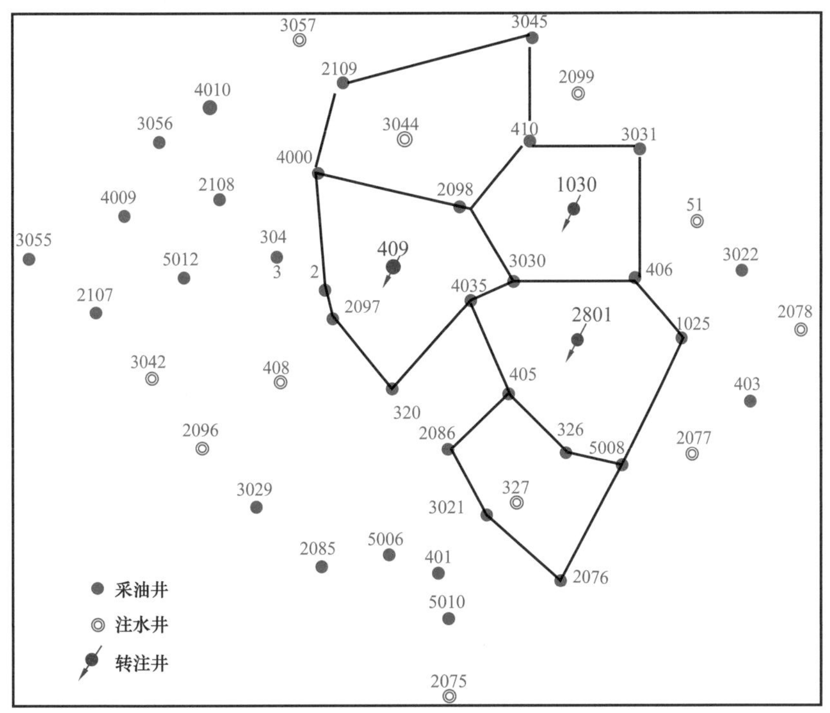

图 4-122　调整试验井区调整后注采分布图

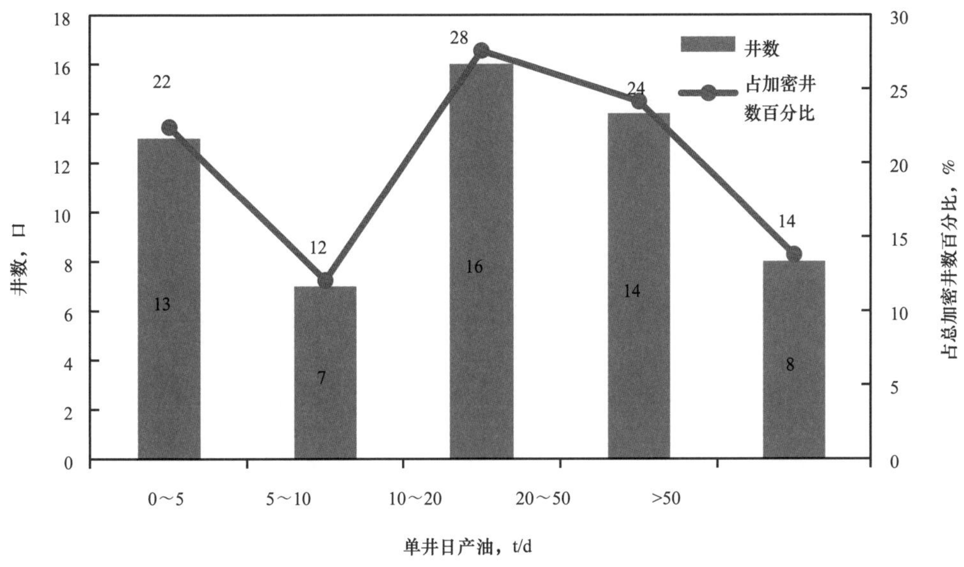

图 4-123　库姆科尔南油田接管后加密井初产直方图

4. 大泵提液稳油技术

井组模拟反九点井网 250m，注采比为 1.0，采油速度为 30% 时，合同期内采出程度比目前油藏实际采油速度（15%）提高 3.1%（图 4-124）。因此，在完善注采井网、储层供液能力增强的基础上进行大泵（电潜泵）提液稳油具有一定潜力。

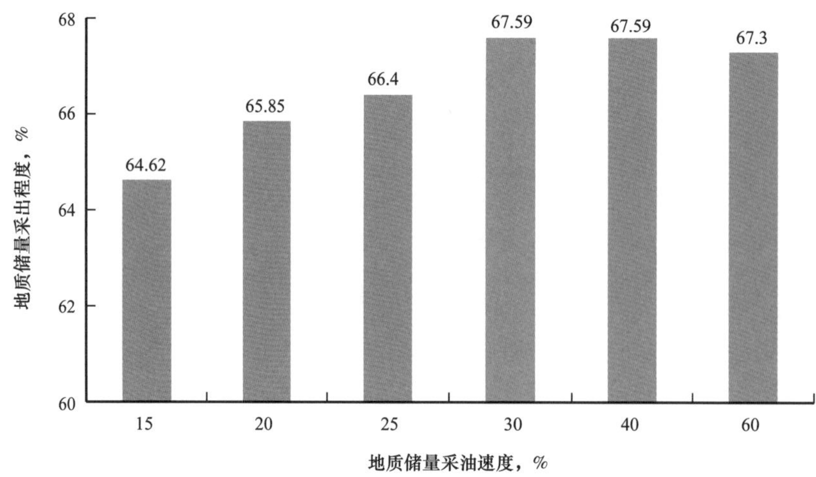

图 4-124　反九点井网 250 米井距提液开发比较

2011—2016 年，库姆科尔南油田共计实施 15 口油井转注，有效地补充了地层能量，提高了储层的供液能力，同时通过提高单井产液量来增加单井产量，减缓高含水油田递减。油田共实施大泵提液 116 井，平均单井增油 3.6t/d（图 4-125）。

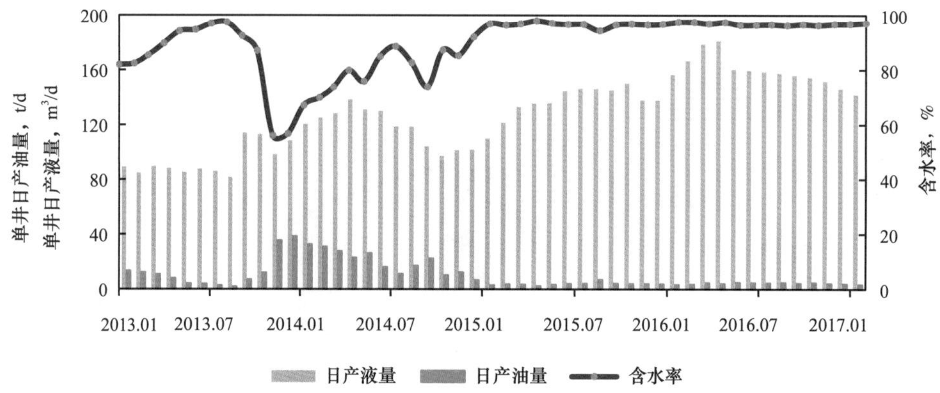

图 4-125　库姆科尔南典型单井（KS-2018）提液开发效果

参考文献

［1］马世忠，孙雨，范广娟，等.地下曲流河道单砂体内部薄夹层建筑结构研究方法［J］. 沉积学报，2008，26（4）：632-639.

［2］岳大力，吴胜和，刘建民.曲流河点坝地下储层构型精细解剖方法［J］. 石油学报，2007，28（4）：99-103.

［3］李阳，郭长春.地下侧积砂坝建筑结构研究及储层评价：以孤东油田七区西 Ng52+3 砂体为例［J］. 沉积学报，2007，25（6）：942-948.

［4］岳大力，吴胜和，谭河清，等.曲流河古河道储层构型精细解剖——以孤东油田七区西馆陶组为例［J］. 地学前缘，2008，15（1）：101-109.

［5］宁士华，肖斐，束宁凯.特高含水开发期曲流河储层构型深化研究及应用［J］. 断块油气田，2013，

20（3）：354-358.

［6］周新茂，高兴军，田昌炳，等.曲流河点坝内部构型要素的定量描述及应用［J］.天然气地球科学，2010，21（3）：421-426.

［7］Wang Jincai，Zhao Lun，Zhang Xiangzhong，et al.Influence of Meandering River Sandstone Architecture on Warterflooding Mechanism：A Case Study of the M-I Layer in the Kumkol Oilfield，Kazakhstan［J］. Petroleum Science，2014，11（1）：81-88.

［8］孙天建，穆龙新，赵国良.砂质辫状河储集层隔夹层类型及其表征方法：以苏丹穆格莱特盆地 Hegli 油田为例［J］.石油勘探与开发，2014，41（1）：112-120.

［9］刘钰铭，侯加根，王连敏，等.辫状河储层构型分析［J］.中国石油大学学报：自然科学版，2009，33（1）：7-11，17.

［10］赵伦，王进财，陈礼，等.砂体叠置结构及构型特征对水驱规律的影响——以哈萨克斯坦南图尔盖盆地 Kumkol 油田为例［J］.石油勘探与开发，2014，41（1）：86-94.

［11］赵小庆，鲍志东，刘宗飞，等.河控三角洲水下分流河道砂体储集层构型精细分析——以扶余油田探 51 区块为例［J］.石油勘探与开发，2013，40（2）：181-187.

［12］温立峰，吴胜和，王延忠，等.河控三角洲河口坝地下储层构型精细解剖方法［J］.中南大学学报：自然科学版，2011，42（4）：1072-1078.

［13］赵小庆，鲍志东，刘宗飞，等.河控三角洲水下分流河道砂体储集层构型精细分析：以扶余油田探 51 区块为例［J］.石油勘探与开发，2013，40（2）：181-187.

［14］李志鹏，林承焰，董波，等.河控三角洲水下分流河道砂体内部建筑结构模式［J］.石油学报，2012，33（1）：101-105.

［15］赵伦，梁宏伟，张祥忠，等.砂体构型特征与剩余油分布模式——以哈萨克斯坦南图尔盖盆地 Kumkol South 油田为例［J］.石油勘探与开发，2016，43（3）：433-441.

［16］陈程，宋新民，李军.曲流河点砂坝储层水流优势通道及其对剩余油分布的控制［J］.石油学报，2012，33（2）：257-263.

［17］李顺明，宋新民，蒋有伟，等.高尚堡油田砂质辫状河储集层构型与剩余油分布［J］.石油勘探与开发，2011，38（4）：474-482.

［18］岳大力，吴胜和，程会明，等.基于三维储层构型模型的油藏数值模拟及剩余油分布模式［J］.中国石油大学学报（自然科学版），2008，32（2）：21-27.

［19］曾祥平.储集层构型研究在油田精细开发中的应用［J］.石油勘探与开发，2010，37（4）：483-489.

［20］李阳，王端平，刘建民.陆相水驱油藏剩余油富集区研究［J］.石油勘探与开发，2005，32（3）：91-96.

［21］封从军，鲍志东，陈冰春，等.扶余油田基于单因素解析多因素耦合的剩余油预测［J］.石油学报，2012，33（3）：465-471.

［22］赵伦，陈希，陈礼，等.采油速度对不同黏度均质油藏水驱特征的影响［J］.石油勘探与开发，2015，42（3）：352-357.

［23］宋万超.高含水期油田开发技术和方法［M］.北京：地质出版社，2003.

［24］李兴训.水驱油田开发效果评价方法［D］.成都：西南石油学院，2005.

第五章　砂岩油田高速开发典型实例

海外油田开发经营策略主要包括实现较长时间高产稳产，加快回收进程，实现最大经济效益。因此，有一定天然能量的油田早—中期充分利用天然能量开发，适时开展注水开发延长稳产期，提高合同期内采出程度，同时充分动用未开发储量，实现较长时间高产稳产，尽快实现回收的基础上实现经济效益最大化，规避海外投资风险。本章重点介绍南苏丹三七区法鲁奇、苏丹一二四区黑格里格、哈萨克斯坦 PK 项目库姆科尔南及阿克沙布拉克等油田高速开发模式。

第一节　强底水油田开发模式

本节以苏丹一二四区黑格里格油田为例介绍强底水油田高速开发模式：加强综合地质研究，重点描述隔夹层的分布，采用大井距并制订合理射孔方案；采用大排量泵抽排提高采油速度；开发初期采用“稀井高产”策略高速开发，快速回收投资；在开发中后期，采用钻加密井 / 水平井，或低产井侧钻等方式开采剩余油，采用卡堵水、提液等措施降低含水率，提高产油量，从而提高采出程度。

一、早期稀井高速高效开发

黑格里格油田于 1999 年 6 月投入开发，为尽快回收投资，实施“有油快流、快速回收”的开发策略，初期采用稀井高产方针，快速实现上产。该阶段开发过程中，在保障快速上产、高效稳产的同时，尽量延长无水、低含水采油期，中、高含水期采取相应措施避免含水率快递上升。

1. 初期采用稀井高产方针，尽快回收投资

黑格里格油田初期采用 1000m 井距，共 29 口开发井，PCP（螺杆泵）举升工艺投产。单井日产油 260t 左右。当时开发方案的制订考虑了储层连通好、物性好，单井产量高，可以以较高采油速度开发，同时考虑了高产与稳产期限、计划投资额度、地面系统建设、产出水处理能力和管输能力等多种因素。

2. 早期采用提高单井排液量的方法稳定单井产量

投产半年后，将 PCP 换成 ESP（电潜泵），采用提高单井排液量方法，稳定单井产油量。单井排液量从初期的 $290m^3$ 逐步提高到 $800m^3$ 以上，使得单井产量在含水率快速上升到 80% 的情况下，仍稳定在 140t/d 以上，稳产时间 4 年以上。

二、中期加密调整实现稳油控水

投产 3 年后，自 2002 年以来，黑格里格油田不断进行开发调整。

黑格里格油田在开发过程中，根据暴露的问题，不断进行调整方案研究和油藏工程研究，及时加密调整。

（1）精细油藏描述及地质建模：随着钻井和动态等资料的增加，油田进行了3次大规模地质模型重建工作。

（2）生产动态分析和油藏工程研究：采用常规动态分析及数值模拟等油藏工程分析方法，反复认识油藏特征、剩余油分布特征及调整潜力。

（3）制定开发调整技术政策：加密井初产及剩余可采储量经济界限；水平井及侧钻井可行性；合理划分开发层系；提液可行性研究。

具体调整结果如下：

阶段一：2002—2004年，中—高含水阶段，实施一次调整：加密井网，大排量提液，多层合采，试验水平井，日产油稳定在7950m^3左右。

阶段二：2005—2007年，高含水阶段，实施二次调整：加密井减小排液量，稳油控水，合层采，日产油稳定在7100t左右。

阶段三：2008年之后，接近特高含水阶段，实施第三次调整：分层系开发，动用低渗透层，大力采用水平井技术。2010年后进入特高含水开采期，油田产量递减趋势明显，提液稳产难度增大，开发过程中控制产液量。

三、后期优化措施控制递减速度

底水油藏进入开发后期，从下到上水淹程度由高变低，剩余油主要集中在油层中部和顶部；平面上主要集中在井网稀疏区、构造高部位、断层附近以及缺少生产井控制的区域[1]。对于强非均质性底水油藏的开发与挖潜，要充分考虑非均质性对底水造成的影响，尤其对于底水能量充足、夹层大量发育的油藏，在能量利用、井型选择、挖潜方式以及开采强度上，都要充分利用非均质性（如夹层）带来的有利影响，避免不利的影响（表5–1）。

1. 继续合理利用底水能量

结合隔/夹层作用，充分利用底水能量，大排量提液生产，降低油藏递减速度，提高合同期内采出程度。同时充分考虑纵向隔/夹层分布，首先在中下层生产，在动用下层系的同时将底水“引”上来，补充上层能量，再采取逐层上返的射孔策略。

2. 开发上返策略：优化布井，寻夹避水，纵向逐层驱替

阶梯利用隔/夹层，转换驱替方式，形成底水绕流，避免底水与生产井的直接接触出现暴性水淹现象。

3. 水中捞油：提液补油，适时调控

油藏进入高含水期，油层大部分区域水淹；在夹层遮挡处，隔夹层上、下部形成“屋檐油”“屋顶油”，采取打加密井或过路井进行挖潜（图5–1）；在无隔/夹层遮挡处，低黏度油藏水驱油效率比较高，剩余油饱和度较低；高黏度油藏水驱油效率低，剩余油饱和度较高，宜采用老井提液大排量生产（图5–2）。油藏的开发是一个动态的过程，期间需要油田工作者根据油田实际情况，即时调整、适时调控，方能实现油田的优质高效开发。逐层上返含义为在油藏内部通过调整单井的射孔完井位置，从下向上逐渐完井，即采取逐渐上返的射孔策略。

表 5-1 不同隔夹层下调层策略

示意图	构型分布示意图	驱替类型	开发策略
生产井 油水界面		薄渗滤型隔 / 夹层；底水、次生底水	隔 / 夹层下部射孔开发，上部次生边水侵入封堵
生产井 油水界面		单层隔 / 夹层上部发育；底水绕流—次生边水	隔 / 夹层上部射孔投产，水淹后关井
生产井 油水界面		单层隔 / 夹层下部发育；底水绕流—次生边水、次生底水	隔 / 夹层抑制水侵，水侵后调层上返
生产井 油水界面		稀疏型多隔 / 夹层；阶梯型—次生边底水绕流	射孔后开井生产，水淹后关井
生产井 油水界面		密集型多隔 / 夹层；阶梯型—次生边水驱	隔 / 夹层抑制水侵，水侵后调层上返

通过提液补油的措施，充分利用了高速开发的机理，分别从油田整体开发和单井调整角度入手，提高了采油速度和开发水平，有效地减缓了油田产量的递减，弥补了油田含水率上升造成的产量递减，使油田进入高含水期以后仍然能够保持较稳定的产量，为同类油藏高速、科学、高效开发提供了大方向上的政策指导。

4. 加密调整：完善井网，井间和构造高部位挖潜

结合数值模拟与油水运动规律分析，确定剩余油富集区域。在剩余油潜力区域进行挖潜。例如井网、井间剩余油，构造高部位剩余油等。

对于油藏生产井加密，充分利用上部层位的夹层和低渗透层减缓底水上侵。在部分区域，油井完井段下部没有夹层发育，导致油井过早水淹，含水率过高而关井，在这种情况下，油田的挖潜可以考虑将该井侧钻到附近有夹层发育的区域，利用夹层的阻挡作用，可

起到较好的开发效果。同时尽量侧钻到大范围夹层的边缘位置，充分利用次生边水能量。油井由于能量供应不足，导致低产低效。因此，对于此类油藏部位油井的开发，主要的解决办法是使油井补充足够的能量。而侧钻到大范围夹层的边缘，在油井的进一步开发中，可以形成次生边水，使油井的能量得到补充。

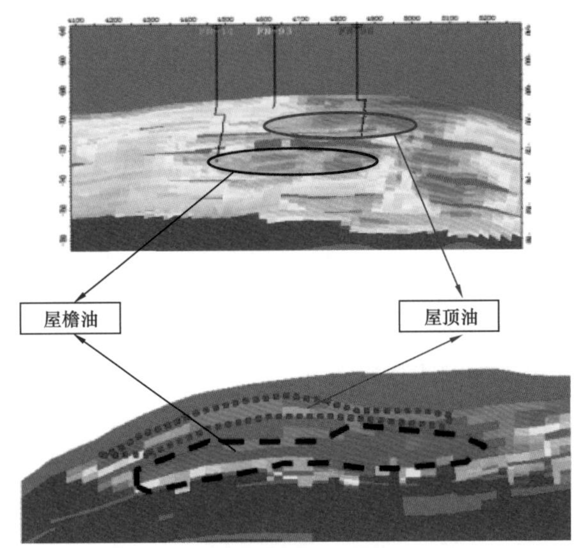

图 5-1　在有隔层处进行挖潜“屋檐油”“屋顶油”

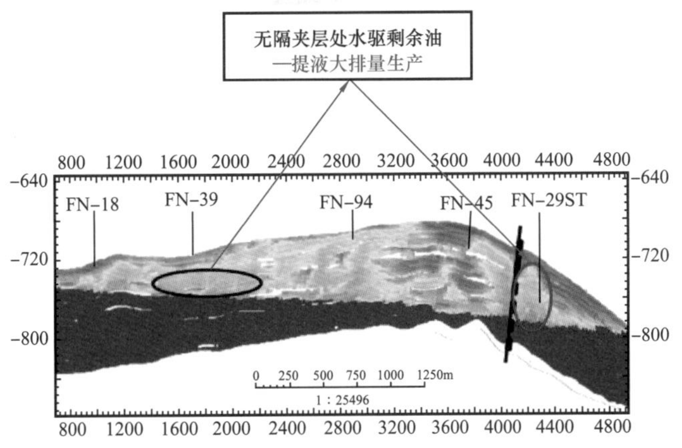

图 5-2　在无隔层处进行提液大排量挖潜

平面加密井距结合剩余油丰度确定，加密部位需要有一定的剩余油丰度，才能满足后期预测累计产量要求（表 5-2）。加密区域剩余油丰度下限计算方法：进行区块井加密，加密部位需要有一定的剩余油丰度，才能满足后期预测累产量要求：

$$N_p=\Omega A\eta \tag{5-1}$$

式中　N_p——单井加密 20 年提高产量，10^4t；

Ω——剩余油丰度，10^4t/km^2；

A——井网控制面积，km^2；

η——提高采出程度，%。

表 5-2　总产量为 2.1×10^4 t 剩余油丰度计算表

采出程度 %	剩余油丰度下限（产量 2.1×10^4t），10^4t/km^2				
	井距 100m	井距 150m	井距 200m	井距 250m	井距 300m
8.0	187.50	83.33	46.88	30.00	20.83
10.0	150.00	66.67	37.50	24.00	16.67
12.0	125.00	55.56	31.25	20.00	13.89
14.0	107.14	47.62	26.79	17.14	11.90
16.0	93.75	41.67	23.44	15.00	10.42

根据以上公式绘制了不同单井总产量下的剩余油丰度下限随提高采出程度变化的曲线（图 5-3），可以根据提高采出程度和井距对应的剩余油丰度下限判断目标区块是否值得开发。以总产量为 2.1×10^4 t 为例计算剩余油丰度。

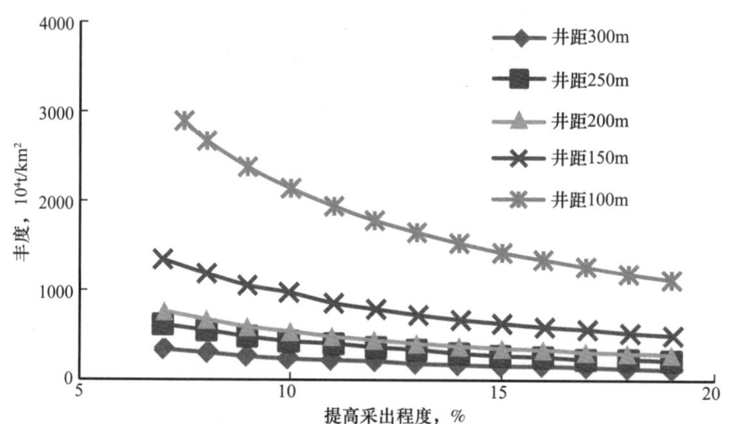

图 5-3　总产量为 2.1×10^4 t 剩余油丰度图版

同时考虑纵向隔 / 夹层分布，纵向隔 / 夹层决定后期加密效果（图 5-4），纵向隔 / 夹层分布对底水起到了遮挡作用。在夹层上部布井，利用夹层阻挡底水，延长水平井中高含水期采油量。

5. 配合底水油藏控水稳油工艺措施

在常规提液、堵水等方式未能起到良好的效果下，需要进行稳油控水技术研究，油田采用的技术有 ICD 完井技术、人工隔板技术、氮气泡沫压锥技术等。以苏丹某区块 HAE-13 井为研究对象，其生产层位为 Bentiu1A 层，射孔深度为 1713～1733m，层厚为 20m 层。该井 2013 年 7 月 20 日开始注氮气，至 2013 年 8 月 6 日共注氮气 51.6×10^4m^3，注入压力 12.29MPa。焖井至 2013 年 8 月 13 日开井，2013 年 9 月 6 日下泵生产。注入氮气后，油藏压力从 13.8MPa 上升到 15.4MPa，初增油 70t，含水率由 18.2% 上升到 51.7%。

根据海外强底水油藏开发实例，形成其高速高效开发模式：

（1）初期采用天然能量开采，井距 800～1000m，自喷 / 电潜泵采液，单井及油田产量快速上升至高峰产量，地质储量采油速度一般大于 2%；

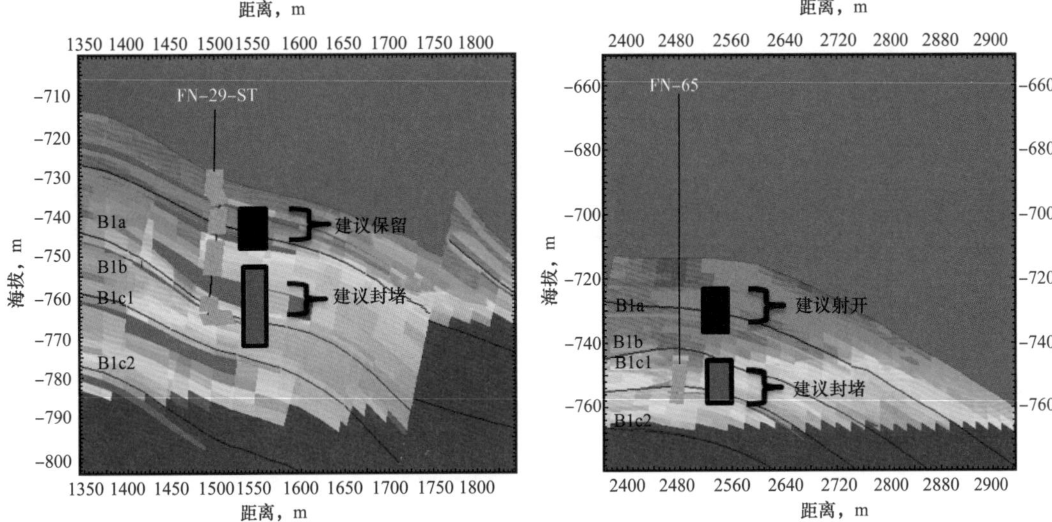

图 5-4　纵向隔夹层分布决定了后期加密效果

（2）中低含水期：钻加密井，ESP 泵大压差提液，适当增加堵水换层等措施延长油田稳产期；

（3）高含水期：根据剩余油分布特征，部署高效调整井（直井、水平井），同时实施低产井侧钻，加大卡堵水、补孔、换层等措施，降低油田递减速度，提高合同期内采出程度。

第二节　强边水油田边外注水开发模式

南图尔盖盆地阿克沙布拉克油田 J-Ⅲ砂岩层为强边水油藏，扇三角洲沉积砂体，厚度为 4～20m，平均 10m，属于中厚层油藏，且隔 / 夹层不发育（图 5-5）。该油藏孔隙度为 25%，渗透率达到 2000mD，为高孔隙度、高渗透油藏，原油黏度低（0.455mPa・s），水驱油效率高达 85%。

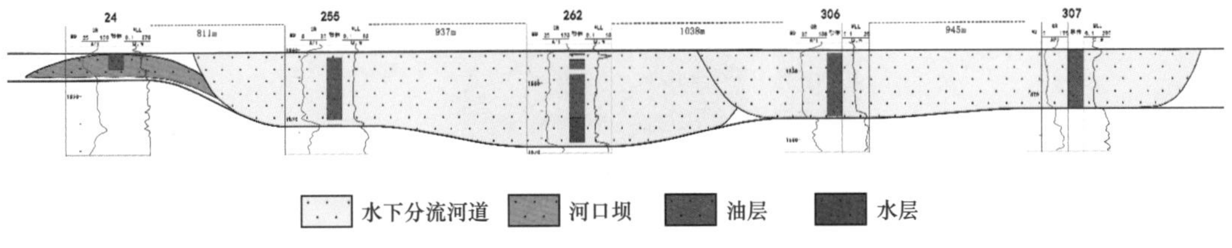

图 5-5　阿克沙布拉克油田 J-Ⅲ砂岩层砂体展布图

阿克沙布拉克油田自 1996 年 10 月投入开发（图 5-6），2002 年 11 月开始注水，2006 年产量达到 270×10^4t 以上，2008 年最高达到 300×10^4t。2014 年产油量为 263×10^4t，主力油层 J-Ⅲ层年产油 207×10^4t，产量贡献率为 78.7%。

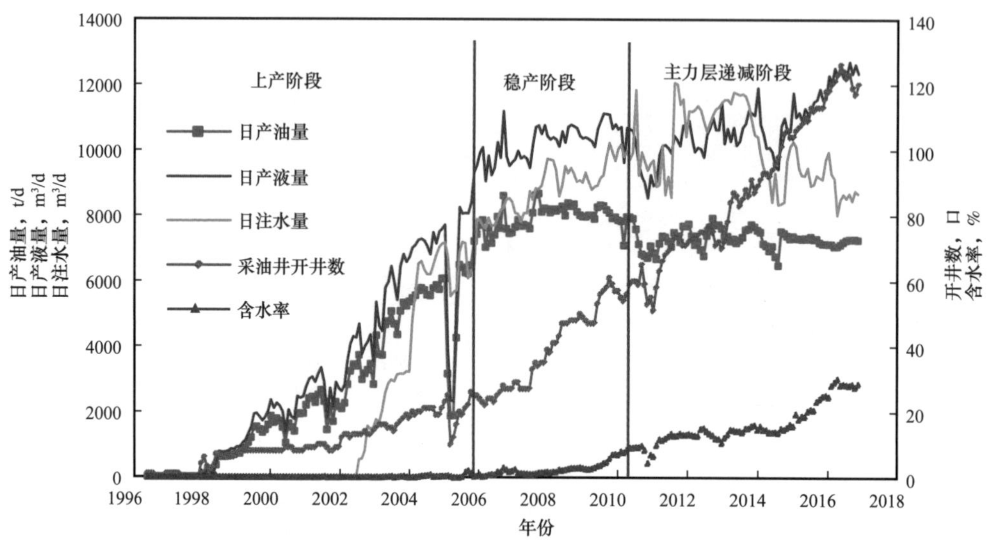

图 5-6　阿克沙布拉克油田开采曲线

一、早期利用天然能量高速开发

通过数值模拟历史拟合后，确定边部水体大小，北部边水水体 100PV，东部边水 150PV（图 5-7）。从整个油藏砂体厚度来看是自东向西逐渐变薄的，目前整个油藏地层压力保持稳定。该油藏自 1996 年投入开发，早期在充分利用天然能量的基础上，采用衰竭方式进行开采。

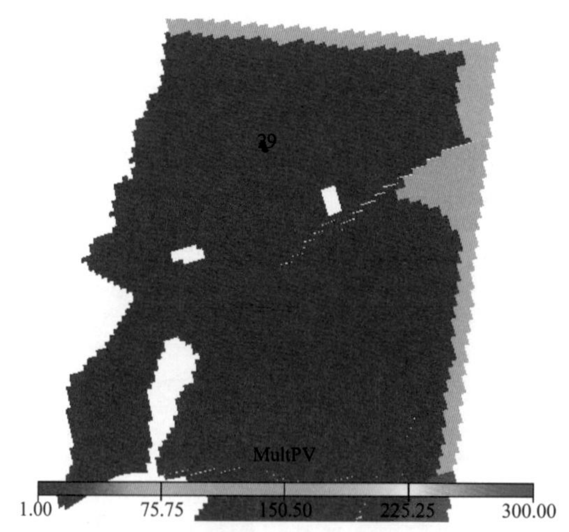

图 5-7　阿克沙布拉克油田水体分布

天然能量开采条件下，阿克沙布拉克油田各开发区或开发层系的压降与采出程度成较好的线性关系（图 5-8、图 5-9、表 5-3），其中阿克沙布拉克中部的 J-0、J-Ⅰ、J-Ⅱ和阿克沙布拉克南部地层压力下降快，说明天然能量不足；阿克沙布拉克中部的 J-Ⅲ和阿克沙布拉克东部地层压力下降较慢，说明天然能量充足；阿克沙布拉克中部的 M-Ⅱ层地层压力下降速度处于中间状态，说明天然能量比较强。

表 5-3　阿克沙布拉克油田各开发层系地层压降与采出程度关系

层系	压降（Δp）与采出程度（R）关系
Aksh-center：MⅡ-1，MⅡ-2	$\Delta p=0.5729R$
Aksh-center：J-0，J-Ⅰ，J-Ⅱ	$\Delta p=0.16218R$
Aksh-center：J-Ⅲ	$\Delta p=0.3238R$
Aksh-east	$\Delta p=0.1067R$
Aksh-South	$\Delta p=0.9894R$

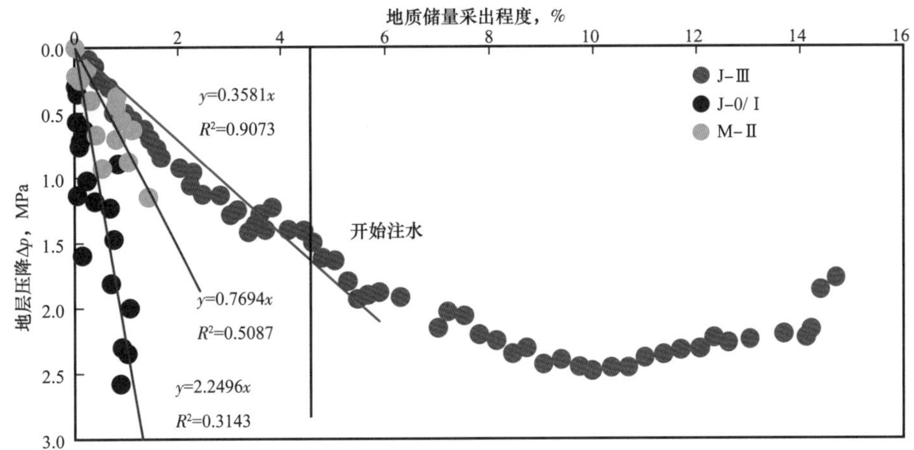

图 5-8　阿克沙布拉克油田中部各开发层系压降与采出程度关系

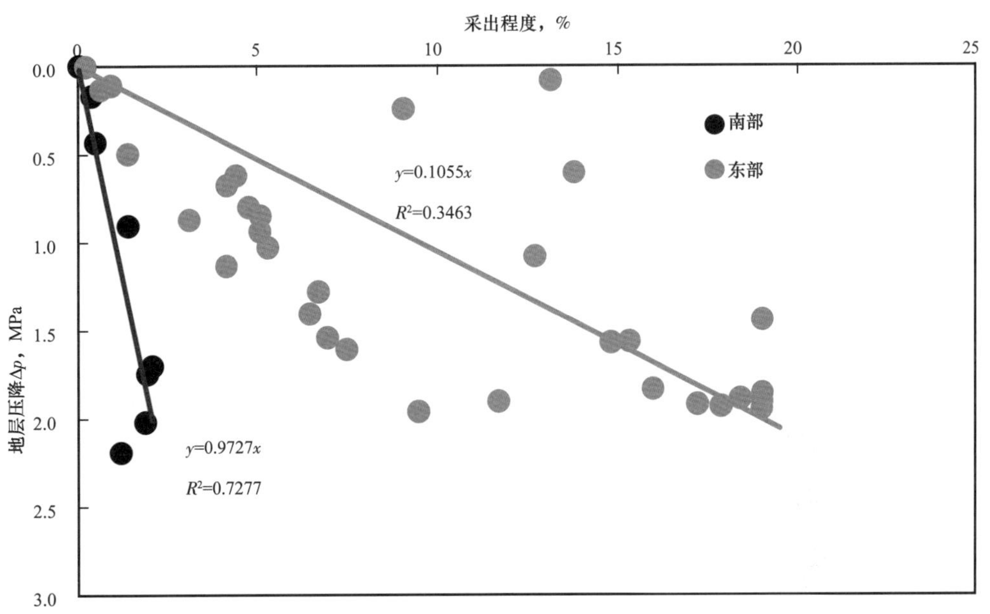

图 5-9　阿克沙布拉克油田东部和南部压降与采出程度关系

二、中期补充边外注水保持高速开发

为保持地层压力水平，阿克沙布拉克油田自 2002 年 10 月开始利用边部水淹井实施推进式注水，保持无水或较长的低含水期。虽然边水能量强，边水水驱均匀但平面有差异，主要是该油藏西侧为岩性尖灭，砂体厚度薄，且与中部储层连通性差，能量不足，区域剩余油相对集中（图 5-10）。

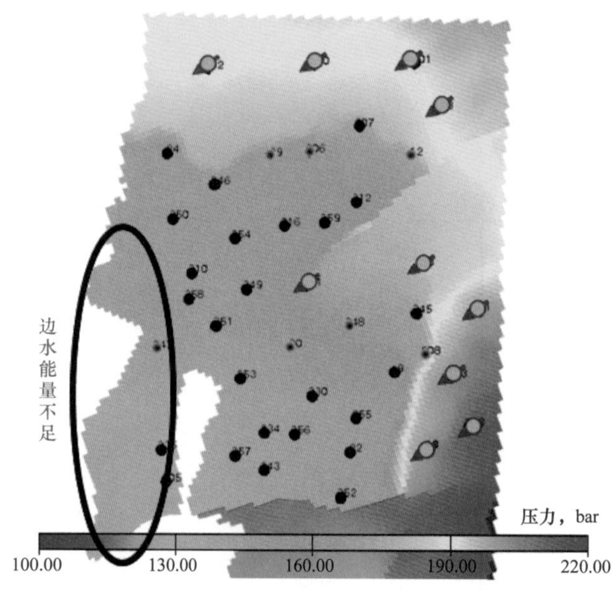

图 5-10　2013 年 1 月地层压力分布图

阿克沙布拉克油田 J-Ⅲ砂岩层天然边水能量分布不均，分布特征与物性息息相关，主要为北部边水能量相对弱，东部能量相对较强，中部断层区域渗透性高，边水能量高，突进快（图 5-11）。

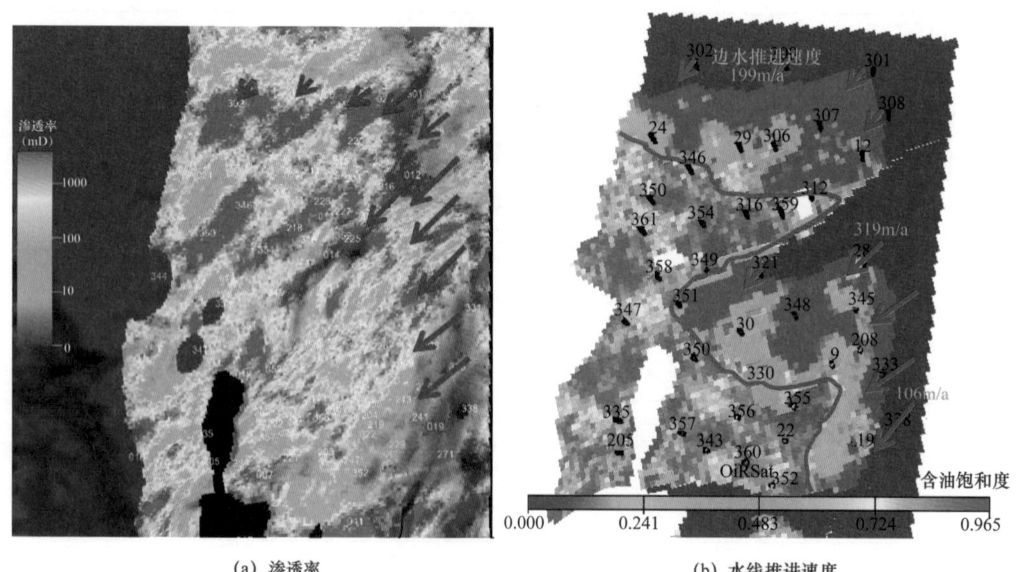

（a）渗透率　　（b）水线推进速度

图 5-11　阿克沙布拉克油田 J-Ⅲ层渗透率分布及水线推进速度图

对于阿克沙布拉克油田 J–Ⅲ砂岩层通过油藏工程物质平衡的方法计算油藏能量，其中断层北部以人工注水水驱动为主，占总驱动的 99.6%，弹性驱动占 0.1%，天然水驱 0.3%。而断层南部人工注水水驱动比例占 59.75%，弹性驱动占 1.02%，天然水驱占 39.23%（图 5–12），人工注水驱动南部相较于北部能量稍弱。北部人工注水量较多，南部注水量相对少，说明北部天然能量较弱，而东部的水体相对较大，天然能量充足。

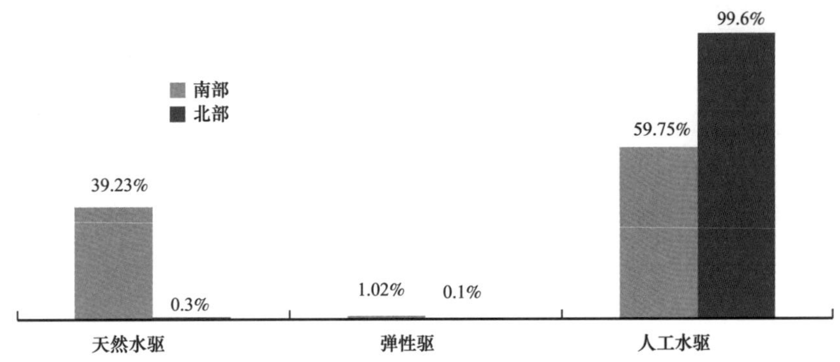

图 5–12　J–Ⅲ不同驱动能量的贡献比例

油井见水后含水率迅速上升，油井含水期产量不高。油藏受边水和注入水不均匀推进的影响，2015 年，有 10 口井因含水率迅速上升而关井，从开始见水到关井，多数井都不到半年时间，油井含水期产量不高（表 5–4）。

表 5–4　阿克沙布拉克油田因含水高关井情况

井号	见水时间	关井时间	自见水至关井时间，a	累计产油量，10^4t	含水率，%	备注
Aksh9	2012.05.01	2012.11.01	0.5	140.09	69.80	
Aksh12	2006.01.01	2006.05.01	0.3	24.04	41.57	
Aksh19	2005.05.01	2006.01.01	0.7	11.38	36.24	后转注
Aksh28	2005.11.01	2006.03.01	0.3	20.54	60.93	后转注
Aksh29	2010.03.01	2010.09.01	0.5	139.24	56.06	
Aksh287	2013.09.01	2014.04.01	0.6	0.84	60.00	
Aksh306	2009.04.01	2010.02.01	0.9	148.80	68.88	
Aksh307	2006.08.01	2007.05.01	0.8	91.55	76.31	后转注
Aksh360	2014.04.01	2015.04.01	1.0	10.99	99.00	
Aksh362	2014.08.01	2014.12.01	0.3	0.02	46.54	

三、后期优化注水结构继续高速开发

受边水能量分布不均匀以及储层非均质性的影响，阿克沙布拉克油田 J–Ⅲ层强边水砂岩油藏的水线推进不均匀，导致部分油井过早水淹，严重影响了油藏的整体开发效果。

为了实现油田开发部署最优化，首先，优化边外注水配注量，控制强水淹区的水线推进速度，实现水驱前缘均匀推进，延缓油藏含水率的上升，提高油藏的整体开发效果。其次，根据 2015 年井网实际状况和油田挖潜需要，采用井网加密和油井转注，提高边水能量波及不到的剩余油富集区和边水能量薄弱区的储量动用程度。

通过单井配注量敏感性分析，确定了单井配注量的调整方向，进而可以优化整个油藏的注水量。根据油藏的注水现状，共设计了 6 套配注方案，其中方案 1 为 2015 年注水量的基础上，不做任何调整预测至合同期末，方案 2 具体为 Aksh300、Aksh301、Aksh302、Aksh308 井各降 100 m^3/d，Aksh28、Aksh331 井各降 300m^3/d，Aksh321 井降 200 m^3/d，Aksh19 井保持不变，Aksh333、Aksh338 井各增 300 m^3/d，其他方案具体见表 5–5。

表 5–5　J–Ⅲ油藏不同配注方案设计描述

方案	方案设计
方案 1	目前注水量的基础上，不做任何调整预测至合同期末
方案 2	Aksh300、Aksh301、Aksh302、Aksh308 井各降 100m^3/d，Aksh28、Aksh331 井各降 300m^3/d，Aksh321 井降 200m^3/d，Aksh19 井保持不变，Aksh333、Aksh338 井各增 300m^3/d
方案 3	Aksh300、Aksh301、Aksh302、Aksh308 井各降 100m^3/d，Aksh28、Aksh331 井各降 300m^3/d，Aksh321 井降 100 m^3/d，Aksh19 井增 700m^3/d，Aksh333、Aksh338 井各增 300m^3/d
方案 4	Aksh300、Aksh301、Aksh302 井保持不变，Aksh28、Aksh331、Aksh333 井各降 300m^3/d，Aksh308 井降 100m^3/d，Aksh321 井增 200m^3/d，Aksh19、Aksh338 井各增 300m^3/d
方案 5	Aksh300、Aksh301、Aksh331、Aksh333 井各降 100m^3/d，Aksh28 井降 100m^3/d，Aksh308 井增 100m^3/d，Aksh302、Aksh321 井各增 200 m^3/d，Aksh19、Aksh338 井各增 300m^3/d
方案 6	Aksh300、Aksh301 井各降 100m^3/d，Aksh331、Aksh333 井各降 200m^3/d，Aksh302、Aksh308、Aksh321 井各降 100m^3/d，Aksh28 井增 100m^3/d，Aksh19、Aksh338 井各增 200m^3/d

对比分析各个方案可以得出，方案 4 的累计产油量最大，合同期内采出程度比方案 1 高 1.61%。具体的方案设计为在方案 1 基础上 Aksh300、Aksh301、Aksh302 井保持不变，Aksh28、Aksh331、Aksh333 井各降 300m^3/d，Aksh308 井降 100m^3/d，Aksh321 井增加 200m^3/d，Aksh19、Aksh338 井增 300m^3/d，即油藏北部注水量基本保持不变（降 100m^3/d），油藏中部注水量减少 700m^3/d，油藏南部注水量增加 600m^3/d（图 5–13）。

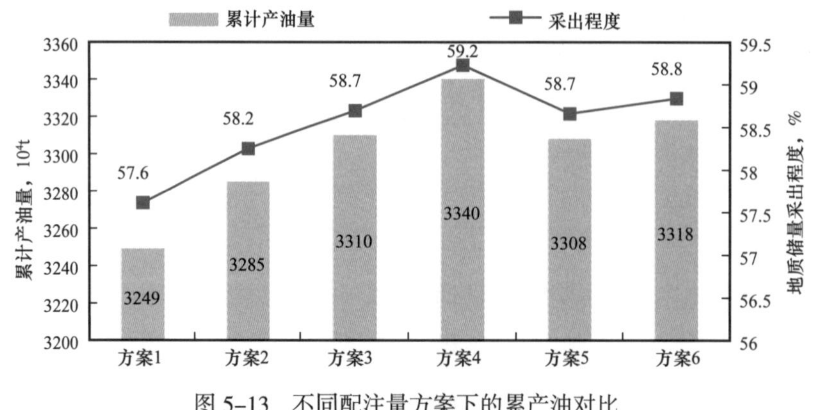

图 5–13　不同配注量方案下的累产油对比

对比优化配注前和配注后的剩余油饱和度分布图可以看出，优化后水驱前缘水线平稳均匀推进，优化前后对比水线明显均匀推进，合同期内采出程度大幅提高（图 5–14、图 5–15）。

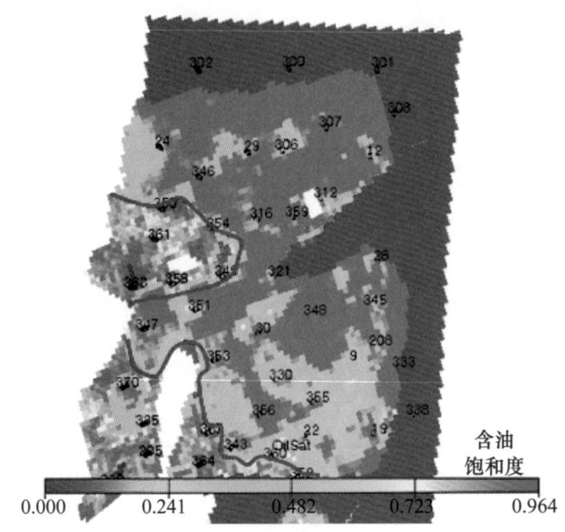

图 5–14　2018 年底水线调整后的含油饱和度图

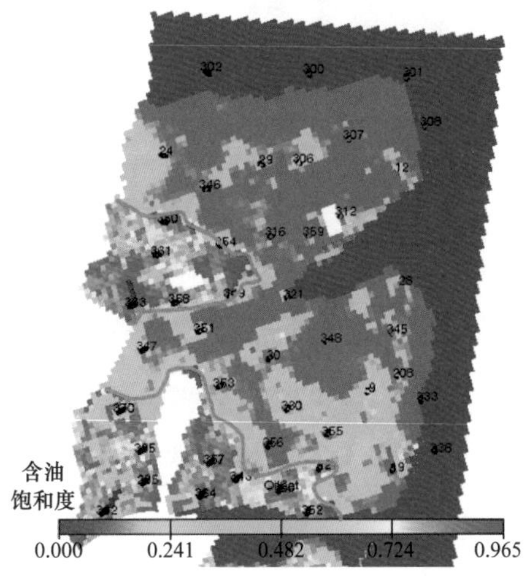

图 5–15　2018 年底未调整水线的含油饱和度图

在前述边外注水优化方案的基础上，基于流动单元的剩余油分布规律，通过井网加密和油井转注，提高剩余油富集区的储量动用程度，完善油藏的注采对应关系，以达到改善油藏整体开发效果的功效。

新井部署原则如下：

（1）为保证新井的产能，调整井应部署在具备一定厚度、储层较为发育的有利区域，单井控制储量在 20×10^4t 以上。

（2）为防止新井投产后水淹，新井部署在弱水淹或纯油层区，油层不发育地区和中强水淹区原则上不再部署调整井。

（3）为今后产量接替，调整井的部署要考虑与原注采井网的统一衔接，按不规则井网，井距保持在 300m 左右。

（4）考虑到投资的风险，调整井要整体部署、分批实施。

转注井应从油藏边部高含水井及停产井中选取，优先选择水线推进速度慢、地层压力水平低的区域，以达到补充地层能量、保持水线推进均匀的目的。

在边外注水优化方案的基础上，针对边水能量薄弱区和边水能量波及不到的剩余油富集区，通过优化井网并增加注水井和水平井的方法，来提高水驱储量控制程度和单井产量。因此，共设计了 3 种方案：方案 1 为目前井网不变，不做任何调整；方案 2 为推进式注水井网，即将边部高含水井进行逐步转注，于 2014—2016 年共转注 5 口；方案 3 为推进式 + 内部加密注水井网，即在方案 2 的基础上在剩余油富集区进行井网加密，于 2014—2016 年共钻探新井 10 口（图 5–16）。对比分析得出推进式 + 内部加密井网合同期末采出程度达到 66.7%，相较于目前井网提高 7.5%（图 5–17）。

根据海外单层强边水油藏开发实例，形成其高速高效开发模式：

（1）开发初期：采用充足的天然能量开采，油井多为自喷采油，平均单井日产油达到 $300m^3/d$。油田产量快速上产，地层压力保持水平高，地质储量采油速度一般大于 1.5%。

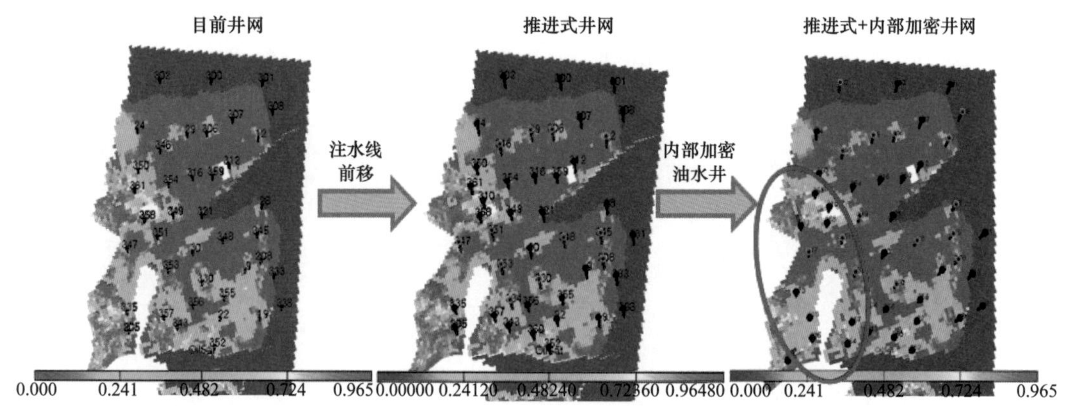

图 5-16　合同期末剩余油饱和度分布

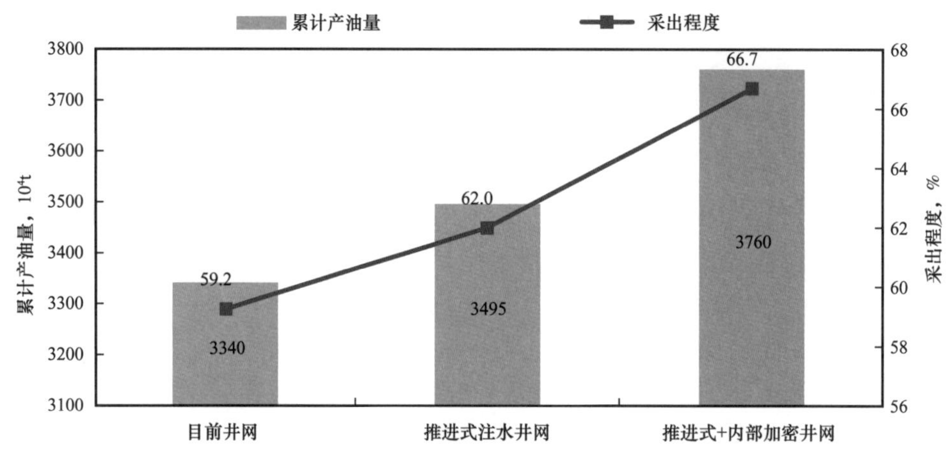

图 5-17　3 种井网产油量对比图

（2）开发中期：高速开发过程中，受储层高孔隙度、高渗透率和原油低黏度的作用，水驱前缘推进速度较快，处在水驱前缘位置的油井含水率上升迅速，为保障油田的持续高速开发，及时转注高含水井补充边水能量，油藏保持较高的地层压力水平，同时由于新井的不断投产，油藏整体采油速度达到峰值，最高 4.2%。

（3）开发后期：在通过边外人工注水及时补充能量的基础上，针对边水能量薄弱区和边水能量波及不到的剩余油富集区，通过优化井网并增加注水井和水平井的方法，来提高水驱储量控制程度和单井产量；同时不断优化边外注水强度，控制水线推进速度，并采取适当的挖潜措施保证油藏的高速开发。

第三节　强边水油田天然水驱与人工水驱协同开发模式

本节以南苏丹三七区法鲁奇油田为例，论述强边水油田天然水驱与人工水驱协同开发模式。

一、早期充分发挥天然边底水能量，实现稀井高速开发

1. 大井距，多层合采，电潜泵排液

法鲁奇油田开发早中期采用“稀井高产”的开发策略，利用天然边底水能量高速开

发。油田天然水驱阶段层系划分较粗，以合层开发为主（表 5-6），开发井 40% 以上 3 个及以上层组合采。

层系划分中考虑沉积相特征、砂体展布及物性特征，YⅣ-Ⅴ组储层以曲流河边滩为主，井距 600～800m，64% 的生产井与下部辫状河储层合层开发，储层差异大，细分层系及井网加密潜力大。

此阶段单井平均日产油 140～280t（图 5-18），采用电潜泵生产，油田快速达到高峰产量（接近 900×10^4t）并稳产 5 年（图 5-19），平均地质储量采油速度 1.8%，稳产期末，综合含水率达到 60%。

表 5-6　主力块层系井网控制情况及天然水驱末开发现状

<table>
<tr><th rowspan="2">层组</th><th colspan="10">天然水驱阶段层系</th><th>井网</th></tr>
<tr><th colspan="6">合层开发井数，口</th><th colspan="4">单层开发井数，口</th><th>平均井距，m</th></tr>
<tr><td>YⅣ—Ⅴ</td><td></td><td rowspan="4">2</td><td rowspan="3">12</td><td rowspan="2">70</td><td></td><td></td><td>46</td><td></td><td></td><td></td><td>600～800</td></tr>
<tr><td>YⅥ</td><td rowspan="3">5</td><td rowspan="2">44</td><td></td><td></td><td>34</td><td></td><td></td><td>300～500</td></tr>
<tr><td>YⅦ—Ⅷ</td><td></td><td rowspan="2">6</td><td></td><td></td><td>44</td><td></td><td>400～600</td></tr>
<tr><td>S</td><td></td><td></td><td></td><td></td><td></td><td></td><td>7</td><td>400～600</td></tr>
<tr><td>合计</td><td colspan="6">139</td><td colspan="4">131</td><td>400～800</td></tr>
</table>

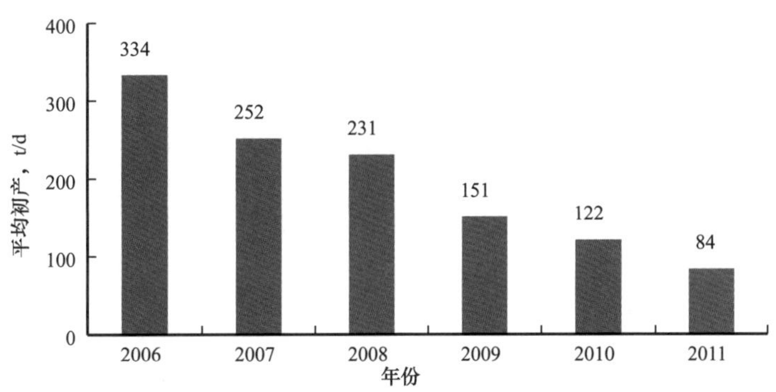

图 5-18　法鲁奇油田新井初产

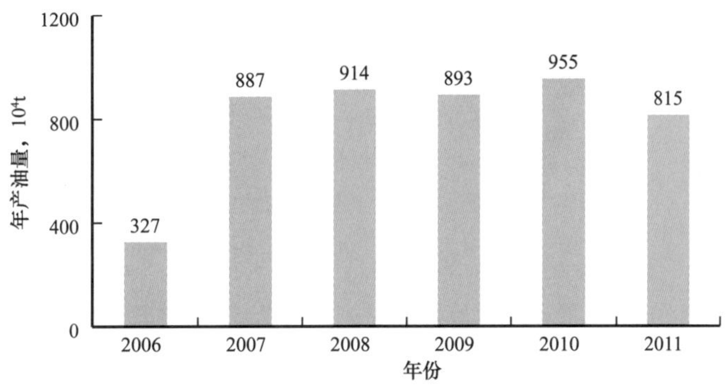

图 5-19　法鲁奇油田年产油量

2. 水平井开发稠薄油层

为了提高储量动用程度，保持油田高速开发，采用水平井开发稠薄油层，共 70 口水平井，水平井初产是周围直井的 1.2～2.4 倍（图 5-20）。

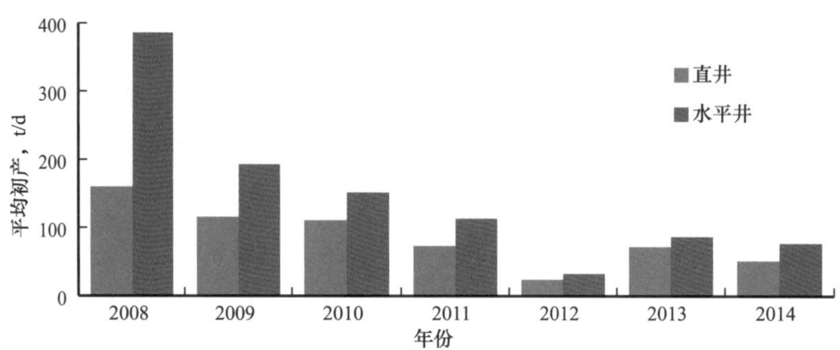

图 5-20　法鲁奇油田水平井产量对比

3. 注水试验效果

因各层系天然能量存在较大差异，同时由于油藏面积比较大，尽管边底水天然能量较为充足，高速开发较长时间后主力层系压力保持水平差异大，油藏高部位、远离边底水区域压力保持水平低，油田继续高速开发需要补充能量，因此，此阶段需要开展注水试验。

法尔区块是法鲁奇油田最大区块，地质储量占油田的 71%，该块 2006 年 7 月投产，2007 年 5 月开始注水试验，FI-25 井为油田第一口注水井，2007 年 5 月转注，YⅣ—Ⅶ层笼统注水，为典型的反九点注水井组（图 5-21），一线受效井 8 口，其中边井包括 FJ-24、FJ-26、FH-24、FH-26，角井包括 FI-23、FK-25、FI-27、法尔 -1。

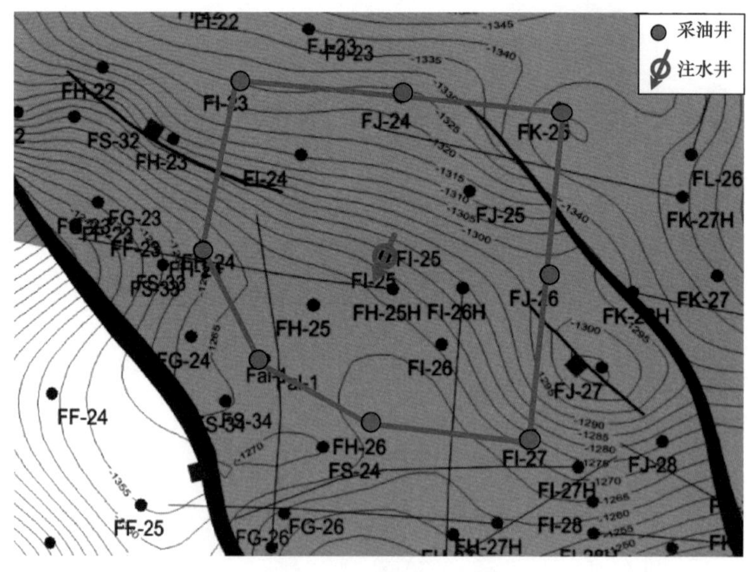

图 5-21　FI-25 注采井组

注水 2 年后 8 口受效井平均日产液量从 328t/d 上升到 425t/d（表 5-7），平均井底流压由 5.8MPa 上升至 7.0MPa，注水效果明显。复产后，FI-25 井于 2013 年底恢复注水，相邻采油井受效明显，井组日产液量、日产油量回升 30%～40%。井组生产动态曲线如图

5-22 所示。

1）注采试验井组平面受效规律

平面注水开发效果与沉积特征、构造位置、储层物性关系密切，其中古水流方向上油井见水早、含水率上升快。

以 FI-25 注采井组为例，进一步分析其平面受效规律。此井组沉积相及水驱波及分布如图 5-23 所示。

Fal-1、FJ-26 和 FJ-24 距注水井 FI-25 均约为 560m，其中 Fal-1 储层物性好，受效快，FJ-24 井物性差、见水晚，但见水后含水率上升快，FJ-26 井位于与古水流垂直方向上，长时间保持无水或低含水（图 5-24）。

表 5-7　FI-25 井组注水前后开发指标

井号	射孔层位	2007 年 5 月			2009 年 5 月		
		日产液量，m^3/d	含水率，%	流压，MPa	日产液量，m^3/d	含水率，%	流压，MPa
FJ-24	YⅣ—Ⅵ	341	0		182	51.1	7.2
FH-24	YⅣ—Ⅶ	228	0	5.9	238	20.4	6.1
FJ-26	YⅣ—Ⅵ	372	0		585	1.0	7.5
FH-26	YⅣ—Ⅶ	368	0	4.6	540	57.9	5.9
FI-27	YⅡ，Ⅳ—Ⅶ	398	0	4.7	623	82.2	5.6
Fal-1	YⅡ，Ⅳ—Ⅶ	390	0	5.5	616	47.7	9.0
FI-23	YⅣ—Ⅵ	259	0	6.4	331	52.5	7.1
FK-25	YⅣ—Ⅴ	271	0	7.5	283	74.8	7.5
平均		328	0	5.8	425	48.5	7.0

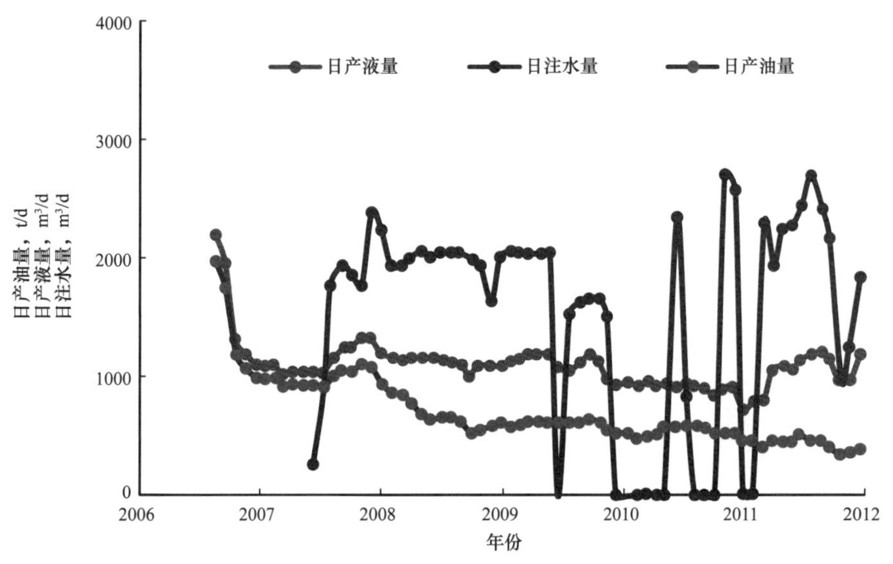

图 5-22　FI-25 注采井组动态曲线

FH-24、FH-26 井距注水井分别约为 650m、600m，两井的构造高度基本相同，其中 FH-24 井位于古水流垂直方向，含水率上升慢，注水效果好。

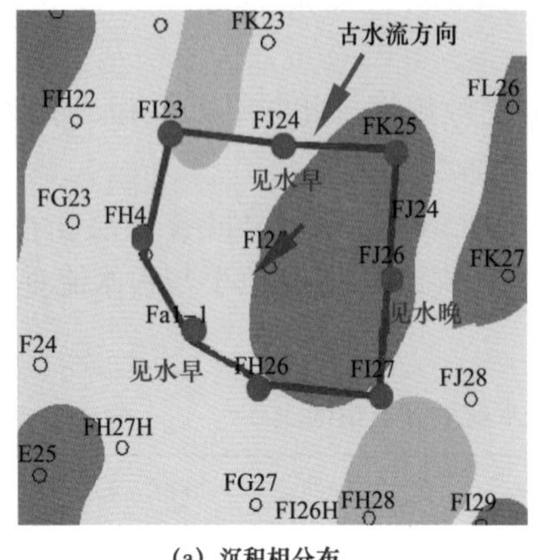

(a) 沉积相分布

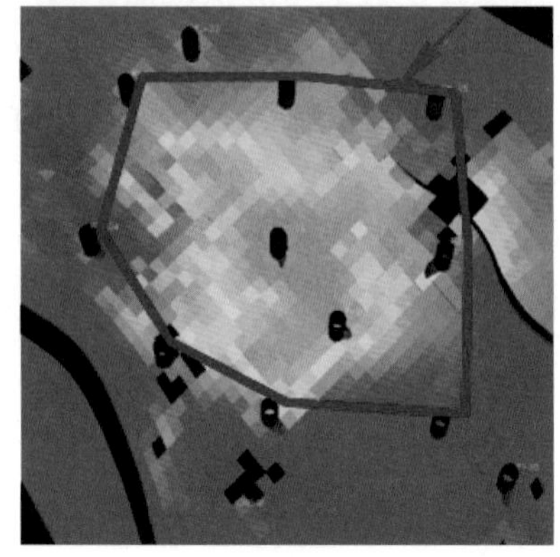

(b) 水驱波及分布

图 5-23　FI-25 注采井组沉积相及水驱波及分布

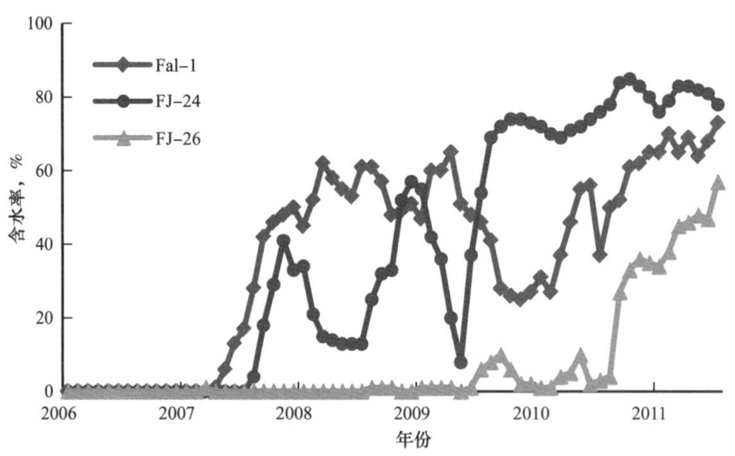

图 5-24　FI-25 注采井组受效井含水率变化对比

FI-23、FK-25 和 FI-27 井距注水井均约 810m（角井），其中 FI-23 井构造位置相对低，主力吸水层物性好，含水率上升快，FK-25 井构造位置最低，存在高渗透层，且与注水井高渗透层对应，含水率上升快，注水 2 年后含水率达到 75%，FI-27 构造位置高、距离注水井较远，因此，见水时间晚，但见水后含水率上升快。

2）注采试验井组纵向受效规律

由于地层非均质性较强，各层吸水指数差异大。多层状砂岩油藏笼统注水层间吸水差异大，注入水沿高渗透层突进快，导致生产井纵向各层能量补充不均匀，层间压力差距较大，层间矛盾突出。注水井 FI-25 4 次吸水剖面测试表明 YⅥ层吸水指数最高，随着注水的进行，YⅥ吸水指数下降，YⅣ、YⅤ层吸水指数升高，YⅦ层几乎不吸水（图 5-25）。

各个层系沉积类型不同，其吸水特征也不同。其中，YⅣ层为曲流河沉积，单砂体范围小，砂体连通性差，吸水比例相对较小；YⅤ、YⅥ 层油层较厚，储层物性、连通好，且砂体连片，为主吸水层；YⅦ层原油黏度大，难以动用，吸水比例小。

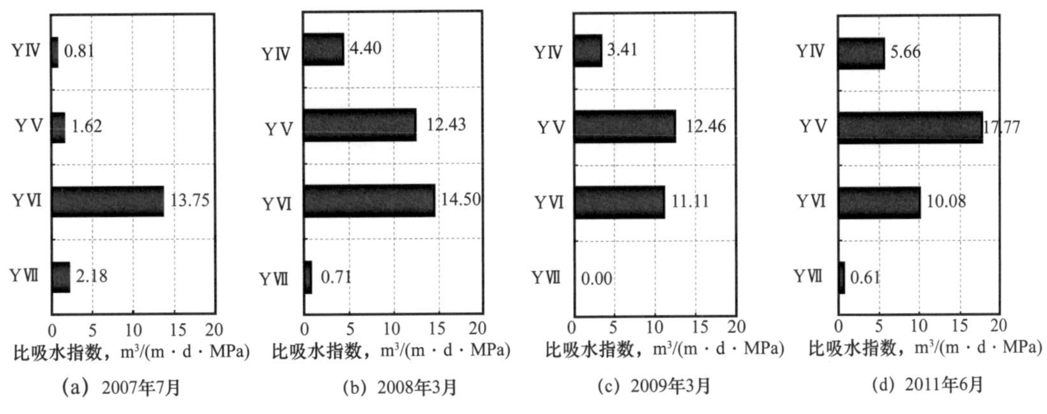

图 5-25　吸水剖面 PLT 测试结果

生产井 FI-27 与注水井 FI-25 与连通好，注入水沿高渗透层 YⅤ-3 快速突进导致含水率急剧升高，同时 PLT 测试表明，FI-27 井在关井条件下出现窜流，笼统注水中 YⅤ-3 为主要受效层，压力高于邻层；但在 2010 年 9 月 YⅤ-3 层堵水后含水率大幅下降，并造成产液量及产油量的降低。

笼统注水导致注入水沿高渗透层突进，油井含水率上升快，能量补充不均衡，出现窜流现象。生产井 FI-27 井与注水井 FI-25 井 YⅤ-3 层连通性好（图 5-26），注入水沿该层快速突进，FI-27 井含水率快速上升。FI-27 井 PLT 测试表明，在关井状态下出现窜流，YⅤ-3 层为出液层，YⅣ和 YⅥ为吸液层。

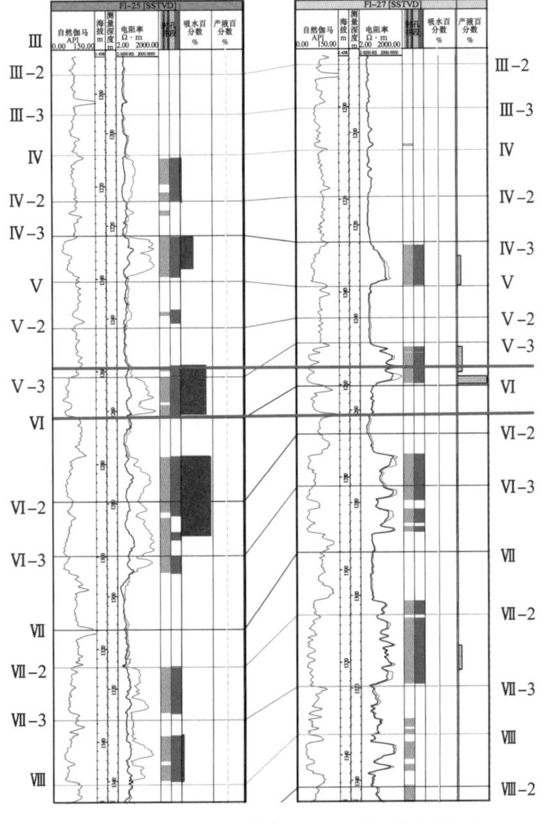

图 5-26　FI-25 井与 FI-27 井对比剖面

注水试验井组取得成功，反九点井网适合法鲁奇油田开发；注水开发效果与注采比、开发层系、储层非均质性及注采井网部署关系密切，规模注水注采井网部署要考虑砂体沉积特征。

2014 年，扩大注水试验规模后，一线受效井 84 口，日注采比由 0.18 提高至 1.42，产量递减明显变缓，年自然递减率由 27.1% 下降至 11.4%（图 5-27）。且注水井周围油井的静液面低于 200m，估算地层压力保持水平在 90% 左右，说明注水补充了地层能量。

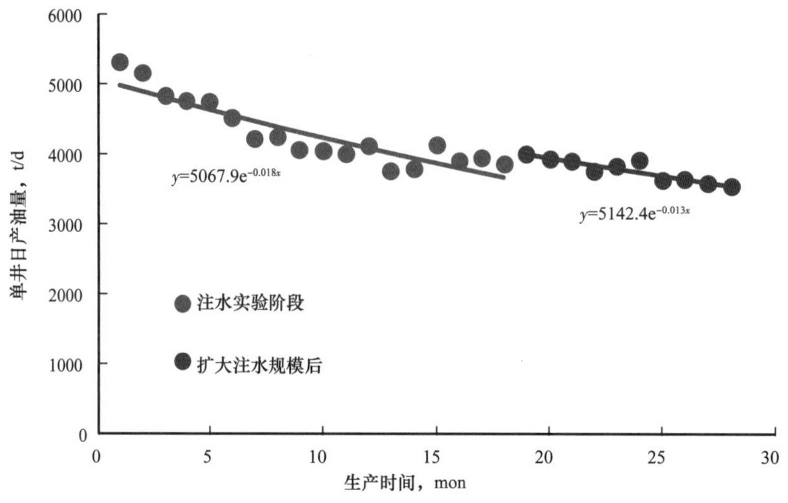

图 5-27 FI-25 井组注水前后受效井组日产油递减变化对比

二、中期实施天然水驱开发调整

1. 油田开发面临的挑战

法鲁奇油田早期采用天然能量“稀井高产”，油田得到高速开发，但同时继续高效开发面临很多挑战：

（1）利用天然能量高速开发 4 年，地质储量采出程度为 8.1%，综合含水率达 47.6%。

（2）新井初产从 334t/d 下降到 2010 年的 122t/d；措施增油从 135t/d 下降到 52t/d（图 5-28）。

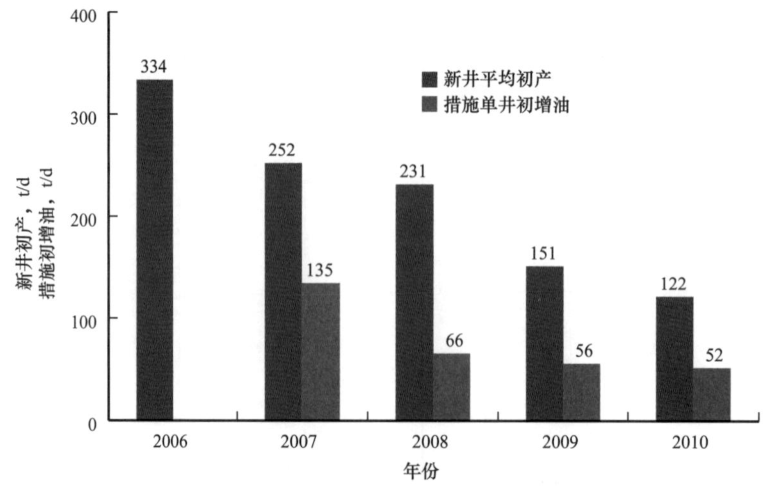

图 5-28 法鲁奇油田新井初产和措施初增油

（3）自然递减率和综合递减率逐年增大，2010 年分别为 31.3% 和 30.1%，合层开发井年综合递减 40%～70%（图 5-29 和图 5-30）。

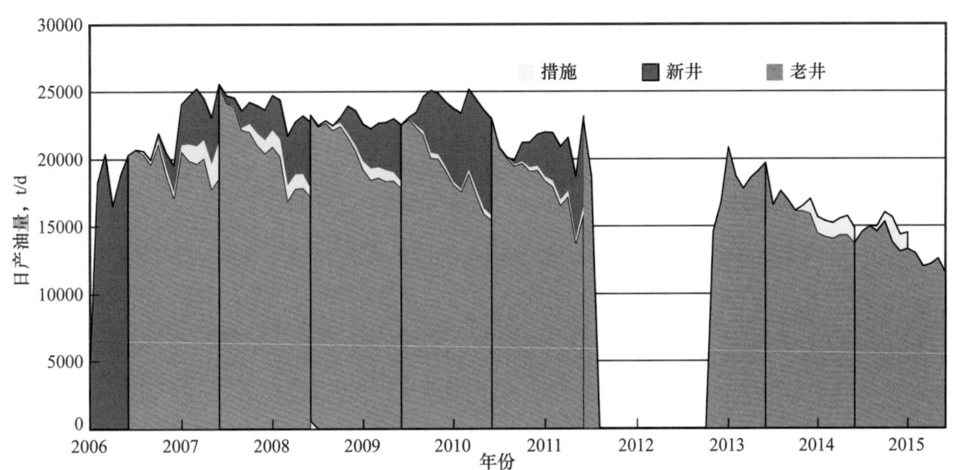

图 5-29　法鲁奇油田产量构成与递减

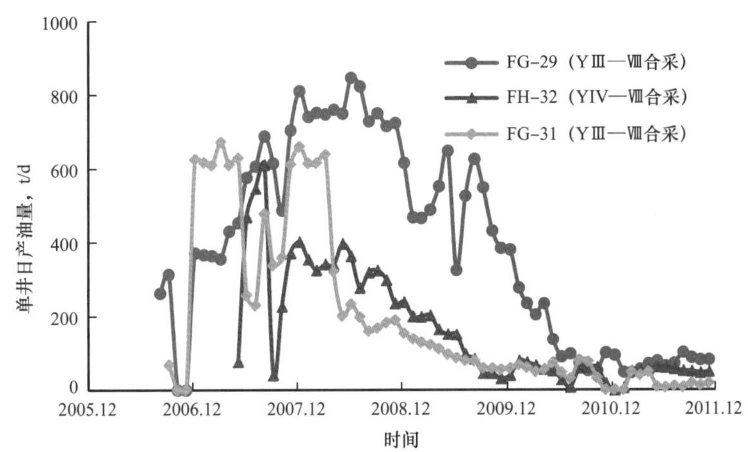

图 5-30　典型大段合采井产量剖面

（4）大段合层开发井 40% 以上（不同沉积相和微相），层间矛盾突出。

（5）不同储层采出程度、压力保持水平差异较大：主力层系 YⅣ和 YⅤ采出程度 10.9%，压力保持水平 62.8%；YⅦ和 YⅧ采出程度达到 15.3%，压力保持水平达到 85%。

（6）不同储层、同一储层井网密度存在较大差异。

（7）测试资料少，合层开发后剩余油分布预测困难，井网、层系、调整难度大。

油田开发是一个由粗到细、由浅入深的过程，为改善开发效果和提高油田采收率，获取较高的经济效益，要针对油田不同开发阶段暴露出的问题和矛盾进行及时调整。

2. 天然水驱后油藏调整主要内容

以加强地质特征再认识为基础，抓住油田目前生产过程中暴露出的主要矛盾，以小层为调整单位采取相应的调整政策：深入研究天然水驱特征及剩余油分布模式，实施井网层系调整、水驱结构调整和能量补充方式调整，提高水驱储量控制程度；天然能量不足的储层和剩余油富集的构造高位采用面积注采井网；边部和断层附近采用不规则注采井网。构造边部水体能量充足的剩余油采用水平井挖潜；具有正韵律特征的厚层高含水井进行侧钻。具体调整内容如表 5-8 所示。

表 5-8　天然水驱油田开发调整主要内容

序号	多层状天然水驱油藏中高含水期面临的主要问题及矛盾	调整政策
1	多油层合采导致层间矛盾严重	整体或局部细分层系
2	天然水驱不均衡造成能量分布不均，储量动用不均，水淹程度差异大	多种井网形式相结合，完善各层系注采系统，合理高效分配天然水驱储量、注水储量比例
3	井网系统不完善造成局部采油速度较低	井网加密，兼顾断层遮挡、构造边角区域的剩余油分布，提高井网控制储量，全面提高采油速度
4	平面非均质性导致低渗透区域剩余油富集	边部水体能量充足的剩余油采用水平井挖潜；高部位低渗透区加密新井，避免井间干扰
5	注水井组试验暴露纵向油层吸水能力差距大、平面油井受效程度差异大	实施分层注水；注水方式对砂体分布特征适应，高效部署注水井网
6	部分储层因物性、连续性差而动用程度较差	充分利用老井上返及新井加密，挖掘难采储量
7	强边底水正韵律较厚油层底部水淹严重	侧钻井挖掘井间剩余油
8	断层封闭性影响油藏油水运动，造成部分油井暴性水淹	充分研究断层平面、纵向封闭性，有效指导调整井网部署

1）层系井网调整

基于沉积微相及砂体分布、储层非均质性、储量分布及油藏类型，结合储层非均质性阻力实验研究结果，提出法鲁奇油田主力块可划分 3～4 套开发层系，合理注采井距为 300～400m（表 5-9）。

表 5-9　层系划分原则和注采井距依据表

层位	砂体形态	微相砂体主体规模	合层开发井数比例，%	层系井网调整
YⅡ—Ⅲ	带状	边滩，长 500～1200m、宽 150～400m、厚 2～4m；河道，宽 60～100m、厚 0.5～3.0m	100	砂体分布局限，钻遇井上返开发
YⅣ—Ⅴ	交织带状	长 800～1800m、宽 300～800m、厚 3～9m	64	一套层系，注采井网考虑水流方向，古水流方向井距 300～400m，垂直于古水流方向 150～250m
YⅥ	席状	长 1300～2300m、宽 550～1150m、厚 8～15m	78	单独层系开发，相对独立心滩动用程度低，部署加密井
YⅦ—Ⅷ	席状	长 1300～2500m、宽 500～1300m、厚 7～14m	63	一套层系开发，构造高部位加密至 200～400m

2）注水时机与注水规模优化

（1）优化注水时机。

大型海外油田的高效、经济开发要求油田充分利用天然能量，达到天然能量与人工补充能量相互协同的状态。一般情况下，天然能量分布不均匀，天然能量开发后油藏存在能量分布不均、储量动用不均等问题，因此，应分块、分层、分区（三分法）跟踪油田生产动态规律，掌握地层压力水平及剩余油分布规律，根据具体情况确定各区块、各层位注水时机和注水规模，做到既能补充地层能量，提高采收率，又能节约注水成本。因此，油藏开发一段时间后，应充分结合动静态资料，建立一套油藏天然能量强度评价方法，定量表征油田边底水能量大小及利用程度，判断各储层注水时机和注水规模。

根据协同理论，分块、分层、分区论证法鲁奇油田注水开发时机。法鲁奇油田地层原油饱和压力低，地饱压差大，理论和实验研究表明，合理的注水时机为地层压力下降至饱和压力附近（3.4～4.8MPa）后开始注水，但实际油田开发过程中，要保障油田开发具有较高的采油速度，因而需要油井保持较高的产液量。法鲁奇油田单井液量保持在 320～800m^3/d 比较合理，需要的生产压差为 1.4～2.7MPa，因此，实际开发中需要综合考虑注水压力恢复速度等因素，压力下降到原始压力 50% 左右（6.2MPa）应开始规模注水。考虑下泵深度、饱和压力等因素，正常生产时压力保持水平应为 7.6～8.3MPa，即原始压力的 60% 左右为宜。

采用天然水驱油藏开发效果评价系统，定量表征法鲁奇油田天然水体能量大小及利用程度，指导开发调整策略。油藏天然水体能量强度评价方法包括（图 5-31）：静态法（定性，包括沉积微相、油藏类型、砂体发育程度、储层物性及连通性与水体的强度分析等）、天然能量评价模板法（定量与定性）、单位采出程度压降法（定量与定性）、油藏自然递减预测法（定量与定性）、数值模拟（定量，图 5-32）。

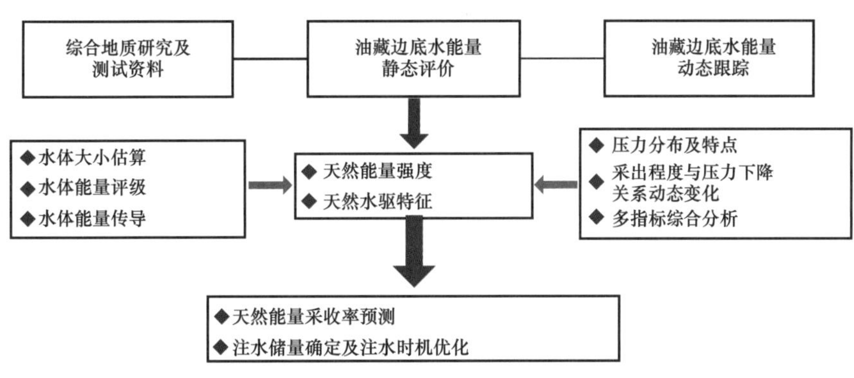

图 5-31　天然水驱能量评价系统

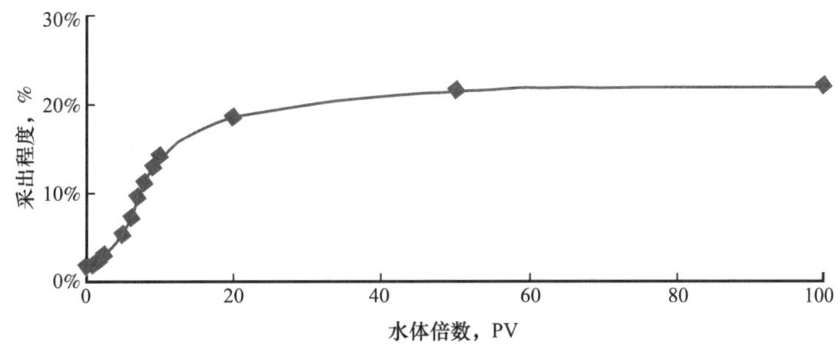

图 5-32　数值模拟预测不同水体体积油藏天然水驱 20 年采出程度

（2）注水规模优化。

研究表明，法鲁奇油田主力区块上部层系天然能量较弱，需要注水补充能量，主力区块下部层系及边部断块天然能量充足，无须补充能量（表5-10）。预测法鲁奇油田50%的储量需注水开发，急需注水的区块有法尔、帕尔、芬提等块的上部层系。

表5-10　法鲁奇油田各块注水时机及采出程度预测

地层	水体倍数，PV	单位采出程度压力降，MPa	预测天然水驱采出程度，%	开发方式选择	合理注水时间
YⅣ	6	0.34	21.9	注水	2013年
YⅤ	8	0.27	29.6	注水	2017年
YⅥ	10	0.10	>30	天然能量	
YⅣ—Ⅵ	8	0.55	13.1	注水	2013年
YⅦ—Ⅷ	50	0.41	19.4	注水	2014年
S	50～80	0.10	>30	天然能量	
YⅣ	6	0.73	10.8	注水	2013年
YⅤ	8	0.52	15.5	注水	2015年
YⅥ	10	0.10	>30	天然能量	
YⅣ—Ⅴ	6	0.41	20.3	注水	2016年
YⅣ—Ⅴ	10～20	0.12	>30	天然能量	
YⅣ—Ⅶ	10～50	0.10	>30	天然能量	
YⅤ—Ⅵ	20～30	0.03	>30	天然能量	
YⅠ—Ⅳ	10	0.25	>19.5	天然能量	
YⅤ	20	0.08	>30	天然能量	

3）注水井位优化调整

合层开发导致层间压力保持水平及采出程度差异大，天然能量较弱的YⅣ采出程度低、压力保持水平低，调整重点：YⅣ—Ⅴ实施合采分注，局部差异化调整注水强度，增加上部YⅣ低压区注水井数，使其压力水平保持程度基本与YⅤ相同。

受构造位置、储层连续性及断层切割作用的影响，同一油藏内天然水驱不均衡导致不同区域油藏压力保持水平差异大，低压区为剩余油富集区，采用强注强采的面积井网，沿边水补充方向逐渐提高采注井比例，边部采用点状注水方式适当补充能量；控制压力保持水平，中心区域应略低于边部区域，使边水有效侵入油区。

如FK-31井位于构造边部，周围只有2口生产井FK-29和Fal-7，且FK-31井周围储层连续性较差，注水后压力难以扩散，出现憋压现象（图5-33）。再如FI-22井，向YⅧ层注水，而YⅧ层地层压力降仅1.0MPa，天然能量充足（图5-34），且与FI-21背靠背注水。因此建议关闭FK-31和FI-22两口注水井。

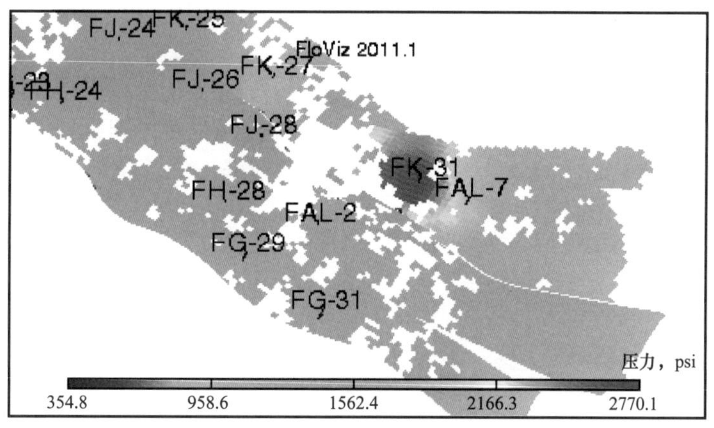

图 5–33　注水井 FK–31 周围地层压力分布

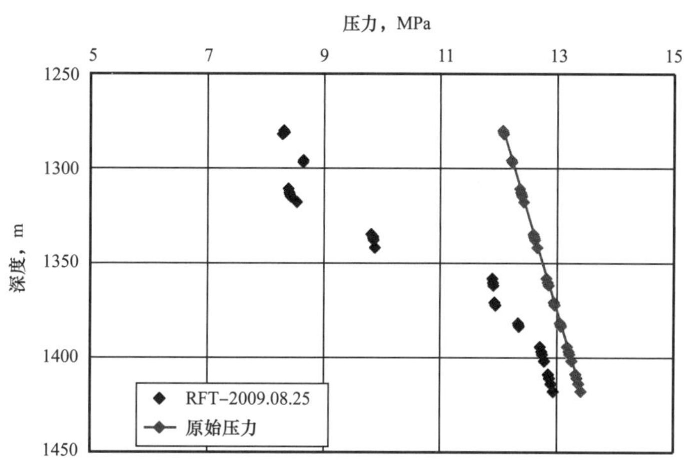

图 5–34　FI–22 井 RFT 测试地层压力与原始地层压力对比

三、后期实施协同注水开发调整

以天然能量与人工补充能量协同开发理论为指导，应用协同技术体系，进行油田综合开发调整部署，为实现油田协同注水开发打下基础。

1. 调整原则与设计

海外油田开发及调整的首要原则是合同期内中方经济效益最大化。在这一原则下调整方案编制要解决的根本问题就是如何在确保经济利益前提下，合同期内多采油，采好油。针对法尔构造目前开发特征确定以下几条调整原则：

（1）以尽可能少的投入获得较高的经济效益，努力实现中方利益最大化；

（2）调整后可提高合同期内油田可采储量和最终采收率；

（3）调整后可缓解油田目前开发矛盾与挑战，改善油田开发效果；

（4）调整后的注采井网与原井网系统相协调。

方案部署时采用台阶式部署方式，即逐步加大工作量安排。根据工作量不同设计基础方案、措施方案、加密方案和注水方案四大主体方案，并对每个方案内的主体参数进行敏感性分析。

基础方案内没有工作量安排，区块保持现状开发；措施方案为对现有注水井和油井进行优化筛选；加密方案在措施方案基础上细分开发层系，差异化加密新井；注水方案在加密方案基础上优化注水时机，新增注水井，调整注采井网。

2. 方案设计与对比

1）基础方案

现有生产井180口，注水井14口保持现状生产，预计2017—2030年阶段高峰日产油8286t/d，阶段累计产油2586×10^4t，2030年末地质储量采出程度20.9%。

法尔-1、法尔-3、法尔-5和芬提4个块的产量剖面预测如图5-35所示，其中法尔-1块日产油量占整个构造的52.8%，累计产油量占56.5%。

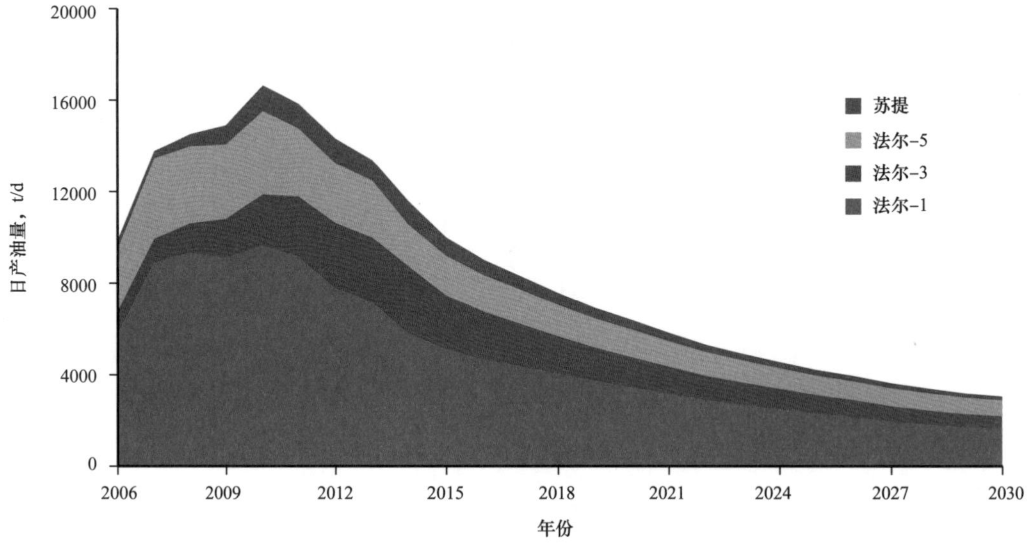

图5-35　基础方案各块产量剖面预测

2）措施方案

首先对现有注水井进行调整优化。根据动态分析和数值模拟预测结果建议对现有14口井进行如表5-11所示的调整优化。笼统注水井FG-31、FI-21、FI-25和FF-24分YⅣ—Ⅴ和YⅥ两套层系注水；FK-27、FE-30、FM-28和FM-30关闭YⅥ层，仅向YⅣ—Ⅴ层系注水；关闭低效注水井FI-22和FI-31；YⅣ—Ⅴ层系单井日注水量320～1900m^3/d，YⅥ层系单井注水量320～800m^3/d。

优化后YⅥ层累计注水量由3880×10^4m^{3}下降至2353×10^4m^3，而YⅣ—Ⅴ累计注水量由4690×10^4m^{3}增加至5644×10^4m^3（图5-36）。YⅣ—Ⅴ层系日产油量增加477m^3/d，至2030年末累计产油量增加151×10^4m^3，该层系地质储量采出程度提高1.0%（图5-37）。

表 5-11 法尔构造现有注水井措施信息表

区块	现有注井	现有注水层位	建议注水层位	目前注水量，m³/d	建议注水量，m³/d
Fal-1	FG-20	YⅥ、YⅦ	YⅥ	865	636
	FG-31	YⅢ、YⅣ、YⅤ、YⅥ、YⅦ	两套层系注水 YⅣ—Ⅴ、YⅥ	1022	YⅣ—Ⅴ：795；YⅥ：795
	Fl-21	YⅣ、YⅤ、YⅥ	两套层系注水 YⅣ—Ⅴ、YⅥ	1155	YⅣ—Ⅴ：636；YⅥ：318
	Fl-22	YⅥ、YⅦ	关闭该井	1161	0
	Fl-25	YⅣ、YⅤ、YⅥ、YⅦ	两套层系注水 YⅣ—Ⅴ、YⅥ	1296	YⅣ—Ⅴ：795；YⅥ：477
	FK-27	YⅣ、YⅤ、YⅥ	YⅣ—Ⅴ	449	1272
	FK-31	YⅢ、YⅣ、YⅤ	关闭该井	501	0
Fal-5	FF-24	YⅡ、YⅢ、YⅣ、YⅤ、YⅥ	两套层系注水 YⅣ—Ⅴ、YⅥ	1819	YⅣ—Ⅴ：954；YⅥ：318
	FE-26	YⅥ	两套层系注水 YⅣ—Ⅴ、YⅥ	1769	YⅣ—Ⅴ：636；YⅥ：636
	FE-30	YⅣ、YⅤ、YⅥ	YⅣ—Ⅴ	2027	1272
Fal-3	FM-28	YⅣ、YⅤ、YⅥ	YⅣ—Ⅴ	1344	1908
	FM-30	YⅣ、YⅤ、YⅥ	YⅣ—Ⅴ	550	954
	FO-28	YⅣ、YⅤ	YⅣ—Ⅴ	401	318
	FO-30	YⅣ、YⅤ	YⅣ—Ⅴ	356	636

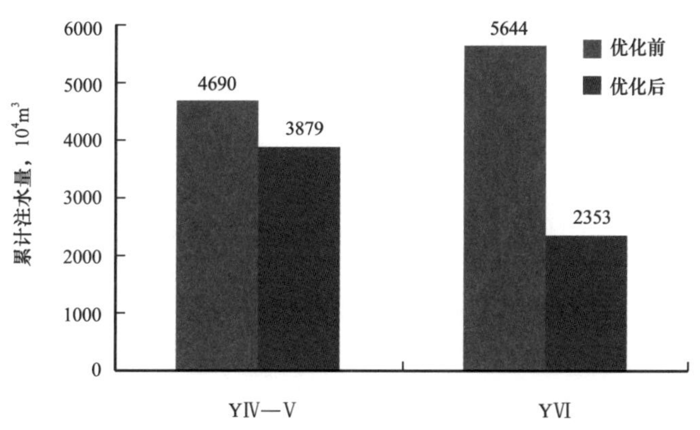

图 5-36 现有注水井优化前后 YⅣ—Ⅴ 和 YⅥ层系累计注水量对比

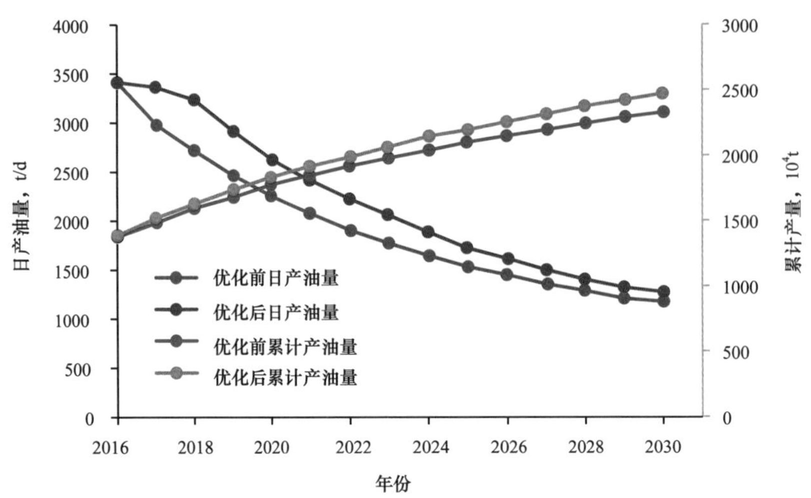

图 5-37 现有注水井优化前后 YⅣ—Ⅴ层系产量对比

法尔构造共推荐措施 42 井次，主要措施类型为堵水补孔，平均单井初增油 27t/d，平均单井初降水 46.7%。其中法尔 -1 块部署措施 25 井次，平均单井初增油 28t/d，平均单井初降水 49.5%；法尔 -5 块部署措施 11 井次，平均单井初增油 25t/d，平均单井初降水 39.1%；法尔 -3 块部署措施 3 井次，平均单井初增油 25t/d，平均单井初降水 50.0%；芬提块部署措施 3 井次，平均单井初增油 29t/d，平均单井初降水 52.7%（表 5-12）。

表 5-12 法尔构造现有生产井措施信息表

区块	措施井次	措施类型	措施初增油，t/d	措施初降水，%
法尔 -1	25	堵水补孔	28	49.5
法尔 -5	11	堵水补孔	25	39.1
法尔 -3	3	堵水补孔	25	50
芬提	3	堵水补孔	29	52.7
合计	42	堵水补孔	27	46.7

措施方案对 14 口注水井进行调整优化，部署 44 井次油井措施，预计 2017—2030 年阶段高峰日产油 8714t/d，阶段累计产油 2861×10^4t，2030 年末地质储量采出程度 21.8%。措施方案 4 个块的产量剖面预测如图 5-38 所示。

3）加密方案

在措施方案基础上细分开发层系，差异化实施井网加密。按 3～4 套层系部署：YⅣ—Ⅴ层系为规则井网，井距 400～600m，新井以完善加密井网为主；YⅥ层也为规则井网，井距 300～400m，新井以挖潜断层附近剩余油为主；YⅦ—Ⅷ和 Samaa 两套层系为不规则井网，天然能量较强，新井以挖潜天然水驱后剩余油为主。

调整后主力块法尔 -1 采用 4 套层系：YⅣ—Ⅴ层系部署 1 口水平井和 17 口直井；YⅥ层系部署 1 口侧钻井，2 口水平井和 7 口直井；YⅦ—Ⅷ层系部署 1 口水平井和 7 口直井；Samaa 层系部署 2 口侧钻井，1 口水平井和 1 口直井。

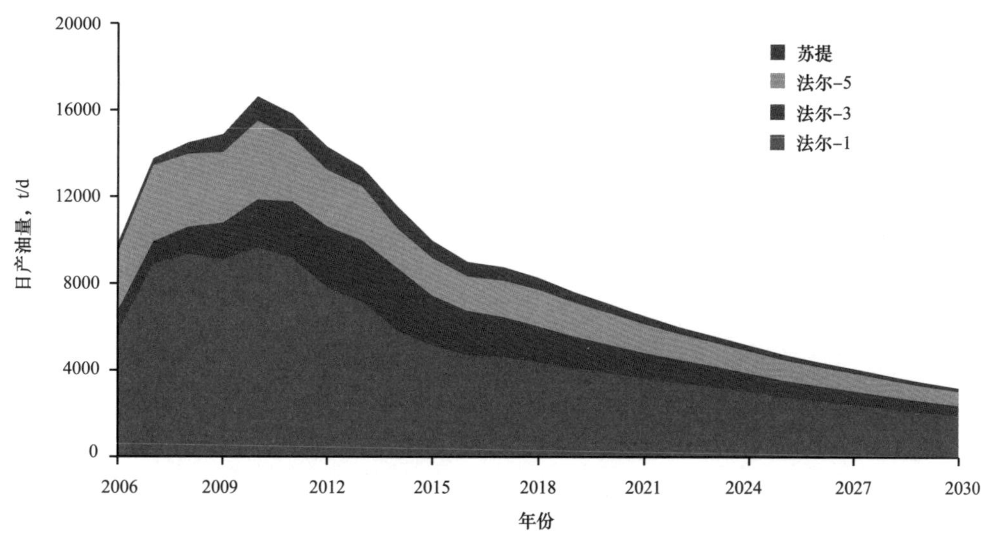

图 5-38　措施方案各块产量剖面预测

法尔构造 4 个断块共部署新井 64 口，包括 56 口直井和 8 口水平井。其中法尔 -1 块部署新井 40 口，法尔 -5 块部署新井 10 口，法尔 -3 块部署新井 11 口，芬提块部署新井 3 口。YⅣ—Ⅴ层系部署新井 35 口，YⅥ层系部署新井 15 口，YⅦ—Ⅷ层系部署新井 10 口，Samaa 层系部署新井 4 口（表 5-13）。

表 5-13　法尔构造各块各层系新井部署表　　单位：口

开发层系 / 区块	法尔 -1	法尔 -3	法尔 -5	芬提	合计
YⅣ	18	8	6	3	35
YⅥ	10	2	3	0	15
YⅦ—Ⅷ	8	1	1	0	10
S	4	0	0	0	4
合计	40	11	10	3	64

加密方案在措施方案基础上增加新井 64 口，预计 2017—2030 年阶段高峰日产油 1.0×10^4t/d，阶段累计产油 3500×10^4t/d，2030 年末地质储量采出程度 23.7%。加密方案 4 个块的产量剖面如图 5-39 所示。

4）注水方案

在加密方案基础上分层、分区评价天然能量，优化注水时机，调整水驱结构。YⅣ—Ⅴ层天然能量相对较弱，压力保持水平低，为注水调整重点层；YⅥ层天然能量较充足，远离边底水的区域地层压力保持水平低；YⅧ以下层位天然能量充足。YⅣ—Ⅴ构造边部有边水、断层导水天然能量供给及现有注水井补充能量。低压区为构造高部位的剩余油富集区，采用面积注采井网补充地层能量。

主力块法尔 -1YⅣ—Ⅴ层系加密后新增注水井 4 口，2022 年开始注水，单井日注水量 640～950m^3/d（图 5-40）。

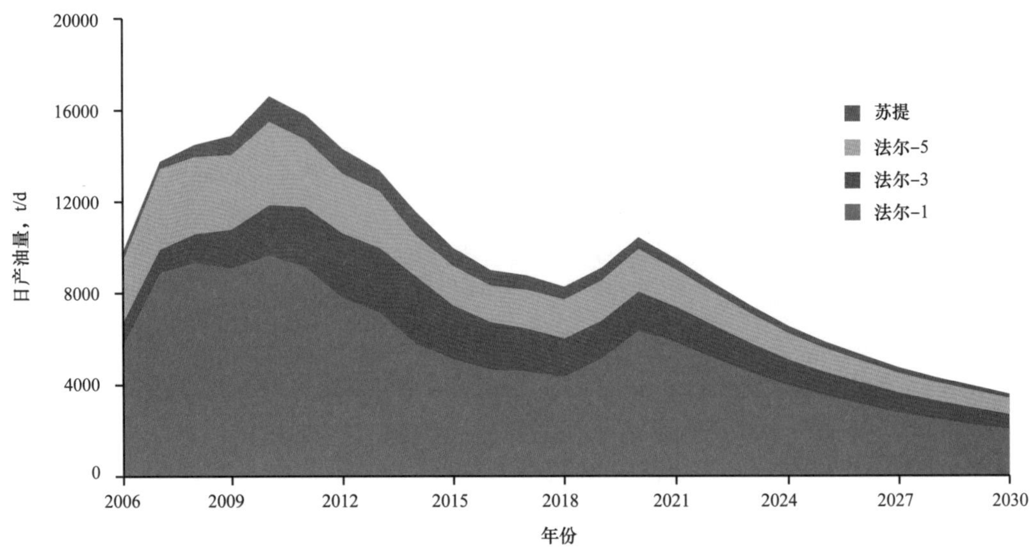

图 5-39　加密方案各块产量剖面预测

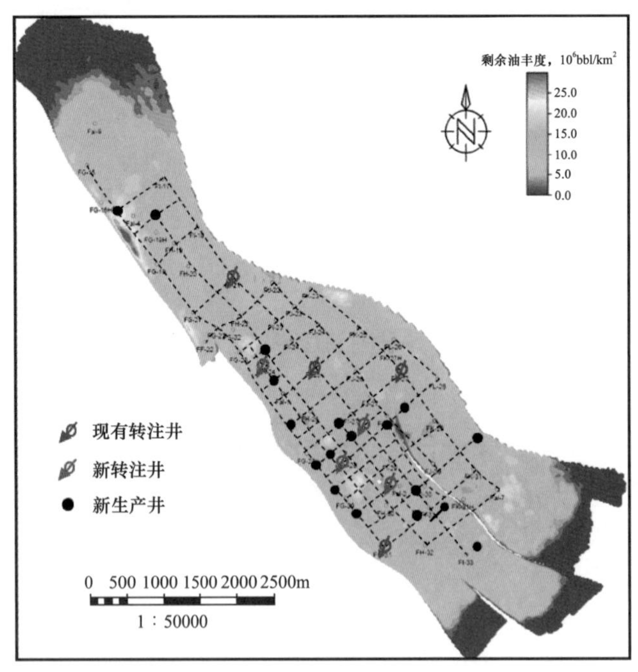

图 5-40　注水方案法尔 -1 块 YⅣ—Ⅴ层系新井和注水井部署图

法尔构造 4 个断块新增注水井 8 口，7 口转注井和 1 口新钻。其中法尔 -1 块 YⅣ—Ⅴ层系新增注水井 4 口，YⅥ层系新增注水井 1 口；法尔 -5 块 YⅣ—Ⅴ层系新增注水井 2 口；法尔 -3 块 YⅣ—Ⅴ层系新增注水井 1 口（表 5-14）。

补充注水井后，法尔构造 YⅣ—Ⅴ层系日产油量提高 430t/d，2030 年底累计产油量增

加 828×10^4t。

注水方案在加密方案基础上增加注水井 8 口，预计 2017—2030 年阶段高峰日产油 1.0×10^4/d，阶段累计产油 3573×10^4t，2030 年末地质储量采出程度 23.9%。注水方案 4 个块的产量剖面预测如图 5-41 所示。

表 5-14　法尔构造各块各层系注水井部署表

区块	注水层位	注水时机	新增注水井数，口	单井注水量，m^3/d
法尔 -1	YⅣ—Ⅴ	2022.01.01	4	640～950
	YⅥ	2023.01.01	1	950
法尔 -3	YⅣ—Ⅴ	2019.06.01	1	640
法尔 -5	YⅣ—Ⅴ	2021.01.01	2	950～1270

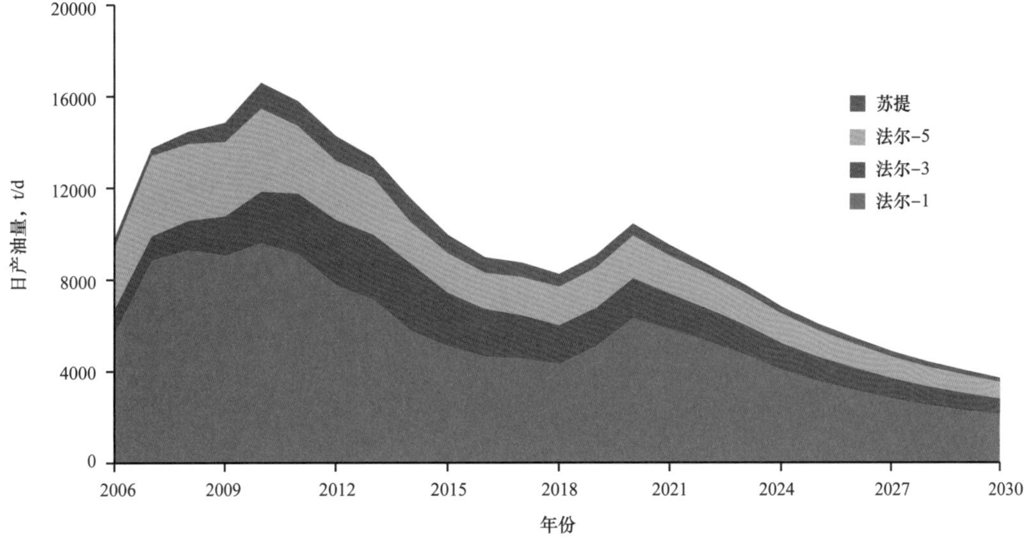

图 5-41　注水方案各块产量剖面预测

5）方案对比

基础、措施、加密和注水 4 个方案开发指标对比见表 5-15，随着工作量的增加，构造累计产油量增加，地质储量采出程度逐步提高。措施方案与基础方案相比，增加 14 井次注水井措施，42 井次生产井措施，至 2030 年底累计注水降低 $1000\times10^4m^3$，累计产油增加 276×10^4t，地质储量采出程度提高 0.8%；加密方案与基础方案相比，增加 14 井次注水井措施，42 井次生产井措施，64 口新井，至 2030 年底累计注水降低 $1000\times10^4m^3$，累计产油增加 913×10^4t，地质储量采出程度提高 2.7%；注水方案与基础方案相比，增加 14 井次注水井措施，42 井次生产井措施，新井 64 口，新增注水井 8 口，至 2030 年底累计注水增加 $1229\times10^4m^3$，累计产油增加 986×10^4t，地质储量采出程度提高 2.9%。4 个方案预测剖面对比如图 5-42 所示。

表 5-15　法尔构造 4 个方案开发指标对比

方案	措施建议，井次	新井，口	注水井，口	高峰日产量，10^4t/d	累计产油量，10^4t	累计注水量，10^4t	采出程度，%	增油量 10^4t
基础方案				0.8	7006	8241	21.0	
措施方案	42			0.9	7281	7343	21.8	276
加密方案	42	64		1.0	7919	7343	23.7	913
注水方案	42	64	8	1.0	7991	9346	23.9	986

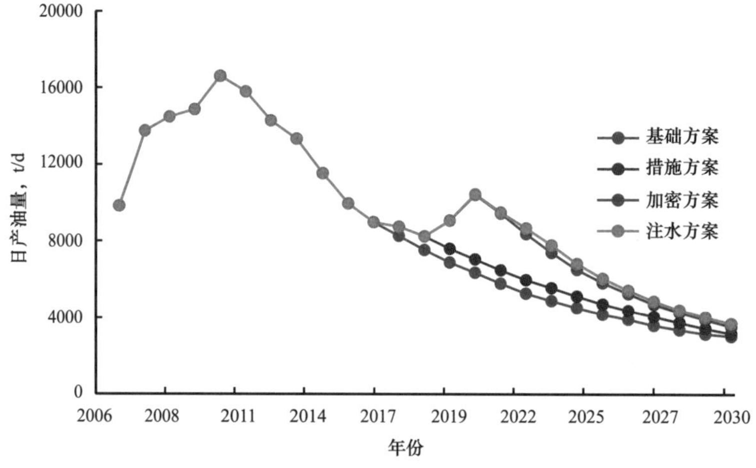

图 5-42　4 个方案预测产量剖面对比曲线

6）不同油价下方案推荐

基于经济评价结果，油价低于 47 美元 /bbl 时，推荐实施基础方案，即项目保持现状运行；油价介于 47～58 美元 /bbl 时，推荐实施措施方案；油价高于 58 美元 /bbl 时，推荐实施注水优化方案。

综上所述，多层状强边水砂岩油藏高速开发模式总结见表 5-16。

表 5-16　海外强边底水多层状砂岩油藏开发模式表

开发阶段	关键技术需求	开发技术政策
早期（上产阶段）	（1）渗流机理研究； （2）举升工艺与地面集输技术； （3）天然能量强度评价技术； （4）合理开发方式及开发指标预测技术	开发方式：天然能量； 井网层系：合层开发与分层开发结合，直井与水平井结合，稀井高产。举升方式以电潜泵为主 主要目标：快速上产，提高无水期和低含水期采出程度
中期（稳产阶段）	（1）天然水驱开发特征及开发效果评价方法； （2）油藏平面上和纵向上协同指标优化； （3）调整技术	开发方式：（1）稳产初期，天然能量 + 注水试验；（2）稳产后期，天然能量与人工注水协同。 井网层系：优化开发层系、注采井型、井网； 主要目标：保持高采油速度和较长稳产期，阶段末可采储量采出程度达到 50%～60%

续表

开发阶段	关键技术需求	开发技术政策
后期 （递减阶段）	（1）精细油藏描述技术； （2）剩余油定量表征技术； （3）剩余油挖潜技术； （4）开发后期调整技术	开发方式：天然能量 + 注水协同开发； 井网层系：根据剩余油分布特征细分层系，部署高效调整井； 主要目标：控水，降低递减速度，提高阶段采出程度，二次采油可采储量采出程度达到 80%
末期 （提高采收率阶段）	（1）高含水及特高含水期高度分散剩余油挖潜技术； （2）水驱后经济高效的提高采收率技术	开发方式：天然能量 + 注水 + 三次采油。 根据剩余油分布特征，部署高效调整井，提高水驱采出程度；部分油藏实施三次采油；形成大型多层状砂岩油藏开发后期调整技术和提高采收率技术

第四节　弱天然能量注水高速开发模式

以哈萨克斯坦库姆科尔南油田 Object-2 油藏为例，介绍弱天然能量注水高速开发模式。该油藏为带气顶岩性—构造边水饱和油藏，埋深 1258m，地层压力 13.7MPa，气油比为 133m^3/t，边水天然能量不足，地下原油低黏度（1.15 mPa · s），轻质（0.814g/cm^3）、中低含蜡，地层水为 $CaCl_2$ 型，地饱压差小。

库姆科尔南油田 Object-2 油藏于 1990 年 5 月投入开发，经历了产量上升、高速开发稳产，后期调整稳产和产量递减阶段，目前采出程度 53.5%，含水率高达 97%，处于高采出程度高含水开发末期。

一、早期利用天然能量衰竭式开发，低速稳健上产

库姆科尔南油田 Object-2 油藏投入开发后，初期采用 500m 井距部署新井，依靠天然能量衰竭式开发，同时生产井数少，开发井网控制储量低（41%，图 5-43），开发早期（1990—1993 年）油藏采油速度低（0.36%～1.48%，图 5-44），低速上产。

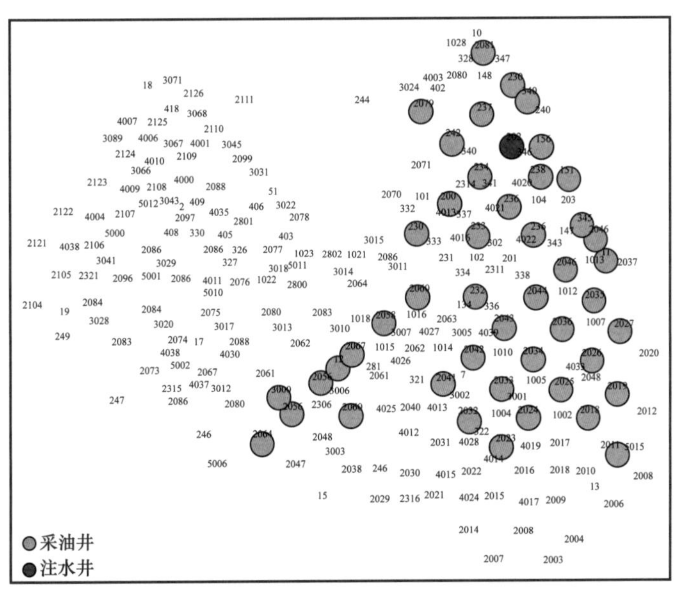

图 5-43　库姆科尔南油田 Object-2 油藏开发早期注采井网图（1993 年）

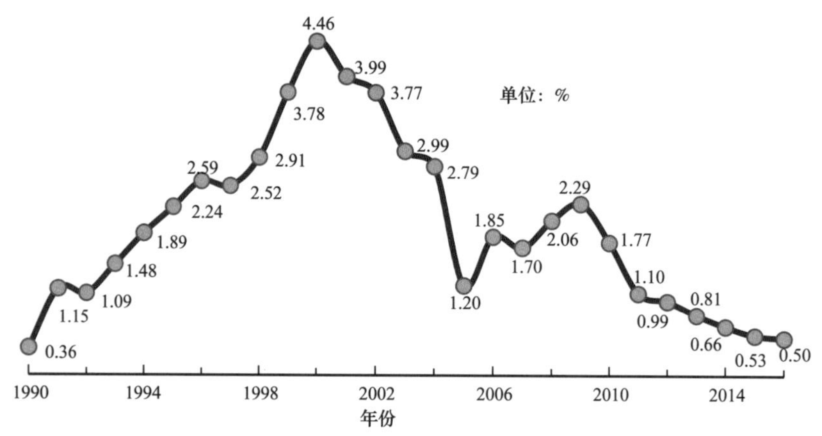

图 5-44　库姆科尔南油田 Object-2 油藏采油速度变化图

二、中期新井规模投产并强化注水，高速高效开发

1994—1996 年，快速投产新井 68 口，占该油藏开发历程中投产新井总数的 40%；同时 1994—1996 年转注井 30 口，有效地补充了地层能量（图 5-45、图 5-46）。

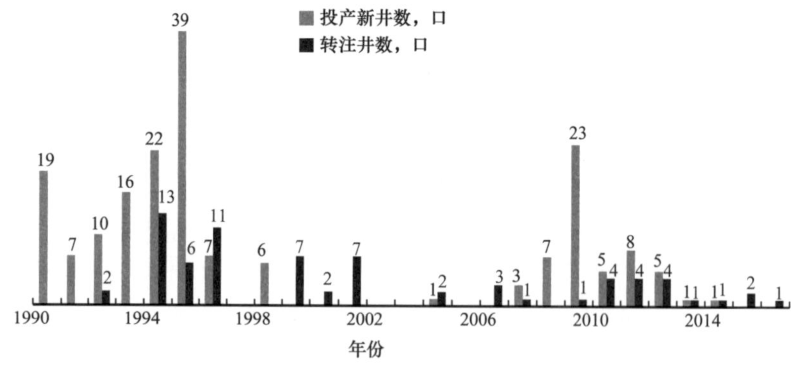

图 5-45　库姆科尔南油田 Object-2 油藏投产新井和转注井数变化图

新井的大规模投产增加了开发井网储量控制程度，强化注水及时补充了地层能量，缓解了油田自然递减，同时由于油水黏度比低，水驱前缘较均匀推进也保证了油藏低含水期阶段采出程度高（25%）。

在注采完善、供液充足的区域实施大泵提液增油也保障了油藏的高速开发，油藏于 2000 年达到峰值采油速度 4.5%，并保持 2% 以上的采油速度连续稳产 10 年，高速开发阶段采出程度高达 32%。

三、后期局部加密结合井网调整，恢复高速开发

受关井影响，2005 年 Object-2 油藏采油速度从 2004 年的 2.8% 降低至 1.2%，2006 年中方接管后采油速度恢复到 1.85%，为使油藏继续保持高速开发，一是在加强剩余油分布研究的基础上，于 2008—2010 年在剩余油富集区加密新井 35 口，新井平均初产 32t/d，是周围老井产量的 1.8 倍；二是继续优化注水，降低水淹严重区域注水量，减少无效循环

注水，同时调整注采井网，增加注水井点 5 口，完善井间注采对应关系，改变液流方向，提高水驱波及系数，部分区域形成 250～350m 的注采井网（图 5-47），油藏自然递减率由 2008 年的 23% 下降至 2010 年 18%，有效地保证了油藏在 2008—2010 年以平均 2.05% 的采油速度高速开发 3 年。

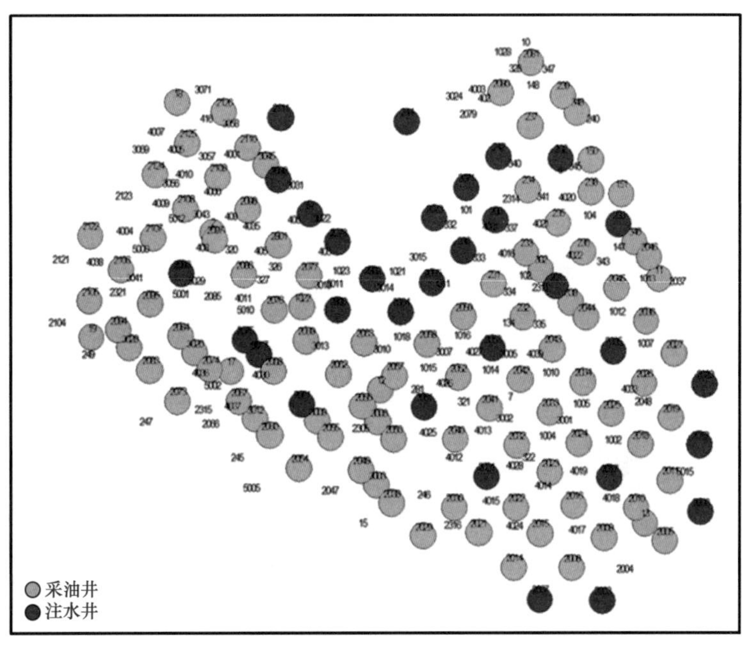

图 5-46　库姆科尔南油田 Object-2 油藏开发中期注采井网图（1996 年）

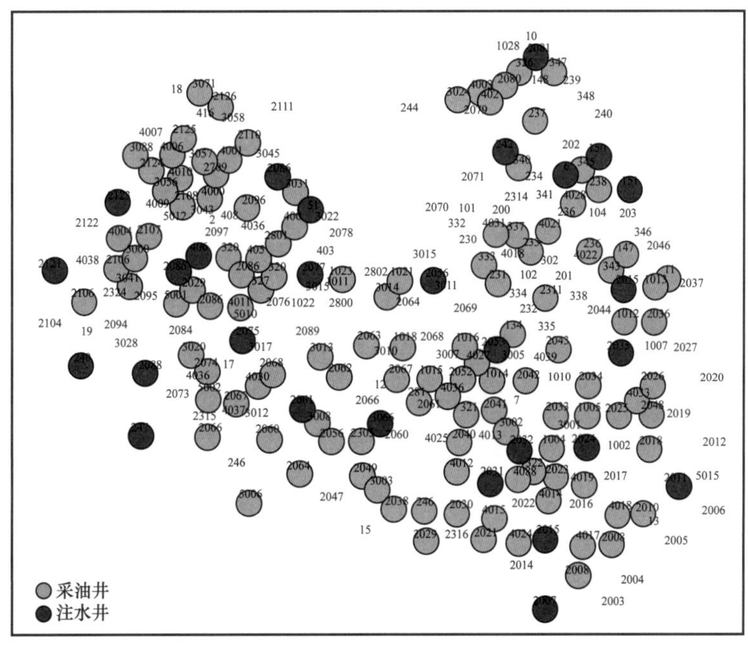

图 5-47　库姆科尔南油田 Object-2 油藏开发后期注采井网图（2010 年）

四、开发末期剩余油挖潜，减缓油田递减

2011 年，库姆科尔南油田 Object-2 油藏采出程度达到 50%，含水率达 90%，采油速度下降至 1.1%，油藏开发进入特高含水高采出程度开发末期。为减缓油田递减，开展剩余油分布规律及主要控制因素研究，对库姆科尔油田 Object-2 油藏剩余油分布规律进行了系统分析，并总结出弱边水油藏剩余油分布模式[2-22]。

1. “爬坡油”

“爬坡油”是由边水驱为主控因素形成的一种剩余油分布模式。由于边水的推进，边水从砂体底部推进，导致砂体上部驱替不充分，最终剩余油在边水上部富集，形成爬坡剩余油。

Object-2 油藏 J-Ⅰ和 J-Ⅱ两层的边水（边缘注水）同时在底部推进，在砂体上部易于形成爬坡型剩余油（图 5-48）。针对此类剩余油可在剩余油富集区进行新井加密或侧钻。

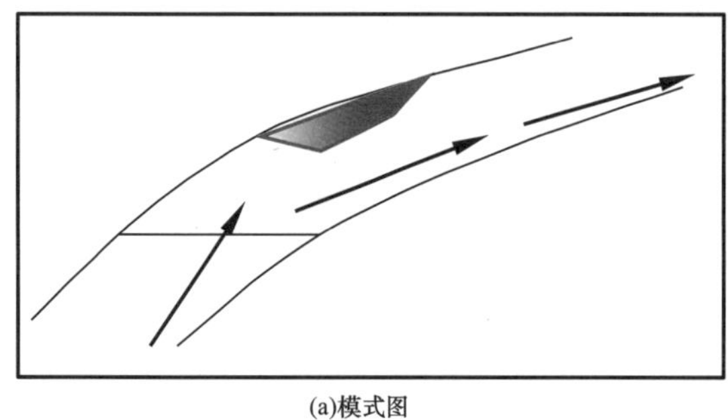

(a)模式图　　(b) 数模结果图

图 5-48　Object-2 油藏剩余油分布——“爬坡油”

2. “屋脊油”

以边底水（边缘注水）及构造为主控的剩余油在构造高点富集，形成“屋脊油”，水线易形成包络区。形成的原因主要是储层物性好，边底水及次生边底水或边部注水在底部推进比较迅速，顶部油波及相对不充分，导致油藏整体动用少，顶部剩余多（图 5-49）。针对此类剩余油的对策为顶部加密水平井或老井侧钻。

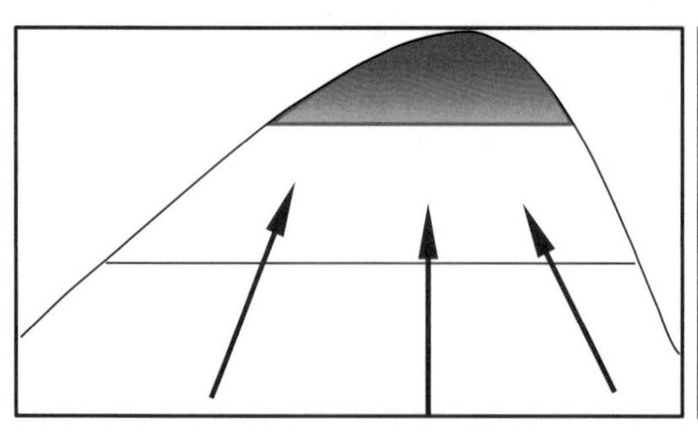

(a) 模式图　　(b) 数模结果图

图 5-49　Object-2 油藏剩余油分布——“屋脊油”

3. 悬浮状剩余油

注水井之间没有采油井，由高等渗流力学相关知识可知，注水井之间形成死油区，注水无法波及该区域，导致剩余油在注水井之间富集，形成悬浮状剩余油（图 5–50）。对于此类剩余油，可在注水井之间加密生产井，完善注采系统。

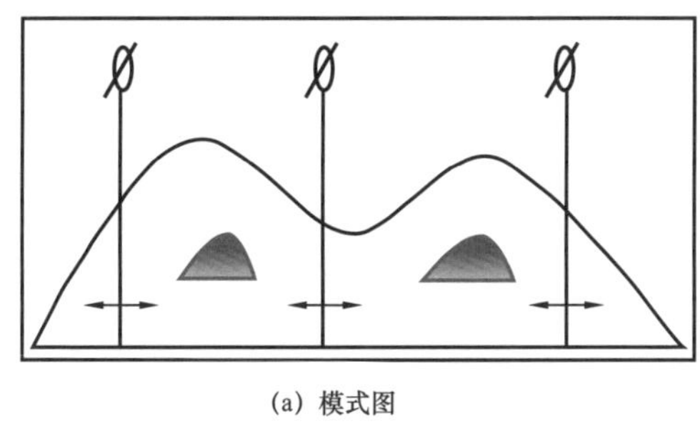

(a) 模式图

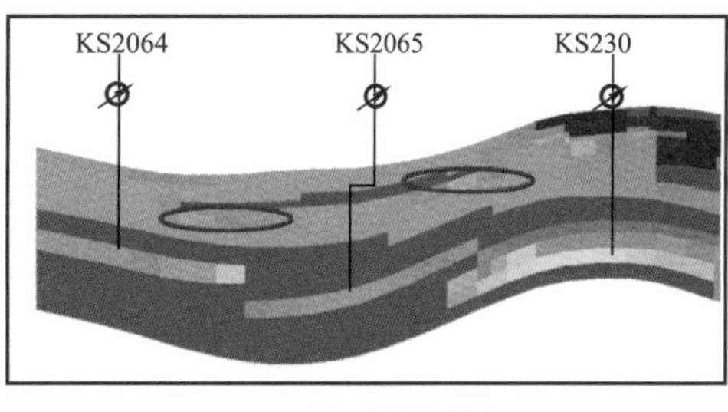

(b) 数模结果图

图 5–50 Object–2 油藏剩余油分布——悬浮状剩余油

4. 边滩状剩余油

由沉积相为主要控制因素的剩余油，河道中部水淹，边部弱水淹，在河道边缘附近形成边滩状剩余油。最终导致剩余油富集在河道边缘附近，形成边滩状剩余油（图 5–51）。针对此类剩余油的对策为局部加密或其他层油井上返开发。

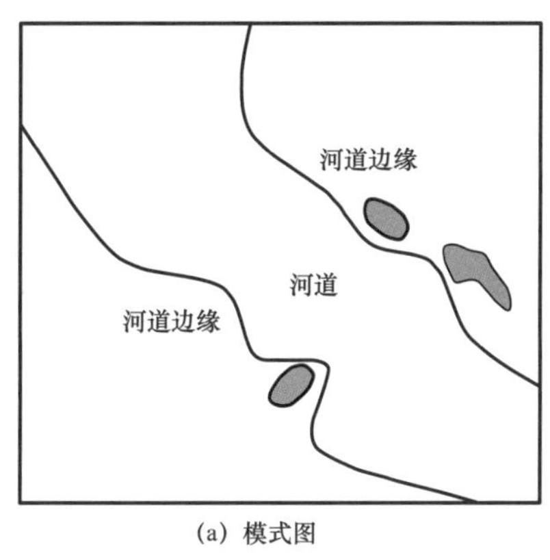

(a) 模式图

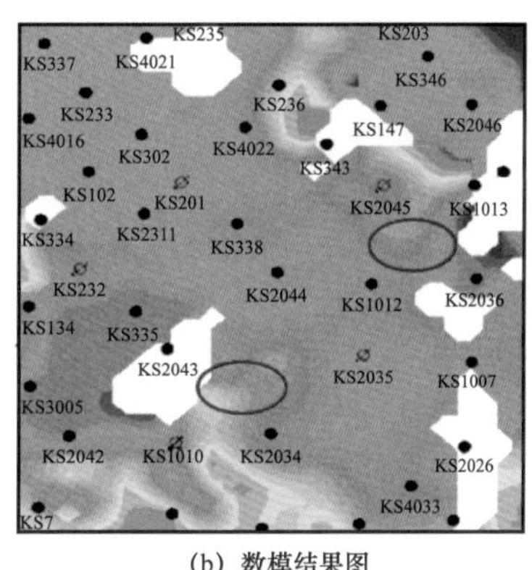

(b) 数模结果图

图 5–51 Object–2 油藏剩余油分布——边滩状剩余油

5. 朵状剩余油

构造与井网这两个非常重要的因素共同控制了大量剩余油，主要是构造高部位的井间剩余油——朵状剩余油。其特征为：依附但不局限于构造线，在生产井处向油藏内部凹进。形成的原因主要是边底水或注水在底部推进，井网不完善区域或局部构造部位，水线不均匀推进，导致形成朵状剩余油（图 5–52）。针对此类剩余油的对策为完善井网，过路井上返开发或补孔。

6. 孤岛状剩余油

随着油田的持续高速开发，油水边界线在平面上缩小，逐渐形成在局部微构造高点的剩余油富集，为孤岛状剩余油。孤岛状剩余油形成的原因主要是开发后期次生底水向上推进，同时油水密度差异导致重力分异，这些都能形成孤岛状剩余油。

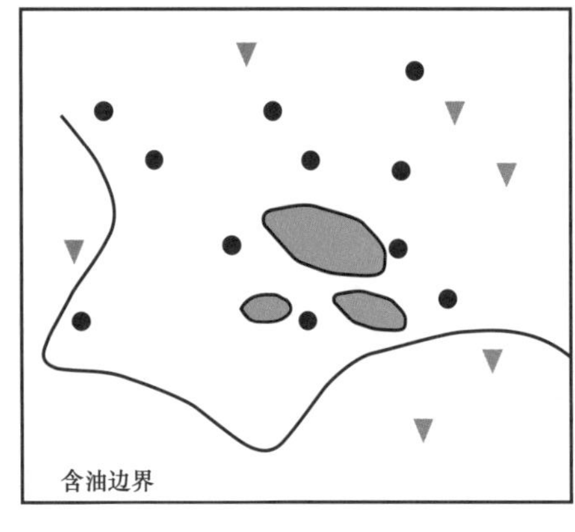

(a) 模式图

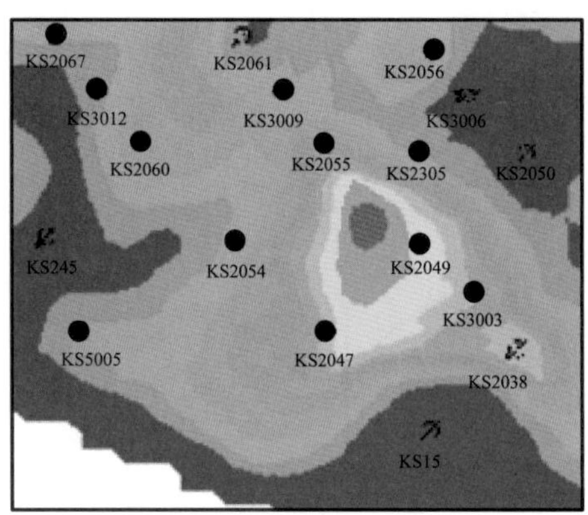

(b) 数模结果图

图 5-52　Object-2 油藏剩余油分布——朵状剩余油

Object-2 油藏进入开发后期，许多朵状剩余油慢慢变成孤岛状剩余油，在局部微构造高点富集（图 5-53）。针对此类剩余油的挖潜对策是局部加密或其他层油井上返。

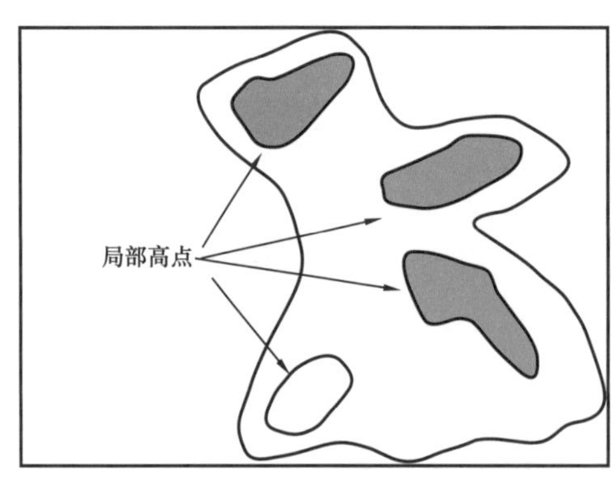

(a) 模式图

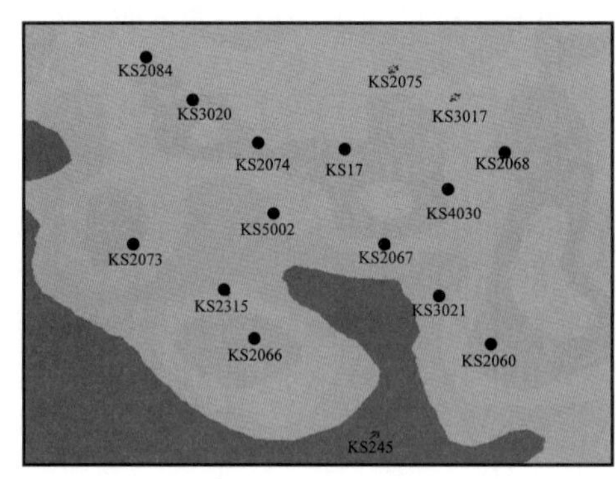

(b) 数模结果图

图 5-53　Object-2 油藏剩余油分布——孤岛状剩余油

7. “屋檐油”和“屋顶油”

由于夹层的遮挡作用，夹层上下部位会有剩余油富集；这是以夹层为主控因素的剩余油类型，在夹层下部形成“屋檐油”，在夹层上部形成“屋顶油”。这两种剩余油都是由于夹层的遮挡，注水及边水波及不到形成的剩余油。

Object-2 油藏在夹层的上部和下部有剩余油的富集（图 5-54），夹层的分布特征对剩余油具有控制作用，是剩余油挖潜的重点，针对此类剩余油的挖潜对策为补孔。

针对库姆科尔南油田 Object-2 油藏不同的剩余油分布模式，形成相应的剩余油挖潜对策，如局部加密、补孔和完善注采对应等（表 5-17）。2011—2016 年，Object-2 油藏共实施新井加密 15 口，转注 13 口，补孔 58 井次，其他层上返井 22 口，换泵 76 井次，油藏自然递减率由 2011 年的 18% 降低至 2016 年的 11%。

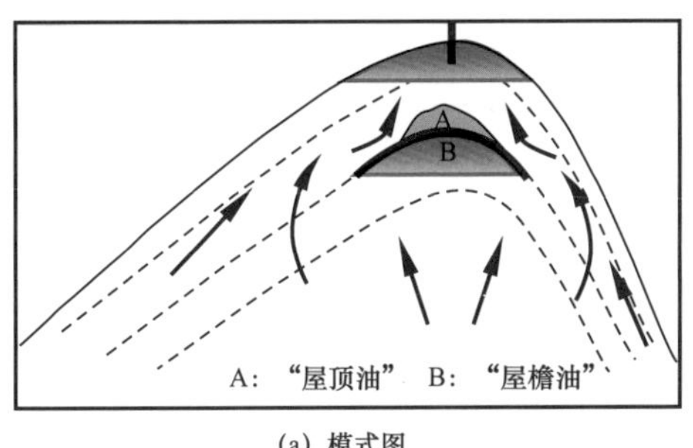

(a) 模式图

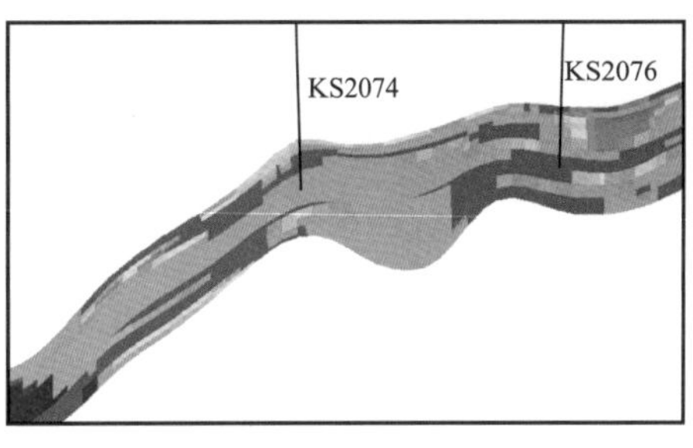

(b) 数模结果图

图 5-54　Object-2 油藏剩余油分布——“屋檐油”和“屋顶油”

表 5-17　弱边水油藏高含水开发末期剩余油挖潜对策表

剩余油模式	主控因素	理论模式	实际分布	分布范围	挖潜对策
“爬坡油”	边水驱（边缘注水）	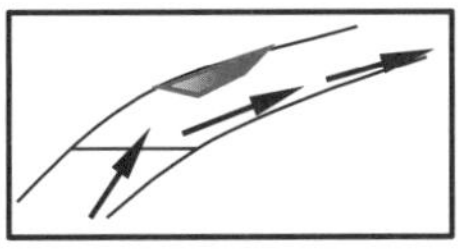	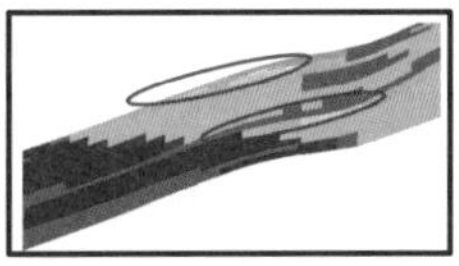	储层上部（未水驱部分）	加密 / 侧钻
“屋脊油”	构造	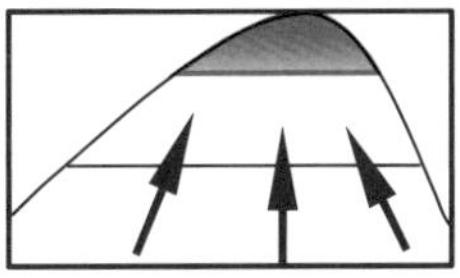		构造高点	加密 / 侧钻
悬浮状油	井网	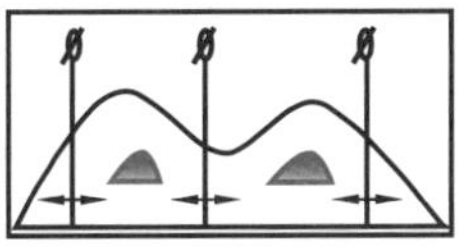	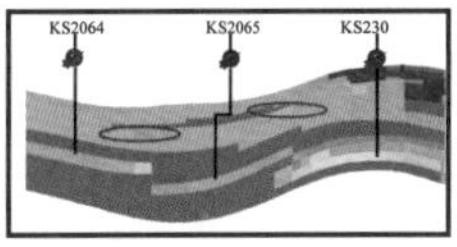	注水未波及区	注采完善
边滩状油	沉积相	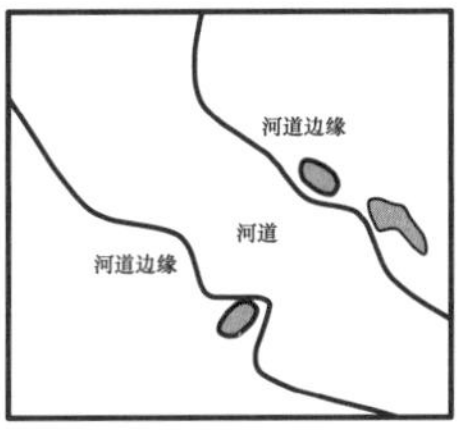	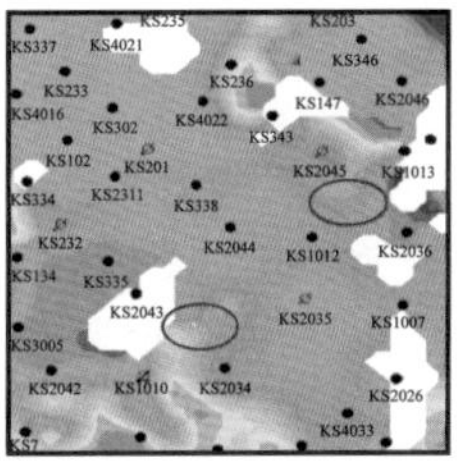	河道边部	局部加密
朵状油	井网 / 构造	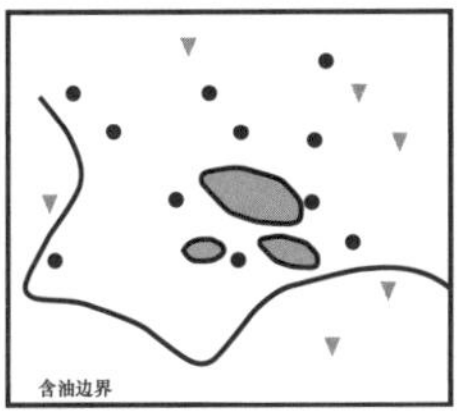	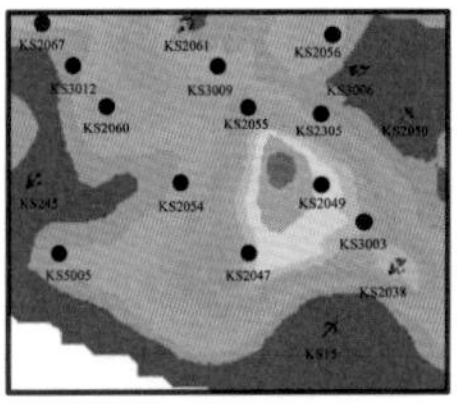	井网不完善区	注采完善

续表

剩余油模式	主控因素	理论模式	实际分布	分布范围	挖潜对策
孤岛状油	构造	局部高点	KS2084 KS2075 KS3020 KS3017 KS2074 KS17 KS2068 KS4030 KS3002 KS2075 KS2067 KS2315 KS3021 KS2066 KS2060 KS245	构造高点	加密 / 上返
“屋顶油” “屋檐油”	隔夹层	A B A：“屋顶油” B：“屋檐油”	KS2074 KS2076	夹层上下部	补孔

根据海外弱天然能量油藏注水高速开发实例，形成其高速高效开发模式：

（1）开发早期：利用油藏天然能量进行衰竭式开发，同时由于投产井数少，开发井网控制储量低，油藏以 0.36%～1.5% 的采油速度低速稳健上产。

（2）开发中期：采用 500m 井距大规模部署新井并快速建产，同时强化注水补充地层能量并形成局部反九点面积注水和边缘注水的开发井网，同步实施大泵提液增油，油藏进入高速开发阶段，并稳产 10 年，高速开发阶段采出程度高。

（3）开发后期：在剩余油富集区部署加密新井，部分井区井距为 250m；同时继续优化注水，调整注采井网，完善井间注采对应关系，改变液流方向，提高水驱开发效果，保证了油藏的持续三年高速开发。

（4）开发末期：针对油藏特高含水高采出程度的开发现状，开展注水调整和大泵提液稳油，同时积极进行剩余油分布规律研究，以剩余油挖潜为目标，通过局部新井加密、补孔和堵水等手段延缓油藏的递减，改善弱边水油藏开发末期注水开发效果。

参考文献

［1］魏斌，郑浚茂．高含水油田剩余油分布研究［M］．北京：地质出版社，2002.

［2］谢俊，张金亮．剩余油描述与预测［M］．北京：石油工业出版社，2003.

［3］隋军，吕晓光，赵翰卿，等．大庆油田河流—三角洲相储层研究［M］．北京：石油工业出版社，2000.

［4］李伯虎，李洁．大庆油田精细地质研究与应用技术［M］．北京：石油工业出版社，2004.

［5］顾岱鸿，何顺利，田冷，等．特高含水期油田剩余油分布研究［J］.2004，11（6）：37-39.

［6］王凤兰，石成方，田晓东，等．大庆油田“十一五”期间油田开发主要技术对策研究［J］.2007，26（2）：62-66.

［7］冯明生，别爱芳，方宏长．高含水期剩余油分布研究方法探讨［J］.2007，7（7）：40-43.

［8］石成方，齐春艳，杜庆龙．高含水后期多层砂岩油田单砂体注采关系完善程度评价［J］．石油学报，2006，27（增刊）：133-136.

[9] 王一博，马世忠，杜金玲，等. 高含水油田沉积微相至单砂体级精细研究——以大庆油田杏十三区太103 井区 PI 油层组为例［J］. 西安石油大学学报（自然科学版），2008，23（1）：30–33.
[10] 束青林，张本华，徐守余. 孤岛油田河道砂储集层油藏动态模型及剩余油研究［J］. 石油学报，2005，26（3）：64–73.
[11] 董冬，陈洁. 河流相储集层中剩余油类型和分布规律［J］. 油气采收率技术，1999，6（3）：39–46.
[12] 张雁，蔺景龙，朱炎，等. 大庆杏南地区葡Ⅰ组三角洲前缘储层的非均质性［J］. 现代地质，2008，22（5）：810–816.
[13] 李滢，杨胜来，雷浩. 反五点井网水驱剩余油分布定量研究［J］. 非常规油气，2016，3（4）：85–89.
[14] 申健，潘岳，姚泽，等. 复杂河流相老油田开发后期剩余油主控因素与挖潜对策［J］. 当代化工，2018，47（2）：345–352.
[15] 刘建民，徐守余. 河流相储层沉积模式及对剩余油分布的控制［J］. 石油学报，2003，24（1）：58–62.
[16] 刘中云. 临南油田储集层孔隙结构模型与剩余油分布研究［J］. 石油勘探与开发，2000，27（6）：47–49.
[17] 廉培庆，李琳琳，程林松. 气顶边水油藏剩余油分布模式及挖潜对策［J］.2012，19（3）：101–103.
[18] 吴晨宇，侯吉瑞，赵凤兰，等. 三元复合体系启动水驱后剩余油微观机理［J］. 油气地质与采收率，2015，22（5）：84–88.
[19] 刘太勋，徐怀民. 扇三角洲储层微观剩余油分布模拟试验［J］. 中国石油大学学报（自然科学版），2011，35（4）：20–26.
[20] 高树新，杨少春，王志欣. 胜坨油田二区三角洲砂岩油藏剩余油形成的影响因素分析［J］.2005，29（5）：7–11.
[21] 李洪生. 双河油田聚合物驱后微观剩余油分布特征［J］. 西安石油大学学报（自然科学版），2018，33（3）：69–74.
[22] 贾忠伟，杨清彦，兰玉波，等. 水驱油微观物理模拟实验研究［J］. 大庆石油地质与开发，21（1）：46–50.

第六章　砂岩油田开发面临的挑战与发展方向

中国石油海外合作开发项目经过 25 年的发展，建成了海外五大油气合作区，油气作业产量超过 1.6×10^8t，取得了良好的经济效益。随着全球经济衰退、油价持续走低，经营环境发生了巨大的变化。近几年海外项目发展趋势明显减缓，长期稳产上产面临新增储量不足、开发早期砂岩项目多为复杂分散断块（乍得、尼日尔等），开发效益变差、老项目面临合同到期及开采成本和作业成本逐年升高等问题，砂岩油田持续高速开发面临巨大挑战，需集成国内成熟技术，创新形成适合海外老油田特点的“二次开发”新技术等，为实现海外砂岩油田规模有效开发提供技术保障。

第一节　海外砂岩油田开发面临的挑战

一、海外砂岩油田开发概况

砂岩油田是中国石油海外油气开发的主体对象，也是合作经营效益的主要来源。中国石油砂岩油田主要分布在中东、中亚俄罗斯、非洲地区。2017 年，砂岩油田原油作业产量 7216×10^4t，占海外原油作业产量的 53%（表 6–1），支撑了海外项目的发展。

表 6–1　中国石油海外砂岩油田开发现状

地区公司	地质储量，10^8t	可采储量，10^8t	剩余可采储量，10^8t	2017 年原油作业产量，10^4t
中亚俄罗斯	27	8	3	1678
中东	73	31	17	3477
美洲	27	5	2	394
非洲	25	7	4	1335
亚太	3	1	0	332
合计	146	52	26	7216

二、砂岩油田开发形势

截至 2017 年，海外砂岩油田地质储量采出程度、可采储量采出程度分别为 26.1% 和 66.8%，储采比为 22.1。开发方式以天然能量和注水开发为主，剩余可采储量分别为 9.35×10^8t、7.73×10^8t（图 6–1）。海外砂岩油田自收购后，为了快速回收投资，普遍采用高速开采。主力砂岩油田高速开发后面临含水率上升快、综合含水率高、采出程度高、油藏压力保持水平低、递减大等生产问题，主力项目普遍迈入高含水、高采出程度的“双高”开发后期阶段，稳产形势严峻，开发面临严峻挑战（图 6–2）。

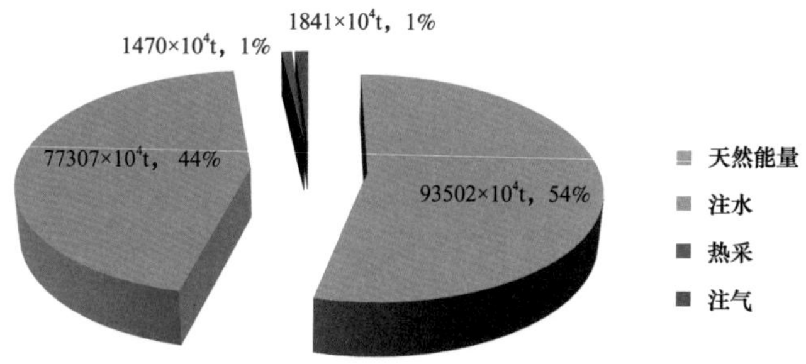

图 6-1 不同开发方式砂岩油田剩余可采储量

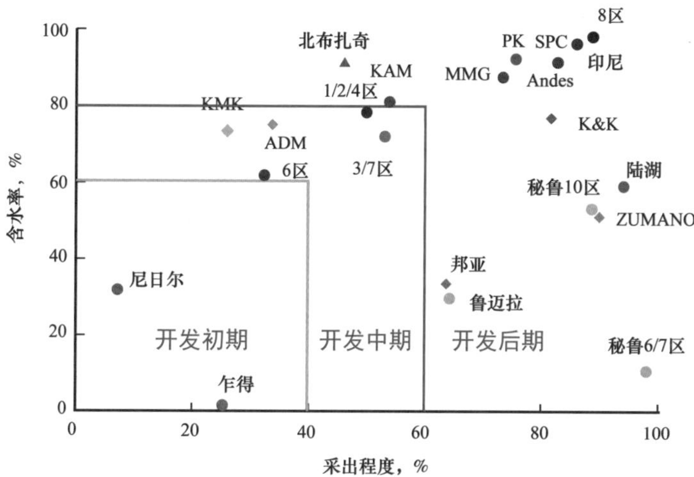

图 6-2 海外砂岩项目含水与采出程度关系

近几年海外砂岩油田综合含水率整体保持上升趋势，2017 年平均综合含水率为 88.8%，已进入高含水率阶段（图 6-3）。截至 2017 年底，哈萨克斯坦主力砂岩项目 MMG 项目综合含水率达 90%，可采储量采出程度 65%；PK 项目综合含水率达 92.5%，可采储量采出程度 76%。

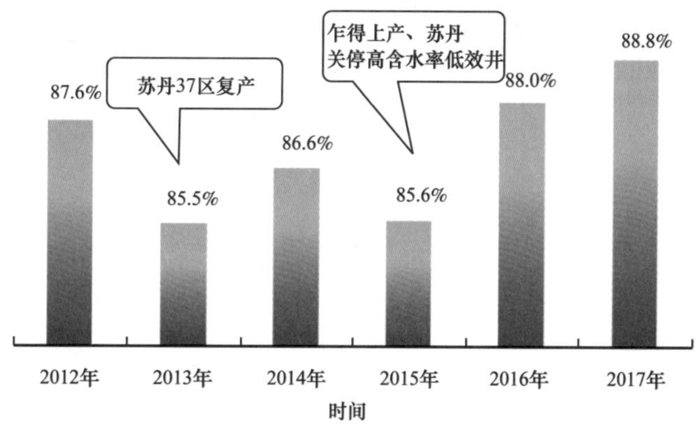

图 6-3 海外砂岩油田历年综合含水率（不含鲁迈拉砂岩油藏）

海外砂岩油田平均单井日产油水平呈逐年下降趋势，2017 年单井日产油为 85bbl/d，稳油控水矛盾突出（图 6-4）。

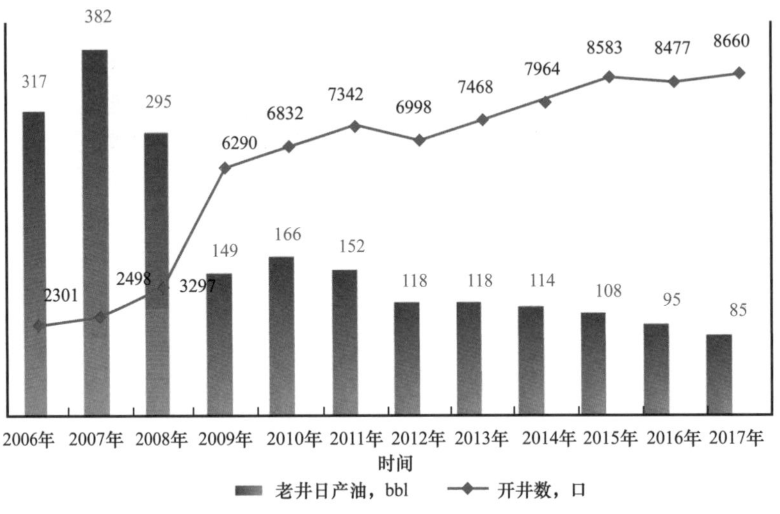

图 6-4 海外砂岩油田历年单井日产油量

海外砂岩油田递减水平总体偏高，2017 年递减趋势有所减缓，主要是由于乍得项目上产、37 区复产关停井、中亚地区等项目加大老井措施力度所致，1—12 月月综合递减率为 1.14%，年综合递减率为 12%（图 6-5）。

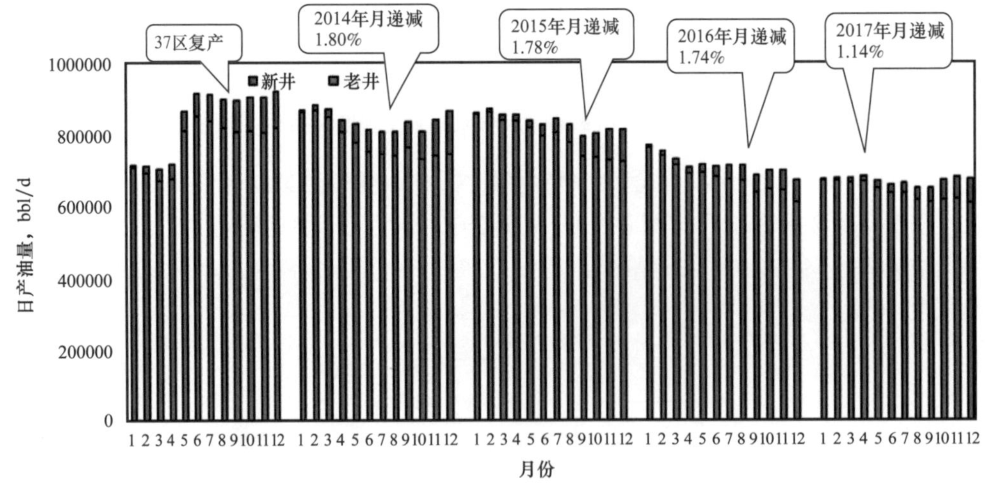

图 6-5 海外砂岩油藏月综合递减率

地层压力保持水平总体较低，主力油田地层压力保持水平 40%～60%，平面上注采井网不完善，纵向上采用笼统注水方式，常规砂岩油田水驱储量控制程度和动用程度分别为 53.8% 和 56.2%（图 6-6）。

中国石油海外砂岩项目经过几十年的有效运营，形成了适合海外油田高速高效开发的理念、策略、技术，除了油田生产中面临的含水高、采出程度高、递减大等问题之外，地面工程设施、合同期和国际油价的波动等都影响油田的开发。2015 年以来，国际油价持续走低，已低于或逼近现有开发方式和开发技术指导下的油田开发成本，如中亚俄罗斯合作区哈萨克斯坦 PK 项目、非洲合作区苏丹及南苏丹一二四区 / 三七区 / 六区项目、美洲合作区的 MPE3、秘鲁 1AB、厄瓜多尔安第斯等。同时还存在合同即将到期、地面处理设施老化等难题。如南苏丹一二四区，因战争长期停产，地面设施严重损坏，复产投资大；南苏丹三七区地面液处理能力有限，油田综合含水率接近 80%，面临提高采出程度和水处理难题。总体来看，油田稳产或上产形势严峻，开发中存在的问题突出，急需深化和集成系列开发技术以满足砂岩油田继续高效开发需求，支撑项目发展。

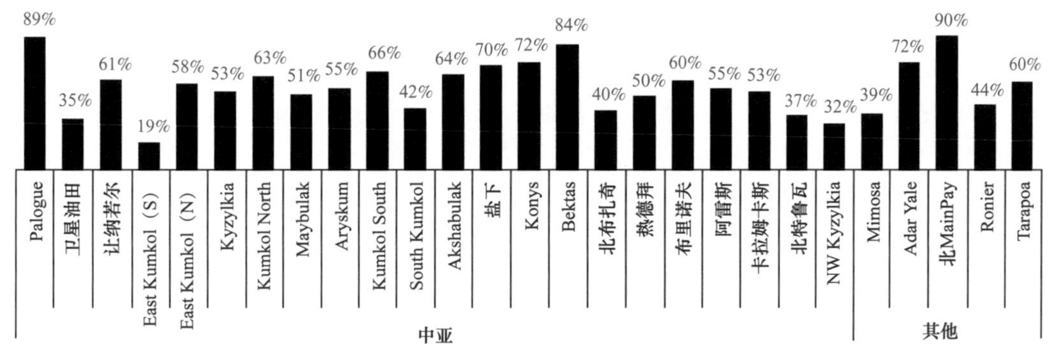

图 6-6　水驱储量动用程度

三、海外砂岩油田与国内砂岩油田开发水平差异

在砂岩油田开发中，以大庆油田为代表的油田在砂体精细表征、精细注水、三次采油方面取得了显著的成果，形成了一系列领先国际的技术[1-10]。对比中国石油海外砂岩油田与国内典型砂岩油田的开发水平，差异较大，海外砂岩油田在精细化注水、提高采收率方面具有较大的潜力。

国内砂岩油田经过几十年的开发，形成了注水和注聚合物相结合的开发方式，实现了细分层注水，纵向注水单元 4–10m，可以同时进行 4 层以上的分层注水。在井网井距方面，经过了 3 次加密，井距普遍小于 200m。在砂体表征精度和剩余油表征精度方面，达到了单砂体级别，单砂体水驱储量控制程度在 90% 以上。另外，国内油田在精细表征剩余油分布的基础上，实现了精细注水开发，并实施了聚合物驱、二元复合驱和三元复合驱等三次采油方式，提高油田采收率 15%～20%，效果显著（表 6–2）。

表 6–2　海外砂岩油田与国内砂岩油田开发现状对比表

油田	国内砂岩油田	哈萨克砂岩油田
开发方式	注水、注聚	注水、衰竭式
注水方式	细分层系注水	笼统注水
纵向注水单元	4～10m	＞20m
单井分注层段	＞4	1～2
井网加密调整	3 次加密，井距小于 200m	0～1 次，350～500m 井距

续表

油田	国内砂岩油田	哈萨克砂岩油田
砂体表征精度	小层至单砂体	开发层系至砂层组
剩余油表征精度	小层至单砂体	砂层组至小层
单砂体水驱控制程度	90% 以上	0～60%
三次采油	聚合物驱、二元复合驱、三元复合驱	个别井组的先导试验

与国内注水开发油田相比，中国石油海外砂岩油田以注水和衰竭式开采为主，大多采用笼统注水方式，纵向注水单元大于 20m。近年来，部分项目实施了小规模分层注水，但单井分注层段 1～2。大多数油田基本未进行井网加密，井距普遍较大，主力油田井距 350～500m。砂体表征精度和剩余油表征精度为砂层组至小层，单砂体水驱控制程度 0～60%。三次采油方面，仅在个别油田开展了井组先导性试验。因此，从开发水平来看，中国石油海外砂岩油田向精细化注水方向调整还具有较大的提升潜力。

第二节　海外砂岩油田开发技术发展方向

国内老油田从 2007 年起实施了二次开发工程，大幅度提高了水驱储量控制程度，有效减缓了产量递减，稳定并提高了单井产量。因此，借鉴国内老油田二次开发成功经验，创新、发展形成适合海外砂岩老油田特点的“二次开发”新技术，是海外砂岩油田进一步高效开发的技术发展方向。

一、国内砂岩油田二次开发模式及效果

1. 国内砂岩油田二次开发提出的背景

随着老油田进入高、特高含水阶段，一系列开发矛盾暴露出来，一是水驱效果变差；二是套损、套变、管外窜槽现象普遍，平面上难以构成完善的注采井网；三是地面设施系统老化，能耗高、效率低；四是高含水期水驱潜力大。为此，中国石油于 2007 年提出并实施“二次开发”工程，这项工程在集团公司 2008 年工作会议上被确定为上游业务的两大工程之一（另外一项是“油气储量高峰期”工程）。

二次开发是指具有较大资源潜力的老油气田，在现有开发条件下已处于低速低效开采阶段或已接近弃置时，通过采用全新的理念和重构地下认识体系、重建井网结构、重组地面工艺流程的“三重”技术路线，立足当前最新技术，重新构建新的开发体系，大幅度提高油气田最终采收率，实现安全、环保、节能、高效开发的战略性系统工程[11-15]。

实施二次开发的对象是服役年限大于 20 年、可采储量采出程度大于 70%、综合含水率大于 80% 的老油田。

2. 国内砂岩油田二次开发理论和技术体系

经过 10 余年的关键技术攻关和油田开发实践，创建了二次开发理论内涵和技术路线，形成了二次开发配套技术。国内砂岩油田二次开发的核心内容如下：

（1）指导思想：认识储层非均质并解决储层非均质；

（2）开发单元：单砂体及其构型是二次开发认识和控制的基本开发单元；

（3）核心技术：基于单砂体的层系细分井网重组；

（4）关键技术：基于单砂体的注采精细调控；

（5）建立“三重”理念：重构地下认识体系、重建井网结构、重组地面工艺流程；

（6）“二十四字”方针：总体控制、层系（内）细分、平面重组、立体优化、深部调驱、“二三结合”（图 6–7）。“二三结合”（二次采油和三次采油相结合）的开发模式可以大幅度提高采收率的保障。

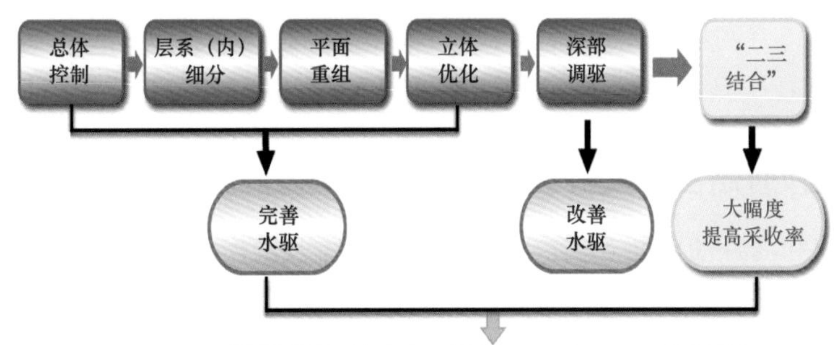

图 6–7　国内老油田二次开发思路

二次开发不同于传统的老油田综合调整，它充分体现了油田开发的精细性、整体性和可持续性。精细性是基于单砂体内部的构型特征分析和层系细分重组；整体性是指从井网到地面整体考虑；可持续性是指完善水驱、改善水驱和转换驱替介质有机结合从而实现不同阶段老油田持续开发。二次开发的层系井网重组考虑了后续三次采油的需要，这样为更大幅度地提高老油田最终采收率和经济效益预留了空间。

3. 国内砂岩油田二次开发应用效果

国内砂岩油田二次开发在技术创新和现场应用方面取得显著的效果。在技术创新方面，典型油藏地质认识单元精细到单砂体，剩余油认识进入单砂体内部，层系井网对开发单元控制能力的目标提高到单砂体，深部调驱技术效果初显，工程技术配套有较大发展。在现场应用方面，先后有大庆、辽河、新疆、吉林、大港、冀东、吐哈、塔里木、玉门、青海等 10 个油田进入二次开发现场实施，二次开发区共有采油井总井数 16000 口，注水井总井数 6700 口，年产油达到 800×10^4t 以上，原油采收率由二次开发前的 32.9% 提高到二次开发后的 40.1%，新增石油可采储量 1.29×10^8t，采收率提高 7.2 个百分点，为稳定老油田产量做出了贡献（图 6–8）。

二次开发的提出和实施顺应了油田开发的客观需要，是老油田提高采收率的必由之路。不仅具有满足当前开发生产的现实意义，而且具有打造百年油田持续有效开发的长远战略意义。

国内油田二次开发的理论、技术及实施主要基于油田本身实际情况，油田使用期、技术应用及成本回收时间、经济回报、废弃成本等作为必要条件。

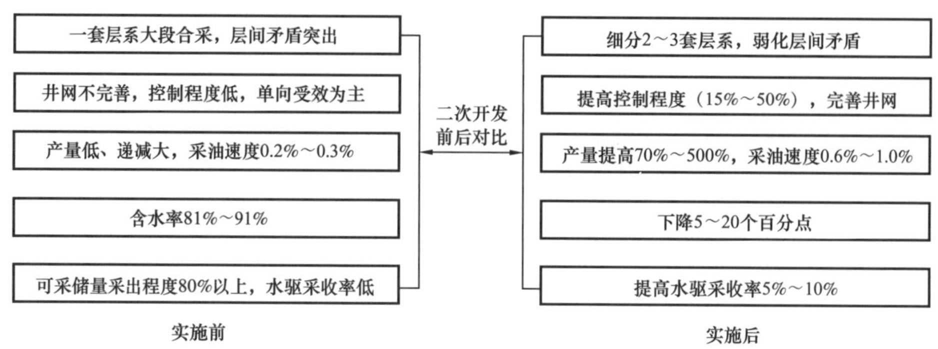

图6–8　国内油田二次开发前后指标对比

二、海外砂岩油田二次开发模式及效果

因国内油田和海外油田在开发策略、开发技术、开发模式上存在较大差异，处于高含水期或特高含水期海外老油田所需的技术必须符合经济高效开发的原则。结合国内二次开发理论技术，需集成创新形成“海外二次开发”理论与技术。

1. 海外砂岩油田二次开发技术需求

国内砂岩油田在二次开发方面取得了显著的成效，形成了成熟的二次开发技术和模式。对于海外砂岩油田，直接借鉴国内二次开发技术尚存在以下难点。

一是以钻新井为重要手段的细分层系、井网重组难以实现经济效益。国内以密井网强化储量整体控制（图6–9），实现细分层系和井网重组，至2013年底累计钻井10155口，新建产能1025×10^4t，平均单井初产3.02t/d。在海外砂岩油田中，哈萨克砂岩老油田经济极限初产6～17t/d，若整体加密，单井初产6～15t/d，合同期内难以回收投资（图6–10）。

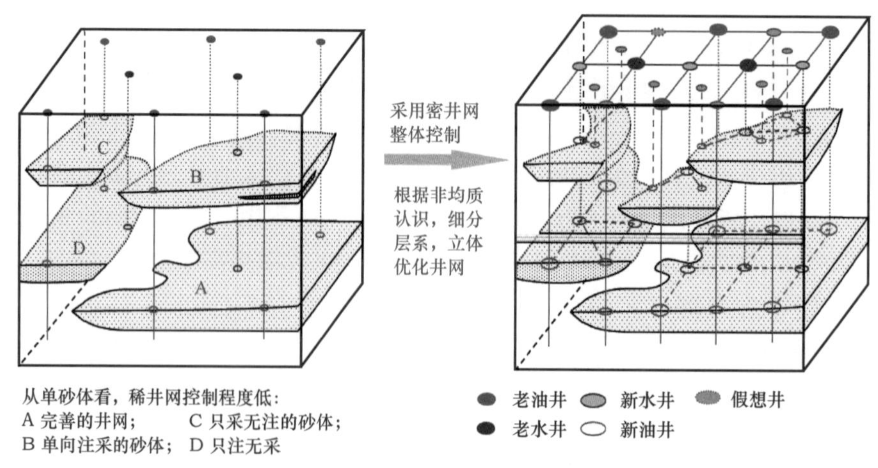

图6–9　国内二次开发井网重构与细分层系模式

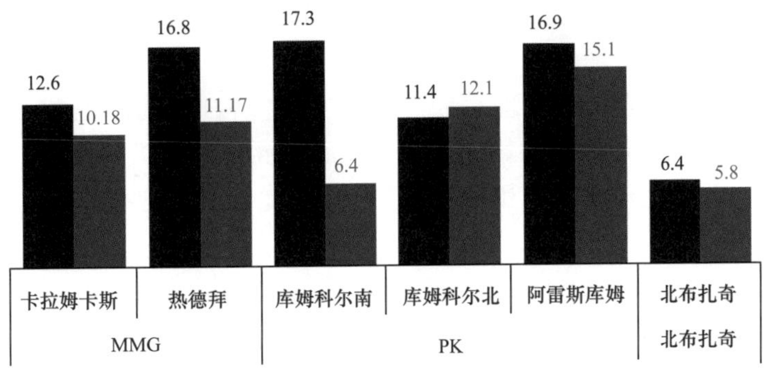

图 6-10 哈萨克砂岩油田加密井初产与经济极限产量（以油价 50 美元 /bbl 核算）

二是“二三结合”模式的实施受到合同期的限制。国内水驱层系井网重组与后续的三次采油层系井网兼顾，在水驱潜力接近极限时实施聚合物驱、空气泡沫驱等三次采油方式，最终大幅度提高采收率（表 6-3）。而海外油田在有限合同期内水驱潜力也难以达到极限，小井距下的“二三结合”也难以回收投资。如果不考虑合同期，直接借鉴国内调整模式，海外砂岩油田也能取得很好的效果。例如 PK 项目典型砂岩油田在不考虑合同期的情况下，通过井网加密、井网调整及“二三结合”，原油产量可提高 1 倍，采收率提高 7.8%（图 6-11、图 6-12）。但是这种模式在海外投资模式中，经济效益非常低。

表 6-3 注水开发油田“二三结合”技术体系

技术类型	主体技术	技术层次	采收率目标
IOR	二次开发精细水驱	推广完善	提高 5%～10%
	低渗透水驱综合调整		提高 8%～10%
EOR	强碱 / 弱碱复合驱		提高 18%～25%
	二氧化碳烃类气混相驱		提高 10%～15%
	注气重力稳定驱	试验完善	提高 10%～20%
	无碱二元复合驱		提高 15%～20%
	聚驱后多介质复合驱		提高 10%～15%
	空气 / 氮气泡沫驱		提高 10%～15%
IOR	离子匹配水驱		提高 10%～15%

三是海外砂岩油田地层压力保持水平总体较低，平均在 50% 左右，与国内砂岩油田相比，二次开发基础明显不同。

因此，海外砂岩油田由于海外项目合同模式、合同期限、油藏特点、合作伙伴利益等多种因素的影响，既有与国内油田相似的共性，又有不同于国内油田的特殊性。所以，适合海外砂岩油田特点的二次开发技术思路，就是要充分借鉴国内二次开发成熟经验，重构地下油藏认识，优化加密调整方法，改进井网重组、层系细分模式，创新“二三结合”方式，实现合同期内采出程度与经济效益最大化，并为中长期发展储备技术。

2. 海外砂岩油田二次开发模式及关键技术

国内砂岩油田二次开发的核心理念是“三重”，即重构地下认识体系、重建井网结构、重组地面工艺流程，而海外砂岩油田二次开发核心内涵可概括为“四化”，即以深化油藏地下认识为基础、以优化开发方式和井网为重点、以优化工艺技术为手段、以强化技术经济评价为关键。

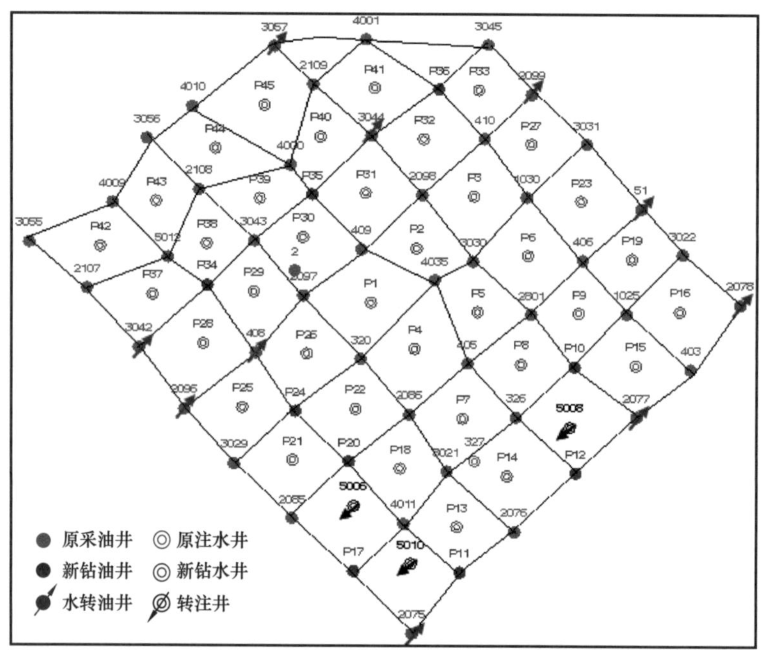

图 6-11　PK 项目典型油田按国内模式井网调整图

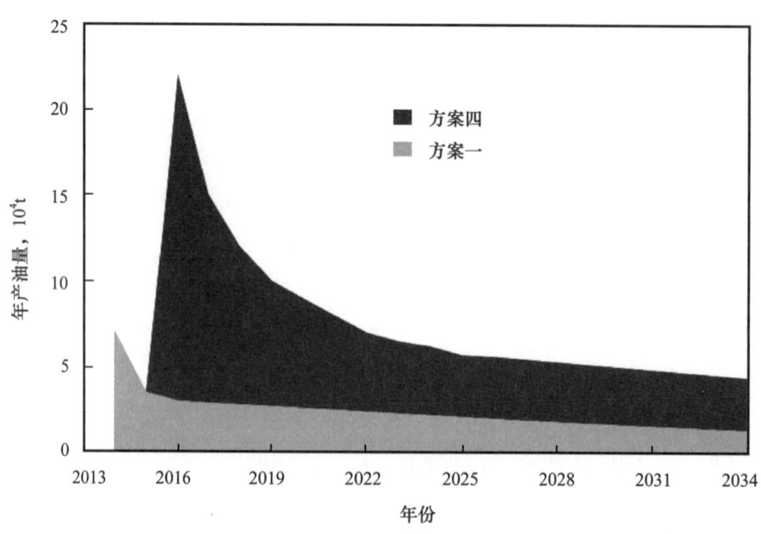

图 6-12　PK 项目典型油田按大庆油田模式产量剖面

1）以深化油藏地下认识为基础

加强油藏精细描述研究，以沉积模式、地震属性等多信息为约束，精确表征砂体构型单元，深入刻画砂体展布规律，最终厘清剩余油分布规律，为后期挖潜调整指明方向。在此基础上，形成了不同类型砂体剩余油表征技术和不同黏度油藏井网加密调整技术。

在实施二次开发之前，海外砂岩油田砂体及剩余油表征精度仅在油层及小层级别，单砂体间的接触特征及单砂体内的结构特征认识不清，进而无法有效确定剩余油的分布。实际上，海外砂岩油田的主要沉积砂体，如曲流河砂体、辫状河砂体、三角洲砂体，构型特征及非均质性差异大，剩余油分布明显不同。三角洲砂体构型特征复杂，为侧向与垂向泥岩隔层和泥质夹层发育的“镶嵌式”构型模式，注入水推进一方面受到砂体间的隔层和低渗透层遮挡，同时在砂体内部受泥质夹层的影响，注入水主要沿水流优势通道波及，水驱波及范围小，具砂体间遮挡层和砂体内泥质夹层的“复合遮挡控油模式”[图 6-13（a）]；辫状河砂体为近水平落淤层分布的“泛连通体”构型模式，水驱波及较均匀，边底水推进快，具近水平落淤层的“垂向遮挡控油模式”[图 6-13（b）]；曲流河砂体构型特征为废弃河道和点坝内侧积层的“半连通体”构型模式，注入水主要沿点坝砂体中下部波及，造成底部优先水淹，具废弃河道和侧积层的“侧向遮挡控油模式”[图 6-13（c）]。基于构型特征的剩余油表征明确了不同类型砂体剩余油分布规律，可以制定针对性的挖潜措施。

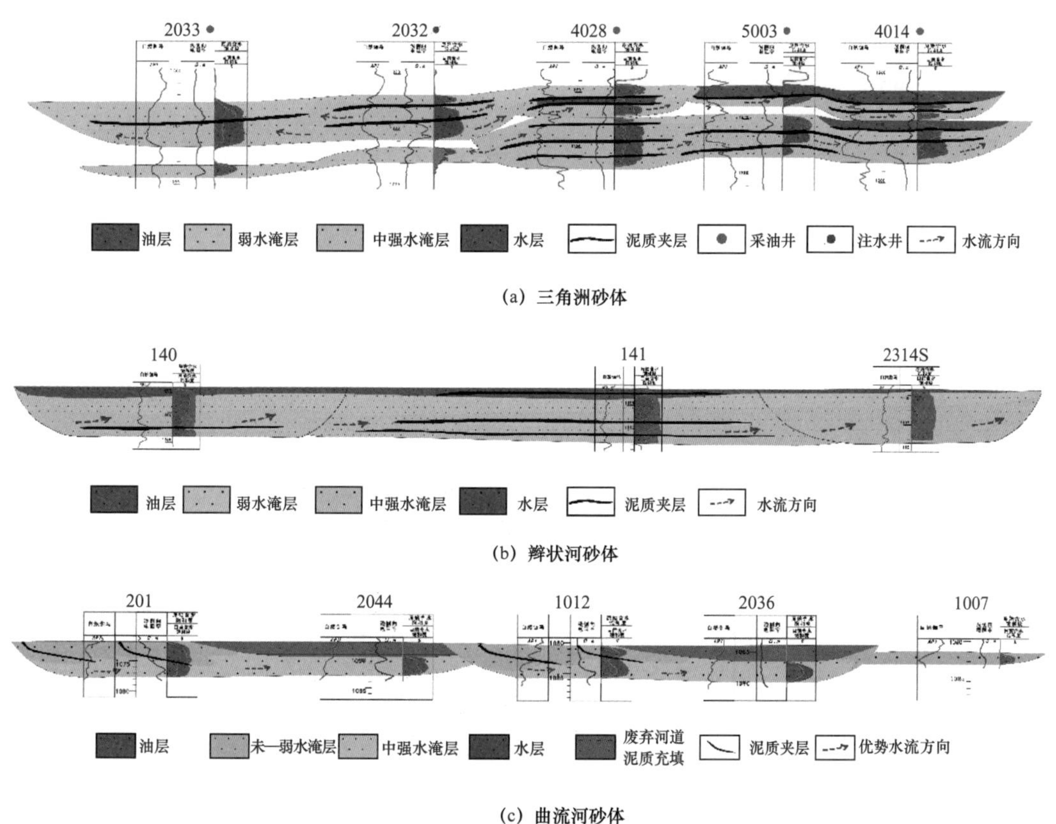

（a）三角洲砂体

（b）辫状河砂体

（c）曲流河砂体

图 6-13 PK 项目库姆科尔南油田不同类型砂体构型特征及水淹特征

主要应用对象：中亚砂岩老油田库姆科尔南、库姆科尔北、南库姆科尔、阿克沙布拉克；非洲合作区老油田黑格里格、郁里提、托马南、扶拉北；美洲的厄瓜多尔安第斯项目等。

2）以优化开发方式和井网为重点

针对海外砂岩油田实际情况，优选合适开发方式，纵向上细分层系、空间上加密和优化井网形式，完善注采系统，开展精细注水和热力采油相结合的开发方式，提出针对性的开发调整措施，形成了不同黏度油藏井网加密调整技术、井网重组和层系细分技术、高含水老油田提高采收率技术等关键技术。

在开发调整模式方面，对于普通稠油油藏，逐步整体井网加密增加储量动用；开发层系间、开发层系内的井网转换、细分层开采改善水驱波及。对于中高黏度砂岩油田，井网系统由粗到细、由稀到密，注采系统由弱到强、开发对象由好至差的多次布井多次调整的逐步井网加密；对于低黏度砂岩油田，开发早中期一次井网成型，后期以剩余油富集区和富集层为重点，以水动力调整结合局部加密为主要手段（表 6-4）。

表 6-4　不同黏度砂岩油藏剩余油分布及开发调整模式

类型	高含水期剩余油分布理论模式	目标油田剩余油分布特征	开发调整模式
普通稠油油藏	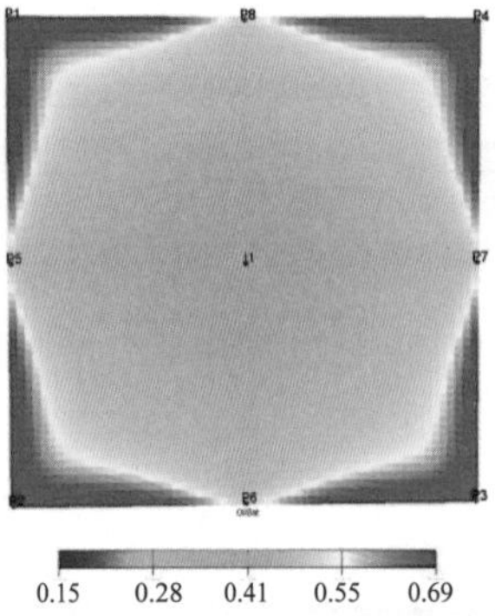 0.15　0.28　0.41　0.55　0.69	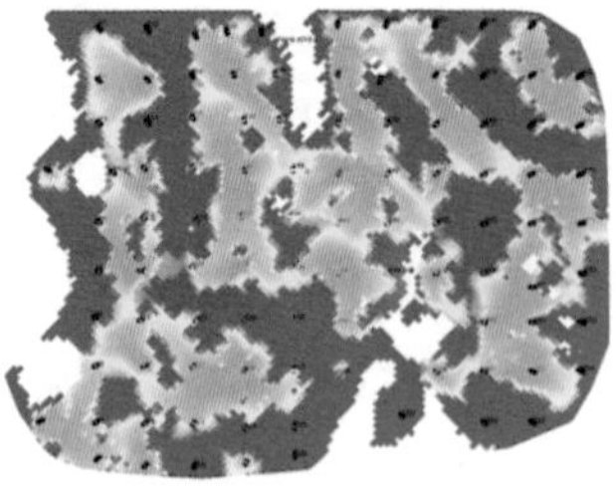	逐步整体井网加密增加储量动用 开发层系间、开发层系内的井网转换、细分层开采改善水驱波及
中高黏度砂岩油田	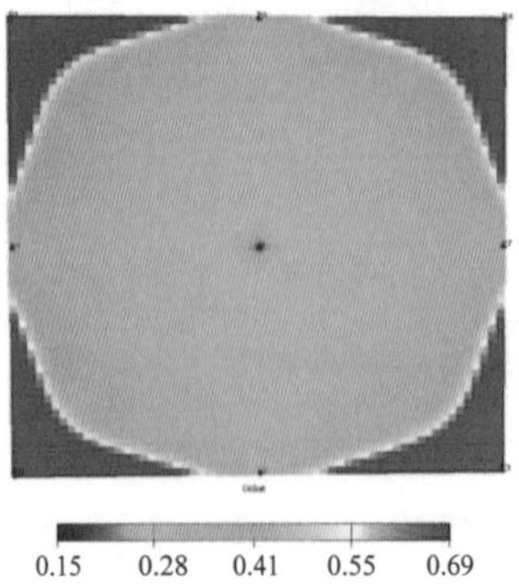 0.15　0.28　0.41　0.55　0.69	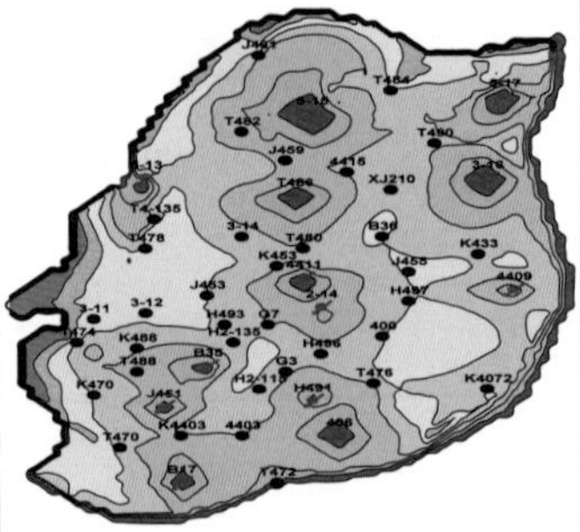	井网系统由粗到细、由稀到密，注采系统由弱到强、开发对象由好至差的多次布井多次调整的逐步井网加密

续表

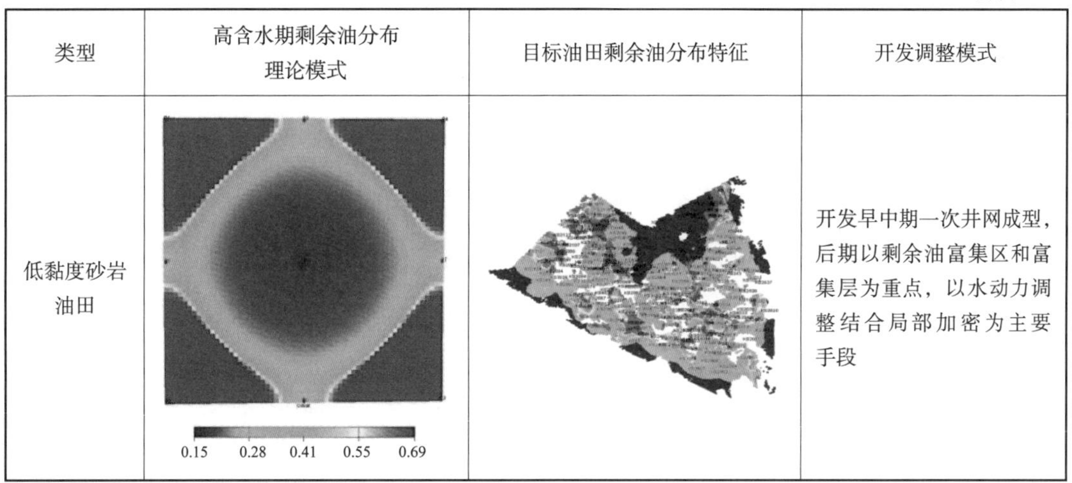

类型	高含水期剩余油分布理论模式	目标油田剩余油分布特征	开发调整模式
低黏度砂岩油田			开发早中期一次井网成型，后期以剩余油富集区和富集层为重点，以水动力调整结合局部加密为主要手段

在井网调整方面，创新适应海外经营环境的井网重组和细分层系方式，形成具有海外特点的二次开发新模式，有效保障合同期经济效益最大化。PK 项目主力油田纵向上 2～4 套开发层系，每套层系 350～500m 井网，但纵向各层系井网叠加井距 125～250m，40%～80% 的井钻穿所有层位（图 6–14）。一方面整体加密可以提高采出程度 1.2%，增油 3500×10^4t，油田加密具有较大潜力，但大多数项目剩余合同期 3～10 年，大规模的新井部署难以回收投资，低油价下经济上不可行（图 6–15）；另一方面，补孔换层增油 2～5t/d，说明开发层系间还是具有一定的剩余油潜力，但油层动用在合同期得不到提高。此外，油田逐步实施了分层注水、井网转换、周期注水等综合调整措施，取得了一定的增油效果，说明开发层系内部具有一定的综合调整潜力（图 6–16、图 6–17）。

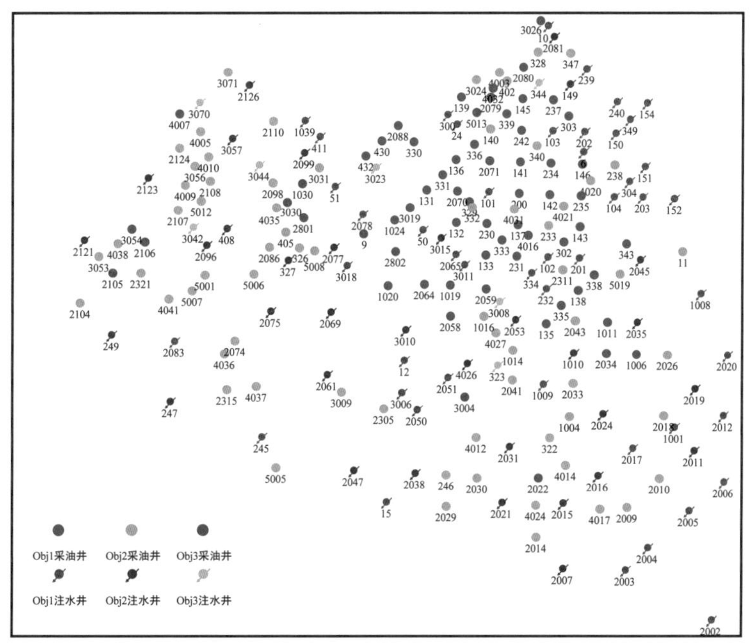

图 6–14　PK 主力砂岩油田叠合井位图

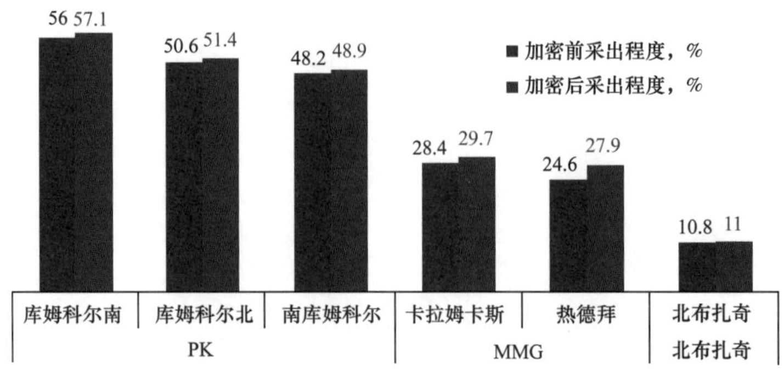

图 6-15　哈萨克斯坦砂岩高含水砂岩油田整体加密合同期内效果预测

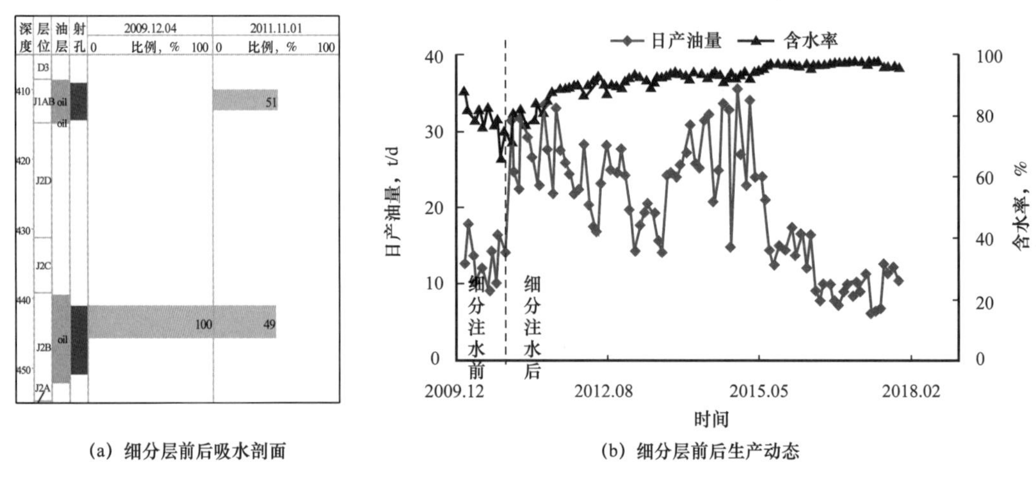

(a) 细分层前后吸水剖面　　(b) 细分层前后生产动态

图 6-16　NB53 井细分层注水前后吸水剖面及生产动态（一线井）

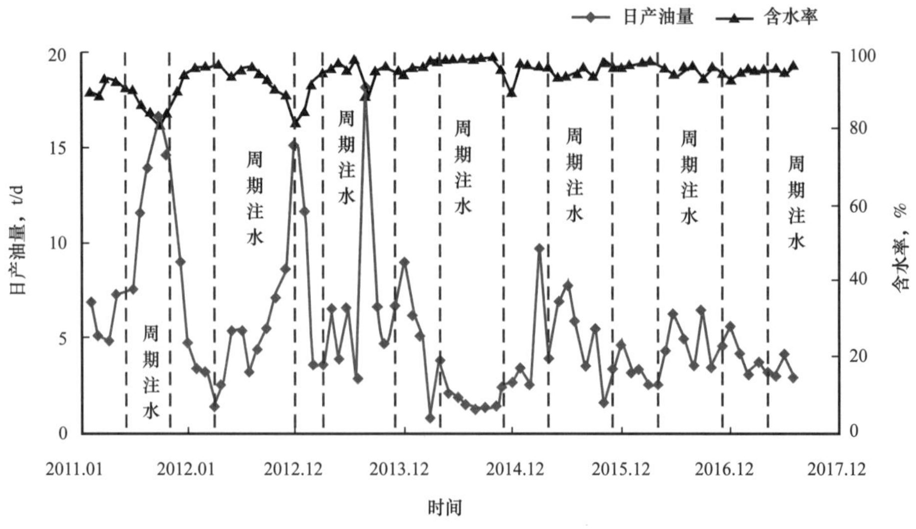

图 6-17　周期注水井 NB716-1 井生产动态

因此，针对有限合同期井网加密受限的瓶颈，提出充分利用多套开发层系井网叠置的现状，以分层采油/注水工艺技术为主要手段，实现井网重组和层系细分，达到井网加密、井网转换、层系细分、分层注水、周期注水的多重效果（图 6–18）。

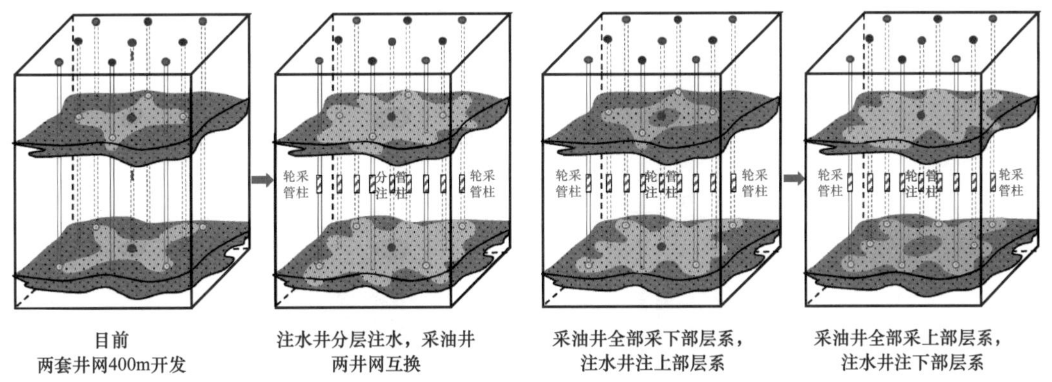

图 6–18　海外砂岩油田井网重组模式图

在开发方式方面，继续细化和完善注水方式，优化中高黏度与普通稠油油藏调驱部署，形成具有海外特色的“二三结合”新模式。不同于国内中高黏度油藏以提高驱油效率为目标的提高采收率方式，海外低黏度砂岩油藏三次采油的目标是改善波及效率（宏观波及和微观波及）。通过宏观、微观非均质岩心水驱物理模拟实验，提出调剖为主、调驱结合的低体积倍数段塞式提高采油率模式（图 6–19），是适合油气合作环境和油田特点的三次采油技术方向。

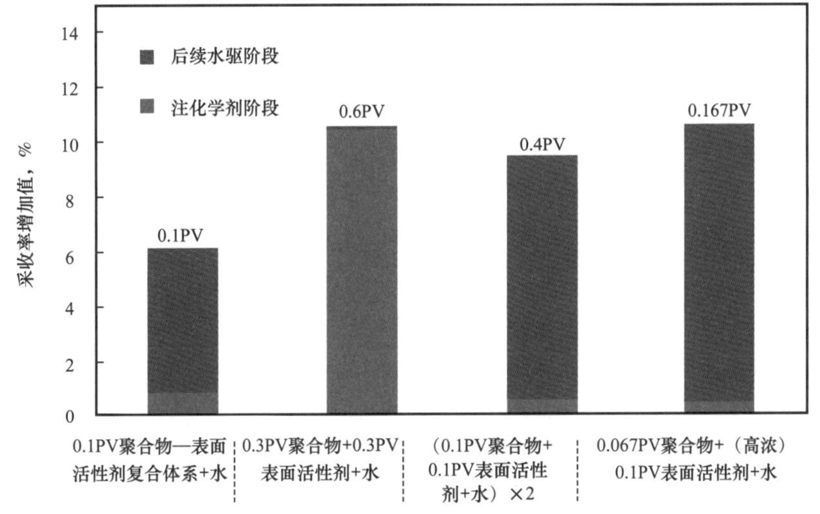

图 6–19　低黏度油藏不同组合方案效果对比

3）以优化工艺技术为手段

探索适合油藏特点的分层注水工艺，由粗犷型笼统注水向分层精细注水方式转化；优化措施方案，研究适合强底水油藏堵水技术。在分层注水分层采油技术方面，国内已经形成了比较成熟的工艺技术，已经从开始的固定式水平发展到目前的电缆控制智能式水平，满足了不同类型多层状砂岩油田的开发。目前国内比较先进的技术有双泵分层采油技术、振动波分层采油技术、智能分层注水技术、智能分层采油技术（图 6–20）。关于油藏堵水技术，也可以借鉴国内成熟的技术，在先导性试验的基础上，加以推广应用。

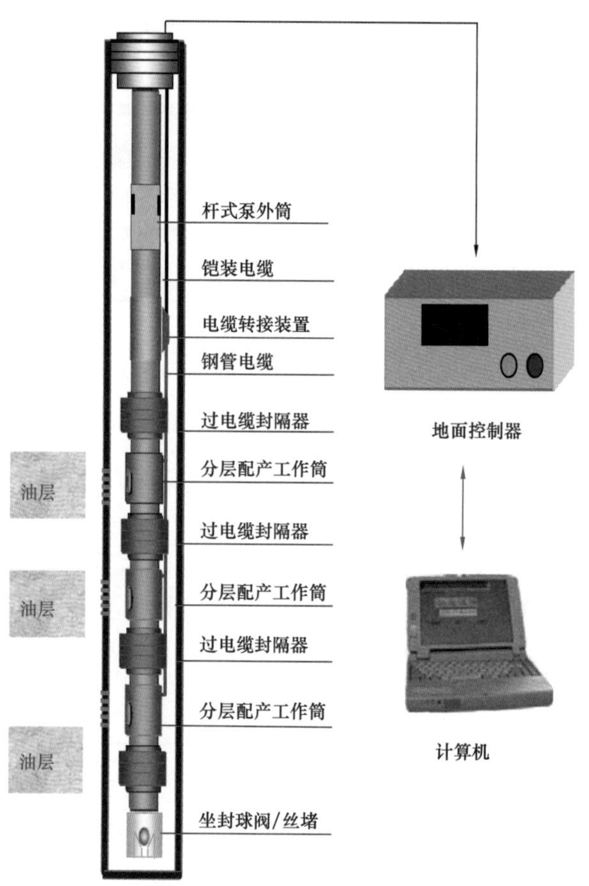

图 6–20　智能分层采油系统技术

4）以强化技术经济评价为关键

实现经济效益最大化是海外项目的根本，因此，在海外砂岩油田的开发中，要以经济效益为中心，充分考虑不同合同模式、投资回收的方式以及合同期的长短对项目的影响，通过对不同类型措施的经济效益进行对比，选出经济性较好的挖潜方案。

根据合同模式、合同期限、油藏特点、中方利益等因素，优化二次开发调整内容、调整深度、调整力度，实现有限合同期内经济效益最大化（图 6–21）。

3. *海外砂岩油田二次开发应用效果*

目前海外适合二次开发的老油田有 30 个，年产量 4000×10^4t，占海外原油作业产量的 37.5%，初步测算实施二次开发后预计增加可采储量 1.5×10^8t，可提高采收率 6 个百分点以上。

哈萨克斯坦主力砂岩油田自 2016 年起开始编制二次开发调整方案并予以实施，开发效果明显改善。PK 低黏度高含水油田以剩余油富集区为重点，以井网转换、层系互换、分层注水为主要手段，结合局部井网加密，以提高水驱波及为目标实施综合调整，预测增

油 1568×10^4t，合同期末采出程度将达到 55%～60% 以上，最终采收率将达到 62%～65% 以上。北布扎奇普通稠油油藏以井网转换、层系互换为主要手段，结合分层注水、分层采油、聚合物调剖等技术，实现减缓注水突进和提高波及的目标，预测合同期内采出程度提高 2%～5%。MMG 中高黏度油藏以整体井网逐步加密为主，结合分层注水、聚合物调剖，增加水驱储量动用程度，预测合同期内采出程度提高 8%～10%，实现 600×10^4t 长期稳产至 2025 年（图 6–22）。

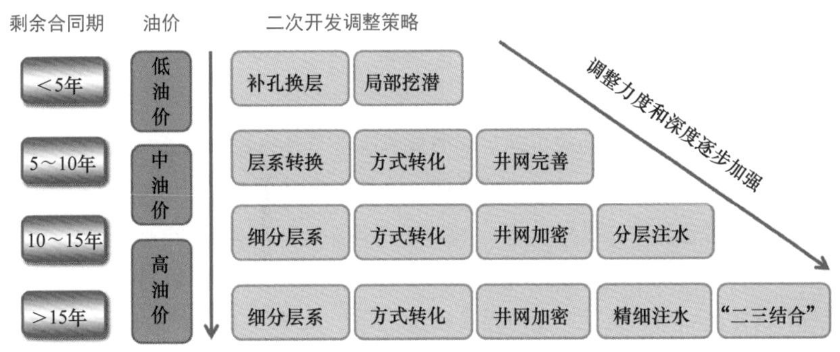

图 6–21 智能分层采油系统技术

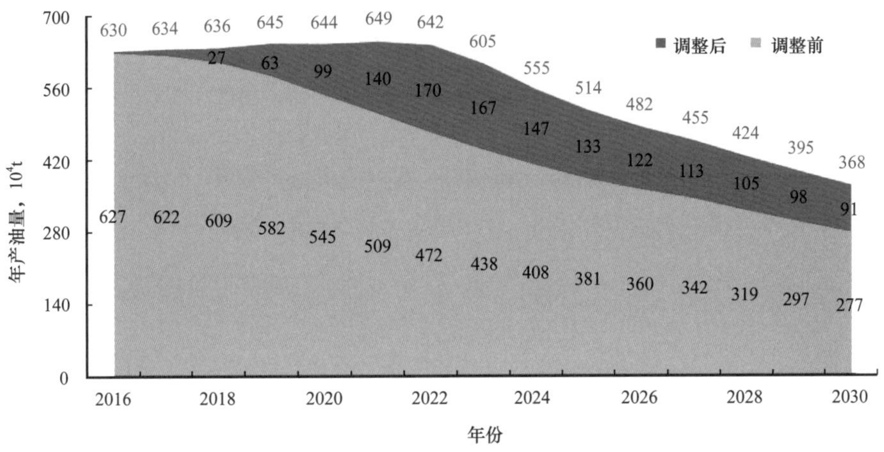

图 6–22 MMG 项目二次开发调整前后产量剖面

哈萨克斯坦主力砂岩油田实施二次开发后，PK 项目低黏度主力油田递减由 33% 逐步下降至 15% 以内；北布扎奇普通稠油油藏递减由 32% 下降至 10% 以内；MMG 开发 50 年老油田产量重上 600×10^4t，油田自然递减控制在 10% 以内；2016—2017 年，累计增油 1179×10^4t，新增利润 4.3 亿美元。

老油田二次开发是一项系统的工程，国内油田经过 10 余年持续的实践与探索，二次开发的理论体系基本形成，二次开发的技术基本配套，二次开发的管理基本完善，规模化的应用已经证明了其重要意义。海外砂岩油田在开发水平方面，还需要细化和深入，在油田陆续进入到高含水高采出程度阶段后，二次开发是油田进一步提高采收率的主要技术方向。但海外砂岩油田实施二次开发时，不仅要解决技术上的难题，更重要的是要考虑受合同期、合同模式、油价波动等因素影响的经济效益。因此，海外砂岩油田实施二次开发更具挑战性，如何能在保证中方投资收益的前提下，实现技术创新、油田合理高效开发和大幅度提高采收率，是海外石油科技工作者们重点考虑和努力的方向。

参考文献

[1]隋军，吕晓光，赵翰卿，等.大庆油田河流—三角洲相储层研究［M］.北京：石油工业出版社，2000.

[2]李伯虎，李洁.大庆油田精细地质研究与应用技术［M］.北京：石油工业出版社，2004.

[3]王凤兰，石成方，田晓东，等.大庆油田“十一五”期间油田开发主要技术对策研究［J］.2007，26（2）：62-66.

[4]王一博，马世忠，杜金玲，等.高含水油田沉积微相至单砂体级精细研究——以大庆油田杏十三区太103井区PI油层组为例［J］.西安石油大学学报（自然科学版），2008，23（1）：30-33.

[5]韩大匡，等.多层砂岩油藏开发模式［M］.北京：石油工业出版社，1999.

[6]刘丁曾，等.大庆萨葡油层多层砂岩油藏［M］.北京：石油工业出版社，1999.

[7]李伯虎，李洁.大庆油田精细地质研究与应用技术［M］.北京：石油工业出版社，2004.

[8]巢华庆，等.大庆油田开发实践与认识［M］.北京：石油工业出版社，2000.

[9]巢华庆，等.大庆油田采收率研究与实践［M］.北京：石油工业出版社，2006.

[10]王玉普.大型砂岩油田高效开采技术［M］.北京：石油工业出版社，2006.

[11]胡文瑞，等.老油田二次开发概论［M］.北京：石油工业出版社，2011.

[12]胡文瑞.论老油田实施二次开发工程的必要性与可行性［J］.石油勘探与开发，2008，35（1）：1-5.

[13]胡文瑞.中国石油二次开发技术综述［J］.特种油气藏，2007，14（6）：1-16.

[14]任芳祥.辽河油区老油田二次开发探索与实践［J］.特种油气藏，2007，14（6）：5-11.

[15]王伟.喇嘛甸油田水驱二次开发方法［J］.大庆石油地质与开发，2015，34（2）：69-73.